111 Rechenübungen zum Gebiet Chemische Technologie

Günter Jüptner

111 Rechenübungen zum Gebiet Chemische Technologie

Springer Spektrum

Günter Jüptner
Hammah, Deutschland

ISBN 978-3-662-61117-3 ISBN 978-3-662-61118-0 (eBook)
https://doi.org/10.1007/978-3-662-61118-0

Die Deutsche Nationalbibliothek verzeichnet diese Publikation in der Deutschen Nationalbibliografie; detaillierte bibliografische Daten sind im Internet über http://dnb.d-nb.de abrufbar.

Planung/Lektorat: Désirée Claus
Springer Spektrum ist ein Imprint der eingetragenen Gesellschaft Springer-Verlag GmbH, DE und ist ein Teil von Springer Nature.
Die Anschrift der Gesellschaft ist: Heidelberger Platz 3, 14197 Berlin, Germany

In dankbarem Rückblick auf etwa fünf Dekaden erfüllter, herausfordernder und zufriedener Tätigkeit im Bereich Chemie und Verfahrenstechnik

„Lernen ist wie gegen den Strom rudern,
wer damit aufhört, treibt zurück."
Xunzi (chinesischer Philosoph, 300 v. Chr.)

Vorwort

Der Anstoß zu diesem Buch erfolgte durch das Sichten der vom Autor gesammelten Übungsaufgaben zur Chemietechnik, die im Rahmen von mehr als einem Jahrzehnt Dozententätigkeit für angehende Industriemeister Chemie erstellt wurden. Aus meinen langjährigen Erfahrungen heraus besteht während der Ausbildung von Industriemeistern Chemie, aber auch im täglichen Betriebsalltag ein Bedarf an solchen praxisnahen Übungsaufgaben.

Zudem habe ich im Laufe meines etwa 50-jährigen Werdegangs in der chemischen Industrie von einer Chemielaborantenlehre in einem Betriebslabor bis zum „Global Technology Leader" in einem international aktiven Chemieunternehmen die Erfahrung gemacht, dass in einem chemischen Produktionsbetrieb direkt tätige Personen häufig mit relativ einfachen technischen Berechnungen überfordert sind – insbesondere an der Schnittstelle zwischen Chemie und Technik. Dies gilt oft für Betriebsingenieure, die ihre Hochschulausbildung zum Teil im Bereich Maschinenbau oder einem ähnlichen Fachgebiet erfahren haben. Auch Chemikern, die während ihres Studiums nicht mit technischer Chemie in Berührung kamen, sind solche in einem Chemiebetrieb üblichen und notwendigen Berechnungen oftmals fremd. Dieses Manko kann die gedeihliche Zusammenarbeit von Chemikern, Ingenieuren, Meistern und weiteren Teammitgliedern einer Chemieanlage erheblich erschweren.

Das entstandene Buch soll hier Abhilfe schaffen. Neben den bereits angesprochenen Zielgruppen seien Chemielaboranten, Chemotechniker, Vorarbeiter, Chemikanten genannt, die sich fachlich weiterentwickeln wollen.

In der vorliegenden Aufgabensammlung werden lediglich die wichtigsten, in den meisten Chemieanlagen vorherrschenden Themen behandelt, nicht jedoch Spezialgebiete der chemischen Technologie. Es wird nur sehr knapp auf Grundlagen der technischen Chemie und der Verfahrenstechnik eingegangen, da die Aufgabensammlung ein entsprechendes Lehrbuch nicht ersetzen will und kann. Es ist als Übungsbuch zur Anwendung und Vertiefung relativ einfacher Berechnungen in einem chemischen Betrieb konzipiert. Daher werden im Folgenden lediglich die hierzu benötigten Formeln mit einer sehr kurz gehaltenen Beschreibung wiedergegeben. Zur Aneignung des Hintergrundwissens und für Herleitungen der angeführten Beziehungen sei auf die entsprechenden Lehrbücher verwiesen.

Ich wünsche dem Leser und Übenden viel Erfolg und Freude am Erkenntnisgewinn durch das Bearbeiten und Lösen der Aufgaben.

Im Juli 2020 Günter Jüptner

Symbolverzeichnis, Konstanten & Umrechnungs-Faktoren

i. Symbolverzeichnis

Die in diesem Buch verwendeten Symbole entsprechen den in der einschlägigen Literatur zumeist verwendeten Buchstaben und Zeichen. Da die chemische Industrie global aufgestellt ist, liegen bei der Benennung von solchen Daten im Wesentlichen Begriffe aus der englischen Sprache vor. Dem wird hier Rechnung getragen. Allerdings ergibt sich daraus in manchen Fällen eine Doppelbelegung der verwendeten Symbole. Als Hinweis für den Leser sei zusätzlich angemerkt, dass in den Lehrbüchern der chemischen Technologie und Verfahrenstechnik leider oft noch eine uneinheitliche Benennung der verwendeten Größen vorliegt.

Symbol	Einheit	Bedeutung
A	m^2	Fläche
c_i	mol/L	Molare Konzentration
C_i	kg/L	Massenkonzentration volumenbezogen
C_i	gew%	Massenbezogene Konzentration
cp_i	J/(mol * °C) = J/(mol * K)	Wärmekapazität des Stoffes i (molbezogen)
cp_i	kJ/(kg * °C) = kJ/(kg * K)	Wärmekapazität des Stoffes i (massenbezogen)
d_a	m	Durchmesser außen
d_i	m	Durchmesser innen
E	kJ	Energie, Wärme, Arbeit (Joule) Elektrische Energie → kWh
E_A	kJ/mol	Aktivierungsenergie
F_T		Faktor der Reaktionsgeschwindigkeiten bei Temperaturänderung
g	m/s^2	Erdbeschleunigung, Fallbeschleunigung
h_{geo}	m	Geodätische Höhe Pumpenförderung
h_p	m	Höhen-Äquivalent Druckdifferenz Pumpenförderung
h_r	m	Höhen-Äquivalent Reibungsverluste Leitungssystem Pumpenfördern
H	m	Gesamthöhe Pumpenförderung

Symbol	Einheit	Bedeutung
I	A	Stromstärke (Ampere)
$\Delta_f H_{i0}$	kJ/mol	Bildungsenthalpie Stoff *i* unter Standardbedingungen (25 °C; 1 bar)
$\Delta_L H$	kJ/mol	Lösungsenthalpie
$\Delta_S H$	kJ/mol	Spezifische Schmelzenthalpie (molbezogen)
$\Delta_S H$	kJ/kg	Spezifische Schmelzwärme (massenbezogen)
$\Delta_R H$	kJ/mol	Reaktionsenthalpie
$\Delta_V H$	kJ/mol	Spezifische Verdampfungsenthalpie (molbezogen)
$\Delta_V H$	kJ/kg	Spezifische Verdampfungswärme (massenbezogen)
k_o	s^{-1} bzw. L/(mole * s)	Maximale Geschwindigkeitskonstante; Aktionskonstante
k_1	s^{-1}	Geschwindigkeitskonstante einer Reaktion erster Ordnung
k_2	L/(mole * s)	Geschwindigkeitskonstante einer Reaktion zweiter Ordnung
k_x		Molenbruchbezogene Gleichgewichtskonstante
Kw	W/(m² * °C)	Wärmedurchgangskoeffizient
L	m	Länge
L_P	$(\text{mol/L})^{\Phi}$	Löslichkeitsprodukt $\left(\phi = \sum v_i\right)$
m_i	kg oder t	Masse des Stoffes *i*
$\dot{m}_i$	kg/s oder t/h	Massenstrom des Stoffes *i*
M_i	g/mol	Molmasse des Stoffes *i*
n		Anzahl
n_i	mol	Molzahl des Stoffes *i*
$\dot{n}_i$	mol/s	Molenstrom des Stoffes *i*
n_{Eq}	mol	Anzahl Äquivalente
p	$Pa = kg * /(m * s^2)$	Druck *(pressure → Pascal)*
P	$W = kg * m^2/s^3$	Leistung *(Power → J/s = Watt)*
Q	$J = kg * m^2/s^2$	Energie, Wärme, Arbeit (Joule) Elektrische Energie → KWh
$\dot{Q}$	$W = kg * m^2/s^3$	Leistung bzw. Wärmefluss *(J/s = Watt)*
r	mol/s	Reaktionsgeschwindigkeit
s	m	Dicke (z. B. Rohrwand)
ScF		Scale-up-Faktor
$S_{P/A}$		Selektivität Produkt *P* bezüglich Reaktant *A*
t	s	Zeit
T	°C	Temperatur beim Rechnen mit Temperaturdifferenzen
T	K	Absolute Temperatur (Thermodynamik & Gasgesetze)

Symbol	Einheit	Bedeutung
U	V	Spannung Elektrolyse-Zelle (Volt)
V	m^3 oder L	Volumen
$\dot{V}$	m^3/s	Volumenstrom
V_R	m^3 oder L	Reaktorvolumen
w	m/s	Fließgeschwindigkeit
x		Molenbruch
X_A		Umsatz Reaktant A
$Y_{P/A}$		Ausbeute an Produkt P bezüglich Reaktant A
α_a, α_1	$W/(m^2 * °C) = W/(m^2 * K)$	Äußerer Wärmeübergangskoeffizient
α_i, α_2	$W/(m^2 * °C) = W/(m^2 * K)$	Innerer Wärmeübergangskoeffizient
α	1/°C	Linearer Ausdehnungskoeffizient
γ	1/°C	Kubischer Ausdehnungskoeffizient
ρ_i	kg/m^3	Dichte des Stoffes i
Δ		Differenz z. B. ΔT = Temperaturdifferenz oder Δp = Druckdifferenz
η_E		Elektrischer Wirkungsgrad
η_P		Pumpenwirkungsgrad
η		Wirkungsgrad
η	Pa * s = kg * m/s	Dynamische Viskosität
λ	$W/(m * °C) = W/(m * K)$	Wärmeleitfähigkeit
τ	s	Verweilzeit
ν_i		Stöchiometrischer Faktor
ν_e		Anzahl der bei der Elektrolyse gemäß Reaktionsgleichung zu- oder abgeführten Elektronen
ν	m^2/s	Kinetische Viskosität

Bei Massen, Volumen, Konzentrationen, Temperatur, Druck und weiteren Größen steht der Index o für die Bedingungen zu Beginn einer Reaktion beziehungsweise den Zufluss zu einem Reaktor.

ii. Konstanten & Umrechnungs-Faktoren

Die bei chemisch-technischen Berechnungen häufig verwendeten Naturkonstanten sind im Folgenden aufgelistet:

Allgemeine Gaskonstante $R = 8{,}3146\ J/(mol * K)$
$= 8{,}3146\ kg * m^2/(s^2 * mol * K) = 8{,}3146\ Pa * m^3/(mol * K)$
$= 0{,}083146\ bar * L/(mol * K) = 8{,}315 * 10^{-5}\ bar * m^3/(mol * K)$
Erdbeschleunigung, Fallbeschleunigung $g = 9{,}80665\ m/s^2 \cong 9{,}81\ m/s^2$

Euler'sche Zahl, Napiers-Konstante Zahl $e = 2{,}718282 \cong 2{,}718$
Faraday'sche Konstante $F = 96.485{,}33$ A * s/Eq $\cong$ 96.485 A * s/Eq
(Eq = Äquivalent = Quotient aus Molzahl und zu- oder abgeführter Elektronenzahl in der Reaktionsformel)
Kreiszahl $\pi = 3{,}1416 \cong 3{,}14$
Loschmidtsche Zahl $N = 6{,}023$ Moleküle/mol

In älteren Tabellenwerken, Diagrammen oder Berichten werden oft veraltete Nicht-SI-konforme Einheiten verwendet. Auch in einigen wenigen außereuropäischen Ländern, insbesondere in den USA, finden solche Einheiten leider immer noch Anwendung. Eine Besonderheit stellen Rohrleitungsdurchmesser dar. Hier werden nach wie vor auch in europäischen Ländern meist Zollmaße verwendet (1″ = 25,4 mm).

Es sind an dieser Stelle nur fünf Größen mit ihren Umrechnungsfaktoren angeführt, die für die in diesem Buch behandelten Gebiete relevant sind:

British Thermal Unit → 1 BTU = 1,055 kJ
Kalorie → 1 cal = 4,19 J
Atmosphäre → 1 atm = 1,013 bar = 101.325 Pa
mmHg → 1 Torr = 1,332 mbar = 1332 Pa
Pounds per Square Inch → 1 PSI $\cong$ 0,07 bar = 700 Pa

Inhaltsverzeichnis

Einführung

1

Eine chemische Produktionsanlage stellt ein komplexes System dar, in dem chemische Reaktionen gezielt und wohlkontrolliert durchgeführt werden. Hierzu bedarf es der chemischen Verfahrenstechnik als Kombination unterschiedlicher und vielfältiger naturwissenschaftlicher und ingenieurmäßiger Kenntnisse. Das phänomenologische Verständnis der Vorgänge in einer Produktionsanlage ist die Voraussetzung für ihren sicheren und optimalen Betrieb. Eine zweite, ebenso wichtige Bedingung hierfür ist die quantitative Betrachtung der Betriebsbedingungen und -abläufe. Hier setzt dieses Buch an. Anhand von Formeln, Beispielen und Übungsaufgaben werden Berechnungsmethoden für die wichtigsten Grundoperationen in einem chemischen Betrieb dargestellt. Es sind dies das ideale Gasgesetz, das Massenwirkungsgesetz (Reaktionsgleichgewichte, pH-Wert, Löslichkeitsprodukt), Stoffbilanzen (Umsatz, Ausbeute, Selektivität), Reaktionsgeschwindigkeit, Wärme (Reaktionswärme, Wärmekapazität, Wärmedurchgang, Wärmebilanzen, Reaktorstabilität), elektrochemisches Äquivalent, Flüssigfördern und Maßstabvergrößerung. Zusätzlich werden Aufgaben aus der Kombination dieser verschiedenen Gebiete gestellt. Hierbei geht es um relativ einfache Probleme aus der Betriebspraxis, die zu ihrer Lösung keine Kenntnisse der Differential- oder Integralrechnung erfordern.

Auf spezielle Gebiete der Verfahrenstechnik, wie z. B. Rektifikation, Extraktion, Kristallisation, Zentrifugieren, Filtration, Mahlen und vieles andere muss in diesem Buch verzichtet werden, da es seinen Rahmen sprengen würde. Hier sei auf die entsprechenden speziellen Lehrbücher verwiesen.

Zu Beginn des Buches werden allgemeine Zusammenhänge beschrieben, wie Größen, Zahlenwerte, Einheiten sowie einige mathematische Grundregeln, Zusammenhänge zwischen mechanischen Größen (Kraft, Arbeit, Leistung, Druck usw.) und ausgewählte Methoden der Mittelung. Darauf folgt die Formelsammlung für die verschiedenen, bereits weiter oben erwähnten Teilgebiete. Es wird hierbei auf die Ableitungen zum Entwickeln der Formeln verzichtet – auch hier sei auf die entsprechenden Lehrbücher verwiesen. Allerdings werden in

G. Jüptner, *111 Rechenübungen zum Gebiet Chemische Technologie*,
https://doi.org/10.1007/978-3-662-61118-0_1

einigen Fällen zur besseren Anschaulichkeit phänomenologische Erklärungen oder auch Problembeispiele angeführt. Abschließend folgen die Übungsaufgaben. Zunächst wird der Text der Aufgabe gegeben, gefolgt von der Schilderung der Lösungsstrategie, der ausführlichen Lösung und gegebenenfalls einer Erläuterung des Ergebnisses.

1.1 Größen, Zahlenwerte, Einheiten

In der Regel besteht eine Größe aus einem Zahlenwert und einer Maßeinheit (Dimension). Die Angabe von Produktionsanlagenparametern, Stoffgrößen oder entsprechenden Rechenergebnissen ohne die zugehörige Einheit ist sinnlos und kann zu kostspieligen oder gar gefährlichen Missverständnissen führen. Das konsequente Einsetzen der zugehörigen Einheiten in die Gleichungen zur Lösung einer Aufgabe sollte dem Übenden „in Fleisch und Blut" übergehen, ist doch ein mit einer falschen Dimension behaftetes Ergebnis ein guter Indikator für ein Versehen beim Einsetzen der Größen in die entsprechenden Gleichungen oder ein Fehler im Rechenweg. Man kann die Größen mit ihren Einheiten direkt in die entsprechenden Formeln einsetzen oder aber eine gesonderte Einheitenbetrachtung durchführen. In den Lösungsbeispielen zieht der Autor das Erstere vor. In der vorliegenden Aufgabensammlung werden bei den Lösungswegen konsequent SI („Standard International")-Einheiten verwendet. Diese Einheiten wurden auch in der vorhergehenden Tabelle des Symbolverzeichnisses angeführt. Wie bereits erwähnt, sind in Tabellen älterer Bücher, Datensammlungen und firmeninternen Aufzeichnungen oft noch veraltete Einheiten wie Kalorien, Atmosphären, Pounds-per-Square-Inch (PSI), Galonen und Ähnliches zu finden. In einigen wenigen Ländern mit einer stark entwickelten chemischen Industrie, wie zum Beispiel in den USA, sind solche veralteten Einheiten leider nach wie vor gang und gäbe. Auch in Europa sind Rohrleitungssysteme oft aus zölligen Rohren und Fittings erstellt. Solche Daten sollten vor Beginn einer Berechnung konsequent in SI-Einheiten umgerechnet werden, um aus einem Durcheinander von Dimensionen folgende Fehler zu vermeiden. Die entsprechenden Umrechnungsfaktoren wurden im Abschn. ii angeführt.

Eine oft gestellte Frage ist die, wie genau ein Rechenergebnis dargestellt werden muss. Generell kann festgehalten werden, dass man nicht mehr Ziffern einer berechneten Zahl angeben sollte, als aus der Genauigkeit der eingesetzten gemessenen Größen hervorgehen, da sonst eine größere Exaktheit des errechneten Wertes impliziert wird, als es der Realität entspricht. Als Faustregel ist die Darstellung eines Rechenergebnisses in der Chemietechnik mit drei Ziffern meist ausreichend genau, da z. B. die übliche Abweichung einer Messung eines Massenflusses bei etwa $\pm 1\ \%$ liegt. Bei verfahrenstechnischen Berechnungen werden oft Näherungen verwendet, die ebenfalls zu einer leichten Abweichung des errechneten Ergebnisses von der Realität führen. Bei komplexen Berechnungen treten Differenzen durch die Rundung der Zwischenergebnisse auf. Solche leichten Abweichungen wird auch der Übende beim Vergleich seiner Rechenergebnisse mit den im Buch wiedergegebenen Zahlenwerten der Lösungen feststellen. Der Autor empfiehlt die Darstellung eines errechneten Zahlenwertes mit vier bis sechs Ziffern, um dann gegebenenfalls eine Reduktion auf die „sicheren" Ziffern durchzuführen, demgemäß z. B. ein Volumen $V = 12{,}345\ m^3 \cong 12{,}3\ m^3$.

1.2 Wichtige Zusammenhänge

Bei der Ausbildung zu einem naturwissenschaftlich geprägten Beruf werden die wichtigsten mathematischen Regeln, die Grundkenntnisse der Geometrie und die Zusammenhänge verschiedener mechanischer Größen vermittelt. Sie seien neben weiteren Gesetzmäßigkeiten in diesem Kapitel nochmals zur Erinnerung angeführt.

1.2.1 Mathematische Regeln

Im Rahmen der Übungsaufgaben kommen die Operatoren der Summen- und Produktbildung zur Anwendung. Auch Kenntnisse der Potenzrechnung sind gefordert. Bei einigen Berechnungen werden Flächen und Volumina berechnet. Die entsprechenden Grundformeln sind an dieser Stelle zusammengefasst:

Summenzeichen:

$$\sum_i A_i = \text{Summe aus } A_1 + A_2 + A_3 + A_4 \ldots$$

Produktzeichen:

$$\prod_i A_i = \text{Produkt aus } A_1 * A_2 * A_3 * A_4 \ldots$$

Potenzrechnung:

$$A^a * A^b = A^{a+b}$$

Beispiele: $10^5 * 10^3 = 10^8 \quad 10^8 * 10^{-2} = 10^6 \quad 10^4 * 10^{-7} = 10^{-3}$

$$A^a / A^b = A^{a-b}$$

Beispiele:
$10^5/10^3 = 10^5 * 10^{-3} = 10^2 \quad 10^{-6}/10^{-8} = 10^{-6} * 10^8 = 10^2 \quad 10^4/10^9 = 10^4 * 10^{-9} = 10^{-5}$

Kreisfläche:	$A = d^2 * \pi/4$	z. B. Rohrquerschnitt
Mantelfläche Zylinder:	$A = L * d * \pi$	z. B. Wärmeaustauschfläche Rohr
Volumen Zylinder:	$V = L * d^2 * \pi/4$	
Kugeloberfläche:	$A = d^2 * \pi$	
Kugelvolumen:	$V = d^3 * \pi/6$	

Es sei an dieser Stelle angemerkt, dass meist der Außendurchmesser von Rohren oder Behältern angegeben wird, während für die Berechnung von Stoffströmen durch Rohre oder für die Berechnung des Reaktorinhalts der Innendurchmesser maßgebend ist. Hierzu muss vom Außendurchmesser die doppelte Wandstärke abgezogen werden.

1.2.2 Kraft, Druck, Arbeit, Wärme, Energie und Leistung

Die Verwendung etwas komplexerer Einheiten wie z. B. Newton oder Joule wird erleichtert, wenn die Zusammenhänge zwischen den einzelnen Größen verstanden werden. Ihre Erklärung als „Wort-Gleichung" mag als „Eselsbrücke" dienen. Die Zusammenhänge von Kraft, Druck, Arbeit, Wärme, Energie und Leistung sind nachfolgend mit den entsprechenden Einheiten wiedergegeben:

Kraft = Masse * Beschleunigung

$$F = \mathrm{kg} * \frac{\mathrm{m}}{\mathrm{s}^2} = \mathrm{N(Newton)}$$

Arbeit, Energie, Wärme = Kraft * Weg

$$E = Q = \frac{\mathrm{kg} * \mathrm{m}}{\mathrm{s}^2} * \mathrm{m} = \frac{\mathrm{kg} * \mathrm{m}^2}{\mathrm{s}^2} = \mathrm{J\ (Joule)}$$ elektrische Arbeit wird auch in kWh angegeben

1 kWh = 3600 kJ

Leistung = Arbeit oder Energie oder Wärme pro Zeiteinheit

$$P = \frac{\mathrm{kg} * \mathrm{m}^2}{\mathrm{s}^2} * \frac{1}{\mathrm{s}} = \frac{\mathrm{kg} * \mathrm{m}^2}{\mathrm{s}^3} = \mathrm{W(Watt)}$$

Für die elektrische Leistung:

$$P = \text{Spannung} * \text{Stromstärke} = V * A = W$$

Druck = Kraft/Fläche

$$P = \frac{\mathrm{kg} * \mathrm{m}}{\mathrm{s}^2} * \frac{1}{\mathrm{m}^2} = \frac{\mathrm{kg}}{\mathrm{s}^2 * \mathrm{m}} = \mathrm{Pa(Pascal)} = 10^{-5}\ \mathrm{bar}$$

1.2.3 Weitere Zusammenhänge

Strömungsgeschwindigkeit:

Volumenstrom pro Querschnittsfläche → $w = \frac{\dot{V}}{A}$

bei Rohrströmung → $w = \frac{4 * \dot{V}}{di^2 * \pi}$

Verweilzeit in einem Reaktor → $\tau = \frac{V_R}{\dot{V}}$

1.2.4 Wirkungsgrad

Der Wirkungsgrad ist das Verhältnis von Nutzenergie zu zugeführter Energie bzw. Nutzleistung zu zugeführter Leistung. Als Beispiel sei der Betrieb eines Elektromotors genannt.

$\eta =$ Nutzenergie/zugeführte Energie

Ein Elektromotor wird stets eine geringere mechanische Arbeit verrichten, als er an elektrischer Energie verbraucht.

Eine weitere Definition ist der Anteil von Nutzenergie an insgesamt erzeugter Energie.

$\eta =$ Nutzenergie/erzeugte Energie

Der Betrieb eines elektrischen Generators oder eines Dampfkessels seien hier als zwei Beispiele gegeben: Ein Stromgenerator wird immer weniger elektrische Energie abgeben, als hinsichtlich der erzeugten Energie der ihn antreibenden Turbine zu erwarten wäre. Die Leistung einer Pumpe wird stets geringer sein als die, die der sie antreibende Elektromotor abgibt. Eine Verbrennungsanlage wird immer weniger Nutzwärme liefern, als von Masse und Heizwert des Brennstoffs theoretisch zu erwarten ist. Viele solcher Beispiele ließen sich hinzufügen. Der Wirkungsgrad wird also im Bereich von 0 bis 1 liegen. Man findet auch prozentuale Angaben des Wirkungsgrades, die das genannte Verhältnis multipliziert mit 100 % darstellen.

Werden mehrere Apparate in Serie geschaltet, z. B. ein Elektromotor treibt eine Pumpe an, multiplizieren sich die Wirkungsgrade:

$$\eta_{\text{Gesamt}} = \eta_{\text{Motor}} * \eta_{\text{Pumpe}}$$

1.2.5 Mittelungen

Das arithmetische Mittel einer Eigenschaft, z. B. eines Stoffstroms, dessen Temperatur schwankt, darf gebildet werden, wenn nur ein Stoff vorliegt und seine Masse oder der Massenstrom konstant ist:

$$\bar{T} = \frac{T_1 + T_2}{2}$$

Liegen mehrere Stoffe vor, muss mit dem Anteil des jeweiligen Stoffes gewichtet werden. Als Beispiel sei die Mittelung der Wärmekapazität genannt:

$$\text{Massenbezogen: } \overline{cp} = \frac{\sum_i (cp_i * m_i)}{\sum_i m_i} \text{ oder molbezogen: } \overline{cp} = \frac{\sum_i (cp_i * n_i)}{\sum_i n_i}$$

Mittlerer Rohrdurchmesser
Für die Berechnung des Wärmedurchgangs durch Rohrwandungen wird die Fläche des Rohrmantels benötigt. Im Allgemeinen reicht zu diesem Zweck die Genauigkeit des arithmetischen Mittels des Rohrdurchmessers aus:

$$\bar{d}_m = \frac{d_a + d_i}{2}$$

Im Fall von Rohren, bei denen die Gesamtwandstärke (z. B. Rohrwand + Wärmeisolierschicht) eine ähnliche Größe wie der innere Rohrdurchmesser aufweist, ergibt das arithmetische Mittel zu kleine Werte. Dies ist z. B. der Fall bei dicken Stein- oder Glaswolleschichten zur Wärmeisolierung. Ist die Gesamtdicke der Rohrwandung gleich dem inneren Rohrdurchmesser, liegt diese Abweichung bei etwa 4 %. In solchen Fällen sollte das logarithmische Mittel des Rohrdurchmessers verwendet werden:

$$\bar{d}_m = \frac{d_a - d_i}{\ln \frac{d_a}{d_i}}$$

Mittlere Temperaturdifferenz
In Wärmetauschern, z. B. einem Doppelrohrtauscher (siehe Abb.1.1), nimmt die Temperatur des zu kühlenden Stoffstroms im Verlauf der Länge des Rohres ab, während gleichzeitig die des Kühlmediums steigt. Zur Berechnung des Wärmedurchgangs gemäß der später angeführten Formel 30 muss somit eine mittlere Temperaturdifferenz zwischen Stoffstrom und Kühlmedium bestimmt werden. Da die Temperaturprofile beider Ströme entlang des Wärmetauschers nicht linear sind, wird die mittlere logarithmische Temperaturdifferenz gemäß nachfolgender Formel berechnet:

$$\Delta\bar{T}_m = \frac{\Delta T_1 - \Delta T_2}{\ln \frac{\Delta T_1}{\Delta T_2}}$$

Dies sei im folgenden Beispiel an einem im Gegenstrombetrieb laufenden Doppelrohrtauscher demonstriert:

Innenrohr:
Zu kühlende Flüssigkeit
Eintritt = 90 °C
Austritt = 30 °C

Außenrohr:
Kühlflüssigkeit
Eintritt = 10 °C
Austritt = 55 °C

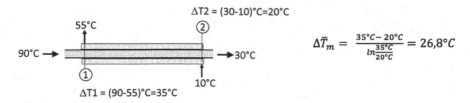

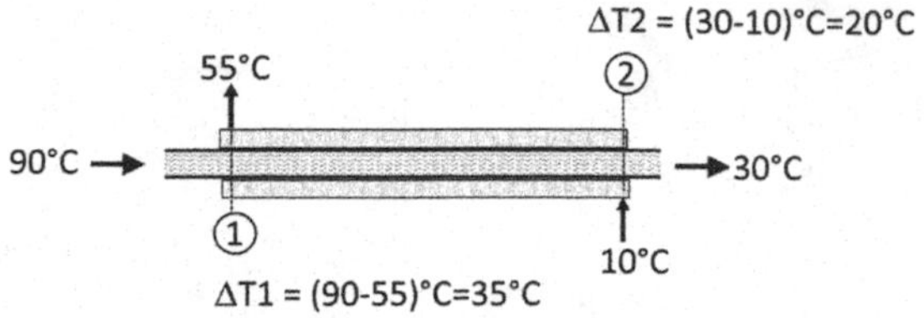

$$\Delta\bar{T}_m = \frac{35°C - 20°C}{ln\frac{35°C}{20°C}} = 26{,}8°C$$

Abb. 1.1 Berechnung der mittleren logarithmischen Temperaturdifferenz am Beispiel eines Doppelrohrtauschers im Gegenstrombetrieb

Grundlagen und Formelsammlung

2

In der vorliegenden Formelsammlung werden die wesentlichen Beziehungen gegeben, die zur Berechnung von Größen in einer Chemieanlage wichtig sind. Wie bereits angeführt, erhebt dieses Werk nicht den Anspruch eines Lehrbuchs der Verfahrenstechnik, daher wird auf die Herleitung solcher Beziehungen verzichtet. Es werden zur Behandlung der Übungsaufgaben keine Kenntnisse der Differential- oder Integralrechnung vorausgesetzt, wohl aber die Beherrschung von Rechnen mit Potenzen und Logarithmen. In einigen Fällen sind die wissenschaftlichen Hintergründe phänomenologisch geschildert, um über eine gewisse Anschaulichkeit ein Verständnis für die Formeln zu vermitteln.

Die Schwerpunkte dieser Formelsammlung liegen im allgemeinen Gasgesetz, dem Massenwirkungsgesetz, Kinetik, Stoffbilanzen, Wärmebilanzen und Flüssigfördern. Zusätzlich werden noch einfache Beziehungen der Maßstabvergrößerung und der Elektrochemie behandelt.

2.1 Ideales Gasgesetz

Das ideale Gasgesetz beschreibt den Zusammenhang von Volumen, Druck und Temperatur eines idealen Gases. In der Realität gibt es jedoch, bedingt durch zwischenmolekulare Kräfte, leichte Abweichungen vom idealen Verhalten. Da im Allgemeinen jedoch die Genauigkeit des idealen Gasgesetzes den Bedürfnissen der Berechnungen in einem chemischen Produktionsbetrieb Genüge tut, wird es im Rahmen dieses Übungsbuches ausschließlich verwendet. Die Temperatur muss hierbei grundsätzlich in der Einheit K (Kelvin) eingesetzt werden. Es sei darauf hingewiesen, dass bei betrieblichen Daten oft der Überdruck eines Gases angegeben wird. Im Gasgesetz muss jedoch der absolute Druck eingesetzt werden.

1 mol eines idealen Gases hat unter Normbedingungen (0 °C = 273,15 K und 1,013 bar) ein Volumen von 22,414 Litern. Diese Bedingungen gelten auch für die Definition des „Normkubikmeters" (Nm^3). Der Zusammenhang zwischen

G. Jüptner, *111 Rechenübungen zum Gebiet Chemische Technologie*,
https://doi.org/10.1007/978-3-662-61118-0_2

Volumen, Druck und Temperatur eines Gases ist durch die folgenden Formeln gegeben, wobei anstatt des Volumens auch der Volumenstrom eingesetzt werden kann:

Formel 1: $\frac{V_0 * p_0}{T_0} = \frac{V_1 * p_1}{T_1} = \frac{V_2 * p_2}{T_2} = \ldots$

bzw. bei Volumenströmen $\frac{\dot{V}_0 * p_0}{T_0} = \frac{\dot{V}_1 * p_1}{T_1} = \frac{\dot{V}_2 * p_2}{T_2} = \ldots$

Daraus folgt gemäß Formel 2 das allgemeine Gasgesetz für ideale Gase. Für das Volumen kann auch der Volumenstrom eingesetzt werden, wenn anstatt der Molzahl der Molenstrom verwendet wird:

Formel 2: $p * V = n * R * T$
bzw. bei Volumenströmen $p * \dot{V} = \dot{n} * R * T$
mit der allgemeinen Gaskonstante $R = 8{,}315 * 10^{-5}$ bar * m^3/(mol * K)
→ Weitere Einheiten von R sind in Abschn. 1.2 gegeben.

2.2 Massenwirkungsgesetz

Viele Reaktionen laufen nicht vollständig ab, sondern es besteht ein Gleichgewicht zwischen Hin- und Rückreaktion. Als Beispiel sei hier die technisch wichtige Ammoniak-Synthese genannt:

$$N_2 + 3H_2 \rightleftarrows 2\,NH_3$$

Die Lage solcher Reaktionsgleichgewichte wird durch Gleichgewichtskonstanten beschrieben. Hieraus lassen sich die Drücke bzw. Konzentrationen bzw. die Molenbrüche der Reaktanten und Produkte im Gleichgewicht berechnen.

Das Massenwirkungsgesetz findet in abgewandelter Form auch im Löslichkeitsprodukt und bei der Berechnung von pH-Werten Anwendung.

2.2.1 Reaktionsgleichgewichte

Die Gleichgewichtskonstanten beschreiben wie folgt die Drücke, die Konzentrationen und die Molenbrüche der Reaktanten und Produkte im Gleichgewicht. Ihre Berechnung erfolgt mittels thermodynamischer Größen durch die van't Hoffsche Gleichung, worauf jedoch in diesem Werk nicht näher eingegangen wird.

Gleichgewichtskonstanten sind gemäß dem „Prinzip des kleinsten Zwanges" von LeChatelier druck- und temperaturabhängig: Bei einer Reaktion, bei der in der Reaktionsgleichung die Molzahl abnimmt, also die Molzahl der Reaktanten größer ist als die der Produkte, drängt ein hoher Reaktordruck das Gleichgewicht in Richtung Produkte. Bei einer exothermen Reaktion wird durch eine hohe Reaktionstemperatur das Gleichgewicht in Richtung der Reaktanten verschoben. Die Definition der druckbezogenen Gleichgewichtskonstante k_p, die der konzentrationsbezogenen k_c und die der molenbruchbezogenen k_x wird im Folgenden in allgemeiner Form und am Beispiel der Reaktion $3A + B \rightleftarrows 2C + 4D$ wiedergegeben:

Formel 3a: $k_P = \prod_i p_i^{\upsilon_i}$

Beispiel $k_p = \frac{p_C^2 * p_D^4}{p_A^3 * p_B^1}$

Ist in der Reaktionsgleichung die Molzahl der Reaktanten gleich der der Produkte, ist die Summe von v_i gleich 0. Daraus folgt, dass k_p in einem solchen Fall nicht mit einer Einheit behaftet ist. Ist jedoch in der Reaktionsgleichung die Molzahl der Reaktanten nicht gleich der der Produkte, erhält k_{psu} eine Druckeinheit. Im Falle des obigen Beispiels werden aus vier Reaktanten-Molekülen sechs Produkt-Moleküle. Die Gleichgewichtskonstante k_p hätte damit die Einheit bar^2 bzw. Pa^2. Ähnliches gilt für die konzentrationsbezogene Gleichgewichtskonstante k_c. Für das angeführte Beispiel hätte k_c die Einheit (mol/L)^2. Es sei darauf hingewiesen, dass die entsprechenden Konzentrationen zwingend als molare Größen verwendet werden müssen.

Formel 3b: $k_c = \prod_i c_i^{\upsilon_i}$

Beispiel $k_c = \frac{c_C^2 * c_D^4}{c_A^3 * c_B^1}$

Die Gleichgewichtkonstante des Molenbruchs k_x ist grundsätzlich nicht mit einer Einheit behaftet.

Formel 3c: $k_x = \prod_i x_i^{\upsilon_i}$

Beispiel $k_x = \frac{x_C^2 * x_D^4}{x_A^3 * x_B^1}$

Die Gleichgewichtskonstanten k_p, k_c und k_x können mittels nachstehender Formel ineinander umgerechnet werden:

Formel 3d: $k_p = k_c * (R * T)^{\sum \upsilon_i} = k_x * p^{\sum \upsilon_i}$

Wie schon erwähnt, ist die Gleichgewichtskonstante temperaturabhängig. Die Temperaturabhängigkeit der Gleichgewichtskonstante k_p ist gemäß der van't Hoffschen Gleichung durch die Reaktionsenthalpie gegeben.

Formel 3e: $\frac{k_{p2}}{k_{p1}} = e^{\frac{\Delta_R H}{R} * \left(\frac{1}{T_1} - \frac{1}{T_2}\right)}$

2.2.2 pH- und pK$_a$-Wert, Pufferlösungen

Der pH-Wert ist der negative dekadische Logarithmus der Wasserstoffionenkonzentration (als mol/L) einer Lösung, während der seltener verwendete pOH-Wert der negative dekadische Logarithmus der Hydroxylionenkonzentration (mol/L) darstellt:

Formel 4a: $c_{H^+} = 10^{-pH}$ $c_{OH^-} = 10^{-pOH}$ mit den Konzentrationen eingesetzt als mol/L

Über das Massenwirkungsgesetz gelangt man zum Ionenprodukt des Wassers:

Formel 4b: $c_{H^+} * c_{OH^-} = 10^{-14}\left(\frac{mol}{L}\right)^2$ für 25 °C

Das heißt, dass die Summe aus pH und pOH 14 beträgt:

Formel 4c: $pH + pOH = 14$

Streng genommen gelten diese Beziehungen nur für eine vollständige Dissoziation einer Säure oder einer Lauge, was für „starke" Säuren und Basen in verdünnter Form weitgehend zutrifft. Die „Stärke" einer Säure oder einer Base wird beschrieben durch die Säurekonstante pK$_s$ (teilweise auch als pK$_a$ bezeichnet), die einschlägigen Tabellen entnommen werden kann. Je niedriger dieser Wert ist, desto „stärker" ist eine Säure, je höher, desto „stärker" ist eine Base.

Formel 5a: $k_s = \frac{c_{H^+} * c_{A^-}}{c_{HA}}$ $k_s = 10^{-pK_s}$

Der pH-Wert einer Säure des Typs $HX \rightleftarrows H^+X^-$ berechnet sich gemäß

Formel 5b: $pH = (pk_s - \lg[c_S])/2$ (mit der Säure- oder Basenkonzentration c_S in mol/L).

Der pH-Wert einer Base des Typs $YOH \rightleftarrows Y^+OH^-$ berechnet sich gemäß

Formel 5c: $pH = (pk_s + \lg[c_B] + 14)/2$ (mit der Basenkonzentration c_B in mol/L).

Der pH-Wert von Pufferlösungen aus schwachen Säuren und ihrer Salze mit starken Basen, z. B. Essigsäure und Natriumacetat, berechnet sich gemäß der Henderson-Hasselbalch-Formel wie folgt:

Formel 5d: $pH = pk_s + \lg\frac{c_{Salz}}{c_{Säure}}$

Analog dazu folgt der pH-Wert von Pufferlösungen aus schwachen Basen und ihrer Salze mit starken Säuren, z. B. Ammoniumhydroxid und Ammoniumchlorid:

Formel 5e: $pH = pk_s + \lg\frac{c_{Base}}{c_{Salz}}$

2.2.3 Löslichkeitsprodukt

Das Löslichkeitsprodukt basiert auf dem Massenwirkungsgesetz und beschreibt Konzentrationen der Anionen und Kationen in der gesättigten Lösung einer schwerlöslichen Substanz:

Formel 6: $L_P = \prod_i c_i^{\upsilon_i}$

Dies sei an den folgenden Beispielen beschrieben:

Beispiel 1: $A^+ + B^- \rightarrow AB \downarrow$

$$L_{P-AB} = c_{A^+}^1 * c_{B^-}^1 = c_{A^+} * c_{B^-}$$

Beispiel 2: $A^+ + 2B^- \rightarrow AB_2 \downarrow$

$$L_{P-AB} = c_{A^+}^1 * c_{B^-}^2 = c_{A^+} * c_{B^-}^2$$

Daten für die Löslichkeitsprodukte verschiedener Substanzen finden sich in einschlägigen Tabellenwerken.

2.3 Stoffbilanzen

Im chemischen Produktionsbetrieb wird meist mit Massen, Massenströmen oder Gewichtsprozent (gew %) gerechnet. Dies hat unter anderem seine Ursache darin, dass Rohstoffe im Allgemeinen massenbezogen, also in Kilogramm bzw. Tonnen, eingekauft werden. Gleiches gilt für den Verkauf der Produkte. Auch die Produktionsleistung einer Anlage wird meist in „Jahrestonnen“ = t/Jahr angegeben. Viele chemisch-technische Berechnungen müssen allerdings auf molarer Basis durchgeführt werden. Bei Massenbilanzen gilt der Grundsatz, dass die Summe der Stoffmassen, die in ein System (z. B. einen Reaktor) geführt wird, grundsätzlich gleich ist der Gesamtmasse, die das System wieder verlässt. Dies ist anders bei molaren Bilanzen, da sich die Gesamtmolzahl durch chemische Reaktionen verändern kann. Die Zusammenhänge zwischen massen- und molarbezogenen Größen werden in diesem Abschnitt dargestellt.

Es sei auch auf die Konzentrationsangaben ppm oder auch ppb hingewiesen. Beide Größen können entweder massen- oder volumenbezogen sein. ppm steht für „parts per million“, also ein Teil pro eine Million Teile (10^6). 1 ppm des Stoffes A bedeutet, dass 1 kg einer Substanz 1 mg des Stoffes A beziehungsweise 1 m^3 eines Gasgemisches 1 mL des Gases A enthält. ppb steht für „parts per billion“, also ein Teil pro Milliarde Teile (10^9). Noch kleinere Konzentrationen werden auch in „parts per trillion“ (10^{12}), also ppt, angegeben.

Der Fortschritt bzw. der Status einer Reaktion wird durch den Umsatz quantifiziert, die Effektivität durch Ausbeute und Selektivität. Diese drei Prozessgrößen werden grundsätzlich mittels molarer Parameter (Molzahl, Molstrom, molare Konzentration) berechnet.

2.3.1 Massenbilanzen und stöchiometrische Bilanzen

Im Folgenden wird die Berechnung von molaren und massenbasierten Konzentrationen sowie Molenbrüchen beschrieben.

Molare Konzentration = Molzahl-*A*/Volumen → mol/L

bzw. Molstrom-*A*/Volumenstrom

Formel 7a: $c_A = \frac{n_A}{V} = \frac{\dot{n}_A}{\dot{V}}$

Molenbruch = Molzahl Stoff-*A*/Gesamtmolzahl *i*

Formel 7b: $x = \frac{n_A}{\sum_i n_i}$

Massenkonzentration = Masse-*A*/Volumen → kg/m^3

Formel 7c: $C_A = \frac{m_A}{V}$

Massenprozent = 100 * Masse-*A*/Gesamtmasse → %

Formel 7d: $C'_A = 100 * \frac{m_A}{\sum_i m_i}$

Masse & Molzahl:

Formel 7e: Masse = Molzahl ∗ Molmasse → $m_i = n_i * M_i$ für Stoffströme → $\dot{m}_i = \dot{n}_i * M_i$

Masse & Volumen:

Formel 8a: Masse = Volumen ∗ Dichte → $m = V * \rho$

Formel 8b: für Stoffströme → $\dot{m} = \dot{V} * \rho$

2.3.2 Umsatz, Ausbeute und Selektivität

Bei chemischen Reaktionen sind meist zwei oder auch mehrere Einsatzstoffe (→ Reaktanten, Edukte) beteiligt, und es ergeben sich oft auch mehrere Produkte, z. B. bei der Reaktion $A + 2B \rightarrow C + 3D$

Somit lässt sich sowohl für den Reaktanten *A* als auch für den Reaktanten *B* ein Umsatz formulieren. Ähnliches gilt für die Ausbeuten und die Selektivitäten der Stoffe *C* bzw. *D*. Hier ist zusätzlich ein Bezug zu den Einsatzstoffen nötig. Grundsätzlich werden diese drei Größen aus den Molzahlen oder den Molströmen berechnet, keinesfalls jedoch aus den Massen der eingesetzten Stoffe und der Produkte. Im Falle einer volumenkonstanten Reaktion können zwar statt der

Molzahlen auch die Konzentrationen eingesetzt werden, dieser Sonderfall wird hier jedoch nicht betrachtet. Zur Berechnung des Umsatzes, der Ausbeuten und der Selektivitäten wählt man als Edukt in der Regel die Unterschusskomponente. Im Falle eines starken Preisunterschiedes der Reaktanten wird in selteneren Fällen auch das Edukt des deutlich höheren Preises gewählt, selbst wenn es nicht die Unterschusskomponente ist. Bei der Berechnung der Ausbeuten und Selektivitäten wird in den meisten Fällen das Produkt, das ein Zwischenprodukt darstellt und weiterverarbeitet wird, oder das wertvollste Produkt betrachtet.

Es ist üblich, den Umsatz, die Ausbeute und die Selektivität als relativen Anteil von 1 oder auch in Prozent darzustellen. So kann beispielsweise ein Umsatz von $X_A = 0{,}747$ auch als $X_A = 74{,}7\ \%$ ausgedrückt werden.

Der **Umsatz** X_E gibt an, welcher molare Anteil eines Einsatzstoffes (Reaktant, Edukt) reagiert hat. Für den Umsatz eines Edukts gilt:

Umsatzberechnung für den Satzbetrieb →

Formel 9a: $X_E = \frac{n_{Eo} - n_E}{n_{Eo}}$

z. B. für das Edukt A der zuvor beispielhaft angeführten Reaktionsgleichung $X_A = \frac{n_{Ao} - n_A}{n_{Ao}}$

Umsatzberechnung für den kontinuierlichen Betrieb →

Formel 9b: $X_E = \frac{\dot{n}_{Eo} - \dot{n}_E}{\dot{n}_{Eo}}$

z. B. für das Edukt A der zuvor angeführten Reaktionsgleichung $X_A = \frac{\dot{n}_{Ao} - \dot{n}_A}{\dot{n}_{Ao}}$

Hierbei steht n_{Ao} für die Molzahl von A zu Beginn der Reaktion ($t = 0$) und n_A für die Molzahl von A am Ende der Reaktionszeit (t).

Ändert sich das Volumen während der Reaktion nicht, kann der Umsatz analog mittels der Konzentrationen berechnet werden →

Formel 9c: $X_E = \frac{c_{Eo} - c_E}{c_{Eo}}$

Die **Ausbeute** $Y_{P/E}$ gibt an, wie viel Mole Produkt (n_P) relativ zu den eingesetzten Molen an Edukt (n_{Eo}) entstanden sind. Es müssen auch die stöchiometrischen Zahlen ν_i aus der chemischen Gleichung berücksichtigt werden. Die der Edukte sind per Definition grundsätzlich negativ, die der Produkte positiv. Als Beispiel sei die oben angeführte Reaktionsgleichung angeführt:

ν_i: für Edukt $A \rightarrow \nu_A = -1$
für Edukt $B \rightarrow \nu_B = -2$
für Produkt $C \rightarrow \nu_C = +1$
für Produkt $D \rightarrow \nu_D = +3$

Oft werden bei unvollständiger Reaktion nicht umgesetzte Edukte aus dem Produktstrom entfernt und dem Einsatz an frischen Edukten zugesetzt. Somit kann ein solches Einsatzgemisch dann auch eine gewisse Menge an Produkt enthalten. Dem wird durch den Term n_{P_O} Rechnung getragen. Im Falle des Einsatzes von reinen Edukten ist $n_{P_O} = 0$.

Ausbeuteberechnung für den Satzbetrieb →

Formel 10a: $Y_{P/E} = \frac{\upsilon_E * (n_{Po} - n_P)}{\upsilon_p * n_{Eo}}$

Für die oben angeführte Reaktion lassen sich damit prinzipiell vier Ausbeuten definieren:

Für Produkt C bezogen auf den Reaktanten $A \rightarrow Y_{C/A}$ sowie bezogen auf das Edukt $B \rightarrow Y_{C/B}$.

Gleiches gilt für das Produkt D bezüglich des Edukts $A \rightarrow Y_{D/A}$ und bezüglich Reaktant $B \rightarrow Y_{D/B}$.

Allerdings wählt man, wie bereits angeführt, die sinnvollste Definition der Ausbeute.

Es seien als Beispiele die Ausbeute von Produkt D bezüglich Edukt A und C bezüglich Edukt B gegeben:

$$Y_{D/A} = \frac{\upsilon_A * (n_{Do} - n_D)}{\upsilon_D * n_{Ao}} \rightarrow Y_{D/A} = \frac{-1 * (n_{Do} - n_D)}{3 * n_{Ao}} \text{ und}$$

$$Y_{C/B} = \frac{\upsilon_B * (n_{Co} - n_C)}{\upsilon_C * n_{Bo}} \rightarrow Y_{C/B} = \frac{-2 * (n_{Co} - n_C)}{1 * n_{Bo}}$$

In analoger Weise lassen sich auch die Ausbeuten $Y_{C/A}$ oder $Y_{D/B}$ berechnen.

Im Falle eines kontinuierlichen Betriebs sind analog zu den Formeln des Umsatzes anstatt der Molzahlen n_i die Molströme $\dot{n}_i$ einzusetzen:

Ausbeuteberechnung für den kontinuierlichen Betrieb →

Formel 10b: $Y_{P/E} = \frac{\upsilon_E * (\dot{n}_{Po} - \dot{n}_P)}{\upsilon_p * \dot{n}_{Eo}}$

Ändert sich das Volumen während der Reaktion nicht, kann die Ausbeute analog mittels der Konzentrationen berechnet werden →

Formel 10c: $Y_{P/E} = \frac{\upsilon_E * (c_{Po} - c_P)}{\upsilon_p * c_{Eo}}$

Die **Selektivität** beschreibt die Ausbeute eines Produkts bezogen auf die umgesetzte Molzahl an Edukt. Während die Ausbeute nicht berücksichtigt, wie viel Edukt in Nebenreaktionen verloren geht, sondern lediglich das Verhältnis gebildetes Produkt zu eingesetztem Edukt angibt, wird mit der Selektivität beschrieben, wie viel umgesetztes Edukt zu dem gewünschten Produkt führt. Hiermit wird der Einfluss von Nebenreaktionen auf die Ausbeute quantifiziert.

Selektivitätsberechnung für den Satzbetrieb →

Formel 11a: $S_{P/E} = \frac{\upsilon_E * (n_{Po} - n_P)}{\upsilon_p * (n_{Eo} - n_E)}$

Wie bei der Ausbeute lassen sich für die zuvor beispielhaft angeführte Reaktion prinzipiell auch vier Selektivitäten definieren:

Für Produkt C bezogen auf den Reaktanten $A \rightarrow S_{C/A}$ sowie bezogen auf das Edukt $B \rightarrow S_{C/B}$.

Gleiches gilt für das Produkt D bezüglich des Edukts $A \rightarrow S_{D/A}$ und bezüglich Reaktant $B \rightarrow S_{D/B}$.

Allerdings wählt man, wie zuvor angeführt, die sinnvollste Definition der Selektivität.

Entsprechende Beispiele der Berechnung der Selektivitäten für die zuvor beispielhaft angeführte chemische Gleichung sind wie folgt gegeben:

$$S_{D/A} = \frac{\upsilon_A * (n_{Do} - n_D)}{\upsilon_D * (n_{Ao} - n_{A})} \rightarrow S_{D/A} = \frac{-1 * (n_{Do} - n_D)}{3 * (n_{Ao} - n_{A})} \text{ und}$$

$$S_{C/B} = \frac{\upsilon_B * (n_{Co} - n_C)}{\upsilon_C * (n_{Bo} - n_{B})} \rightarrow S_{C/B} = \frac{-2 * (n_{Co} - n_C)}{1 * (n_{Bo} - n_{B})}$$

Selektivitätsberechnung für den kontinuierlichen Betrieb →

Formel 11b: $S_{P/E} = \frac{\upsilon_E * (\dot{n}_{Po} - \dot{n}_P)}{\upsilon_p * (\dot{n}_{Eo} - \dot{n}_E)}$

Ändert sich das Volumen während der Reaktion nicht, kann die Selektivität analog mittels der Konzentrationen berechnet werden →

Formel 11c: $S_{P/E} = \frac{\upsilon_E * (c_{Po} - c_P)}{\upsilon_p * (c_{Eo} - c_E)}$

2.3.3 Reaktionsgeschwindigkeit

Die Reaktionsgeschwindigkeit ist die Abnahme der Konzentration eines Reaktanten A oder die Zunahme der Konzentration eines Produkts P pro Zeiteinheit bei volumenkonstanten Reaktionen, wie in Formel 12 als einfache Differentialgleichung dargestellt.

Formel 12: $r = \frac{dc_A}{dt}$

Für die Reaktionsgeschwindigkeit r wird nun das Zeitgesetz der entsprechenden Reaktion eingesetzt und die Differentialgleichung gelöst. Dies kann insbesondere bei zusammengesetzten Reaktionen, wie Gleichgewichtsreaktionen ($A + B \rightleftarrows C + D$), Folgereaktionen ($A + B \rightarrow C\, C + A \rightarrow D$) und weiteren zusammengesetzten Reaktionsabläufen, zu sehr komplizierten Gleichungen führen.

Diese und die zugehörigen Ableitungen mögen den entsprechenden Lehrbüchern entnommen werden. Es werden daher an dieser Stelle lediglich Lösungen für vier einfache Reaktionstypen gegeben. Sie gelten nur für homogene Systeme, also nur beim Vorliegen einer Reaktionsphase, nicht jedoch für Mehrphasen-Reaktionen. Hierbei wurden der Satzbetrieb und kontinuierliche Reaktoren, wie der kontinuierliche Rührkessel („continuous stirred tank reactor“ = CSTR) und der Rohrreaktor („plug flow reactor“ = PFR) betrachtet. Die Lösungen gelten nur, wenn neben den angegebenen Reaktionen keine weiteren ablaufen. Laufen weitere Reaktionen ab, wie z. B. Nebenreaktionen, Gleichgewichtsreaktionen, Folgereaktionen und andere, ergeben sich als Lösung der Differentialgleichungen sehr komplizierte Funktionen, die teilweise nicht mehr explizit zu lösen sind. Diese Fälle übersteigen den Rahmen dieses Buches und werden daher hier nicht behandelt.

Die entsprechenden Differentialgleichungen der Zeitgesetze wurden in den Grenzen $t=0$ mit $c_A = c_{Ao}$ und $t=t$ mit $c_A = c_A$ gelöst. Mit daraus folgenden Gleichungen berechnet sich, beginnend mit den Anfangsbedingungen $t=0$ und $c_A = c_{Ao}$, die Konzentration von A in Abhängigkeit der Reaktionszeit t für den Satzbetrieb bzw. der Verweilzeit τ für kontinuierliche Reaktoren. Die Einheit der Geschwindigkeitskonstante k für Reaktionen 1.Ordnung ist s^{-1} und für Reaktionen 2.Ordnung L/(mol * s). Die Geschwindigkeitskonstante ist temperaturabhängig, wie später in diesem Kapitel im Detail erläutert wird.

Reaktion 1. Ordnung: A → C

Zeitgesetz →
Formel 13a: $r = k * c_A = \frac{dc_A}{dt}$

Lösung:
Satzbetrieb: **Formel 13b**: $\ln \frac{c_{Ao}}{c_A} = k * t$

Formel 13c: $c_A = c_{Ao} * e^{-k*t}$

PFR: **Formel 13d**: $c_A = c_{Ao} * e^{-k*\tau}$

CSTR: **Formel 13e**: $c_A = \frac{c_{Ao}}{1+k*\tau}$

Reaktion 2. Ordnung: 2A → C

Zeitgesetz →
Formel 14a: $r = k * c_A^2 = \frac{dc_A}{dt}$

Lösung:
Satzbetrieb: **Formel 14b**: $\frac{1}{c_A} - \frac{1}{c_{Ao}} = k * t$

Formel 14c: $c_A = \frac{c_{Ao}}{(1+c_{Ao}*k*t)}$

PFR: **Formel 14d**: $c_A = \frac{c_{Ao}}{(1+c_{Ao}*k*\tau)}$

CSTR: **Formel 14e**: $c_A = \sqrt{\frac{c_{Ao}}{k*\tau} + \frac{1}{4*k^2*\tau^2}} - \frac{1}{2*k*\tau}$

Reaktion 2. Ordnung: A + B → C (Sonderfall des stöchiometrischen Verhältnisses von $c_{Ao} = c_{Bo}$)

Im Falle, dass die Anfangskonzentrationen der Reaktanten *A* und *B* im stöchiometrischen Verhältnis der Reaktionsgleichung eingesetzt werden, vereinfacht sich die Gleichung zu Formel 15a. Die zeitlichen Konzentrationsverläufe der Reaktanten *A* und *B* sind identisch.

Zeitgesetz →
Formel 15a: $r = k * c_A * c_B = k * c_A^2 = k * c_B^2$

Lösung:
Satzbetrieb: **Formel 15b**: $c_A = c_B = \frac{c_{Ao}}{(1+c_{Ao}*k*t)} = \frac{c_{Bo}}{(1+c_{Bo}*k*t)}$

PFR: **Formel 15c**: $c_A = c_B = \frac{c_{Ao}}{(1+c_{Ao}*k*\tau)} = \frac{c_{Bo}}{(1+c_{Bo}*k*\tau)}$

CSTR: **Formel 15d**: $c_A = c_B = \sqrt{\frac{c_{Ao}}{k*\tau} + \frac{1}{4*k^2*\tau^2}} - \frac{1}{2*k*\tau} = \sqrt{\frac{c_{Bo}}{k*\tau} + \frac{1}{4*k^2*\tau^2}} - \frac{1}{2*k*\tau}$

Reaktion 2. Ordnung: A + B → C (c_{Ao} und c_{Bo} liegen nicht im stöchiometrischen Verhältnis vor)

Zeitgesetz →
Formel 16a: $r = k * c_A * c_B$

Lösung:
Satzbetrieb: **Formel 16b**: $\frac{1}{c_{Ao} - c_{Bo}} * \ln\left\{\frac{c_{Bo} * c_A}{c_{Ao} * (c_{Bo} - c_{A0} + c_A)}\right\} = k * t$

Formel 16c: $c_A = \frac{\theta * c_{Ao} * (c_{Bo} - c_{Ao})}{c_{Bo} - \theta * c_{Ao}}$ mit $\theta = e^{(c_{Ao} - c_{Bo}) * k * t}$

PFR: **Formel 16d**: $c_A = \frac{\theta * c_{Ao} * (c_{Bo} - c_{Ao})}{c_{Bo} - \theta * c_{Ao}}$ mit $\theta = e^{(c_{Ao} - c_{Bo}) * k * \tau}$

Eine Lösung für den CSTR wird aufgrund ihrer Komplexität an dieser Stelle nicht gegeben.

Die Reaktionsgeschwindigkeit hängt von der Temperatur ab. Mit steigender Temperatur nimmt die Geschwindigkeitskonstante exponentiell zu. Von der Anwendung einer oft genannten sehr groben Faustregel, nach der sich die Reaktionsgeschwindigkeit bei einer Temperatursteigerung von 5 °C verdoppelt, muss wegen Ungenauigkeit und Unsicherheit der Aussage abgeraten werden. Für homogene Reaktionen, also für nicht-katalysierte Reaktionen in einer Phase, gilt das Gesetz von Arrhenius einer Zunahme der Geschwindigkeitskonstante mit steigender Temperatur:

Formel 17a: $k = k_0 * e^{-E_A/R * T}$

Mit k_0 als theoretisch maximale Geschwindigkeitskonstante, E_A als Aktivierungsenergie, R als allgemeine Gaskonstante und T als absolute Temperatur. Je größer die Aktivierungsenergie E_A, desto temperaturempfindlicher ist die Reaktion. Mit der nachfolgenden Formel kann der Faktor der Reaktionsgeschwindigkeiten berechnet werden, wenn die Temperatur von T_1 auf T_2 geändert wird.

Formel 17b: $F_T = \frac{k_2}{k_1} = e^{\frac{E_A}{R} * \left(\frac{1}{T_1} - \frac{1}{T_2}\right)}$

2.4 Wärme

Zum Erwärmen eines Stoffes muss Energie zugeführt werden, während zum Abkühlen Wärme entzogen wird. Jedes Material hat eine spezifische Wärmekapazität, mit der sich in Anhängigkeit der Temperaturerhöhung bzw. -senkung die hierfür nötige Wärmemenge berechnen lässt.

Wird ein Material geschmolzen, wird hierfür die Zufuhr von Wärme benötigt. Erstarrt eine Flüssigkeit, wird Wärme freigesetzt. Jeder schmelzbare Stoff hat eine spezifische Schmelzwärme, die gleich der Erstarrungswärme ist. Ähnlich verhält es sich beim Verdampfen und Kondensieren von Flüssigkeiten: Der Übergang von flüssig zu gasförmig geht mit Wärmezufuhr vonstatten, während bei der Kondensation Wärme freigesetzt wird. Auch hier ist diese Wärmemenge stoffspezifisch.

Bei der Auflösung eines Stoffes kann Wärme freigesetzt (z. B. Kaliumhydroxid in Wasser) oder verbraucht werden (z. B. Kaliumjodid in Wasser).

Jede chemische Reaktion geht mehr oder minder mit Wärmeentwicklung (exotherme Reaktion) oder Wärmeverbrauch (endotherme Reaktion) einher. Somit ist eine Quantifizierung solcher Wärmemengen nötig, um Reaktionen in sicherer, optimaler und energiesparender Weise durchführen zu können. Die Geschwindigkeit der Wärmefreisetzung nimmt mit wachsender Reaktionsgeschwindigkeit zu. Bei ungenügender Wärmeabfuhr aus dem System steigt seine Temperatur an. Die Reaktionsgeschwindigkeit ihrerseits vergrößert sich exponentiell mit steigender Temperatur, womit die Temperatur weiter ansteigt. Dies ist das Szenario für eine durchgehende Reaktion. In einem stabilen System muss gewährleistet sein, dass die freigesetzte Wärme mittels Kühlung abgeführt wird. Wichtig hierfür sind die Kenntnisse der Gesetzmäßigkeiten des Wärmedurchgangs und des Formulierens von Wärmebilanzen. Wie im Folgenden gezeigt wird, können hieraus auch Stabilitätskriterien wie die adiabatische Temperaturerhöhung oder die Berechnung stabiler Betriebspunkte abgeleitet werden.

Im Unterschied zu Gasen sind Feststoffe und Flüssigkeiten in der Regel Materialien mit einer äußerst geringen Kompressibilität. Somit kann die Ausdehnung solcher Stoffe mit steigender Temperatur zu Schäden führen, wenn man ihnen keinen Raum zu ihrer thermischen Expansion lässt. Gleiches gilt für sinkende Temperaturen.

Die angesprochenen Themen werden im weiteren Verlauf dieses Kapitels quantitativ behandelt.

2.4.1 Erwärmen und Abkühlen

Die zum Erwärmen eines Stoffes zuzuführende oder die zum Abkühlen abzuführende Wärmemenge lässt sich aus der Menge des Stoffes, der spezifischen Wärme (*cp*) bzw. Molwärme (*cp*) und der Temperaturdifferenz vorher (T_0) zu nachher (T_1) berechnen. cp beschreibt die Wärmemenge (kJ), die nötig ist, um 1 kg bzw. 1 mol eines Stoffes um 1 °C aufzuheizen bzw. abzukühlen. Die spezifische Wärme bzw. Molwärme ist den entsprechenden Tabellen zu entnehmen. Vorsicht ist bei älteren Tabellen geboten, die teilweise noch auf Kalorien basieren. Aber nicht nur aus diesem Grund ist auf die angegebene Einheit von cp zu achten: Die spezifische Wärme ist massenbezogen und daher mit der Einheit kJ/(kg * °C) behaftet, während die Molwärme molbezogen ist und daher hierfür als Einheit kJ/(mol * °C) verwendet wird. Es sei darauf hingewiesen, dass cp selbst in einem gewissen Maße temperaturabhängig ist, was in manchen Tabellenwerken berücksichtigt wird. Hierauf wird in diesem praxisbezogenen Buch allerdings nicht eingegangen und in guter Näherung mit konstanten Werten der Wärmekapazität gerechnet. Bezüglich der Einheit von cp findet sich teilweise statt des Bezugs auf °C auch ein Bezug auf K. Da es sich bei den Berechnungen um Temperaturdifferenzen handelt und die Spreizung der °C Skala gleich der der K-Skala ist, sind beide Angaben der Wärmekapazität identisch.

Die Wärmemengen für einen Aufheiz- bzw. einen Abkühlvorgang berechnen sich wie folgt.

Massenbezogen (Einheit $cp \rightarrow \frac{\mathrm{kJ}}{\mathrm{kg} * {}^\circ\mathrm{C}} = \frac{\mathrm{kJ}}{\mathrm{kg} * \mathrm{K}}$)

Für den Satzbetrieb:
Bei Vorliegen nur eines Stoffes → **Formel 18a:** $Q = m * cp * (T_1 - T_0)$
Bei einem Mehrstoffgemisch → **Formel 18b:** $Q = \sum_i [m_i * cp_i * (T_1 - T_0)]$

Für den kontinuierlichen Betrieb:
Bei Vorliegen nur eines Stoffes → **Formel 19a:** $\dot{Q} = \dot{m} * cp * (T_1 - T_0)$
Bei einem Mehrstoffgemisch: → **Formel 19b:** $\dot{Q} = \sum_i [\dot{m}_i * cp_i * (T_1 - T_0)]$

Molbezogen (Einheit $cp \rightarrow \frac{\mathrm{kJ}}{\mathrm{mol} * {}^\circ\mathrm{C}} = \frac{\mathrm{kJ}}{\mathrm{mol} * \mathrm{K}}$)

Für den Satzbetrieb:
Bei Vorliegen nur eines Stoffes → **Formel 20a:** $Q = n * cp * (T_1 - T_0)$
Bei einem Mehrstoffgemisch → **Formel 20b:** $Q = \sum_i [n_i * cp_i * (T_1 - T_0)]$

Für den kontinuierlichen Betrieb:
Bei Vorliegen nur eines Stoffes → **Formel 21a:** $\dot{Q} = \dot{n} * cp * (T_1 - T_0)$
Bei einem Mehrstoffgemisch → **Formel 21b:** $\dot{Q} = \sum_i [\dot{n}_i * cp_i * (T_1 - T_0)]$
Ist $T_1 > T_0$, so handelt es sich um einen Aufheizvorgang.
Ist $T_1 < T_0$, so handelt es sich um einen Abkühlvorgang.

2.4.2 Schmelz- und Verdampfungswärme

Ein Schmelz- und ein Verdampfungsvorgang haben eine Gemeinsamkeit: Beim Aufheizen des Stoffes steigt die Temperatur bis zum Schmelzpunkt bzw. Siedepunkt und verharrt da, obwohl weiterhin Wärme aufgenommen wird. Diese Situation bleibt bestehen, bis der Stoff gänzlich geschmolzen oder verdampft ist. Ebenso, nur in umgekehrter Reihenfolge, verhält es sich beim Erstarrungs- bzw. Kondensationsvorgang. Die spezifische Schmelzwärme bzw. Schmelzenthalpie $\Delta_S H$ gibt an, wie viel Wärme zum Schmelzen eines kg bzw. eines Mols eines Stoffes zugeführt werden muss oder beim Erstarren frei wird. Gleiches gilt für die spezifische Verdampfungswärme bzw. Verdampfungsenthalpie für den Verdampfungs- oder den Kondensationsvorgang. Daher muss auf die in den entsprechenden Tabellenwerken angegebene Einheit kJ/kg bzw. kJ/mol geachtet werden, um in den nachfolgenden Gleichungen die Masse oder die Molzahl einzusetzen. Aufgrund des Massen- oder Molbezugs von $\Delta_S H$ und $\Delta_V H$ ergeben sich die Beziehungen für Schmelz- bzw. Erstarrungsvorgänge und Verdampfungs- bzw. Kondensationsvorgänge.

Die **Wärmemengen für einen Schmelz- bzw. einen Erstarrungsvorgang** berechnen sich wie folgt, wobei sich für den Schmelzvorgang ein negativer Betrag der Wärme Q bzw. $\dot{Q}$ und für den Erstarrungsvorgang ein positiver Betrag ergibt:

Massenbezogen
Für den Satzbetrieb → **Formel 22a:** $Q = m * \boldsymbol{\Delta}_S H$
Für den kontinuierlichen Betrieb → **Formel 22b:** $\dot{Q} = \dot{m} * \boldsymbol{\Delta}_S H$

Molbezogen
Für den Satzbetrieb → **Formel 23a:** $Q = n * \boldsymbol{\Delta}_S H$
Für den kontinuierlichen Betrieb → **Formel 23b:** $\dot{Q} = \dot{n} * \boldsymbol{\Delta}_S H$

Analog dazu berechnen sich die Wärmemengen für einen **Verdampfungs-** bzw. einen **Kondensationsvorgang** wie folgt, wobei sich für den Verdampfungsvorgang ein negativer Betrag der Wärme Q bzw. $\dot{Q}$ und für den Kondensationsvorgang ein positiver Betrag ergibt:

Massenbezogen
Für den Satzbetrieb → **Formel 24a:** $Q = m * \Delta_V H$
Für den kontinuierlichen Betrieb → **Formel 24b:** $\dot{Q} = \dot{m} * \Delta_V H$

Molbezogen
Für den Satzbetrieb → **Formel 25a:** $Q = n * \Delta_V H$
Für den kontinuierlichen Betrieb → **Formel 25b:** $\dot{Q} = \dot{n} * \Delta_V H$

2.4.3 Lösungswärme

Die Wärme, die beim Auflösen einer Substanz verbraucht oder frei wird, berechnet sich aus der aufgelösten Molzahl, multipliziert mit der spezifischen Lösungsenthalpie gemäß

Formel 26a: $Q = -n * \Delta_L H$

Formel 26b: $\dot{Q} = -\dot{n} * \Delta_L H$

Ist die Lösungsenthalpie positiv, so kühlt sich die Flüssigkeit beim Auflösevorgang ab, ist sie negativ, erwärmt sie sich. Die Lösungsenthalpie hat das umgekehrte Vorzeichen der spezifischen Lösungswärme. Somit bedeutet eine negative spezifische Lösungswärme ein Abkühlen der Flüssigkeit beim Auflösen des Feststoffes und eine positive Lösungswärme ein Aufheizen. In der Literatur wird die Lösungsenthalpie molbezogen angegeben, während man für die spezifische Lösungswärme sowohl massenbezogene als auch molbezogene Werte findet.

Da die Lösungsenthalpie und die Lösungswärme unter anderem von der Kristallstruktur des Feststoffes abhängen, ist beim Arbeiten mit entsprechenden Tabellenwerken darauf zu achten, dass die zugehörige Zustandsform des Feststoffes berücksichtigt wird.

2.4.4 Reaktionswärme und Reaktionsenthalpie

Die Reaktionswärme Q berechnet sich aus der umgesetzten Molzahl Δn und der zugehörigen Reaktionsenthalpie $\Delta_R H$. Entsprechend kalkuliert man die Wärmeleistung $\dot{Q}$ bei kontinuierlichen Prozessen aus der Differenz des Molstroms Reaktor-in zu Reaktor-ex bezogen auf die Verweilzeit τ (was der Reaktionsgeschwindigkeit entspricht) und der Reaktionsenthalpie:

Formel 27a: $Q = -\Delta n * \Delta_R H$

Formel 27b: $\dot{Q} = -\frac{\Delta n}{\Delta \tau} * \Delta_R H$

Formel 27c: $\dot{Q} = -\Delta \dot{n} * \Delta_R H$

Formel 27d: $\dot{Q} = -r * \mathbf{\Delta}_R H$

Es ist darauf zu achten, auf welches Edukt sich der Wert der Reaktionsenthalpie bezieht. Auch ein Bezug der Reaktionsenthalpie zu einer Reaktionsgleichung ist möglich. Hierbei wird gern der Begriff kJ/FU = kJ/Formelumsatz verwendet, der die Einheit kJ/mol darstellt. Eine exotherme Reaktion weist eine negative Enthalpie auf und setzt Reaktionswärme frei, während eine endotherme Reaktion mit einer positiven Enthalpie behaftet ist und die Zufuhr von Reaktionswärme benötigt.

Die **Reaktionsenthalpie** $\Delta_R H_0$ bei Standardbedingungen berechnet sich gemäß dem ersten und dem zweiten Hauptsatz der Thermodynamik aus den Bildungsenthalpien $\Delta_f H_{i0}$ der eingesetzten und der entstandenen Stoffe unter Standardbedingungen (0 °C, 1 bar) gemäß Gl. 28 mit ν_i als zugehörige stöchiometrische Vorzeichen in der Reaktionsgleichung. Die Vorzeichen ν_i der Edukte sind negativ, die der Produkte positiv, wie im nachfolgenden Beispiel dargestellt:

$$3A + 2B = C + 4D \rightarrow \nu_A = -3$$

$$\nu_B = -2$$

$$\nu_C = +1$$

$$\nu_D = +4$$

Formel 28: $\mathbf{\Delta}_R H_0 = \sum_i \left(\upsilon_i * \mathbf{\Delta}_f H_{i0}\right)$

Die Normalbildungsenthalpien können aus reichhaltig zur Verfügung stehenden umfangreichen Tabellenwerken entnommen werden. Wie in den Übungsaufgaben dargestellt, ist es jedoch möglich, die Bildungsenthalpie einer Substanz durch die relativ einfache Bestimmung ihrer Verbrennungswärme zu bestimmen. Die Normalbildungsenthalpien der Elemente sind per Definition gleich null gesetzt worden. Liegt ein Element in verschiedenen Zustandsformen vor (z. B. Kohlenstoff als amorpher Stoff, als Graphit oder als Diamant), kommt es zu Abweichungen von dieser Regel.

Findet eine Reaktion nicht unter Standardbedingungen statt, kann die exakte Reaktionsenthalpie gemäß Beziehung 29 mittels der molaren Wärmekapazitäten cp_i von Edukten und Produkten angepasst werden:

Formel 29: $\mathbf{\Delta}_R H_T = \sum_i \left[\upsilon_i * \mathbf{\Delta}_f H_{i0} + \upsilon_i * cp_i * (T - 298,15\,\mathrm{K})\right]$

Eine spezielle quantitative Beschreibung der Reaktionswärme eines Verbrennungsvorgangs wird durch den **Brennwert** und **Heizwert** gegeben. Bei festen und flüssigen Brennstoffen wird in Formel 27a die 1 kg Brennstoff entsprechende Molzahl eingesetzt: $n = \frac{\mathrm{m}}{M_{\mathrm{Brennstoff}}} = \frac{1\,\mathrm{kg}}{M_{\mathrm{Brennstoff}}}$

Der auf den Norm-Kubikmeter (Nm^3) bezogene Heizwert von gasförmigen Brennstoffen gilt für ideale Gase: $n = \frac{p*V}{R*T}$

Somit für 1 Nm^3 (1,013 bar; 273 °C): $n = \frac{1{,}013\,\text{bar} * 1\,\text{m}^3 * \text{mol} * \text{K}}{8{,}315 * 10^{-3}\,\text{bar} * \text{m}^3 * 273\,\text{K}} = 44,63\frac{\text{mol}}{\text{m}^3}$

Der Brennwert, früher auch als oberer Heizwert H_O bezeichnet, gibt die Reaktionswärme für 1 kg festen Brennstoff bzw. 1 Nm^3 (Norm-Bedingungen: 0 °C, 1,013 bar) gasförmigen Brennstoff gemäß Formel 27a an, bei dem alles im Brennstoff vorhandene und bei der Verbrennung entstandene Wasser auskondensiert. Zu seiner Berechnung aus den Bildungsenthalpien gemäß Formel 28 muss folglich die Bildungsenthalpie des gasförmigen Wassers eingesetzt werden. In der Technik wird mit dem Heizwert, der früher auch als unterer Heizwert H_U bezeichnet wurde, gerechnet. Bei dieser Definition des Heizwertes wird davon ausgegangen, dass alles Wasser den Verbrennungsvorgang gasförmig verlässt. Somit muss zu seiner Berechnung gemäß Formel 28 die Bildungsenthalpie des Wasserdampfs eingesetzt werden.

Die Umrechnung vom Brennwert H_O auf den Heizwert H_U kann durch Subtraktion der Verdampfungswärme des gebildeten Wassers (2450 kJ/kg = 44,1 kJ/mol) bezogen auf 1 kg bzw. 1 m^3 Brennstoff, berechnet gemäß Formel 24a, erfolgen.

2.4.5 Wärmedurchgang

Wärmefluss durch Leitung entsteht durch unterschiedliche Temperaturen auf beiden Seiten einer Wandung, also aufgrund einer Temperaturdifferenz ΔT. Ein solcher Wärmefluss $\dot{Q}$ durch eine Wandung ist direkt proportional dieser Temperaturdifferenz sowie der Durchgangsfläche und lässt sich durch Formel 30 berechnen. Als zusätzlicher Faktor ist in der Formel der Wärmedurchgangskoeffizient (Wärmedurchgangszahl) K_W enthalten.

Formel 30: $\dot{Q} = K_W * A * \Delta T$

Im Fall von Rohrleitungen, Wärmetauschern, Reaktoren und Weiterem ist der Wärmedurchgangskoeffizient in der Regel deutlich kleiner, als es die Wärmeleitfähigkeit des Wandungsmaterials selbst zunächst vermuten lässt. Der Grund liegt in der Ausbildung von dünnen laminaren Unterschichten der Gas- oder Flüssigphasen innen und außen an der Wandung (siehe Abb. 2.1). Während es keine Temperaturunterschiede im Kern der fluiden Phasen gibt, zeigen die laminaren Grenzschichten ein Temperaturprofil und stellen zusätzlich zum Wandungsmaterial einen Widerstand des Wärmeflusses dar. Dies wird durch die entsprechende Berechnung des Wärmedurchgangskoeffizienten K_W gemäß Formel 31a, b berücksichtigt.

Der Wärmedurchgangskoeffizient K_W ergibt sich aus der Addition der reziproken Wärmewiderstände, wie in Formel 31a für eine Wandung aus einem einzigen Material gezeigt wird, bzw. Formel 31b für eine mehrschichtige Wandung, z. B. ein isoliertes Metallrohr. Hierbei stellen s_i die Wanddicken, λ_i die jeweiligen Wärmeleitfähigkeiten der Wandmaterialien, sowie α_1 und α_2 die

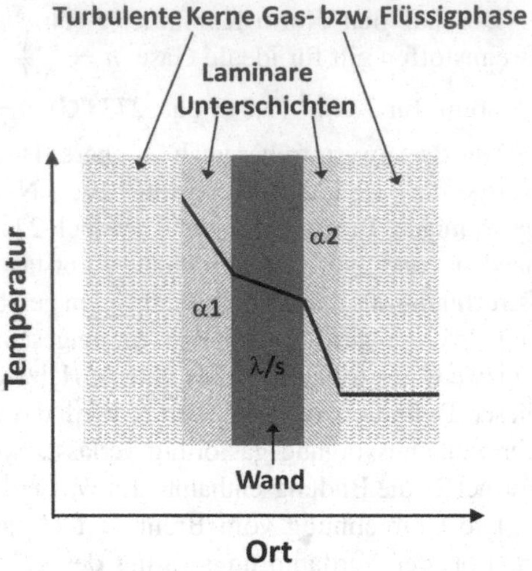

Abb. 2.1 Situation des Wärmetransports an einer Wand, die beiderseitig von Fluid umströmt ist. Ausbildung von laminaren Unterschichten und der entsprechenden Temperaturprofile

Wärmeübergangkoeffizienten von den innen bez. außen anliegenden laminaren Fluidfilmen an den Wandungen dar.

Formel 31a: $\frac{1}{K_W} = \frac{1}{\alpha_1} + \frac{s}{\lambda} + \frac{1}{\alpha_2}$

Formel 31b: $\frac{1}{K_W} = \frac{1}{\alpha_1} + \sum_i \frac{s_i}{\lambda_i} + \frac{1}{\alpha_2}$

Während die Wärmeleitfähigkeit des Wandmaterials verschiedenen Tabellen entnommen werden kann, sind die Wärmeübergangskoeffizienten α abhängig von den Strömungsbedingungen der Fluide (je turbulenter die Strömung, desto größer wird α), ihrer Viskosität, ihrer Wärmeleitfähigkeit und ihrer Temperatur. Eine dergestalte Berechnung der Wärmeübergangskoeffizienten über dimensionslose Größen wie die Nusselt-, Reynolds- und Prandtl-Zahl ist kompliziert. Daher wird hier nicht weiter darauf eingegangen und stattdessen auf entsprechende Lehrbücher der Verfahrenstechnik verwiesen.

Bezüglich der Einheit von K_W und der Wärmeleitfähigkeit findet sich teilweise statt des Bezugs auf °C auch ein Bezug auf Kelvin. Da es sich bei den Berechnungen um Temperaturdifferenzen handelt und die Spreizung der °C-Skala identisch der K-Skala ist, sind auch beide Angaben der Wärmedurchgangszahl und der Wärmeleitfähigkeit identisch.

$$K_W \rightarrow \frac{\mathrm{W}}{\mathrm{m}^2 * {}^\circ\mathrm{C}} = \frac{\mathrm{W}}{\mathrm{m}^2 * \mathrm{K}}$$

$$\lambda \rightarrow \frac{\mathrm{W}}{\mathrm{m} * {}^\circ\mathrm{C}} = \frac{\mathrm{W}}{\mathrm{m} * \mathrm{K}}$$

2.4.6 Wärmebilanzen

In der chemischen Produktion werden Stoffströme aufgeheizt oder abgekühlt. Durch Kondensation wird Wärme frei. Verdampfung verbraucht Wärme. Und es gibt noch weitere Beispiele der Wärmebildung und des Wärmeverbrauchs in der chemischen Produktion.

Um einen Stoffstrom (z. B. den Zustrom zu einer Destillationskolonne) aufzuheizen, gibt in der Regel ein anderer Stoffstrom (z. B. Dampf) Wärme an diesen ab. Die aufgenommene Wärmemenge des einen Stoffstroms ist gleich der abgegebenen des anderen Stoffstroms. Um solche Vorgänge quantitativ zu beschreiben, werden Wärmebilanzen aufgestellt. Drei solcher Bilanzen werden im Folgenden exemplarisch entwickelt. Es sei jedoch darauf hingewiesen, dass dies nur einen geringen Ausschnitt möglicher Wärmebilanzen darstellt. In der betrieblichen Praxis ergeben sich mannigfaltige Aufgabenstellungen, die individuell betrachtet und gelöst werden müssen.

Beispiel 1: Mittels eines Wärmetauschers wird der Flüssigkeitsstrom $\dot{m}_A$ der Anfangstemperatur T_{A0} auf die Endtemperatur T_A erwärmt. Dies geschieht durch den Flüssigkeitsstrom $\dot{m}_B$ einer Anfangstemperatur T_{B0}, der auf die Endtemperatur T_B abkühlt. Die Wärmekapazitäten cp_A und cp_B sind bekannt.

Wärmestrom, den der Stoffstrom A aufnimmt: $\dot{Q}_A = \dot{m}_A * cp_A * (T_A - T_{A0}) \rightarrow$ siehe Formel 19a

Wärmestrom, den der Stoffstrom B abgibt: $\dot{Q}_B = \dot{m}_B * cp_B * (T_{B0} - T_B)$

Mit $\dot{Q}_A = \dot{Q}_B$ ergibt sich $\dot{Q} = \dot{m}_A * cp_A * (T_A - T_{A0}) = \dot{m}_B * cp_B * (T_{B0} - T_B)$

Diese Gleichung kann nach der zu berechnenden Größe (eine Temperatur oder der Massenstrom von A oder B) umgestellt werden.

Beispiel 2: Mittels Sattdampf (D) einer Verdampfungswärme (= Kondensationswärme) von $\Delta_V H_D$ wird die Masse m_A, einer Wärmekapazität von cp_A, von T_{A0} auf die Temperatur T_A erwärmt. Das Dampfkondensat verlässt das System mit der Temperatur des Sattdampfes.

Wärme, die bei der Kondensation des Dampfes frei wird: $Q_D = m_D * \Delta_V H \rightarrow$ siehe Formel 24a

Wärme, die der Stoff A aufnimmt: $Q_A = m_A * cp_A * (T_A - T_{A0}) \rightarrow$ siehe Formel 18a

Mit $Q_D = Q_A$ ergibt sich $Q = m_D * \Delta_V H = m_A * cp_A * (T_A - T_{A0})$

Diese Gleichung kann nach der gewünschten Größe (eine Temperatur oder die Masse des Dampfes oder die des Stoffes A) umgestellt werden.

Beispiel 3: Der Stoff B einer Temperatur T_{B0} unterhalb seines Schmelzpunkts von T_{BS} soll auf die Temperatur T_B oberhalb seines Schmelzpunktes gebracht werden. Die Wärmekapazitäten des Feststoffs cp_{Bfest} und der Schmelze cp_{Bfl} sind gegeben, desgleichen die Schmelzwärme von B ($\Delta_S H_B$). Die hierzu nötige Wärmemenge soll durch eine gewisse Menge Heißöl (m_H) der Anfangstemperatur T_{H0} und der

Endtemperatur T_H aufgebracht werden. Die Wärmekapazität des Heißöls cp_H ist bekannt.

Das Erwärmen des Stoffes B von T_{B0} auf T_B setzt sich aus drei Schritten zusammen:

Schritt 1 → Der Feststoff B wird von seiner Anfangstemperatur T_{B0} auf die Schmelztemperatur erwärmt.

$Q_{B1} = m_B * cp_{\mathrm{Bfest}} * (T_{BS} - T_{B0})$ → siehe Formel 18a

Schritt 2 → Der Feststoff B schmilzt auf

$Q_{B2} = m_B * \Delta_S H_B$ → siehe Formel 22a

Schritt 3 → Die Schmelze B wird vom Schmelzpunkt auf die Endtemperatur erwärmt:

$$Q_{B3} = m_B * cp_{\mathrm{Bfl}} * (T_B - T_{BS})$$

Die Gesamtwärme, um den Stoff B von T_{B0} auf T_B zu erhitzen, ist somit $Q_B = Q_{B1} + Q_{B2} + Q_{B3}$.

Die hierzu nötige Wärme, die das Heißöl abgibt: $Q_H = m_H * cp_H * (T_{H0} - T_H)$ siehe Formel 18a.

Mit $Q_H = Q_B$ ergibt sich:

$$Q = m_H * cp_H * (T_{H0} - T_H) = m_B * \left[cp_{\mathrm{Bfest}} * (T_{BS} - T_{B0}) + \Delta_S H_B + cp_{\mathrm{Bfl}} * (T_B - T_{BS})\right]$$

Diese Gleichung kann nach der gewünschten Größe (eine Temperatur oder die Masse des Heißöls oder die des Stoffes B) umgestellt werden.

2.4.7 Thermische Reaktorstabilitäts-Kriterien

Die sichere Durchführung einer exothermen Reaktion setzt eine gut geplante Abführung der entstehenden Reaktionswärme voraus. Andernfalls droht das Desaster eines „durchgehenden" Reaktors, das heißt, dass im Reaktor mehr Wärme erzeugt wird, als abgeführt werden kann. Eine solche außer Kontrolle geratene Reaktion kann schwerwiegende Folgen wie Verpuffungen, Explosionen und Ähnliches haben. Im Folgenden werden zwei Berechnungsmethoden zur Einschätzung der Reaktorstabilität vorgestellt:

Durch die Methode der Berechnung der adiabatischen Temperaturerhöhung wird der Fall betrachtet, bei dem eine exotherme Reaktion abläuft, aber keine Kühlung des Reaktors erfolgt.

Dahingegen beruht die Methode der Bestimmung stabiler und instabiler Betriebspunkte auf der Übereinstimmung der durch die Reaktion erzeugten Wärme und der durch Kühlung abgeführten Wärme.

2.4.7.1 Adiabatische Temperaturerhöhung

Wie bereits erwähnt, wird bei der Berechnung der adiabatischen Temperaturerhöhung der Fall betrachtet, bei dem der Reaktorinhalt nicht gekühlt wird. Dies ist anschaulich vergleichbar mit dem Fall des Durchführens der Reaktion in einer Thermoskanne und der Messung der Endtemperatur. Die durch die Reaktion gebildete Wärme (siehe Formel 27a–c) wird zum Erwärmen des Reaktorinhalts gemäß den Formeln 18a,b, 19a,b, 20a,b oder 21a,b verwendet. Setzt man somit die freiwerdende Reaktionswärme gleich der durch den Reaktorinhalt aufgenommenen und löst nach der Temperaturdifferenz auf, so erhält man die adiabatische Temperaturerhöhung. In diesbezüglichen Formeln ist die Molzahl des abreagierenden Stoffes als n bezeichnet, während der Term unter dem Bruchstrich die mittlere Wärmeaufnahmefähigkeit des Gemisches im Reaktor bzw. des dem Reaktor zugeführten Gemisches darstellt.

Für den Satzbetrieb: → **Formel 32a**: $\Delta T_{ad} = \frac{-n * \Delta_R H}{\sum (n_i * cp_i)}$

bzw. **Formel 32b**: $\Delta T_{ad} = \frac{-n * \Delta_R H}{\sum (m_i * cp_i)}$

Für den kontinuierlichen Betrieb: → **Formel 33a**: $\Delta T_{ad} = \frac{-\dot{n} * \Delta_R H}{\sum (\dot{n}_i * cp_i)}$

bzw. **Formel 33b**: $\Delta T_{ad} = \frac{-\dot{n} * \Delta_R H}{\sum (\dot{m}_i * cp_i)}$.

Bleibt die adiabatische Temperaturerhöhung unterhalb der maximal erlaubten Temperatur des Reaktionssystems, kann der Reaktor als stabil eingestuft werden, da auch bei Ausfall der Kühlung kein kritischer Zustand eintreten wird. Liegt hingegen die adiabatische Temperaturerhöhung oberhalb der für das Reaktorsystem festgelegten Temperatur, müssen Maßnahmen getroffen werden, die bei einem Ausfall der existierenden Kühlung den Reaktor in einen sicheren Zustand bringen können. Dies sind in der Regel eine redundante Ausführung des Kühlsystems, zusätzliche Kühlmöglichkeiten oder Maßnahmen um die Reaktion zu stoppen.

2.4.7.2 Stabile und instabile Betriebspunkte

Die durch eine chemische Reaktion generierte Wärmemenge pro Zeiteinheit wurde bereits durch Formel 27a–d beschrieben:

$$\dot{Q} = -r * \Delta_R H = -\frac{n_{i0} - n_i}{\tau} * \Delta_R H = -\Delta \dot{n}_i * \Delta_R H$$

Wobei die Reaktionsgeschwindigkeit über die Geschwindigkeitskonstante gemäß Formel 17a exponentiell abhängig ist von der absoluten Temperatur (siehe Abschn. 2.3.3):

$$k = k_0 * e^{-E_a/R * T}$$

Die Abfuhr dieser Wärmeleistung rechnet sich mittels Formel 30 gemäß:

$$\dot{Q} = Kw * A * \Delta T$$

Mit ΔT als Temperaturdifferenz zwischen Reaktorinhalt und Kühlmittel.

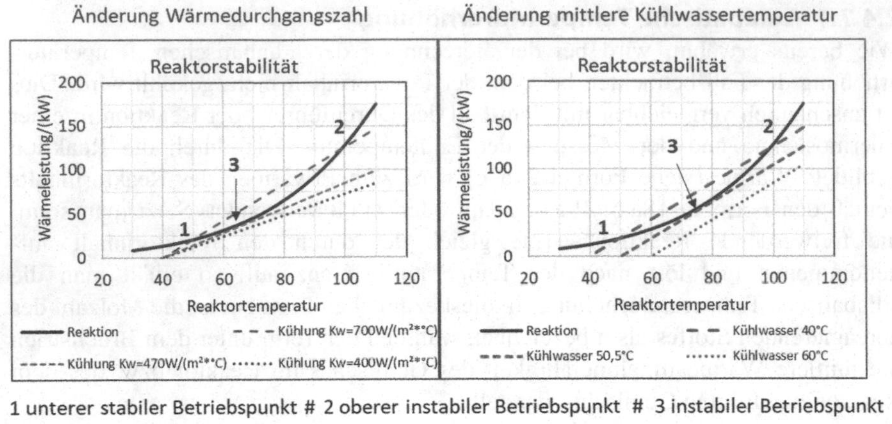

Abb. 2.2 Wärmeleistung einer chemischen Reaktion im Vergleich zur Kühlleistung → Stabile und instabile Betriebspunkte

In Abb. 2.2 sind beide Beziehungen in ein Diagramm der Wärmeleistung im Bezug zur Reaktortemperatur eingezeichnet. Wie bereits vorher erwähnt, nimmt die Wärmeerzeugung durch die chemische Reaktion mit der Temperatur exponentiell zu, während hierbei die Wärmeabfuhr linear zunimmt. Der Reaktor strebt einem Zustand zu, bei dem gleich viel Wärme abgeführt wie gebildet wird. Diese Betriebspunkte werden durch die Schnittpunkte der Wärmeerzeugungskurve mit der Wärmeabfuhrgeraden dargestellt. Der Punkt 1 ist ein stabiler Betriebspunkt: Nimmt aus irgendeinem Grund die Reaktortemperatur ab, z. B. Schwankungen im System, nimmt auch die Wärmeabfuhr über die Kühlung ab und es stellt sich wieder die Temperatur des Betriebspunktes 1 ein. Im umgekehrten Fall einer ungewollten zufälligen Temperaturerhöhung des Reaktorinhalts wird der Wärmetransport durch Kühlung größer und die Reaktortemperatur sinkt wieder auf die des stabilen Betriebspunktes 1. Das ist nicht der Fall in den instabilen Betriebspunkten 2 und 3. Wird hier die Temperatur des Betriebspunktes durch Systemschwankungen überschritten, zeigt die Wärmeabfuhrgerade stets einen geringeren Wert als die exponentielle Kurve der Wärmerzeugung. Somit ist die Gefahr eines Durchgehens des Reaktors gegeben.

Der Einfluss der Wärmedurchgangszahl der Kühlung K_W ist in der Abb. 2.2a gezeigt. Die Steigung der Kühlgeraden nimmt mit sinkendem Wärmedurchgangskoeffizienten ab. Bei einem genügend großen Wärmedurchgangskoeffizienten (z. B. $K_W = 700\ \mathrm{W/m^2} * {}^\circ\mathrm{C}$) gibt es den stabilen Betriebspunkt 1 und den instabilen oberen Betriebspunkt 2. Der Reaktor wird wärmetechnisch beherrscht, da er im Betriebspunkt 1 gefahren wird. Nimmt die Wärmedurchgangszahl durch zum Beispiel Verschmutzung der wasserseitigen Kühlwandung auf einen Wert von $K_W = 470\ \mathrm{W/(m^2} * {}^\circ\mathrm{C)}$ ab, existiert nur noch der instabile Betriebspunkt 3. Somit ist der Reaktor wärmetechnisch nicht mehr beherrschbar. Bei nochmaligem Sinken des Wärmedurchgangskoeffizienten auf z. B. $400\ \mathrm{W/(m^2} * {}^\circ\mathrm{C)}$ liegt die Wärmeabfuhrgerade stets unterhalb der Wärmeerzeugungskurve – der Reaktor wird durchgehen.

Abb. 2.2b zeigt den Effekt einer steigenden Kühlwassertemperatur. Hier findet eine Parallelverschiebung der Wärmeabfuhrkurve statt, die ähnliche Auswirkungen auf die Reaktorstabilität hat, wie im Beispiel eines abnehmenden Wärmedurchgangskoeffizienten beschrieben.

2.4.8 Wärmeausdehnung

Im Allgemeinen dehnt sich ein Körper bzw. eine Flüssigkeit in Länge und Volumen aus, wenn man ihn erwärmt. Es gibt nur wenige Ausnahmen von dieser generellen Regel. Die bekannteste ist Wasser, das mit etwa 4 °C seine höchste Dichte hat und sich somit beim Erwärmen von 0 °C auf 4 °C nicht ausdehnt, sondern schrumpft. Die nachfolgenden Beziehungen zur Ausdehnung durch Temperaturerhöhung werden nur bei Feststoffen und Flüssigkeiten angewandt. Bei Gasen verwendet man die Gasgesetze (siehe Abschn. 2.1).

Die Ausdehnung der Länge durch Erwärmen um die Temperaturdifferenz $(T_1 - T_o)$ ist gegeben durch:

Formel 34a: $\Delta L = L_o * \alpha * (T_1 - T_o)$

Somit ist die Gesamtlänge bei T_1 gegeben als

Formel 34b: $L_1 = L_o * (1 + \alpha * [T_1 - T_o])$

Die Ausdehnung des Volumens durch eine Temperaturerhöhung von ΔT wird beschrieben durch:

Formel 35a: $\Delta V = V_o * \gamma * (T_1 - T_o)$

Das Volumen ist bei T_1 gegeben als

Formel 35b: $V_1 = V_o * (1 + \gamma * [T_1 - T_o])$

Hierbei stehen ΔL und ΔV für die Ausdehnung bzw. das Schrumpfen von Länge oder Volumen eines Körpers bzw. einer Flüssigkeit durch Zunahme bzw. Abnahme der Temperatur. L_o ist die Ursprungslänge und V_o das Ursprungsvolumen bei der Temperatur T_o in °C. T_1 steht für die Temperatur nach dem Erwärmen oder Abkühlen des Körpers oder der Flüssigkeit. Der lineare Ausdehnungskoeffizient α sowie der kubische Ausdehnungskoeffizient γ sind mit der Einheit 1/°C behaftet.

In guter Näherung gilt für den Raumausdehnungskoeffizienten:

Formel 35c: $\gamma = 3\alpha$

2.5 Elektrochemie

Die bei einer Elektrolyse pro Zeiteinheit an der Kathode reduzierte und der Anode oxidierte Molzahl wird durch Formel 36a beschrieben, wobei ν_e in der Reaktionsformel für die gegebene Anzahl der zu- oder abgeführten Elektronen steht. Multipliziert man diesen Molstrom mit der Gesamtdauer der Elektrolyse, so folgt gemäß Formel 36b die Molzahl der reduzierten bzw. oxidierten Elemente bzw. Substanzen. Die Masse an reduziertem bzw. oxidiertem Stoff ergibt sich durch Multiplikation mit der Molmasse oder der Atommasse.

Formel 36a: $\dot{n} = \frac{I}{\nu_e * F}$

Formel 36b: $n = \frac{I * t}{\nu_e * F}$

Formel 36c: $m_i = \frac{I * M_i * t}{F * \nu_e}$

Mit der Faraday-Konstante $F = 96.485$ A * s A*s=Coulomb
Die bei der Elektrolyse erforderliche elektrische Leistung wird gemäß folgender Formel berechnet:

Formel 37a: $P = U * I$

U stellt die an der Elektrolysezelle anliegende Spannung dar, die höher sein muss als die Zersetzungsspannung, also die elektromotorische Kraft (EMK) der Elektrolysezelle. Die Zersetzungsspannung bzw. EMK ergibt sich aus der Spannungsreihe der Elemente und Redox-Systeme, den Konzentrationen der Lösungen in der Elektrolysezelle sowie ihrer Temperatur. Eine solche Berechnung der EMK erfolgt mittels des Nernst'schen Gesetzes, auf das in diesem Buch nicht eingegangen wird.

Die zum Elektrolysevorgang nötige Energie bei 100 % Stromausnutzung berechnet sich gemäß Formel 37b durch Multiplikation der elektrischen Aufnahmeleistung mit der Gesamtzeit des Elektrolysevorgangs, stellt also das Produkt aus angelegter Spannung, der Faraday-Konstante, der Molzahl oxidierter oder reduzierter Spezies und der gemäß stöchiometrischer Formel ausgetauschten Elektronen dar:

Formel 37b: $E = U * I * t = U * F * n * \nu_e$

2.6 Flüssigfördern

Das Fördern von Flüssigkeiten durch Rohrleitungen mittels Pumpen ist eine der wichtigsten Grundoperationen in einer chemischen Produktionsanlage. Hierbei kommen meist Zentrifugalpumpen, also Kreiselpumpen, zum Einsatz. Die Gesetze zum Fördern von Flüssigkeiten durch ein Rohrleitungssystem können nicht direkt auf Gase angewendet werden, da Flüssigkeiten im Gegensatz zu Gasen weitestgehend inkompressibel sind.

Zur Förderung einer Flüssigkeit in einem Rohrleitungssystem wird Energie benötigt. Diese Energie wird dem Rohrleitungssystem von einer oder mehreren Pumpen zugeführt.

Aus historischen Gründen definiert man diese Energien nach wie vor in Form von Höhen. Das ist zum einen die Förderung zu einem höheren Punkt (geodätische Höhe h_{geo}), zum Beispiel aus einem ebenerdigen Vorratsbehälter zu einem Hochbehälter. Zum anderen wird der Aufbau eines Drucks durch den Pumpvorgang als Druckhöhe (h_p) beschrieben und letztendlich die Überwindung von Strömungsreibung als Reibungs- oder Verlusthöhe (h_r) bezeichnet. So setzt sich gemäß Formel 38a die Gesamtförderhöhe H aus der geodätischen sowie der Druck- und der Reibungshöhe zusammen.

Formel 38a: $H = h_{geo} + h_p + h_r$

- Die geodätische Höhe h_{geo} stellt die Höhendifferenz der Flüssigkeitsförderung dar.
- Die Druckhöhe berechnet sich gemäß Formel 38b aus der Differenz Δp des Drucks im Behälter, in den die Flüssigkeit gefördert wird, abzüglich des Drucks über der Flüssigkeit am Ansaugpunkt, sowie der Dichte der Flüssigkeit ρ und der Erdbeschleunigung g.

Formel 38b: $h_p = \frac{\Delta p}{\rho * g}$

$$1\,\text{bar} - 10^5 \frac{\text{kg}}{\text{m} * \text{s}^2}$$

- Die Reibungshöhe berechnet sich analog Formel 38b aus dem durch die Reibung der Strömung verursachten Druckverlust. Die Reibungsverluste in Rohrleitungssystemen hängen von der Strömungscharakteristik, also der Reynolds-Zahl ab. Die Berechnung der Reibungsverluste in einem Rohrleitungssystem ist recht komplex und stellt unter dem Begriff „Fluiddynamik" ein spezielles verfahrenstechnisches Gebiet dar. Daher würde eine Behandlung dieser Thematik den Rahmen dieses Buches sprengen. Es sei auf entsprechende Lehrbücher verwiesen. Als recht grobe Näherung mag die Zunahme der Reibung und damit der Reibungshöhe mit dem Quadrat der Strömungsgeschwindigkeit verwendet werden.

Die Auftragung der Gesamthöhe der Förderung gegen den zugehörigen Volumenstrom wird als Anlagenkennlinie bezeichnet. Nimmt die Reibungshöhe zu, zum Beispiel durch Einbau einer Blende oder eine verringerte Ventilstellung, nimmt die Gesamtförderhöhe ab, woraus eine niedrigere Anlagenkennlinie folgt. Der Schnittpunkt mit der Kennlinie einer Zentrifugalpumpe (Kreiselpumpe), auf die im Folgenden detaillierter eingegangen wird, stellt den Betriebspunkt des Systems dar (siehe Abb. 2.3).

Abb. 2.3 Betriebspunkt einer Flüssigförderung aus Anlagen- und Pumpenkennlinie

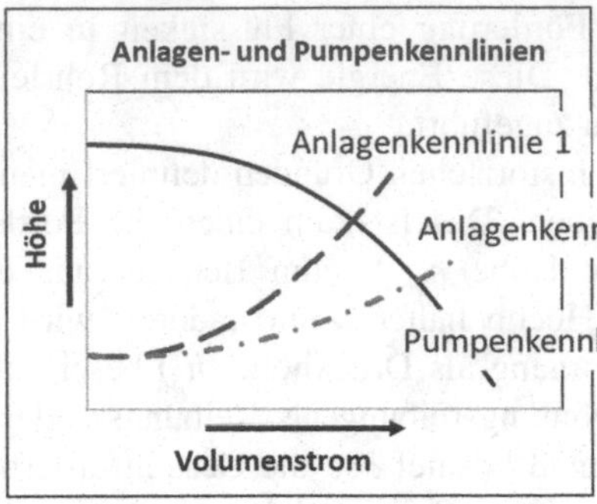

Kennlinien von Kreiselpumpen werden vom Hersteller zur Verfügung gestellt. Ein exemplarisches Beispiel ist in Abb. 2.4 gezeigt: Die Auftragung der Förderhöhe zur Förderleistung wird für verschiedene Laufraddurchmesser bei einer Drehzahl aufgetragen. Der zugehörige Wirkungsgrad der Pumpe wird durch die parabolischen Linien gegeben.

Üblich ist auch eine vergleichbare Darstellungsart für einen Laufraddurchmesser, aber mit unterschiedlichen Drehzahlen.

Die übliche Vorgehensweise zur Auslegung bzw. Auswahl einer Pumpe ist die Berechnung der Gesamthöhe im Betriebspunkt Anlagenkennlinie gemäß Formel 38a. Die Förderhöhe und die Förderleistung dieses Betriebspunktes trägt man in das Pumpendiagramm ein. Der Laufraddurchmesser bzw. die Drehzahl der Pumpenkennlinie gerade oberhalb dieses Punktes entspricht den Anforderungen

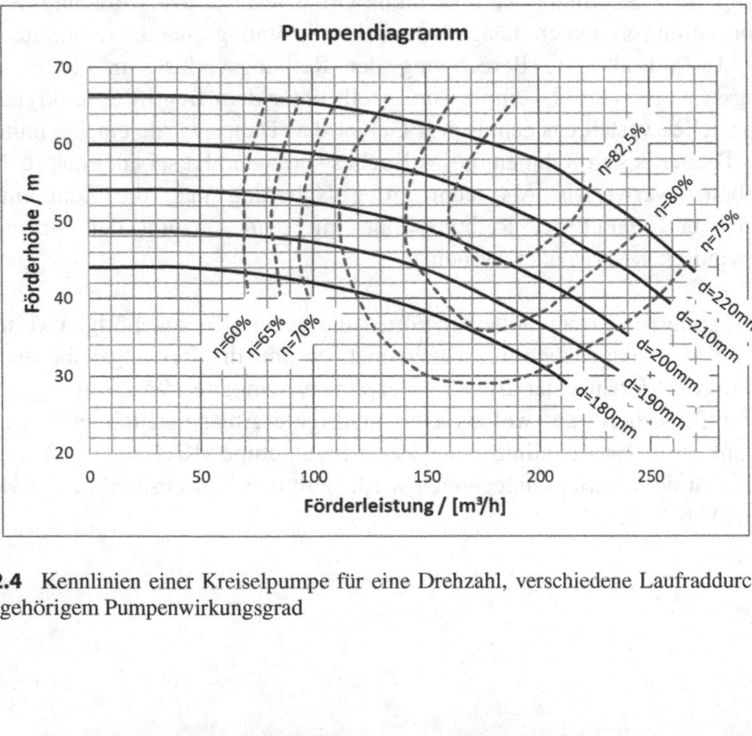

Abb. 2.4 Kennlinien einer Kreiselpumpe für eine Drehzahl, verschiedene Laufraddurchmesser und zugehörigem Pumpenwirkungsgrad

der Förderaufgabe. Das Diagramm in Abb. 2.4 zeigt zudem den zugehörigen Wirkungsgrad der Pumpe für die Förderaufgabe an.

Mit den Formeln 39a und 39b lassen sich die theoretisch nötige Leistung bzw. die aufzuwendende Energie für die Durchführung der Förderaufgabe berechnen:

Formel 39a: $P = \dot{m} * g * H$

Formel 39b: $E = \dot{m} * g * H * t = m * g * H$

In der Realität muss man Verlusten in der Pumpe selbst und im Elektromotor Rechnung tragen. Das geschieht gemäß den Formeln 39a, b durch das Einsetzen des Pumpenwirkungsgrades η_P und des Wirkungsgrades des Elektromotors η_E. Die Wirkungsgrade werden nicht als Prozentzahl, sondern als Dezimalbruch eingesetzt.

Formel 39c: $P = \frac{\dot{m}*g*H}{\eta_P*\eta_E}$

Formel 39d: $E = \frac{\dot{m}*g*H*t}{\eta_P*\eta_E} = \frac{m*g*H}{\eta_P*\eta_E}$

2.7 Maßstabvergrößerung

Die Übertragung von Labor-Ergebnissen auf eine Großanlage der chemischen Industrie stellt aufgrund der Komplexität eines chemischen Prozesses stets eine herausfordernde Aufgabe dar. Das grundlegende Verstehen des gesamten Systems ist hierfür eine unabdingbare Voraussetzung. Daher beschränkt sich die Anleitung der Vorgehensweise einer Maßstabsvergrößerung auf die sehr einfache Methode mittels Scale-up-Faktor und reißt kurz die Methodik der dimensionslosen Kennzahlen an.

2.7.1 Scale-up-Faktor

Der Maßstabsvergrößerungs-Faktor (Scale-up-Faktor → Im Folgenden als ScF bezeichnet) ist das Verhältnis von Bedingungen oder Abmessungen eines größeren Systems zu einem kleineren, ist aber aufgrund der Vielfältigkeit chemischer Produktionsanlagen nicht eindeutig definiert. Als Scale-up-Faktor wird meist sinnvollerweise das Verhältnis von Reaktorvolumina oder Produktionsleistungen verwendet, wie in Formel 40 beschrieben. In speziellen Fällen werden auch andere Kriterien eines Vergleichs herangezogen, auf die hier nicht eingegangen wird.

Formel 40: $\mathrm{ScF} = \frac{\text{Reaktorvolumen groß}}{\text{Reaktorvolumen klein}} \quad \mathrm{ScF} = \frac{\text{Produktmenge groß}}{\text{Produktmenge klein}} \quad \mathrm{ScF} = \frac{\text{Produktionsleistung groß}}{\text{Produktionsleistung klein}}$

2.7.2 Dimensionslose Kennzahlen

Für komplizierte Aufgaben der Maßstabsvergrößerung werden dimensionslose Kennzahlen verwendet. Hierdurch werden komplexe Zustände in einer Anlage beschrieben, die von mehreren Parametern abhängig sind. Es gibt etwa 100 verschiedene dimensionslose Kennzahlen, von denen wegen ihrer Wichtigkeit in diesem Kapitel lediglich auf die Reynolds-Zahl eingegangen wird, die zur Charakterisierung von Strömungszuständen verwendet wird. Der gleiche Wert einer Kennzahl bedeutet praktisch gleiche Bedingungen. So bestehen bei einer gleichen Reynolds-Zahl sehr ähnliche Strömungsverhältnisse. Als weiteres Beispiel sei die Nusselt-Zahl genannt. Hier liegen bei gleichen Werten sehr ähnliche Wärmeübertragungsbedingungen aus einem Fluid an eine Rohrwand vor. Ein anderes Beispiel ist die Sherwood-Zahl. Hier erfolgt bei gleicher Größe ein sehr ähnliches Diffusionsgeschehen zwischen zwei nicht mischbaren Flüssigkeiten, z. B. bei einer Extraktion. Eine tiefere Behandlung würde den gesetzten Rahmen dieses Buches sprengen. Wie bereits angeführt, wird an dieser Stelle lediglich auf die sehr wichtige Beschreibung eines Strömungszustandes mittels der Reynold-Zahl hingewiesen, da sie unter anderem den Wärmeübergang aus einem Fluid an eine Wandung beeinflusst sowie bei Rühr- und Mischvorgängen, Sedimentation von Feststoffen aus Fluiden, Stoffübergängen von einer Phase in eine andere, bei der Auflösung von Feststoffen oder bei Extraktionen und weiteren Operationen der Verfahrenstechnik eine wichtige Rolle spielt. Die Reynold-Zahl ist eine Funktion der Strömungsgeschwindigkeit w, einer charakteristischen Länge d, der Dichte und der Viskosität des Fluids.

Formel 41: Reynolds-Zahl: $Re = \frac{\text{Geschwindigkeitskräfte}}{\text{Trägheitskräfte}} = \frac{w*d*\rho}{\eta} = \frac{w*d}{\upsilon}$.

Bei dem häufigen Fall der Strömung durch Rohrleitungen wird für d der innere Rohrdurchmesser d_i verwendet. Bei einer Reynold-Zahl von niedriger als etwa 1000 liegen laminare Strömungsverhältnisse vor. Es gibt unter diesen Bedingungen keine Verwirbelungen, somit kommt es nur zu einer geringen Durchmischung. Als Beispiel sei das Anrühren einer Dispersionsfarbe mit einer Abtönfarbe zum Streichen einer Tapete genannt. Man beobachtet eine schlechte Durchmischung, demonstriert durch die parallelen Strömungslinien der Abtönfarbe. Ab einer Reynolds-Zahl von etwa 2300 ist die Strömung komplett verwirbelt und damit turbulent. Eine gute Durchmischung ist nur bei solch tbulenten Strömungsverhältnissen gegeben. Durch hohe Turbulenz, also durch eine hohe Reynolds-Zahl, wird durch den hiermit verbundenen Abbau der laminaren Unterschicht auch die Wärmeübertragung von einer Flüssigkeit auf die Wandung eines Rohres oder eines Reaktors gefördert (siehe Abschn. 2.4.5). Ähnliches gilt für das raschere Auflösen eines Feststoffes durch Rühren.

Übungsaufgaben

3

Die Übungsaufgaben sind an Situationen angelehnt, die in einer chemischen Produktionsanlage vorkommen. Der Schwierigkeitsgrad und die Komplexität innerhalb der Kapitel der einzelnen Themen wachsen von der ersten zur letzten Aufgabe. Eine chemische Produktionsanlage ist ein komplexes System, daher wird in den Übungen zu „Kombinierte Aufgaben" die Kenntnis mehrerer Gebiete gefordert sowie ihre Kombination. Das trifft allerdings in begrenzter Weise auch auf einige Aufgaben der einzelnen Sachgebiete zu.

Oft liest sich eine Aufgabenstellung aus einer chemischen Produktionsanlage etwas kompliziert und unübersichtlich. Statt spontan mit Berechnungen zu beginnen, sei empfohlen, die relevanten Daten zu extrahieren und zu notieren, die Zielgrößen zu verstehen, eine Lösungsstrategie zu entwickeln und sie eventuell bei komplizierten Zusammenhängen stichwortartig in Form einer Sequenz der Rechenschritte niederzuschreiben. Sinnvoll sind hier auch kurze Kommentare innerhalb des Rechenwegs. Auch Skizzen können hilfreich zum Verständnis sein. Eine solche Dokumentation ist im praktischen Betrieb überaus nützlich, da die Lösung einer Aufgabe für Kollegen und Vorgesetzte nachvollziehbar sein muss. Das Ergebnis muss deutlich herausgestellt werden, idealerweise in Form eines prägnanten Satzes oder eines kurzen Textes.

In dieser Form werden auch die Lösungen der Übungsaufgaben dargeboten:

⊗ Lösung:
→ *Strategie*
→ *Berechnung*
→ *Ergebnis*

Meist wird im Lösungsweg auf die Nummer der anzuwendenden Formel hingewiesen. Ausnahmen hiervon sind Formeln, die fundamentale Zusammenhänge beschreiben, wie in Abschn. 1.2 angeführt und die Grundbeziehungen zur Umrechnung von Konzentrationen, Massen und Molzahlen sowie Masse und

G. Jüptner, *111 Rechenübungen zum Gebiet Chemische Technologie*,
https://doi.org/10.1007/978-3-662-61118-0_3

Volumen bzw. Massenstrom und Volumenstrom (siehe Abschn. 2.3.1 Formeln 7a–e und 8a, b).

Aufgrund der komplexen Zusammenhänge in einer chemischen Produktionsanlage können unterschiedliche Lösungsansätze und -strategien zum Tragen kommen, die unter dem Motto „Viele Wege führen nach Rom" zielführend und richtig sind. Gerade darum ist die oben beschriebene Vorgehensweise sehr zu empfehlen.

Wie bereits angemerkt, bestehen End- und Zwischenergebnisse von Betriebsdaten in der Regel aus dem Zahlenwert und der Einheit. In diesem Fall ist ein Rechenergebnis als reiner Zahlenwert sinn- und nutzlos. Zeigt das Ergebnis die erwartete Einheit, ist zumindest von einem richtigen Rechenweg und dem richtigen Einsatz der Daten auszugehen.

3.1 Ideales Gasgesetz

Aufgabe 1
Ein Luftstrom von 2 m³/s, einer Temperatur von 25 °C und einem Druck von 1,0 bar wird vor der Einleitung in einen Trockner auf eine Temperatur von 120 °C und einen Überdruck von 1,85 bar gebracht. Wie groß ist unter diesen Bedingungen der Luftstrom?

⊗ Lösung
→ *Strategie*
Formel 1a wird zum Volumenstrom $\dot{V}_2$ umgestellt, die entsprechenden Daten eingesetzt und das Ergebnis berechnet.

→ *Berechnung*

$$\frac{\dot{V}_1 * p_1}{T_1} = \frac{\dot{V}_2 * p_2}{T_2} \rightarrow \dot{V}_2 = \frac{\dot{V}_1 * p_1 * T_1}{T_2 * p_2}$$

$$\text{mit } \dot{V}_1 = \frac{2\,\text{m}^3}{\text{s}} \quad T_1 = (273{,}15 + 25{,}0)\,\text{K} = 298\,\text{K} \quad T_2 = (273{,}15 + 120{,}0)\,\text{K} = 493{,}15\,\text{K}$$

$$p_1 = 1{,}0\,\text{bar} \; p_2 = (1{,}0 + 1{,}85)\,\text{bar} = 2{,}85\,\text{bar}$$

$$\dot{\boldsymbol{V}}_2 = \frac{\dot{V}_1 * p_1 * T_1}{T_2 * p_2} = \frac{2\,\text{m}^3 \; * \; 1{,}0\,\text{bar} \; * 393{,}15\,\text{K}}{\text{s} \; * \; 298{,}15\,\text{K} \; * \; 2{,}85\,\text{bar}}$$

$$= \frac{0{,}925\,\text{m}^3}{\text{s}} = \frac{0{,}925\,\text{m}^3 * 3600\,\text{s}}{\text{s} * \text{h}} = \mathbf{3330\,m^3/h}$$

→ *Ergebnis*
Der Luftstrom zum Trockner beträgt 0,925 m³/s, das sind 3330 m³/h.

Aufgabe 2
Der 5,5 m^3 große atmosphärische Gasraum eines Reaktors soll mit Stickstoff inertisiert werden. Hierzu soll er viermal hintereinander komplett mit Stickstoff gespült werden. Zu diesem Zweck stehen „Päckchen" mit jeweils 6 Druckgaszylindern eines Einzelvolumens von 20 L unter einem Druck von 200 bar zur Verfügung. Die Temperatur des Reaktors mit 20 °C ist gleich der der Druckgaszylinder. Wie viele solcher Päckchen werden dazu benötigt?

⊗ **Lösung**
→ ***Strategie***
Das benötigte Stickstoffvolumen beträgt 4 * 5,5 m^3 bei 1 bar und 20 °C, also 22 m^3. Mit Formel 1a wird dieses Stickstoffvolumen auf einen Druck von 200 bar umgerechnet und die Anzahl der 20 L fassenden Gaszylinder berechnet. Hierzu wird die Beziehung zum Volumen bei 1 bar umgestellt. Da die Temperatur der Gaszylinder und des Reaktors identisch ist, kürzt sie sich aus der Formel 1a heraus.

→ ***Berechnung***

$$\frac{\dot{V}_1 * p_1}{T_1} = \frac{\dot{V}_2 * p_2}{T_2} \rightarrow \dot{V}_2 = \frac{\dot{V}_1 * p_1 * T_1}{T_2 * p_2}$$

$$\text{mit } \mathrm{T}_1 = \mathrm{T}_2 \rightarrow \dot{V}_2 = \frac{\dot{V}_1 * p_1}{p_2} = \frac{22\,\mathrm{m}^3 * 1\,\mathrm{bar}}{200\,\mathrm{bar}} = 0{,}11\,\mathrm{m}^3 = 110\,\mathrm{L}$$

1 Druckgaszylinder = 20 L → ***5 ½ Gaszylinder***

→ ***Ergebnis***
Zur Inertisierung des Reaktors ist ein Druckgaszylinder-Päckchen ausreichend.

Aufgabe 3
80 m^3 Kohlenmonoxid einer Temperatur von 150 °C und einem Druck von 10 bar werden auf 25 °C abgekühlt und zur Zwischenlagerung in einen Gasometer (Glockengasbehälter) mit einem Glockendurchmesser von 10 m gefördert. Der Gasometer steht unter einem Druck von 2,0 bar bei 25 °C. Um wie viel Meter wird die Glocke angehoben?

⊗ **Lösung**
→ ***Strategie***
Mit der zum Volumen hin aufgelösten Formel 1a wird das Gasvolumen berechnet, das dem Gasometer unter den dort herrschenden Bedingungen zugeführt wurde. Im Gasometer stellt diese Gasmenge einen Zylinder dar, dessen Höhe mit der zur Zylinderlänge umgestellten Formel aus dem Gasvolumen und dem Gasometer-Glockendurchmesser berechnet wird.

→ ***Berechnung***

$$\frac{V_1 * p_1}{T_1} = \frac{V_2 * p_2}{T_2} \rightarrow V_2 = \frac{V_1 * p_1 * T_2}{T_1 * p_2}$$

$$\text{mit } V_1 = 80\,\text{m}^3 \quad p_1 = 10\,\text{bar} \quad T_1 = (293{,}15 + 150{,}0)\,\text{K} = 423{,}15\,\text{K}$$

$$p_2 = 2\,\text{bar} \quad T_2 = (293{,}15 + 25{,}0)\,\text{K} = 298{,}15\,\text{K}$$

$$V_2 = \frac{80\,\text{m}^3 * 10\,\text{bar} * 298{,}15\,\text{K}}{423{,}15\,\text{K} * 2\,\text{bar}} = 281{,}8\,\text{m}^3$$

$$V_{Zylinder} = \frac{d^2 * \pi * L}{4} \rightarrow L = \frac{4 * V_{\text{Zyl}}}{d^2 * \pi} = \frac{4 * 281,8\,\text{m}^3}{10^2\text{m}^2 * \pi} = \mathbf{3,59\,m}$$

→ ***Ergebnis***
Durch die Zufuhr an Kohlenmonoxid steigt die Gasometerglocke um 3,59 m an.

Aufgabe 4
In einem Chlor-Alkali-Elektrolyse-Betrieb entstehen pro Stunde 16,4 kg Wasserstoff. Das Wasserstoffgas wird auf 200 bar komprimiert und bei 20 °C in 50 L fassende Gaszylinder abgefüllt. Wie viele Gasflaschen werden pro Stunde benötigt?

⊗ **Lösung**
→ ***Strategie***
Formel 2 wird zum Volumen hin umgestellt. Zur Lösung muss die Molzahl des in einer Stunde entstandenen Wasserstoffs aus dem Quotienten Masse zur Molmasse berechnet werden. Mit dem jeweiligen Volumen der einzelnen Gaszylinder lässt sich ihre benötigte Anzahl berechnen.

→ ***Berechnung***

$$p * V = n * R * T \rightarrow V = \frac{n * R * T}{p}$$

$$\text{mit } n = \frac{m}{M} = \frac{16{,}4\,\text{kg} * \text{mol}}{0{,}002\,\text{kg}} = 8200\,\text{mol}$$

$$M_{\text{H}_2} = 2\frac{\text{g}}{\text{mol}} = 0{,}002\frac{\text{kg}}{\text{mol}}$$

$$T = (273{,}15 + 20{,}0)\,\text{K} = 293{,}15\,\text{K} \quad p = 200\,\text{bar}$$

$$V = \frac{8200\,\text{mol} * 8{,}315 * 10^{-5}\,\text{bar} * \text{m}^3 * 293{,}15\,\text{K}}{\text{mol} * \text{K} * 200\,\text{bar}} = 0{,}999\,\text{m}^3 \cong 1{,}00\,\text{m}^3$$

1 Gaszylinder = *0,05* m^3 → **20 Gaszylinder = 1,00 m³**

→ ***Ergebnis***

Es müssen pro Stunde 20 Gaszylinder bereitgestellt werden.

Aufgabe 5

Aus einem Flüssiggastank werden pro Stunde 550 kg Propen (M = 42,1 g/mol) entnommen, verdampft, auf 50 °C aufgeheizt und bei einem Druck von 3,5 bar durch eine 4″-Leitung mit einer Wanddicke von 3 mm zu einem Kompressor geführt. Wie groß ist die Strömungsgeschwindigkeit im Rohr?

⊗ **Lösung**

→ ***Strategie***

Zunächst wird der Volumenstrom des Propens gemäß umgestellter Formel 2 berechnet. Hierzu wird der Massenstrom des Propens in den Molstrom umgerechnet. Die Strömungsgeschwindigkeit im Rohr ergibt sich aus dem Volumenstrom, dividiert durch den Innenquerschnitt des Rohres.

→ ***Berechnung***

$$p * \dot{V} = \dot{n} * R * T \rightarrow \dot{V} = \frac{\dot{n} * R * T}{p} \text{ mit } \dot{n} = \frac{\dot{m}}{M} = \frac{550\,\text{kg} * \text{mol}}{h * 0{,}0421\,\text{kg}} = \frac{13.064\,\text{mol}}{\text{h}}$$

$$= \frac{13.064\,\text{mol} * \text{h}}{\text{h} * 3600\,\text{s}} = 3{,}629\,\text{mol/s}$$

$$p = 3{,}5\,\text{bar},\ T = (273{,}15 + 50)\,\text{K} = 323{,}15\,\text{K}$$

$$\dot{V} = \frac{3{,}629\,\text{mol} * 8{,}315 * 10^{-5}\,\text{bar} * 323{,}15\,\text{K}}{\text{s} * \text{mol} * \text{K} * 3{,}5\,\text{bar}} = 0{,}02786\,\text{m}^3/\text{s}$$

Strömungsgeschwindigkeit: $w = \frac{\dot{V}}{A_{\text{Rohr}}}$

$$A_{\text{Rohr}} = \frac{d_i^2 * \pi}{4}$$

$$d_i = 4 * 25{,}4\,\text{mm} - 2 * 3\,\text{mm} = 95{,}6\,\text{mm} = 0{,}0956\,\text{m}$$

$$A_{\text{Rohr}} = 0{,}007174\,\text{m}$$

$$w = \frac{0{,}02768\,\text{m}^3 3}{\text{s} * 0{,}007174\,\text{m}^3} = \mathbf{3{,}86\,m/s}$$

→ ***Ergebnis***

Die Strömungsgeschwindigkeit des Propen-Gases im Zuführungsrohr zum Reaktor beträgt 3,86 m/s.

Aufgabe 6

In einem Prozess fällt Methangas (M = 16,0 g/mol) einer Temperatur von etwa 180–200 °C an, das in einem Kugeltank eines Innendurchmessers von 9,5 m zwischengelagert wird, um als Rohstoff einer anderen Produktionsanlage zugeführt zu werden. Der Durchmesser des Tanks kann als Näherung im Rahmen seiner Betriebsbedingungen als konstant angesehen werden.

a. Der Kugeltank hat nach dem Befüllen eine Temperatur von 165 °C und steht unter einem Druck von 6,5 bar. Wie viel Methan (Masse und Molzahl) enthält der Tank?
b. Nach zwei Tagen ist die Temperatur auf 90 °C abgefallen. Wie hoch ist nun der Druck im Kugeltank?
c. Aus dem Tank werden nun 750 Norm-m^3 (0 °C, 1,013 bar) Methan entnommen. Wie viel kg bzw. mol Methan wurden abgenommen?
d. Wie viel Methan (Masse und Molzahl) befindet sich danach noch im Tank, und wie groß ist der Druck, wenn die Temperatur um weitere 25 °C zurückgegangen ist?

⊗ **Lösung**

→ ***Strategie***

a. Das Volumen des Tanks wird mit der Kugelvolumenformel mittels seines Durchmessers berechnet. Die Molzahl von Methan wird mit der entsprechend umgestellten Formel 2 berechnet. Die Masse des zwischengelagerten Gases ergibt sich aus der Molzahl, multipliziert mit der Molmasse von Methan.
b. Formel 1 wird zu p_2 hin umgestellt. Das Tankvolumen kürzt sich aus der Formel heraus, da konstant. Alternativ kann auch die zum Druck hin umgestellte Formel 2 verwendet werden.
c. Formel 2 wird zur Molzahl hin umgestellt und der Normaldruck sowie die Normaltemperatur eingesetzt. Aus der so errechneten Molzahl der entnommenen Methanmenge wird mit der Molmasse die entnommene Methanmasse berechnet.
d. Die im vorherigen Aufgabenteil berechneten entnommenen Mole Methan werden von der ursprünglichen Methanmolzahl abgezogen und hieraus mit der entsprechend umgestellten Formel 2 unter Einbeziehung der Temperatur der Druck im Tank berechnet.

→ ***Berechnung***

a. $V = \frac{d^3 * \pi}{6} = \frac{9{,}5^3 * m^3 * \pi}{6} = 448{,}7\,m^3$

$$p * V = n * R * T \rightarrow \boldsymbol{n} = \frac{p * V}{R * T} = \frac{6{,}5\,bar * 448{,}7\,m^3 * mol * K}{8{,}315 * 10^{-5}\,bar * m^3 * (273{,}15 + 165)K}$$

$$= \mathbf{80.054{,}6\,mol\ Methan \cong 80.055\,mol€}$$

$$m = n * M = 80.054{,}6\,mol * \frac{0{,}016\,kg}{mol} = \mathbf{1281\,kg\ Methan = 1{,}28\,t\ Methan}$$

b. $\frac{V_1 * p_1}{T_1} = \frac{V_2 * p_2}{T_2}$

$$V_1 = V_2 \rightarrow \boldsymbol{p_2} = \frac{p_1 * T_2}{T_1} = \frac{6{,}5\,bar * (273{,}15 + 90)K}{(273{,}15 + 165)K} = 5{,}39\,bar \cong \mathbf{5{,}4\,bar}$$

Alternativ:

$$p = \frac{n * R * T}{V} = \frac{80.054{,}6\,mol * 8{,}315 * 10^{-5}\,bar * m^3 * (273{,}15 + 90)K}{mol * K * 448{,}7\,m^3} = 5{,}39\,bar \cong \mathbf{5{,}4\,bar}$$

c. *Methan-Entnahme Δn, Δm*

$$\Delta n = \frac{p * \Delta V}{R * T} = \frac{1{,}013\,bar * 750\,m^3 * mol * K}{8{,}315 * 10^{-5} bar * m^3 * 273{,}15\,K} = \mathbf{33.451\,mol\ Methan}$$

$$\Delta m = \Delta n * M = 33.451\,mol * \frac{0{,}016\,kg}{mol} = \mathbf{535{,}2\,kg\ Methan \cong 535\,kg\ Methan}$$

d. *Verbliebene Methan-Menge*

$$\boldsymbol{n} = (80.054{,}6 - 33.450{,}9)mol = \mathbf{46.603{,}7\,molMethan}$$

$$\boldsymbol{m} = (1281 - 535)\,kg = \mathbf{746\,kg\ Methan}$$

$$T = (273{,}15 + 65)K = 338{,}15K$$

$$p = \frac{n * R * T}{V} = \frac{46.603{,}7\,mol * 8{,}315 * 10^{-5}\,bar * m^3 * 338{,}15K}{mol * K * 448{,}7\,m^3} = \mathbf{2{,}93\,bar}$$

→ ***Ergebnis***

a. **Die in dem Kugeltank befindliche Menge an Methan beträgt 80.055 mol Methan, dies entspricht einer Masse von 1,28 t.**
b. **Der Tank steht unter einem Druck von 5,39 bar ≅ 5,4 bar.**
c. **Die dem Tank entnommene Methanmenge entspricht 33.451 mol bzw. 535 kg.**
d. **Nach der Entnahme befinden sich noch 46.604 mol = 746 kg Methan unter einem Druck von 2,93 bar im Tank.**

Aufgabe 7

In einem kontinuierlichen Reaktor sollen pro Stunde 3,6 t alkalisches Abwasser mit einem Natriumhydroxid-Gehalt (M = 40,0 g/mol) von 0,85 gew% neutralisiert werden. Das Anlagendesign sieht hierzu den Einsatz von gasförmigem Chlorwasserstoff aus einer anderen Anlage vor, der einen gewissen Anteil von Stäuben enthält. Der Chlorwasserstoff steht unter einem Druck von 2,5 bar und hat eine Temperatur von 15 °C. Um die Absetzung von Stäuben zu vermeiden, darf die Strömungsgeschwindigkeit des Gases nicht kleiner als 1,0 m/s sein. Welcher maximale Durchmesser des Zuleitungsrohres darf gewählt werden?

⊗ **Lösung**

→ ***Strategie***

Zunächst wird aus dem Gesamtstrom und dem prozentualen Gehalt der Massenstrom des Natriumhydroxids und hieraus der Molstrom berechnet. Der Molstrom an Natriumhydroxid entspricht dem des zur Neutralisation nötigen Molstroms an Chlorwasserstoff. Aus dem Molstrom wird mittels der entsprechend umgestellten Formel 2 der Volumenstrom des Chlorwasserstoffs berechnet. Die Strömungsgeschwindigkeit des Chlorwasserstoffs ergibt sich aus dem Volumenstrom dieses Gases bezogen auf den Querschnitt des Rohres.

→ ***Berechnung***

$$\dot{m}_{\mathrm{NaOH}} = \frac{3{,}6\,\mathrm{t} * 0{,}85\,\%}{\mathrm{h} * 100\,\%} = 0{,}0306\frac{\mathrm{t}}{\mathrm{h}} = \frac{0{,}0306\,\mathrm{t} * \mathrm{h}}{\mathrm{h} * 3600\,\mathrm{s}} = \frac{8{,}50 * 10^{-6}\mathrm{t}}{\mathrm{s}} = \frac{0{,}0085\,\mathrm{kg}}{\mathrm{s}}$$

$$\dot{n}_{\mathrm{NaOH}} = \frac{\dot{m}_{\mathrm{NaOH}}}{M_{\mathrm{NaOH}}} = \frac{0{,}0085\,\mathrm{kg} * \mathrm{mol}}{\mathrm{s} * 0{,}040\,\mathrm{kg}} = 0{,}2125\frac{\mathrm{mol}}{\mathrm{s}} = \dot{n}_{\mathrm{HCl}}$$

$$p * \dot{V} = \dot{n} * R * T \rightarrow \dot{V}\frac{\dot{n} * R * T}{p} = \frac{0{,}2125\,\mathrm{mol} * 8{,}315 * 10^{-5}\,\mathrm{bar} * \mathrm{m}^3 * (273{,}15 + 15)\mathrm{K}}{\mathrm{s} * 2,\mathrm{bar} * \mathrm{mol} * \mathrm{K}}$$

$$= 0{,}00206\frac{\mathrm{m}^3}{\mathrm{s}}$$

$$w = \frac{\dot{V}}{A}\, A = \frac{d^2 * \pi}{4} \rightarrow w = \frac{4 * \dot{V}}{d'' * \pi}$$

$$d = \frac{\sqrt{4 * \dot{V}}}{w * \pi} = \sqrt{\frac{4 * 0{,}00206\,\mathrm{m}^3 * \mathrm{s}^3}{\mathrm{s} * 1{,}0\,\mathrm{m}}} * \pi = \mathbf{0{,}051\,m}$$

→ ***Ergebnis***

Der Innendurchmesser des Zuleitungsrohrs des Chlorwasserstoffs darf nicht größer als 0,051 m sein.

3.2 Massenwirkungsgesetz

3.2.1 Gleichgewichtsreaktionen

Aufgabe 8
Ein Versuchsreaktor zum Testen von Katalysatoren für die Synthese von Schwefeltrioxid aus Luft und Schwefeldioxid wird bei 400 °C betrieben. Im Temperaturbereich von 400 °C–600 °C beträgt die Reaktionsenthalpie für den Formelumsatz $2SO_2 + O_2 \leftrightarrows 2SO_3$ $\Delta_R H = -200$ kJ/mol. Als Partialdrücke der den Reaktor verlassenden Gase wurden wie folgt gemessen:

$$p_{N_2} = 1,70\,\text{bar};\; p_{O_2} = 0{,}025\,\text{bar};\; p_{SO_2} = 0{,}0035\,\text{bar};\; p_{SO_3} = 0{,}110\,\text{bar}$$

Es wird davon ausgegangen, dass das thermodynamische Gleichgewicht erreicht wurde.

a. Berechnen Sie die partialdruckbezogene Gleichgewichtskonstante k_p und die molenbruchbezogene Gleichgewichtskonstante k_X.
b. Wie groß ist die Gleichgewichtskonstante k_p bei 500 °C?

⊗ **Lösung**
→ ***Strategie***

a. Zunächst werden der Reaktionsgleichung die stöchiometrischen Faktoren ν_i entnommen. Mit Formel 3a berechnet sich die Gleichgewichtskonstante k_p aus den Partialdrücken des den Reaktor verlassenden Gemisches mit den stöchiometrischen Faktoren als zugehörige Potenzen. Die Gleichgewichtskonstante der Molenbrüche k_x berechnet sich aus Formel 3d, wobei der Gesamtdruck p die Summe aller Partialdrücke darstellt, sodass hier aus der Partialdruck des inerten Stickstoffs mit einbezogen werden muss.
b. Mit Formel 3c wird die für 400 °C ermittelte Gleichgewichtskonstante auf die bei 500 °C umgerechnet.

→ ***Berechnung***

a. $2\,SO_2 + O_2 \rightleftarrows 2\,SO_3$

$$\nu_{SO_2} = -2$$

$$\nu_{O_2} = -1$$

$$\nu_{SO_3} = +2$$

$$\boldsymbol{k_p} = \prod_i p_i^{\nu_i} = p_{SO_2}^{-2} * p_{O_2}^{-1} * p_{SO_3}^{+2} = \frac{p_{SO_3}^2}{p_{SO_2}^2 * p_{O_2}}$$

$$= \frac{(0{,}110\,\text{bar})^2}{(0{,}0035\,\text{bar})^2 * 0{,}025\,\text{bar}} = \mathbf{3{,}95 * 10^4\,bar^{-1}}$$

$$k_p = k_x * p^{\sum \nu_i}$$

$$k_x = k_p * p^{\sum -\nu_i}$$

$$p = p_{N_2} + p_{O_2} + p_{SO_2} + p_{SO_3} = (1{,}70 + 0{,}025 + 0{,}0035 + 0{,}110)\,\text{bar} = 1{,}84\,\text{bar}$$

$$\sum \nu_i = -2 - 1 + 2 = -1$$

$$\sum -\nu_i = +1$$

$$k_x = 3{,}95 * 10^4\,\text{bar}^{-1} * 1{,}84\,\text{bar} = \mathbf{7{,}27 * 10^4}$$

b. $k_{p2} = k_{p1} * e^{\frac{\Delta_R H}{R} * \left(\frac{1}{T_1} - \frac{1}{T_2}\right)}$

$$k_{p2} = k_{p500\,°C} \quad k_{p1} = k_{p400\,°C} = 3{,}95 * 10^4\,\text{bar}^{-1}$$

$$T_2 = (500 + 273)\,\text{K} = 773\,\text{K} \quad T_1 = (400 + 273)\,\text{K} = 673\,\text{K}$$

$$\boldsymbol{k_{p2}} = 3{,}95 * 10^4\,\text{bar}^{-1} * e^{\frac{-200\,\text{kJ} * \text{mol} * \text{K}}{\text{mol} * 0{,}008315\,\text{kJ}} * \left(\frac{1}{673\,\text{K}} - \frac{1}{773\,\text{K}}\right)} = 3{,}95 * 10^4\text{bar}^{-1} * e^{-4{,}624} = \mathbf{388\,bar^{-1}}$$

→ ***Ergebnis***

a. **Die Gleichgewichtskonstanten bei 400 °C betragen k_p = 3,95 * 10^4 bar^{-1} und k_x = 7,27 * 10^4.**
b. **Die Gleichgewichtkonstante k_p beträgt bei 500 °C 3,88 * 10^2 bar^{-1} und ist damit etwa um den Faktor 100 höher als diejenige bei 400 °C.**

Aufgabe 9
Ein Reaktor zur Produktion von Ammoniak wird bei 450 °C und 220 bar betrieben. Der Gleichgewichtsumsatz wird näherungsweise vollständig erreicht. Das den Reaktor verlassende, im thermodynamischen Gleichgewicht stehende Gas hat eine Zusammensetzung von 12,3 vol% Ammoniak, 65,8 vol% Stickstoff und 21,9 vol% Wasserstoff. Wie groß sind die Gleichgewichtskonstanten k_p und k_x?

⊗ Lösung

→ *Strategie*

Zunächst wird die Reaktionsgleichung aufgestellt und hieraus die stöchiometrischen Faktoren bestimmt. Die Gleichung der Gleichgewichtskonstante k_p wird gemäß Formel 3a aufgestellt. Formel 3d gibt den Zusammenhang zwischen k_p und k_x. Die Partialdrücke der Einzelkomponenten ergeben sich aus ihrem Volumenanteil im Gasgemisch und dem Gesamtdruck. Als Alternative lässt sich k_x auch mittels Formel 3c aus den relativen Volumenanteilen, die gemäß idealem Gasgesetz den Molenbruch darstellen, berechnen.

→ *Berechnung*

$N_2 + 3H_2 \leftrightarrows 2NH_3$

$$\nu_{N_2} = -1 \quad \nu_{H_2} = -3 \quad \nu_{NH_3} = +2 \quad \sum_i \nu_i = -1 - 3 + 2 = -2$$

$$k_p = \frac{p_{NH_3}^2}{p_{N_2} * p_{H_2}^3}$$

$$k_x = k_p * p^{-\sum \nu_i} = kp * p^{-(-2)} = k_p * p^2$$

$$p_{NH_3} = \frac{\text{vol\% NH}_3}{100\,\text{vol\%}} * 220\,\text{bar} = 0{,}123 * 220\,\text{bar} = 27{,}06\,\text{bar}$$

$$p_{N_2} = \frac{\text{vol\% N}_2}{100\,\text{vol\%}} * 220\,\text{bar} = 0{,}658 * 220\,\text{bar} = 144{,}76\,\text{bar}$$

$$p_{H_2} = \frac{\text{vol\% H}_2}{100\,\text{vol\%}} * 220\,\text{bar} = 0{,}219 * 220\,\text{bar} = 48{,}18\,\text{bar}$$

$$\boldsymbol{k_p} = \frac{27{,}06^2\,\text{bar}^2}{144{,}76\,\text{bar} * 48{,}18^3\,\text{bar}^3} = \mathbf{4{,}523 * 10^{-5}\,bar^{-2}}$$

$$\boldsymbol{k_x} = 4{,}523 * 10^{-5}\,\text{bar}^{-2} * (220\,\text{bar})^2 = \mathbf{2{,}19}$$

Oder alternativ:

$$\boldsymbol{k_x} = \frac{0{,}123^2}{0{,}658 * 0{,}219^3} = \mathbf{2{,}19}$$

→ *Ergebnis*

Die Gleichgewichtskonstanten betragen $k_p = 4{,}52 * 10^{-5}/\text{bar}^2$ und $k_x = 2{,}19$.

Aufgabe 10

In einem Satzreaktor wird Essigsäureethylester hergestellt. Hierzu werden 250 kg Essigsäure (M = 60,1 g/mol) und 820 kg Ethanol (M = 46,1 g/mol) zur Reaktion gebracht. Es tritt hierbei keine Volumenänderung auf. Die Gleichgewichtskonstante beträgt $k_c = 3{,}4$.

Welche Zusammensetzung in Mol und gew% hat das Gemisch nach der Reaktion im Gleichgewichtzustand?

⊗ **Lösung**

→ ***Strategie***

Zunächst wird die Reaktionsgleichung aufgestellt und die stöchiometrischen Faktoren bestimmt. Daraus wird die Formel für die Gleichgewichtskonstante k_c gemäß Formel 3b aufgestellt. Bei der Reaktion tritt keine Änderung der Gesamtmolzahl und des Volumens auf. Die Konzentration ist der Quotient aus Molzahl und Volumen. Somit kürzt sich das Volumen in der k_c-Formel heraus. Die Molzahl des eingesetzten Ethanols und der Essigsäure wird jeweils aus dem Quotienten ihrer Masse und der Molmasse berechnet. Die Molzahl an entstehendem Ester (→ Δn) ist gleich der Molzahl an gebildetem Wasser. Pro Mol gebildetem Ester werden ein Mol Ethanol und ein Mol Essigsäure verbraucht. Diese Bilanz wird in die k_c-Formel eingesetzt und nach der Molzahl Δ an gebildetem Ester aufgelöst.

→ ***Berechnung***

$$CH_3COOH + C_2H_5OH \rightleftarrows CH_3COO\text{-}C_2H_5 + H_2O$$

Stöchiometrischer Faktor ν_i	−1	−1	+1	+1
Index-Kürzel	Ac	Et	E	W

$$k_c = \prod_i c_i^{\upsilon_i} = c_{\mathrm{Ac}}^{-1} * c_{\mathrm{Et}}^{-1} * c_E^{+1} * c_W^{+1}$$

$$\text{mit } c = \frac{n}{V} \text{ und } V = V_{\mathrm{Ac}} + V_{\mathrm{Et}} + V_E + V_W$$

$$k_c = \frac{\frac{n_E}{V} * \frac{n_W}{V}}{\frac{n_{\mathrm{Ac}}}{V} * \frac{n_{\mathrm{Et}}}{V}}$$

Da keine Volumenänderung auftritt, folgt $k_c = \frac{n_E * n_W}{n_{\mathrm{Ac}} * n_{\mathrm{Et}}}$

$$\text{mit } n_E = n_W = \Delta n \text{ und } n_{\mathrm{Ac}} = n_{\mathrm{Ac}_o} - \Delta n \quad n_{\mathrm{Et}} = n_{\mathrm{Et}_o} - \Delta n.$$

Die Einsatzmolzahlen der Essigsäure und des Ethanols berechnen sich somit aus den jeweiligen dem Reaktor zugeführten Massen und der Molmasse:

$$n_{\mathrm{Ac}_o} = \frac{250\,\mathrm{kg} * \mathrm{mol}}{0{,}0601\,\mathrm{kg}} = 4159{,}7\,\mathrm{mol} \quad n_{\mathrm{Et}_o} = \frac{820\,\mathrm{kg} * \mathrm{mol}}{0{,}0461\,\mathrm{kg}} = 17.787{,}4\,\mathrm{mol}$$

$$k_c = \frac{(\Delta \mathrm{n})^2}{(n_{\mathrm{Ac}_o} - \Delta \mathrm{n}) * (n_{\mathrm{Et}_o} - \Delta \mathrm{n})} \text{ Einsatz der Zahlenwerte :}$$

$$3{,}4 = \frac{(\Delta n)^2}{(4159{,}7\,\text{mol} - \Delta n) * (17.787{,}4\,\text{mol} - \Delta n)}$$
$$= \frac{(\Delta n)^2}{73.990.248\,\text{mol}^2 - 21.947\,\text{mol} * \Delta n + (\Delta n)^2}$$

Es liegt somit eine gemischt-quadratische Gleichung von Δn vor, die mit der Methode der quadratischen Ergänzung mittels des Satzes von Vieta (siehe Lehrbücher der Algebra) nach Δn aufgelöst wird. Hierzu wird die Gleichung in die Form $0 = x^2 + p * x + q$ gebracht und die zwei Lösungen

$x_{1,2} = -\frac{p}{2} \pm \sqrt{-q + \frac{p^2}{4}}$ *berechnet, wovon eine Lösung irreal ist.*

$$251.566.843\,\text{mol}^2 - 74.620\,\text{mol} * \Delta n + 2{,}4 * (\Delta n)^2 = 0$$

$$(\Delta n)^2 - 31.092\,\text{mol} * \Delta n + 104.819.518\,\text{mol}^2 = 0$$

mit $p = -31.092\,\text{mol}$ $q = 104.819.518\,\text{mol}^2$ ergibt sich

$$\Delta n_{1,2} = \frac{31.092\,\text{mol}}{2} \pm \sqrt{\left(-104.819.518 + \frac{31.092^2}{4}\right)\text{mol}^2}$$

$$\Delta n_{1,2} = 15.546\,\text{mol} \pm 11.699\,\text{mol}$$

$$\Delta n_1 = 3847\,\text{mol}$$

$\Delta n_2 = 27.245\,\text{mol}$ → *Dies Ergebnis ist irrelevant, da es eine größere Abnahme an Essigsäure und Ethanol angibt, als dem Reaktor zugeführt wurde.*
Das Gemisch im Gleichgewicht besteht somit aus

$$\boldsymbol{n_E = 3847\,\text{mol} \quad n_W = 3847\,\text{mol}}$$

$n_{\text{Ac}} = (4159{,}7 - 3847)\,\text{mol} = \mathbf{313\,mol}$ $n_{\text{Et}} = (17.787{,}4 - 3847)\,\text{mol} = \mathbf{13.940\,mol}$

Mit m = n * M ergeben sich die Massenanteile der einzelnen Komponenten im Endgemisch:

$$m_E = 3847\,\text{mol} * \frac{0{,}0881\,\text{kg}}{\text{mol}} = 339\,\text{kg} \quad m_W = 3847\,\text{mol} * \frac{0{,}018\,\text{kg}}{\text{mol}} = 69\,\text{kg}$$

$$m_{\text{Ac}} = 313\,\text{mol} * \frac{0{,}0601\,\text{kg}}{\text{mole}} = 18{,}8\,\text{kg} \quad m_{\text{Et}} = 13940\,\text{mol} * \frac{0{,}0461\,\text{kg}}{\text{mol}} = 643\,\text{kg}$$

Die Gesamtmasse im Reaktor beträgt 1070 kg. Somit ergeben sich im Endgemisch für die Einzelkomponenten folgende relative Massenanteile:

$$\textbf{Ester} \rightarrow \frac{339\,\text{kg} * 100\,\text{gew\%}}{1070\,\text{kg}} = \mathbf{31{,}7\,gew\%}$$

$$\textbf{Wasser} \rightarrow \frac{69\,\text{kg} * 100\,\text{gew\%}}{1070\,\text{kg}} = \mathbf{6{,}45\,gew\%}$$

$$\textbf{Essigsäure} \rightarrow \frac{18{,}8\,\text{kg} * 100\,\text{gew\%}}{1070\,\text{kg}} = \mathbf{1{,}75\,gew\%}$$

$$\textbf{Ethanol} \rightarrow \frac{643\,\text{kg} * 100\,\text{gew\%}}{1070\,\text{kg}} = \mathbf{60{,}1\,gew\%}$$

→ ***Ergebnis***

Die Zusammensetzung des Gemisches nach der Reaktion beträgt im Gleichgewicht:

3847 mol Essigsäureethylester → 31,7 gew%
3847 mol Wasser → 6,45 gew%
313 mol Essigsäure → 1,75 gew%
13.940 mol Ethanol → 60,1 gew%

Aufgabe 11

Bei der Shift-Reaktion zur Herstellung von Wasserstoff wird Kohlenmonoxid mit Wasserdampf in einer Gleichgewichtsreaktion zu Kohlendioxid und Wasserstoff umgesetzt. In einem Rohrreaktor wird ein Gasstrom der Zusammensetzung 36 vol% Kohlenmonoxid, 3 vol% Kohlendioxid, 28 vol% Wasserstoff und 33 vol% Wasserdampf durch ein Katalysatorbett geleitet. Die Zusammensetzung des austretenden Gasstroms von 250 °C entspricht dem thermodynamischen Gleichgewicht mit einer Gleichgewichtskonstante von $k_p = 93{,}1$. Bei der Berechnung soll von idealen Gasen ausgegangen werden.

a. Wie groß ist die Gleichgewichtskonstante k_X?
b. Welche Zusammensetzung hat das den Reaktor verlassende Gasgemisch?

⊗ Lösung

→ ***Strategie***

a. Zunächst wird die Reaktionsgleichung aufgestellt, die stöchiometrischen Faktoren bestimmt und die Gleichgewichtskonstante k_x gemäß Formel 3c formuliert. Da sich durch die Reaktion die Molzahl nicht ändert, ist gemäß Gleichung 3d $k_x = k_p$.
b. Bei idealen Gasen entsprechen die Molenbrüche dem Hundertstel der zugehörigen Volumenprozente. Es ist die Zusammensetzung des Eingangs-

gasstroms gegeben. Die Gleichgewichtskonstante beschreibt jedoch die Zusammensetzung des den Reaktor verlassenden Gasgemisches. Hierzu wird eine Stoffbilanz aufgestellt. Die Volumenprozentwerte von Kohlenmonoxid und Wasser nehmen um jeweils den gleichen Betrag „Delta" (Δ) ab, während die Volumenprozentwerte von Kohlendioxid und Wasserstoff um den gleichen Betrag Δ zunehmen. Diese als Molenbruch ausgedrückten Endkonzentrationen werden in die Gleichung der Gleichgewichtskonstante (Formel 3c) eingesetzt, die Gleichung nach Δ aufgelöst und der Zahlenwert von Δ berechnet. Aus den Anfangswerten der Zusammensetzung des Gasgemisches und der Differenz Δ wird die Zusammensetzung des den Reaktor verlassenden Gasgemisches bestimmt.

→ ***Berechnung***

$$CO + H_2O \rightleftarrows CO_2 + H_2$$

a. *Formel 3d:* $k_p = k_x * \prod_i p^{\sum \nu_i}$

$$\nu_{CO} = -1 \quad \nu_{H_2} = -1 \quad \nu_{CO_2} = +1 \quad \nu_{H_2} = +1$$

$$\rightarrow \sum_i \nu_i = 0$$

$$k_p = k_x * p^0 = k_x * 1 = k_x \quad k_x = k_p = \mathbf{93,1}$$

b. Formel 3c: $k_x = \prod_i x_i^{\nu_i} = x_{CO}^{-1} * x_{H_2O}^{-1} * x_{CO_2}^{+1} * x_{H_2}^{+1} = \frac{x_{CO_2} * x_{H_2}}{x_{CO} * x_{H_2O}}$

Die Zusammensetzung des Gasgemisches, das den Reaktor verlässt, ausgedrückt als Molenbruch, wird beschrieben durch:

$$x_{CO} = x_{CO_o} - \Delta \quad x_{H_2O} = x_{H_2O_o} - \Delta$$

$$x_{CO_2} = x_{CO_{2o}} + \Delta \quad x_{H_2} = x_{H_{2o}} - \Delta$$

Index o → Molenbruch im Gasgemisch, das dem Reaktor zugeführt wird:

$$x_{CO_o} = \frac{36\,\text{Vol\%}}{100\,\text{Vol\%}} = 0{,}36 \quad x_{H_2O_o} = \frac{33\,\text{Vol\%}}{100\,\text{Vol\%}} = 0{,}33$$

$$x_{CO_{2o}} = \frac{3\,\text{Vol\%}}{100\,\text{Vol\%}} = 0{,}03 \quad x_{H_{2o}} = \frac{28\,\text{Vol\%}}{100\,\text{Vol\%}} = 0{,}28$$

Eingesetzt in obige Formel 3c:

$$k_x = \frac{(x_{CO_{2o}} \Delta) * (x_{H_{2o}} + \Delta)}{(x_{CO_o} - \Delta) * (x_{H_2O_o} - \Delta)} = \frac{(0{,}03 + \Delta) * (0{,}28 + \Delta)}{(0{,}36 - \Delta) * (0{,}33 - \Delta)}$$

$$= \frac{0{,}0084 + 0{,}03 * \Delta + 0{,}28 * \Delta + \Delta^2}{0{,}1188 - 0{,}36 * \Delta - 0{,}33 * \Delta + \Delta^2} = \frac{0{,}0084 + 0{,}31 * \Delta + \Delta^2}{0{,}1188 - 0{,}69 * \Delta + \Delta^2}$$

Es liegt eine gemischt-quadratische Gleichung von Δ vor, die mit der Methode der quadratischen Ergänzung mittels des Satzes von Vieta (siehe Lehrbücher der Algebra) nach Δ aufgelöst wird. Hierzu wird die Gleichung in die Form $0 = x^2 + p * x + q$ *gebracht und die zwei Lösungen*

$x_{1,2} = -\frac{p}{2} \pm \sqrt{-q + \frac{p^2}{4}}$ *berechnet, wovon eine Lösung irreal ist.*

Mit $k_x = 93{,}1$ *ergibt sich* $11{,}06 - 64{,}24 * \Delta + 93{,}1 * \Delta^2 = 0{,}0084 + 0{,}31 * \Delta + \Delta^2$

Und daraus $0 = \Delta^2 - 0{,}701 * \Delta + 0{,}120$, also $p = -0{,}701$ und $q = 0{,}120$

Mit dem Satz von Vieta folgt $\Delta_{1,2} = 0{,}3505 \pm \sqrt{-0{,}120 + 0{,}12281} = 0{,}3505 \pm 0{,}053$

$$\Delta_1 = 0{,}2975 \quad \Delta_2 = 0{,}4035$$

Δ_2 *ist irreal, denn damit würden sich unrealistische negative Molenbrüche für CO und* H_2O
($x_{CO} = -0{,}0435$ $x_{H_2O} = -0{,}0735$) *für das entstandene Gasgemisch ergeben.*
Der richtige Wert ist $\Delta_1 = 0{,}2975$.
Damit ist die Zusammensetzung des den Reaktor verlassenden Gasgemisches

$$\boldsymbol{x_{CO}} = 0{,}36 - 0{,}2975 = \mathbf{0{,}0625 \rightarrow 6{,}25\ Vol\%}$$
$$\boldsymbol{x_{H_2O}} = 0{,}33 - 0{,}2975 = \mathbf{0{,}0325 \rightarrow 3{,}25\ Vol\%}$$

$$\boldsymbol{x_{CO_2}} = 0{,}03 + 0{,}2975 = \mathbf{0{,}3275 \rightarrow 32{,}75\ Vol\%}$$
$$\boldsymbol{x_{H_2}} = 0{,}28 + 0{,}2975 = \mathbf{0{,}5775 \rightarrow 57{,}75\ Vol\%}$$

→ Ergebnis

Die auf die Molenbrüche bezogene Gleichgewichtskonstante ist gleich der der partialdruck-bezogenen und beträgt $k_x = 93{,}1$.
Das den Reaktor verlassende Gasgemisch besteht aus 6,25 Vol% Kohlenmonoxid, 3,25 Vol% Wasserdampf, 32,75 Vol% Kohlendioxid und 57,75 Vol% Wasserstoff.

Aufgabe 12

Ein Gasgemisch aus Kohlendioxid (M = 44 g/mol) und Tetrachlorkohlenstoff (M = 154 g/mol) wird durch ein 200 °C heißes Rohr geleitet. Die Partialdrücke betragen $p_{CO_2} = 1{,}6$ bar und $p_{CCl_4} = 0{,}4$ bar. Der Gesamtdruck ist 2,0 bar. Gemäß der nachfolgenden Reaktionsgleichung kann sich hochgiftiges Phosgen (M = 99 g/mol, Arbeitsplatzgrenzwert AGW = 0,1 mL/m³ = 0,1 vol-ppm) bilden:

$$CO_2 + CCl_4 \rightleftarrows 2COCl_2$$

$$\Delta_R H = 83{,}7\ kJ/mol$$

a. Wie hoch ist die maximal zu erwartende Phosgenkonzentration (Volumen-ppm und Massen-ppm) in dem das Rohr verlassenden Gasgemisch, wenn die Gleichgewichtkonstante bei 200 °C
$k_X = 8{,}0 * 10^{-10}$ beträgt?
b. Wie hoch wäre die maximale Phosgenkonzentration bei einer Rohrtemperatur von 400 °C?

⊗ **Lösung**

→ ***Strategie***

a. Die Reaktionsgleichung wird aufgestellt und hieraus die stöchiometrischen Faktoren entnommen. Es tritt keine Volumenänderung durch die Reaktion ein. Die Summe der stöchiometrischen Faktoren ergibt null. Damit ist der Exponent des Drucks in Formel 3d null und daraus folgend $k_p = k_x$. Die Gleichgewichtskonstante k_p wird gemäß Formel 3a ausgedrückt.
Streng genommen müssten nun der Partialdruck des gebildeten Phosgens (Δ) und die damit verbundene Abnahme des Kohlendioxid-Partialdrucks ($p_{CO_2} = p_{CO_{2_0}} - \Delta/2$) und der des Tetrachlormethan-Partialdrucks ($p_{CCl_4} = p_{CCl_{4_0}} - \Delta/2$) in die Formel 3a eingesetzt werden. Bei einer sehr niedrigen Gleichgewichtskonstante ($<10^{-3}$) ist die Menge an reagiertem Edukt allerdings so gering, dass in sehr guter Näherung $p_{CO_2} \cong p_{CO_{2_0}}$ und $p_{CCl_4} \cong p_{CCl_{4_0}}$ in Formel 3a eingesetzt werden kann. Es wird nach Δ aufgelöst. Gemäß idealem Gasgesetz entspricht der Molenbruch des Phosgens dem Verhältnis des Volumens des Phosgens in der Gasmischung zum Gesamtvolumen sowie dem Verhältnis des Partialdrucks des Phosgens zum Gesamtdruck. Hieraus ergeben sich die Vol-ppm. Die Massen-ppm ergeben sich aus dem Verhältnis der Phosgenmasse zur Gesamtmasse. Diese werden mit Formel 2 des allgemeinen Gasgesetzes berechnet.
b. Die Gleichgewichtskonstante bei 400 °C wird mittels Formel 3e durch Einsetzen der Reaktionsenthalpie ermittelt und weiter wie bereits beim Lösen des Aufgabenteils a vorgegangen.

→ ***Berechnung***

a. $CCl_4 + CO_2 \rightleftarrows 2\,COCl_2$

$$\nu_{CCl_4} = -1 \quad \nu_{CO_2} = -1 \quad \nu_{CCl_4} = +2 \quad \sum \nu_i = -1 - 1 + 2 = 0$$

$$k_x = k_p * p^{\sum -(\nu_i)} = k_p * p^0 = k_p = \frac{p^2_{COCl_2}}{p_{CCl_4} * p_{CO_2}} \cong \frac{p^2_{COCl_2}}{p_{CCl_{4_0}} * p_{CO_{2_0}}}$$

$$p_{COCl_2} = \sqrt{k_p * p_{CCl_4} * p_{CO_2}} = \sqrt{8{,}0 * 10^{-10} * 0{,}4\,\text{bar} * 1{,}6\,\text{bar}} = 2{,}26 * 10^{-5}\,\text{bar}$$

$$x_{CCl_4} = \frac{V_{CCl_4}}{V_{Gesamt}} = \frac{p_{CCl_4}}{p_{Gesamt}} = \frac{2{,}26 * 10^{-5}\,\text{bar}}{2\,\text{bar}} = 1{,}13 * 10^{-5}$$

Bei einer Million Volumeneinheiten des Gesamtgemisches
wäre der ***volumetrische Phosgenanteil*** $= 1{,}13 * 10^{-5} * 10^{6} =$ **11,3 Vol − ppm**.
Gesamtmasse: $m_{\text{Gesamt}} = m_{CCl_{4_0}} + m_{CO_{2_0}}$ mit $n = \frac{p*V}{R*T}$ und $m = n * M$ folgt

$$m_{\text{Gesamt}} = (p_{CCl_{4_o}} * M_{CCl_4} + p_{CO_{2_o}} * M_{CO_2}) * \frac{V}{R*T}$$

Masse Phosgen: $m_{COCl_2} = p_{COCl_2} * M_{COCl_2} * \frac{V}{R*T}$

$$\frac{m_{COCl_2}}{m_{\text{Gesamt}}} = \frac{p_{COCl_2} * M_{COCl_2}}{p_{CCl_{4_o}} * M_{CCl_4} + p_{CO_{2_o}} * M_{CO_2}} = \frac{2{,}26 * 10^{-5}\text{bar} * 0{,}099\,^{\text{g}}/_{\text{mol}}}{0{,}4\text{bar} * 0{,}154\,^{\text{g}}/_{\text{mol}} + 1{,}6\text{bar} * 0{,}044\,^{\text{g}}/_{\text{mol}}}$$

$$= 1{,}695 * 10^{-5} \simeq 1{,}7 * 10^{-5}\,\frac{\text{g}}{\text{g}}$$

und damit
Bei einer Million Masseeinheiten des Gesamtgemisches
wäre der ***massenmäßige Phosgenanteil*** $= 1{,}7 * 10^{-5} * 10^{6}\,\frac{\text{mg}}{\text{kg}} =$ **17,0 Gew−ppm**.

b. $k_{p2} = k_{p1} * e^{\frac{\Delta_R H}{R} * \left(\frac{1}{T_1} - \frac{1}{T_2}\right)}$

$$k_{p2} = k_{p400\,°C} \quad k_{p1} = k_{p200\,°C} = 8{,}0 * 10^{-10}$$

$$T_2 = (400 + 273)\text{K} = 673\,\text{K} \quad T_1 = (200 + 273)\,\text{K} = 473\,\text{K}$$

$$k_{p2} = 8{,}0 * 10^{-10} * e^{\frac{83{,}7\,\text{kJ} * \text{mol} * \text{K}}{\text{mol} * 0{,}008315\,\text{kJ}} * \left(\frac{1}{473\,\text{K}} - \frac{1}{673\,\text{k}}\right)} = 8{,}0 * 10^{-10} * e^{6{,}3244} = 4{,}46 * 10^{-7}$$

$$p_{COCl_2} = \sqrt{k_p * p_{CCl_4} * p_{CO_2}} = \sqrt{4{,}46 * 10^{-7} * 0{,}4\,\text{bar} * 1{,}6\,\text{bar}} = 5{,}35 * 10^{-4}\,\text{bar}$$

$$x_{COCl_2} = \frac{V_{COCl_2}}{V_{\text{Gesamt}}} = \frac{p_{COCl_2}}{p_{\text{Gesamt}}} = \frac{5{,}35 * 10^{-4}\,\text{bar}}{2\,\text{bar}} = 2{,}675 * 10^{-4}$$

Bei einer Million Volumeneinheiten des Gesamtgemisches
wäre der ***volumetrische Phosgenanteil*** $= 2{,}675 * 10^{-4} * 10^{6} =$ **268 Vol−ppm**.

$$\frac{m_{COCl_2}}{m_{\text{Gesamt}}} = \frac{p_{COCl_2} * M_{COCl_2}}{p_{CCl_{4_o}} * M_{CCl_4} + p_{CO_{2_o}} * M_{CO_2}} = \frac{5{,}35 * 10^{-4}\,\text{bar} * 0{,}099\,^{\text{g}}/_{\text{mol}}}{0{,}4\,\text{bar} * 0{,}154\,^{\text{g}}/_{\text{mol}} + 1{,}6\,\text{bar} * 0{,}044\,^{\text{g}}/_{\text{mol}}}$$

$$= 4{,}01 * 10^{-4}\,\frac{\text{g}}{\text{g}}$$

Bei einer Million Masseeinheiten des Gesamtgemisches
wäre der ***massenmäßige Phosgenanteil*** $= 4{,}01 * 10^{-4} * 10^{6} \cong$ **400 Gew−ppm**.

→ ***Ergebnis***

a. **Bei einer Temperatur von 200 °C enthält das Gasgemisch 11,3 Vol-ppm Phosgen, das entspricht 17 Gew-ppm.**
b. **Bei einer Temperatur von 400 °C enthält das Gasgemisch 268 Vol-ppm Phosgen, das entspricht 400 Gew-ppm.**
Gemäß AGW-Richtwert sind dies gefährliche Konzentrationen an Phosgen.

3.2.2 pH-Wert

Aufgabe 13
Welchen pH-Wert zeigen folgendewässrige Lösungen?

a. 0,01 molare Salzsäurelösung bei vollständiger Dissoziation?
b. 0,01 molare Schwefelsäurelösung bei vollständiger Dissoziation?
c. 0,5 normale Salpetersäurelösung bei vollständiger Dissoziation?
d. 0,015 normale Ameisensäure, wenn sie zu 30 % dissoziiert ist?
e. 0,1 molare Natronlauge bei vollständiger Dissoziation?
f. 0,25 molare Calciumhydroxidlösung, wenn sie zu 15 % dissoziiert ist?

⊗ **Lösung**
→ ***Strategie***
Zur Berechnung des pH-Werts der Säuren wird zunächst die Konzentration an H^+-Ionen berechnet. Gemäß Formel 4a wird der negative dekadische Logarithmus der H^+-Ionenkonzentration ermittelt, der den pH-Wert der Lösung darstellt (Man gibt in den Taschenrechner die H^+-Konzentration ein und betätigt die „lg" bzw. die „log"-Taste und multipliziert das Ergebnis mit –1.).

Zur Berechnung des pH-Werts der Basen wird zunächst die Konzentration an OH^-Ionen berechnet. Gemäß Formel 4a wird der negative dekadische Logarithmus der OH^-Ionenkonzentration ermittelt, der den pOH-Wert der Lösung darstellt (siehe Taschenrechner-Anweisung zuvor). Mittels des Ionenprodukts des Wassers von 14,0 wird nach Formel 4c der pH-Wert berechnet.

→ ***Berechnung***

a. $HCl \leftrightarrows H^+ + Cl^-$
Bei vollständiger Dissoziation hat 0,01 molare HCl eine H^+ Konzentration von 0,01 mol/L.
$c_{H+} = 0{,}01\ mol/L = 1{,}0 * 10^{-2}\ mol/L$
$lg 10^{-2} = -2{,}0 \rightarrow$ $\mathbf{pH = 2{,}0}$

b. $H_2SO_4 \leftrightarrows 2H^+ + SO_4^{2-}$
Bei vollständiger Dissoziation hat 0,01 molare H_2SO_4 eine H^+-Konzentration von 0,02 mol/L.
$c_{H+} = 0{,}02\ mol/L = 2{,}0 * 10^{-2} mol/L = 10$
$lg(2 * 10^{-2}) = lg(10^{-1,70}) = -1{,}70 \rightarrow$ $\mathbf{pH = 1{,}7}$

c. $HNO_3 \leftrightarrows H^+ + NO_3^-$
Bei vollständiger Dissoziation hat 0,5 molare HNO_3 eine H^+-Konzentration von 0,5 mol/L.
$c_{H+} = 0{,}5\ mol/L = 5{,}0 * 10^{-1}\ mol/L$
$lg(5{,}0 * 10^{-1}) = lg(10^{-0,30}) = -0{,}30 \rightarrow$ $\mathbf{pH = 0{,}30}$

d. $HCOOH \leftrightarrows HCOO^- + H^+$
*Bei vollständiger Dissoziation hat 0,015 molare HCOOH eine H^+-Konzentration von 0,15 mol/L, bei 30 %iger Dissoziation liegt sie bei 0,015 mol/L * 0,30 = 0,0045 mol/L.*
$c_{H+} = 0{,}0045\ mol/L = 4{,}5 * 10^{-3}\ mol/L$
$lg(4{,}5 * 10^{-3}) = lg(10^{-2{,}35}) = -2{,}35 \rightarrow \mathbf{pH = 2{,}35}$

e. $NaOH \leftrightarrows Na^+ + OH$
Bei vollständiger Dissoziation hat 0,1 molare NaOH eine OH^-Konzentration von 0,1 mol/L.
$c_{OH-} = 0{,}1\ mol/L = 1{,}0 * 10^{-1} mol/L$
$lg10^{-1} = -1 \rightarrow pOH = 1{,}0$
$pH + pOH = 14{,}0$
$pH = 14{,}0 - pOH$
$pH = 14{,}0 - 1{,}0 = \mathbf{13{,}0}$

f. $Ca(OH)_2 \leftrightarrows Ca^{2+} + 2OH^-$
*Bei vollständiger Dissoziation hat 0,25 molare $Ca(OH)_2$ eine OH^-Konzentration von 0,5 mol/L, bei 15 %iger Dissoziation liegt sie bei 0,5 mol/L * 0,15 = 0,075 mol/L.*
$c_{OH-} = 0{,}075\ mol/L = 7{,}5 * 10^{-2} mol/L$
$lg10^{-1{,}12} = -1{,}12 \rightarrow pOH = 1{,}12$
$pH + pOH = 14{,}0$
$pH = 14{,}0 - pOH$
$pH = 14{,}0 - 1{,}12 = \mathbf{12{,}88}$

→ ***Ergebnis***

		%Dissoziiert	pH
a.	0,01 M HCl	100	2,0
b.	0,01 M H_2SO_4	100	1,7
c.	0,5 N HNO_3	100	0,30
d.	0,015 N HCOOH	30	2,35
e.	0,1 M NaOH	100	13,0
f.	0,25 M $Ca(OH)_2$	15	12,88

Aufgabe 14
Welche Molaritäten haben folgende wässrige Lösungen?

a. Eine Schwefelsäurelösung mit einem pH-Wert von 1,4 (vollständige Dissoziation vorausgesetzt)?
b. Eine Kaliumhydroxidlösung mit einem pH-Wert von 11,3 (vollständige Dissoziation vorausgesetzt)?

⊗ **Lösung**

→ ***Strategie***

Mittels Formel 4a lässt sich die H^+- bzw. die OH^- Konzentration berechnen. Bei Aufgabe b. muss zuvor der pH-Wert durch Formel 4c in den pOH umgerechnet werden.

→ ***Berechnung***

a. $H_2SO_4 \leftrightarrows 2H^+ + SO_4^{2-} c_{H_2SO_4} = c_{SO_4-} = \frac{1}{2} c_{H+}$

$$c_{H^+} = \frac{10^{-pH}\text{mol}}{\text{L}} = \frac{10^{-1,4}\,\text{mol}}{\text{L}} = \mathbf{0{,}04\,mol/L} \quad c_{H_2SO_4} = \mathbf{0{,}02\frac{mol}{L}}$$

b. $KOH \leftrightarrows K^+ + OH\, c_{KOH} = c_{OH-} = 10^{-pOH}$

$$pOH = 14{,}0 - pH = 14{,}0 - 11{,}3 = 2{,}7$$

$$\mathbf{c_{KOH}} = c_{OH-} = \frac{10^{-2,7}\,\text{mol}}{\text{L}} = \mathbf{0{,}002\,mol/L}$$

→ ***Ergebnis***

a. **Die Schwefelsäurekonzentration beträgt 0,02 mol/L.**
b. **Die Kaliumhydroxidkonzentration beträgt 0,002 mol/L.**

Aufgabe 15

Welchen pH-Wert haben 0,25 molare wässrigen Lösungen von Essigsäure (pk_S = 4,76), Chloressigsäure (pk_S = 2,86), Dichloressigsäure (pk_S = 1,48) und Trichloressigsäure (pk_S = 0,70)?

⊗ **Lösung**

→ ***Strategie***

In Formel 5b werden die entsprechenden pk_S-Werte und die Säurekonzentration von 0,25 mol/L eingesetzt und hiermit der pH-Wert berechnet.

→ ***Berechnung***

$$pH = \frac{pk_s - \lg(c_s)}{2}$$

$$\text{mit } c_S = 0{,}25\,\text{mol/L} \rightarrow \lg(c_S) = -0{,}60$$

$$\textbf{Essigsäure}\ pH = \frac{4{,}76 - (-0{,}60)}{2} = 2{,}68 \cong 2{,}7$$

$$\textbf{Chloressigsäure}\ pH = \frac{2{,}86 - (-0{,}60)}{2} = 1{,}73 \cong 1{,}75$$

$$\textbf{Dichloressigsäure}\ pH = \frac{1{,}48 - (-0{,}60)}{2} = 1{,}04 \cong 1{,}05$$

$$\textbf{Trichloressigsäure}\ pH = \frac{0{,}70 - (-0{,}60)}{2} = 0{,}65$$

→ ***Ergebnis***

0,25 molare wässrige Lösungen der folgenden Säuren haben pH-Werte von:
Essigsäure → 2,7 Chloressigsäure → 1,75
Dichloressigsäure → 1,05 Trichloressigsäure → 0,65.

Aufgabe 16

a. Welchen pH-Wert hat eine wässrige Lösung von 5 g Diethylamin pro Liter (pk_S = 9,5; M = 73,15 g/mol)?
b. Welche Ammoniakkonzentration (pk_S = 9,25) müsste gewählt werden, um in einer wässrigen Lösung den gleichen pH-Wert zu erreichen?

⊗ Lösung

→ ***Strategie***

a. Amine sind in der Regel basisch, wie in diesem Fall auch aus dem relativ hohen pk_S-Wert hervorgeht. Somit wird Formel 5c für die Berechnung des pH-Werts benutzt. Zunächst wird die Molarität der Lösung berechnet und zusammen mit dem pk_S-Wert in die genannte Formel eingesetzt.
b. Formel 5c wird zur Basenkonzentration hin umgestellt. Sie wird mit dem pk_S-Wert des Ammoniaks und dem vorher berechneten pH-Wert der Diethylaminlösung ermittelt.

→ ***Berechnung***

a. $n = \frac{m}{M} = \frac{5\,\mathrm{g} * \mathrm{mol}}{\mathrm{L} * 73{,}15\,\mathrm{g}} = 0{,}0684\,\frac{\mathrm{mol}}{\mathrm{L}}$

$$\boldsymbol{pH} = \frac{(pk_s + \lg\,[c_B] + 14{,}0)}{2}$$
$$= \frac{9{,}5 + \lg\,(0{,}0684) + 14}{2} = \frac{9{,}5 - 1{,}17 + 14{,}0}{2} = \mathbf{11{,}16}$$

b. $\lg\left[c_{NH_3}\right] = 2 * pH - 14{,}0 - pk_S = 22{,}32 - 14{,}0 - 9{,}25 = -0{,}93$

$$c_{NH_3} = 10^{\lg[c_{NH_3}]} = 10^{-0{,}93} = \mathbf{0{,}117\,\frac{mol}{L}}$$

→ ***Ergebnis***

a. **Der pH-Wert der Diethylaminlösung liegt bei 11,16.**
b. **Der gleiche pH-Wert würde mit einer 0,117 molaren Ammoniaklösung erreicht werden.**

Aufgabe 17
Häufig verwendete Puffersysteme sind Ammonium/Ammoniumchlorid und Essigsäure/Natriumacetat.

a. Welchen pH-Wert hat eine wässrige Lösung, die 1 mol Ammoniak ($pk_S = 9{,}25$) und 3 mol Ammoniumchlorid pro Liter enthält?
b. Welchen pH-Wert hat eine wässrige Lösung, die 0,5 mol Essigsäure ($pk_S = 4{,}76$) und 1 mol Natriumacetat pro Liter enthält?

⊗ **Lösung**
→ ***Strategie***
In die Formeln 5d bzw. 5e werden die entsprechenden Daten eingesetzt und das Ergebnis berechnet.

→ ***Berechnung***

a. $pH = pk_s + \lg \frac{c_{Base}}{c_{Salz}} = 9{,}25 + \lg \frac{1\,\text{mol/L}}{3\,\text{mol/L}} = 9{,}25 - 0{,}48 = \mathbf{8{,}77}$
b. $pH = pk_s + \lg \frac{c_{Salz}}{c_{Säure}} = 4{,}76 + \lg \frac{1\,\text{mol/L}}{0{,}5\,\text{mol/L}} = 4{,}76 + 0{,}30 = \mathbf{5{,}06}$

→ ***Ergebnis***
Der pH-Wert des Ammonium-Puffers liegt bei 8,77 und der des Acetat-Puffers bei 5,06.

3.2.3 Löslichkeitsprodukt

Aufgabe 18
Welchen pH-Wert hat eine Aufschlämmung von Calciumhydroxid in Wasser bei 25 °C? Das zugehörige Löslichkeitsprodukt liegt bei $L_P = 6{,}0 * 10^{-6}\,\text{mol}^3/\text{L}^3$.

⊗ **Lösung**
→ ***Strategie***
Aus der Reaktionsgleichung wird das Löslichkeitsprodukt gemäß Formel 6 gebildet. Die Konzentration an Calciumionen ist halb so groß wie die der Hydroxidionen. Somit kann der Wert der Calciumionenkonzentration durch den der Hydroxidionenkonzentration substituiert werden. Die Gleichung wird nach der Hydroxidionenkonzentration aufgelöst und ihr Wert berechnet. Gemäß Formeln 4a und 4c wird daraus der pH-Wert ermittelt.

→ ***Berechnung***

$Ca(OH)_2 \leftrightarrows Ca^{2+} + 2OH^-$

$\nu_{Ca} = 1 \quad \nu_{OH} = 2$ *(Die Ladung der Ionen wurde in den Indizes weggelassen.)*

$$L_P = c_{Ca} * c_{OH}^2 \text{ mit } c_{Ca} = \frac{1}{2} c_{OH} \quad \rightarrow L_P = \frac{1}{2} * c_{OH}^3$$

$$c_{OH} = \sqrt[3]{2 * L_P} = \sqrt[3]{2 * 6{,}0 * 10^{-6}\,\text{mol}^3/\text{L}^3} = 2{,}29 * 10^{-2}\,\text{mol/L}$$

$$pOH = -\lg(c_{OH}) = -\lg\left(2{,}29 * 10^{-2}\right) = 1{,}64$$

$$pH + pOH = 14{,}0 \quad pH = 14{,}0 - pOH \quad \boldsymbol{pH} = 14{,}0 - 1{,}64 = \mathbf{12{,}36}$$

→ ***Ergebnis***

Der pH-Wert einer Calciumhydroxid-Aufschlämmung bei 25 °C beträgt 12,36.

Aufgabe 19

Zur Rückgewinnung von Silber (M = 107,9 g/mol) aus einem Abwasserstrom soll die Konzentration an Silberionen durch Zugabe von Natriumchlorid auf maximal 0,01 ppm = 10 ppb gesenkt werden. Wie hoch muss hierzu die minimale Chloridionenkonzentration sein? Das Löslichkeitsprodukt des Silberchlorids bei der Abwassertemperatur von 20 °C liegt bei $L_P = 1{,}62 * 10^{-10}\,\text{mol}^2/\text{L}^2$. Die Dichte des Abwassers beträgt ρ = 1,02 kg/L.

⊗ **Lösung**

→ ***Strategie***

Zunächst wird gemäß Formel 6 die Gleichung für das Löslichkeitsprodukt aufgestellt und zur Chloridkonzentration hin umgeformt. Die Silberionenkonzentration, gegeben als ppm, lässt sich mit der Dichte des Abwassers und dem Atomgewicht des Silbers auf die für die Berechnung notwendige Einheit mol/L umrechnen.

→ ***Berechnung***

$AgCl \leftrightarrows Ag^+ + Cl^-$

$L_P = \prod_i c_i^{\nu_i} = c_{Ag}^1 * c_{Cl}^1$ *(Die Ladung der Ionen wurde in den Indizes weggelassen.)*

$$c_{Cl} = \frac{L_P}{c_{Ag}}$$

$$1\,\text{ppm} = \frac{1\,\text{mg}}{\text{kg}}$$

$$0{,}01\,\text{ppm Ag} = \frac{0{,}01\,\text{mg Ag}}{\text{kg}_{\text{Abwasser}}} \quad \text{Zieleinheit: } \frac{\text{mol}}{\text{L}}$$

$$V = \frac{m}{\rho} \quad n = \frac{m}{M}$$

$$0{,}01\,\text{ppm Ag} = \frac{0{,}01\,\text{mg Ag}}{\text{kg}_{\text{Abwasser}}} * \frac{1{,}02\,\text{kg}_{\text{Abwasser}}}{\text{L}} * \frac{\text{mol Ag}}{107.900\,\text{mg Ag}} = 9{,}453 * 10^{-8}\frac{\text{mol Ag}}{\text{L}}$$

$$c_{\text{Cl}} = \frac{1{,}62 * 10^{-10}\text{mol}^2 * \text{L}}{9{,}453 * 10^{-8}\text{mol} * \text{L}^2} = 1{,}72 * 10^{-3}\frac{\text{mol}}{\text{L}} \cong \mathbf{0{,}002\frac{mol}{L}}$$

→ ***Ergebnis***

Die Mindestkonzentration an Chloridionen zum Erreichen einer Silberkonzentration von 0,01 ppm im Abwasser beträgt 0,00172 mol/L ≅ 0,002 mol/L.

Aufgabe 20

Auf einer Abfallhalde ist in früheren Zeiten in größeren Mengen giftiges Bleifluorid entsorgt worden. Wie hoch können die maximalen Konzentrationen (mol/L; ppm) an Blei und Flourid im mit 20 °C austretenden Sickerwasser der Halde sein, wenn keine weiteren Blei- und Flouridsalze vorhanden sind? Das Löslichkeitsprodukt von PbF_2 bei 20 °C beträgt 1,74 * 10^{-8} mol^3/L^3. Die Dichte des Sickerwassers wird näherungsweise mit 1,035 kg/L angesetzt. (M_{Pb} = 207,2 g/mol; M_F = 19,0 g/mol).

⊗ **Lösung**

→ ***Strategie***

Zunächst wird mit Formel 6 das Löslichkeitsprodukt von PbF_2 aufgestellt. Die molare Konzentration an Flourid ist doppelt so hoch wie die des Bleis, sodass die Bleikonzentration in der Formel durch die des Flourids substituiert werden kann (Die Substitution der Flouridkonzentration durch die des Bleis wäre ein gangbarer alternativer Lösungsweg). Die Formel wird nach der Flouridkonzentration aufgelöst. Durch Einsetzen der Zahlenwerte wird die Flouridkonzentration, und hieraus auch die Bleikonzentration, im Sickerwasser als mol/L berechnet und mit der Dichte des Wassers auf ppm umgerechnet.

→ ***Berechnung***

$$\text{PbF}_2 \rightleftarrows \text{Pb}^{2+} + 2\text{F}^- \rightarrow \nu_{\text{pb}} = 1 \quad \nu_F = 2$$

$$L_P = \prod_i c_i^{\nu_i} = c_{\text{Pb}}^1 * c_F^2 \textit{ (Die Ladung der Ionen wurde in den Indizes weggelassen.)}$$

$$c_F = 2 * c_{\text{Pb}} \rightarrow \quad L_p = \frac{1}{2} * c_F^3 \quad \rightarrow \quad c_F = \sqrt[3]{2 * L_p}$$

$$c_F = \sqrt[3]{\frac{2 * 1{,}74 * 10^{-8}\text{mol}^3}{\text{L}^3}} = \mathbf{3{,}265 * 10^{-3}\ mol/L}$$

$$m_F = n_F * M_F \rightarrow c_F = 3{,}265 * 10^{-3}\frac{\text{mol}}{\text{L}} * 19{,}0\frac{\text{g}}{\text{mol}} = 0{,}0620\frac{\text{g}}{\text{L}} = 62{,}0\frac{\text{mg}}{\text{L}}$$

$$1\,\text{l} = 1{,}035\,\text{kg} \rightarrow c_F = \frac{62\,\text{mg}}{1{,}035\,\text{kg}} = 59{,}9\frac{\text{mg}}{\text{kg}} \quad 1\frac{\text{mg}}{\text{kg}} = 1\,\text{ppm} \rightarrow c_F \quad \mathbf{60\ ppm}$$

$$c_{\text{Pb}} = \frac{3{,}265 * 10^{-3}\text{mol}}{2\,\text{L}} = \mathbf{1{,}63 * 10^{-3}mol/L}$$

$$m_{\text{Pb}} = n_{\text{Pb}} * M_{\text{Pb}} \rightarrow c_{\text{Pb}} = 1{,}63 * 10^{-3}\frac{\text{mol}}{\text{L}} * 207{,}2\frac{\text{g}}{\text{mol}} = 0{,}338\frac{\text{g}}{\text{L}} = 338\frac{\text{mg}}{\text{L}}$$

$$1\,L = 1{,}035\,kg \rightarrow c_{\text{Pb}} = \frac{338\,\text{mg}}{1{,}035\,\text{kg}} = 326{,}6\frac{\text{mg}}{\text{kg}} \quad 1\frac{\text{mg}}{\text{kg}} = 1\,\text{ppm} \rightarrow c_{\text{Pb}} \cong \mathbf{327\ ppm}$$

→ ***Ergebnis***

Das Sickerwasser der Halde hat einen maximalen Gehalt an Flouridionen von 3,27 * 10^{-3} mol/L bzw. 60 ppm und einen maximalen Bleiionengehalt von 1,63 * 10^{-3} mol/L bzw. 327 ppm. Das entspricht 1,63 * 10^{-3} mol/L bzw. 387 ppm Bleiflourid.

Aufgabe 21

Das Wasser eines Grundwasserbrunnens hat einen Gehalt an Eisen(II)ionen von 100 ppm. Es soll als Prozesswasser genutzt werden. Dafür muss der Eisengehalt auf maximal 0,5 ppm gesenkt werden. Dies geschieht durch Oxidation zu Eisen(III)ionen mittels Durchblasen von Luft, anschließender Fällung als $Fe(OH)_3$ mit einem Flockulierungshilfsmittel und nachfolgender Filtration.

a. Welcher minimale pH-Wert ist für eine diese Bedingungen erfüllende Fällung erforderlich?
b. Wie viel $Fe(OH)_3$ fällt bei einem Wasserstrom von 10 m^3/h in einer Woche an?

Löslichkeitsprodukt $Fe(OH)_3$: $L_P = 3{,}8 * 10^{-38}$ mol^4/L^4
$M_{Fe} = 55{,}8$ g/mol
$M_{Fe(OH)_3} = 106{,}8$ g/mol
$\rho_{Wasser} = 1{,}00$ kg/L

⊗ **Lösung**

→ ***Strategie***

a. Die Reaktionsgleichung wird aufgestellt und hieraus gemäß Formel 6 das Löslichkeitsprodukt formuliert und zur Hydroxidionenkonzentration umgestellt. Dann wird die maximal erlaubte Eisenkonzentration von 0,5 ppm auf mol/L umgerechnet. Durch Einsatz dieses Wertes in die umgestellte Beziehung des Löslichkeitsprodukts ergibt sich die nötige Hydroxidkonzentration. Mit pOH und dem Ionenprodukt des Wassers (siehe Formel 4a und 4c) ergibt sich der für die Eisen(III)hydroxidausfällung nötige Mindest-pH-Wert.

b. Die Differenz des Eisengehalts des Grundwassers und des gereinigten Wassers, multipliziert mit dem Stoffstrom des Wassers und der Stundenzahl einer Woche, ergibt die Menge an ausgefälltem Eisen. Dies wird durch das entsprechende Verhältnis der Molmassen auf Eisen(III)hydroxid umgerechnet.

→ ***Berechnung***

a. $Fe(OH)_3 \leftrightarrows Fe^{3+} + 3OH^- \rightarrow \nu_{Fe} = 1 \quad \nu_{OH} = 3$ *(Die Ladung der Ionen wurde in den Indizes weggelassen.)*

$$L_P = c_{Fe} * c_{OH}^3 \qquad c_{OH} = \sqrt[3]{\frac{L_P}{c_{Fe}}}$$

$C_{Fe} = 0{,}5\,\text{ppm} = \frac{0{,}5\,\text{mg Fe}}{1\,\text{kg Wasser}}$ *mit* $V = m/\rho$ *und* $n = m/M$

$$c_{Fe} = \frac{0{,}5\,\text{mg Fe}}{1\,\text{kg}} * \frac{1{,}00\,\text{kg}}{\text{L}} * \frac{\text{mol Fe}}{55.800\,\text{mg Fe}} = 8{,}96 * 10^{-6}\frac{\text{mol Fe}}{\text{L}}$$

$$c_{OH} = \sqrt[3]{\frac{3{,}8 * 10^{-38}\,\text{mol}^4 * \text{L}}{\text{L}^4 * 8{,}96 * 10^{-6}\text{mol}}} = \sqrt[3]{4{,}24 * 10^{-33}}\frac{\text{mol}}{\text{L}} = 1{,}62 * 10^{-11}\frac{\text{mol}}{\text{L}}$$

$$pOH = -\lg(c_{OH}) = -\lg\left(1{,}62 * 10^{-11}\right) = 10{,}8$$

$$pH + pOH = 14{,}0$$

$$\boldsymbol{pH} = 14{,}0 - \boldsymbol{pOH} = 14{,}0 - 10{,}8 = 3{,}2$$

b. *Pro Zeiteinheit ausfallende Eisen(III)hydroxid-Masse:*

$$\dot{m}_{Fe\downarrow} = \Delta C_{Fe} * \dot{m}_{Wasser}$$

$$\Delta C_{Fe} = 100\,\text{ppm} - 0{,}5\,\text{ppm} = 99{,}5\,\text{ppm} = \frac{99{,}5\,\text{mg Fe}}{1\,\text{kg Wasser}}$$

$$\dot{m}_{Wasser} = \dot{V}_{Wasser} * \rho_{Wasser} = 10\frac{\text{m}^3}{\text{h}} * 1000\frac{\text{kg}}{\text{m}^3} = 10.000\frac{\text{kg}}{\text{h}}$$

$$\rightarrow \dot{m}_{Fe\downarrow} = 99{,}5\frac{\text{mg}}{\text{kg}} * 10.000\frac{\text{kg}}{\text{h}} = 0{,}995\frac{\text{kg}}{\text{h}} \quad 55{,}8\frac{\text{g}}{\text{mol}}\text{Fe} \triangleq 106{,}8\frac{\text{g}}{\text{mol}}\text{Fe(OH)}_3$$

$$\dot{m}_{Fe(OH)_3\downarrow} = 0{,}995\frac{\text{kg}}{\text{h}} * \frac{106{,}8}{55{,}8} = 1{,}90\frac{\text{kg}}{\text{h}}$$

*Stundenzahl Woche: 7 * 24 h = 168 h*

$$m_{\mathbf{Fe(OH)_3\downarrow}} = 1{,}90\frac{\text{kg}}{\text{h}} * 168\,\text{h} = \mathbf{319\,kg}$$

→ ***Ergebnis***

a. **Der zur angestrebten Ausfällung von Eisen(III)hydroxid notwendige pH-Wert beträgt mindestens 3,2, allerdings sollte man zwecks Korrosionsvermeidung nicht unter einem pH-Wert von 8 fahren.**
b. **Pro Woche fallen 319 kg ausgefälltes Eisen(III)hydroxid an, berechnet als Trockensubstanz.**

3.3 Stoffbilanzen

3.3.1 Massenbilanzen und stöchiometrische Bilanzen

Aufgabe 22

Ein Abwasserstrom von 2,2 m^3 pro Stunde und einer Dichte von 1,050 kg/L enthält 0,15 gew% Natriumsulfit. Welcher Massenstrom an 5 gew%iger wässriger Wasserstoffperoxidlösung muss mindestens zugeführt werden, um alles Sulfit zu Sulfat zu oxidieren?
(Relative Atommassen: Na = 23 g/mol; S = 32 g/mol; O = 16 g/mol; H = 1 g/mol).

⊗ **Lösung**

→ ***Strategie***

Die Reaktionsgleichung wird aufgestellt. Pro Mol Sulfit wird ein Mol Wasserstoffperoxid benötigt. Aus dem Volumenstrom und der Dichte des Abwassers wird der Massenstrom berechnet. Hieraus ergibt sich mit dem Prozentgehalt und der Molmasse der Molstrom des Natriumsulfits. Dieser Molstrom entspricht dem des mindestens zuzuführenden Wasserstoffperoxids. Mittels der Molmasse des Wasserstoffperoxids wird hieraus der nötige Massenstrom berechnet und auf die Konzentration der Wasserstoffperoxidlösung bezogen.

→ ***Berechnung***

$$Na_2SO_3 + H_2O_2 \rightarrow Na_2SO_4 + H_2O$$

$$\dot{m}_{Na_2SO_3} = \frac{\text{gew\%}_{\ Na_2SO_3}}{100\text{gew\%}} * \dot{m}_{\text{Abwasser}} = \frac{\text{gew\%}_{\ Na_2SO_3}}{100\text{gew\%}} * \dot{V}_{\text{Abwasser}} * \rho_{\text{Abwasser}}$$

$$= \frac{0{,}15}{100} * 2{,}2\frac{\text{m}^3}{\text{h}} * 1050\frac{\text{kg}}{\text{m}^3} = 3{,}465\frac{\text{kg}}{\text{h}}$$

$$\dot{n}_{Na_2SO_3} = \frac{\dot{m}_{Na_2SO_3}}{M_{Na_2SO_3}} \text{ mit } M_{Na_2SO_3} = (2 * 23 + 32 + 3 * 16)\frac{\text{g}}{\text{mol}} = 126\frac{\text{g}}{\text{mol}}$$

$$\dot{n}_{Na_2SO_3} = \frac{3{,}465\,\mathrm{kg} * \mathrm{mol}}{\mathrm{h} * 0{,}126\,\mathrm{kg}} = 27{,}5\frac{\mathrm{mol}}{\mathrm{h}} = \dot{n}_{H_2O_2}$$

$$M_{H_2O_2} = (2 * 1 + 2 * 16)\frac{\mathrm{g}}{\mathrm{mol}} = 34\frac{\mathrm{g}}{\mathrm{mol}}$$

$$\dot{m}_{H_2O_2} = \dot{n}_{H_2O_2} * M_{H_2O_2} = \frac{27{,}5\,\mathrm{mol} * 0{,}034\,\mathrm{kg}}{\mathrm{h} * \mathrm{mol}} = 0{,}935\frac{\mathrm{kg}}{\mathrm{h}}$$

5 gew% → 0,935 kg/h
100 gew% → X

$$\dot{m}_{H_2O_2-5\,\%} = \frac{100\,\mathrm{gew\%} * 0{,}935\,\mathrm{kg}}{5\,\mathrm{gew\%} * \mathrm{h}} = \mathbf{18{,}7\frac{kgH_2O_2 - L\ddot{o}sung}{h}}$$

→ ***Ergebnis***

Dem Abwasser muss ein Strom von mindestens 18,7 kg 5 gew%iger Wasserstoffperoxidlösung pro Stunde zugeführt werden.

Aufgabe 23

Eine Kochsalzlösung eines Massenstroms von 200 t/h soll für die Chlor-Alkali-Elektrolyse aufbereitet werden. Zur Entfernung des Gehalts von 400 ppm Calcium wird 12 gew%ige wässrige Natriumcarbonatlösung als 1,5-fache Menge der stöchiometrisch nötigen Dosis zugegeben und das gebildete Calciumcarbonat durch Absetzen ausgefällt ($CaCO_3$ wird näherungsweise als komplett unlöslich angesehen).

a. Wie viel kg Calciumcarbonat fällt hierbei stündlich an?
b. Wie groß muss die Zufuhr von Natriumcarbonatlösung in L/s sein?
c. Wie groß muss ein maximal zu 90 % gefüllter Rührkessel sein, um den Tagesbedarf an Natriumcarbonatlösung abzudecken?

(Atommassen: Ca = 40 g/mol, C = 12 g/mol, O = 16 g/mol, Na = 23 g/mol
Dichte 12 gew% Na_2CO_3-Lösung: 1120 kg/m^3)

⊗ **Lösung**

→ ***Strategie***

a. Die Reaktionsgleichung der Calciumcarbonatfällung wird aufgestellt. Dann berechnet man, wie viele Mole Calcium pro Stunde ausgefällt werden müssen. Dies ist auch die Molzahl an ausgefälltem Calciumcarbonat pro Stunde. Mit der Molmasse von Calciumcarbonat wird die stündlich anfallende Calciumcarbonatmasse berechnet.
b. Für 1 mol Calciumionen wird zur Ausfällung 1 mol Carbonationen benötigt. Mit dem angegebenen Überschuss von 1,5 mol Carbonationen pro mol Calcium und der Molmasse von Natriumcarbonat berechnet sich der nötige

Massenstrom an Natriumcarbonat. Es wird auf die Masse der benötigten 12 gew%igen Lösung umgerechnet und der Volumenstrom mit der Dichte der Lösung ermittelt.

c. Der Tagesbedarf an Natriumcarbonatlösung ergibt sich durch Bezug des Volumenstroms auf einen Tag. Dieser entspricht 90 % des Rührkesselvolumens, das hieraus mittels Dreisatz berechnet wird.

→ ***Berechnung***

$Ca^{2+} + CO_3^{2-} \rightarrow CaCO_3\downarrow$

a. 1 mol Ca^{2+} *entspricht stöchiometrisch* 1 mol Na_2CO_3
Da ein 1,5-facher Überschuss an Na_2CO_3 *eingesetzt wird:* $\dot{n}_{\mathrm{Na_2CO_3}} = 1{,}5 * \dot{n}_{\mathrm{Ca^{2+}}}$

$$1\,\mathrm{ppm} = \frac{1\,\mathrm{mg}}{10^6\,\mathrm{mg}} = 1\frac{\mathrm{mg}}{\mathrm{kg}}$$

400 ppm Ca^{2+} = 400 mg Ca^{2+}/kg Sole
In einem Massenstrom von 200 t Sole/h = 200.000 kg/h ist

$$\dot{m}_{\mathrm{Ca^{2+}}} = \frac{400\,\mathrm{mgCa} * 200.000\,\mathrm{kg\ Sole}}{\mathrm{kg} * \mathrm{h}} = 8 * 10^7\frac{\mathrm{mgCa}}{\mathrm{h}} = 80\frac{\mathrm{kgCa}}{\mathrm{h}}$$

$$\dot{n}_{\mathrm{Ca^{2+}}} = \frac{\dot{m}_{\mathrm{Ca}}}{M_{\mathrm{Ca}}} = \frac{80\,\mathrm{kg} * \mathrm{mol}}{\mathrm{h} * 0{,}040\,\mathrm{kg}} = \frac{2000\,\mathrm{mol}}{\mathrm{h}}$$

$$\dot{n}_{\mathrm{Ca^{2+}}} = \dot{n}_{\mathrm{CaCO_3}}$$

$$\dot{m}_{\mathrm{CaCO_3}} = \dot{n}_{\mathrm{Ca^{2+}}} * M_{\mathrm{CaCO_3}}$$

$$M_{\mathrm{CaCO_3}} = \frac{(40 + 12 + 3 * 16)\mathrm{g}}{\mathrm{mol}} = 100\,\mathrm{g/mol}$$

$$\dot{m}_{\mathrm{CaCO_3}} = \frac{2000\,\mathrm{mol} * 0{,}100\,\mathrm{kg}}{\mathrm{h} * \mathrm{mol}} = \mathbf{200\,kg/h}$$

b. $\dot{n}_{\mathrm{Na_2CO_3}} = 1{,}5 * \frac{2000\,\mathrm{mol}}{\mathrm{h}} = \frac{3000\,\mathrm{mol}}{\mathrm{h}}$

$$\dot{m}_{\mathrm{Na_2CO_3}} = \dot{n}_{\mathrm{Na_2CO_3}} * M_{\mathrm{Na_2CO_3}}$$

$$M_{\mathrm{Na_2CO_3}} = \frac{(2 * 23 + 12 + 3 * 16)\mathrm{g}}{\mathrm{mol}} = 106\,\mathrm{g/mol}$$

$$\dot{m}_{\mathrm{Na_2CO_3}} = \frac{3000\,\mathrm{mol} * 0{,}106\,\mathrm{kg}}{\mathrm{h} * \mathrm{mol}} = 318\frac{\mathrm{kg}}{\mathrm{h}}$$

12 gew%ige Na_2CO_3-Lösung:

$$\dot{m}_{\mathrm{Lösung}} = \frac{100\,\%}{12\,\%} * 318\frac{\mathrm{kg}}{\mathrm{h}} = 2650\frac{\mathrm{kg}}{\mathrm{h}}$$

$$\dot{V}_{\text{Lösung}} = \frac{\dot{m}_{\text{Lösung}}}{\rho_{\text{Lösung}}} = \frac{2650\,\text{kg} * \text{m}^3}{\text{h} * 1120\,\text{kg}} = 2{,}366\frac{\text{m}^3}{\text{h}}$$

$$= \frac{2{,}366\,\text{m}^3\,1000\,\text{L} * \text{h}}{\text{h} * \text{m}^3 * 3600\,\text{s}} = \mathbf{0{,}656\,L/s}$$

c. $\dot{V}_{\text{Lösung}} = \frac{2{,}35\,\text{m}^3 * 24\,\text{h}}{\text{h} * \text{Tag}} = 56{,}7\,\text{m}^3/\text{Tag}$

90 % Füllgrad → 56,7 m³

100 % → X $V_{\textbf{Reaktor}} = \frac{100\,\% * 56{,}7\,\text{m}^3}{90\,\%} = \mathbf{63{,}0\,m^3}$

→ ***Ergebnis***

a. **Es fallen stündlich 200 kg Calciumcarbonat an.**
b. **Der Volumenstrom der zugesetzten Natriumcarbonatlösung beträgt 0,656 L/s.**
c. **Der Rührkessel zum Ansetzen der Natriumcarbonatlösung muss ein Gesamtvolumen von 63 m³ haben.**

Aufgabe 24
Eine großtechnische Methode zur Herstellung von Diphenylcarbonat (DPC $M_{DPC} = 214$ g/mol) verläuft über das Einleiten von Phosgen ($M_{COCl_2} = 99$ g/mol) in eine wässrige, alkalische Lösung von Phenol (Phen $M_{Phen} = 94$ g/mol), das als Natriumphenolat vorliegt. Die Lösung enthält einen Überschuss an Natriumhydroxid ($M_{NaOH} = 40$ g/mol).

a. Wie viel kg Phenol benötigt man bei seinem vollständigen Umsatz zur Herstellung von 1 t DPC, wenn keine Nebenreaktionen des Phenols auftreten?
b. Wie viel kg Phosgen werden zur Herstellung 1 t DPC benötigt, wenn 10 % des eingeleiteten Phosgens durch Hydrolyse mit Natriumhydroxid verloren gehen?
c. Wie viel kg Natriumchlorid und Natriumcarbonat bilden sich hierbei?

⊗ **Lösung**
→ ***Strategie***
Es werden die Reaktionsgleichungen der DPC-Bildung sowie der Phosgenhydrolyse formuliert. Die 1 t DPC entsprechende Molzahl wird mittels seiner Molmasse berechnet. Die eingesetzte Molzahl von Phenol ist doppelt so hoch wie die des gebildeten DPC. Hieraus wird mit der Molmasse von Phenol die Masse an eingesetztem Phenol berechnet. Ohne Hydrolyse wäre die Molzahl an eingesetztem Phosgen gleich der Molzahl an gebildetem DPC. Durch Hydrolyse werden 10 % mehr an Phosgen benötigt, sodass lediglich 90 % des eingeleiteten Phosgens zu DPC reagieren. Sowohl bei der Bildung des DPC als auch bei der Hydrolyse bilden sich 2 mol Natriumchlorid pro mol Phosgen. Somit ergibt die doppelte Molzahl des eingesetzten Phosgens, multipliziert mit der Molmasse des Natriumchlorids, die Masse an gebildetem Kochsalz. Natriumcarbonat wird nur durch die Hydrolyse gebildet. Hierbei entsteht 1 mol Carbonat pro hydrolisiertes

Mol Phosgen. Die Masse an gebildetem Natriumcarbonat entspricht somit einem Zehntel der Molzahl des eingesetzten Phosgens, multipliziert mit der Molmasse von Natriumcarbonat.

→ ***Berechnung***

DPC-Synthese: 2 Ø-ONa + $COCl_2$ → Ø-O-CO-O-Ø + 2NaCl

Hydrolyse: $COCl_2$ + 4 NaOH → Na_2CO_3 + 2NaCl

a. $m_{\mathrm{Phen}} = n_{\mathrm{Phen}} * M_{\mathrm{Phen}}$ mit $n_{\mathrm{Phen}} = 2 * n_{\mathrm{DPC}}$ und

$$n_{\mathrm{DPC}} = \frac{m_{\mathrm{DPC}}}{M_{\mathrm{DPC}}} = \frac{1000\,\mathrm{kg} * \mathrm{mol}}{0{,}214\,\mathrm{kg}} = 4672{,}9\,\mathrm{mol}$$

$$\boldsymbol{m_{\mathrm{Phen}}} = 2 * n_{\mathrm{DPC}} * M_{\mathrm{Phen}} = 2 * 4672{,}9\,\mathrm{mol} * 0{,}094\frac{\mathrm{kg}}{\mathrm{mol}} = \mathbf{878{,}5\,kg}$$

b. *Ohne Hydrolyse wäre* $n_{\mathrm{COCl_2-ideal}} = n_{\mathrm{DPC}}$
Dies entspricht aber nur 90 % des eingesetzten Phosgens. Die gesamte eingesetzte Phosgenmolzahl ist demnach

$$n_{\mathrm{COCl_2}} = \frac{100\,\%}{90\,\%} * n_{\mathrm{COCl_2-ideal}} = \frac{100\,\%}{90\,\%} * n_{\mathrm{DPC}} = 1{,}111 * 4672{,}9\,\mathrm{mol} = 5192\,\mathrm{mol}$$

$$m_{\mathrm{COCl_2}} = n_{\mathrm{COCl_2}} * M_{\mathrm{COCl_2}} = 5192\,\mathrm{mol} * 0{,}099\frac{\mathrm{kg}}{\mathrm{mol}} = \mathbf{514\,kg}$$

c. $m_{\mathrm{NaCl}} = n_{\mathrm{NaCl}} * M_{\mathrm{NaCl}}$ mit $n_{\mathrm{NaCl}} = 2 * n_{\mathrm{COCl_2}}$

$$m_{\mathrm{NaCl}} = 2 * n_{\mathrm{COCl_2}} * M_{\mathrm{NaCl}} = 2 * 5192\,\mathrm{mol} * 0{,}0585\frac{\mathrm{kg}}{\mathrm{mol}} = 607{,}5\,\mathrm{kg}$$

$$m_{\mathrm{Na_2CO_3}} = n_{\mathrm{Na_2CO_3}} * M_{\mathrm{Na_2CO_3}} \text{ mit } n_{\mathrm{Na_2CO_3}} = \frac{10\,\%}{100\,\%} * n_{\mathrm{COCl_2}}$$
$$= 0{,}1 * 5192\,\mathrm{mol} = 519{,}2\,\mathrm{mol}$$

$$\boldsymbol{m_{\mathrm{Na_2CO_3}}} = 519{,}2\,\mathrm{mol} * 0{,}106\frac{\mathrm{kg}}{\mathrm{mol}} = \mathbf{55{,}0\,kg}$$

→ ***Ergebnis***

a. **Die zur Herstellung von 1 t Diphenylcarbonat nötige Menge Phenol beträgt 878,5 kg.**
b. **Unter Berücksichtigung der Nebenreaktion der Phosgenhydrolyse werden hierzu 514 kg Phosgen benötigt.**
c. **Als Nebenprodukte entstehen 607,5 kg Natriumchlorid und 55 kg Natriumcarbonat.**

Aufgabe 25

Aus einem Abluftstrom von 20 m^3 pro Stunde soll der Anteil an Chlorwasserstoff vollständig entfernt werden. Dies wird in einer Waschkolonne, die mit 1,25 molarer wässriger Natronlauge ($M_{NaOH} = 40$ g/mol) betrieben wird, durchgeführt.

In einem Laborversuch zur Messung der durchschnittlichen Chlorwasserstoffkonzentration wurden 100 mL der Abluft mit 20 mL 0,1 normaler Kaliumhydroxidlösung intensiv geschüttelt, so dass von einem vollständigen Umsatz ausgegangen werden kann. Die Endkonzentration an KOH betrug 0,065 mol/L.

Welcher Volumenstrom an 1,25 molarer Natronlauge muss der Absorptionskolonne zugeführt werden?

⊗ **Lösung**

→ ***Strategie***

Die Reaktionsgleichung wird aufgestellt und der HCl-Gehalt in der Abluft berechnet. Hierzu wird aus dem Laborergebnis aus der Differenz der KOH-Konzentration und dem Volumen der Gasprobe der molare HCl-Gehalt berechnet. Hieraus berechnet sich der Molstrom von HCl im gesamten Abluftstrom. Der zur Neutralisation nötige NaOH-Molenstrom wird ermittelt und auf eine 1,25 molare Natronlauge übertragen.

→ ***Berechnung***

$HCl + NaOH \rightarrow NaCl + H_2O$

Für 100 mL Abluft:

$$n_{HCl} = \Delta n_{KOH} = \Delta c_{KOH} * V_{0,1NKOH} = (0{,}1 - 0{,}065)\,\tfrac{mol}{L} * 0{,}02\,L = 7{,}0 * 10^{-4}\,mol$$

Für 20 m^3 Abluft/h:

$$\dot{n}_{HCl} = \frac{7{,}0 * 10^{-4}\,mol * 20\,m^3}{0{,}1\,L * h} = \frac{7{,}0 * 10^{-4}\,mol * 20.000\,L}{0{,}1\,L * h}$$

$$= \frac{140\,mol}{h} = \frac{140\,mol * h}{h * 3600\,s} = 0{,}0389\,\frac{mol}{s}$$

$$\dot{n}_{NaOH} = \dot{n}_{HCl} = 0{,}0389\,\frac{mol}{s}$$

$$\dot{V} = \frac{\dot{n}}{c} = \frac{0{,}0389\,mol * L}{s * 1{,}25\,mol} = \mathbf{0{,}0311\,\frac{L}{s} = 112\,\frac{L}{h}}$$

→ ***Ergebnis***

Der der Absorptionskolonne zuzuführende Strom an 1,25 molarer Natronlauge beträgt 0,031 L/s entsprechend 112 L/h.

3.3.2 Umsatz, Ausbeute und Selektivität

→ ***Generelle Lösungsstrategie***
Alle folgenden Aufgaben werden nach dem gleichen Grundmuster gelöst:

- Aufstellen der Reaktionsgleichung
- Bestimmen der stöchiometrischen Faktoren ν_i
- Umwandeln von massenbezogenen in molbezogene Größen
- Einsetzen der Daten in Formel 9a, b, c (Umsatz), 10a, b, c (Ausbeute) und 11a, b, c (Selektivität)
- Gegebenenfalls Umstellen der Formeln
- Berechnen der Ergebnisse

Aufgabe 26
In einem Rührkessel erfolgt die Veresterungsreaktion von 920 kg Ethanol (M_{Et} = 46 g/mol) mit 1,5 t Essigsäure (M_{Ac} = 60 g/mol) zu Essigsäureethylester (M_{EE} = 88 g/mol). Das Endgemisch enthält 1,32 t Essigsäureethylester, 230 kg Ethanol und 600 kg Essigsäure. Wie groß ist der Umsatz an Ethanol und Essigsäure. Wie groß ist die Ausbeute an Ester bez. Ethanol?

⊗ **Lösung**
→ ***Berechnung***
$C_2H_5OH + CH_3COOH \leftrightarrows CH_3COO\text{-}C_2H_5 + H_2O$

$$n_{i_o} = \frac{m_{i_o}}{M_i}$$

$$n_{\text{Et}_o} = \frac{920\,\text{kg} * \text{mol}}{0{,}046\,\text{kg}} = 20.000\,\text{mol} \quad n_{\text{Ac}_o} = \frac{1500\,\text{kg} * \text{mol}}{0{,}060\,\text{kg}} = 25.000\,\text{mol}$$

$$n_i = \frac{m_i}{M_i}$$

$$n_{\text{Et}} = \frac{230\,\text{kg} * \text{mol}}{0{,}046\,\text{kg}} = 5000\,\text{mol} \quad n_{\text{Ac}} = \frac{600\,\text{kg} * \text{mol}}{0{,}060\,\text{kg}} = 10.000\,\text{mol}$$

$$n_{\text{EE}} = \frac{1320\,\text{kg} * \text{mol}}{0{,}088\,\text{kg}} = 15.000\,\text{mol}$$

	C_2H_5OH	CH_3COOH	$CH_3COO\text{-}C_2H_5$	H_2O
ν_i	−1	−1	+1	+1
n_{i_o}	20.000 mol	25.000 mol	0 mol	0 mol
n_i	5000 mol	10.000 mol	15.000 mol	

Umsätze: $X_E = \frac{n_{E_o} - n_E}{n_{E_o}}$

$$X_{Et} = \frac{(20.000 - 5000)\text{mol}}{20.000\,\text{mol}} = \mathbf{0{,}75 \rightarrow 75{,}0\,\%}$$

$$X_{Ac} = \frac{(25.000 - 10.000)\text{mol}}{25.000\,\text{mol}} = \mathbf{0{,}60 \rightarrow 60{,}0\,\%}$$

Ausbeute: $Y_{P/E} = \frac{\upsilon_E * (n_{P_o} - n_P)}{\upsilon_p * n_{E_o}}$ *(Es wird auf Ethanol als Unterschusskomponente bezogen!)*

$$Y_{EE/Et} = \frac{-1 * (0 - 15.000)\text{mol}}{+1 * 20.000\,\text{mol}} = \mathbf{0{,}75 \rightarrow 75{,}0\,\%}$$

→ ***Ergebnis***

Der Umsatz beträgt 0,75 bzw. 75,0 % für Ethanol und 0,60 bzw. 60,0 % für die Essigsäure.

Die Ausbeute an Ester bezüglich Ethanol beträgt 0,75 bzw. 75,0 %.

Aufgabe 27

Harnstoff $OC(NH_2)_2$ ist eine wichtige Grundchemikalie und wird aus Kohlendioxid CO_2 und Ammoniak NH_3 bei 150 °C und 40 bar hergestellt. Ein Reaktor wird pro Sekunde mit 4,4 kg Kohlendioxid und 5,1 kg Ammoniak beschickt. Das Ergebnis ist ein den Reaktor verlassender Stoffstrom aus 0,044 kg Kohlendioxid, 5,8 kg Harnstoff und 1,7 kg Ammoniak pro Sekunde.

(Molmassen CO_2 = 44 g/mol; NH_3 = 17 g/mol; Harnstoff = 60 g/mol)

Wie groß ist der Umsatz von Kohlendioxid und Ammoniak sowie die Ausbeute an Harnstoff bezüglich Kohlendioxid bzw. Ammoniak?

⊗ **Lösung**

→ ***Berechnung***

$CO_2 + 2NH_3 \rightarrow (NH_2)_2C{=}O + H_2O$

$$\dot{n}_{i_o} = \frac{\dot{m}_{i_o}}{M_i}$$

$$\dot{n}_{CO_{2_o}} = \frac{4{,}4\,\text{kg} * \text{mol}}{\text{s} * 0{,}044\,\text{kg}} = 100\frac{\text{mol}}{\text{s}} \quad \dot{n}_{NH_{3_o}} = \frac{5{,}1\,\text{kg} * \text{mol}}{\text{s} * 0{,}017\,\text{kg}} = 300\frac{\text{mol}}{\text{s}}$$

$$\dot{n}_i = \frac{m_i}{M_i}$$

$$\dot{n}_{CO_2} = \frac{0,044\,\text{kg} * \text{mol}}{\text{s} * 0,044\,\text{kg}} = 1,0\frac{\text{mol}}{\text{s}} \quad \dot{n}_{NH_3} = \frac{1,7\,\text{kg} * \text{mol}}{\text{s} * 0,017\,\text{kg}} = 100\frac{\text{mol}}{\text{s}}$$

$$\dot{n}_{\text{Harnst.}} = \frac{5,8\,\text{kg} * \text{mol}}{\text{s} * 0,060\,\text{kg}} = 96,7\frac{\text{mol}}{\text{s}}$$

	CO_2	NH_3	$(NH_2)_2C{=}O$	H_2O
ν_i	-1	-2	$+1$	$+1$
n_{i_0}	100 mol/s	300 mol/s	0 mol/s	0 mol/s
n_i	1 mol/s	100 mol/s	96,7 mol/s	

Umsätze: $X_E = \frac{\dot{n}_{E_0} - \dot{n}_E}{\dot{n}_{E_0}}$

$$X_{CO_2} = \frac{(100 - 1)\,\text{mol} * \text{s}}{\text{s} * 100\,\text{mol}} = 0,99 \to 99,0\,\%$$

$$X_{NH_3} = \frac{(300 - 100)\,\text{mol} * \text{s}}{\text{s} * 300\,\text{mol}} = 0,667 \to 66,7\,\%$$

Ausbeuten: $Y_{P/E} = \frac{\nu_E * (\dot{n}_{P_0} - \dot{n}_P)}{\nu_P * \dot{n}_{E_0}}$

$$Y_{\text{Harnst.}/CO_2} = \frac{-1 * (0 - 96,7)\,\text{mol} * \text{s}}{\text{s} * 1 * 100\,\text{mol}} = 0,967 \to 96,7\,\%$$

$$Y_{\text{Harnst.}/NH_3} = \frac{-2 * (0 - 96,7)\,\text{mol} * \text{s}}{\text{s} * 1 * 300\,\text{mol}} = 0,645 \to 64,5\,\%$$

→ **Ergebnis**
**Der Umsatz von Kohlendioxid beträgt 0,99 bzw. 99,0 %, der von Ammoniak
0,667 bzw. 66,7 %.**
**Die Ausbeute an Harnstoff bezüglich Kohlendioxid liegt bei 0,967 bzw.
96,7 %. Die Ausbeute an Harnstoff bezüglich Ammoniak liegt bei 0,645 bzw.
64,5 %.**

Aufgabe 28
In einem Versuchsreaktor wird Aceton (Ac) in Gegenwart eines inerten Lösungs-
mittels mit Wasserstoff zu 2-Propanol (Prop) hydriert:

$$CH_3\text{-}\underset{O}{\overset{}{C}}\text{-}CH_3 + H_2 \xrightarrow{\text{Kata}} CH_3\text{-}\underset{O}{\overset{H}{C}}\text{-}CH_3$$

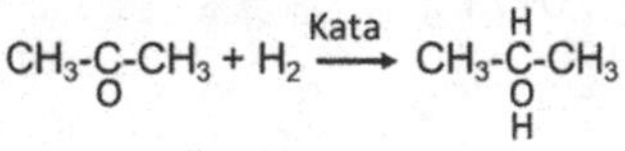

Das Reaktionsvolumen bleibt während der Reaktion konstant. Die Konzentrationen
des Einsatzgemisches betragen: $c_{\text{Ac-o}} = 5,0$ mol/L und $c_{\text{Prop-o}} = 0,1$ mol/L.
    Nach dem Versuch werden folgende Konzentrationen gemessen: $c_{\text{Ac}} =$
0,9 mol/L; $c_{\text{Prop}} = 3,2$ mol/L. Wie groß ist der Umsatz an Aceton, die Ausbeute an
iso-Propanol und die Selektivität an iso-Propanol?

⊗ **Lösung**
Da sich das Volumen durch die Reaktion nicht ändert, dürfen für die Berechnung die Konzentrationen verwendet werden. Es ist lediglich die Konzentration vom Edukt Aceton angegeben. Somit ist in diesem Fall bei der Ausbeute und der Selektivität des 2-Propanols nur ein Bezug auf Aceton gegeben.

→ ***Berechnung***
Der stöchiometrische Faktor für Aceton ist $\nu_{Ac} = -1$*, der für 2-Propanol* $\nu_{Prop} = +1$*.*

$$X_{\text{Ac}} = \frac{c_{\text{Ac}_0} - c_{\text{Ac}}}{c_{\text{Ac}_0}} = \frac{5{,}0 - 0{,}9}{5{,}0} = \mathbf{0{,}82 \rightarrow 82{,}0\ \%}$$

$$Y_{\text{Prop/Ac}} = \frac{\upsilon_{\text{Ac}} * \left(c_{\text{Prop}_0} - c_{\text{Prop}}\right)}{\upsilon_{\text{prop}} * c_{\text{Ac}_0}} = \frac{-1 * (0{,}1 - 3{,}2)}{+1 * 5{,}0} = \mathbf{0{,}62 \rightarrow 62{,}0\ \%}$$

$$S_{\text{Prop/Ac}} = \frac{\upsilon_{\text{Ac}} * \left(c_{\text{Prop}_0} - c_{\text{Prop}}\right)}{\upsilon_{p} * (c_{\text{Ac}_0} - c_{\text{Ac}})} = \frac{-1 * (0{,}1 - 3{,}2)}{+1 * (5{,}0 - 0{,}9)} = \mathbf{0{,}756 \rightarrow 75{,}6\ \%}$$

→ ***Ergebnis***
Der Umsatz von Aceton beträgt 0,82 bzw. 82,0 %. Die Ausbeute an 2-Propanol bezüglich Aceton liegt bei 0,62 bzw. 62,0 %. Die Selektivität von 2-Propanol hinsichtlich Aceton liegt bei 0,756 bzw. 75,6 %.

Aufgabe 29
Allylchlorid (ACl M_{ACl} = 76,5 g/mol) wird mit Dimethylamin (DMA) zu Allyl-Dimethylamin (ADMA M_{ADMA} = 85,0 g/mol) umgesetzt, wobei der entstehende Chlorwasserstoff mit Natronlauge neutralisiert wird. Die Ausbeute liegt bei 85 % bezüglich Allylchlorid. Es soll pro Ansatz 1 t Allyl-Dimethylamin hergestellt werden. Wie viel kg Allylchlorid wird pro Ansatz benötigt?

⊗ **Lösung**
→ ***Berechnung***
$CH_3\text{-}CH_2\text{=}CH\text{-}Cl + (CH_3)_2NH \rightarrow CH_3\text{-}CH_2\text{=}CH\text{-}N(CH_3)_2 + HCl$

$$n_{\text{ADMA}} = \frac{m_{\text{ADMA}}}{M_{\text{ADMA}}} = \frac{1000\,\text{kg} * \text{mol}}{0{,}085\,\text{kg}} = 11.765\,\text{mol}$$

	ACl	DMA	ADMA	HCl
ν_i	−1	−1	+1	+1

Definition Ausbeute: $Y_{P/E} = \frac{\upsilon_E * (n_{P_o} - n_P)}{\upsilon_p * n_{E_o}}$ $Y_{ADMA/ACl} = \frac{\nu_{ACl} * (n_{ADMA_o} - n_{ADMA})}{\nu_{ADMA} * n_{ACl_o}}$

Aufgelöst nach $n_{ACl_o} = \frac{\nu_{ACl} * (n_{ADMA_o} - n_{ADMA})}{\nu_{ADMA} * Y_{ADMA/ACl}} = \frac{-1 * (0 - 11765)\,\text{mol}}{+1 * 0{,}85} = 13841\,\text{mol}$

$$\boldsymbol{m_{ACl_o}} = n_{ACl_o} * M_{ACl} = 13.841\,\text{mol} * 0{,}0765\frac{\text{kg}}{\text{mol}} = \mathbf{1059\,kg \cong 1060\,kg}$$

→ *Ergebnis*

Pro Ansatz werden 1060 kg Allylchlorid benötigt.

Aufgabe 30

Das quaternäre Ammoniumsalz Dimethyl-Diallyl-Ammonium-Chlorid (DADMAC M = 161,6 g/mol) wird durch die Reaktion von Dimethylamin (DMA M = 45,1 g/mol) und Allylchlorid (ACl M = 76,5) hergestellt:

2 ACl + DMA = DADMAC + HCl (Das gebildete HCl wird durch Präsenz von NaOH zu NaCl umgesetzt.)

Hierzu werden in einem 15 m^3 Rührkessel 2000 kg 10 gew%ige DMA-Lösung in Aceton und 1200 kg 30 %ige Natronlauge vorgelegt. Unter Rühren werden innerhalb von 6 h 5 m^3 einer 1-molaren ACl-Lösung in Aceton zugegeben. Nach 7 h ist die Reaktion beendet. Die Lösung enthält 50 mol ACl, 520 mol DMA und 380 kg DADMAC.

a. Wie groß sind die Umsätze von ACl und DMA?
b. Welche Ausbeuten an DADMAC bezüglich ACl sowie DMA werden erzielt?
c. Wie hoch sind die Selektivitäten von DADMAC bezüglich ACl sowie DMA?

⊗ Lösung

→ *Berechnung*

$$\nu_{DMA} = -1 \quad \nu_{ACl} = -2 \quad \nu_{DADMAC} = +1 \quad \nu_{HCl} = +1$$

Startgemisch:

$$m_{DMA_o} = 2000\,\text{kg} * \frac{10\,\%}{100\,\%} = 200\,\text{kg}$$

$$n_{DMA_o} = \frac{m_{DMA_o}}{M_{DMA}} = \frac{200\,\text{kg} * \text{mol}}{0{,}0451\,\text{kg}} = 4434{,}6\,\text{mol}$$

$$n_{ACl_o} = V * c_{ACl} = 5000\,\text{L} * 1{,}0\frac{\text{mol}}{\text{L}} = 5000\,\text{mol}$$

$$n_{DADMAC_o} = 0\,\text{mol}$$

Nach der Reaktion:

$$n_{ACl} = 50\,\text{mol} \quad n_{DMA} = 520\,\text{mol} \quad n_{DADMAC} = \frac{m_{DADMAC}}{M_{DADMAC}} = \frac{380\,\text{kg} * \text{mol}}{0{,}161{,}6\,\text{kg}} = 2351{,}5\,\text{mol}$$

a. *Umsätze:*

$$X_{DMA} = \frac{n_{DMA_0} - n_{DMA}}{n_{DMA_0}} = \frac{(4434{,}6 - 520)\,\text{mol}}{4434{,}6\,\text{mol}} = \mathbf{0{,}883 \rightarrow 88{,}3\ \%}$$

$$X_{ACl} = \frac{n_{ACl_0} - n_{ACl_0}}{n_{ACl_0}} = \frac{(5000 - 50)\,\text{mol}}{5000\,\text{mol}} = \mathbf{0{,}990 \rightarrow 99{,}0\ \%}$$

b. *Ausbeuten:*

$$Y_{DADMAC/DMA} = \frac{\nu_{DMA} * \left(n_{DADMAC_0} - n_{DADMAC}\right)}{\nu_{DADMAC} * n_{DMA_0}} = \frac{-1 * (0 - 2351{,}5)\,\text{mol}}{+1 * 4434{,}6\,\text{mol}}$$
$$= \mathbf{0{,}530 \rightarrow 53{,}0\ \%}$$

$$Y_{DADMAC/ACl} = \frac{\nu_{ACl} * (n_{DADMAC_0} - n_{DADMAC})}{\nu_{DADMAC} * n_{ACl_0}} = \frac{-2 * (0 - 2351{,}5)\,\text{mol}}{+1 * 5000\,\text{mol}}$$
$$= \mathbf{0{,}941 \rightarrow 94{,}1\ \%}$$

c. *Selektivitäten:*

$$S_{DADMAC/DMA} = \frac{\nu_{DMA} * \left(n_{DADMAC_0} - n_{DADMAC}\right)}{\nu_{DADMAC} * (n_{DMA_0} - n_{DMA})} = \frac{-1 * (0 - 2351{,}5)\,\text{mol}}{+1 * (4434{,}6 - 520)\,\text{mol}}$$
$$= \mathbf{0{,}601 \rightarrow 60{,}1\ \%}$$

$$S_{DADMAC/ACl} = \frac{\nu_{ACl} * (n_{DADMAC_0} - n_{DADMAC})}{\nu_{DADMAC} * (n_{ACl_0} - n_{ACl})} = \frac{-2 * (0 - 2351{,}5)\text{mol}}{+1 * (5000 - 50)\text{mol}}$$
$$= \mathbf{0{,}950 \rightarrow 95{,}0\ \%}$$

→ ***Ergebnis***

a. **Der Umsatz von Dimethylamin betrug 0,883 bzw. 88,3 %, der von Allychlorid 0,990 bzw. 99,0 %.**
b. **Die Ausbeute von DADMAC bezüglich Dimethylamin betrug 0,530 bzw. 53,0 %.**
c. **Die Ausbeute von DADMAC bezüglich Allylchlorid betrug 0,941 bzw. 94,1 %.**
d. **Die Selektivität von DADMAC bezüglich Dimethylamin betrug 0,601 bzw. 60,1 %.**

Die Selektivität von DADMAC bezüglich Allylchlorid betrug 0,950 bzw. 95,0 %.

Aufgabe 31

Die Umesterung von Dimethylcarbonat (DMC) mit Phenol (POH) zu Diphenylcarbonat (DPC) und Methanol (MOH) wird großtechnisch durchgeführt:

$$2\ \text{Ø-OH} + (CH_3)_2CO_3 \leftrightarrows (\text{Ø})_2CO_3 + 2CH_3OH$$

Als Edukt- und Produktströme der Gleichgewichtsreaktion wurden folgende Stoffströme in mol/s gemessen:

	Phenol	DMC	DPC	CH_3OH
Zuführung	50	20	4	2
Austritt	28	5	15	20

a. Wie groß sind die Umsätze von Phenol und DMC?
b. Wie groß ist die Ausbeute von DPC bezüglich Phenol und bezüglich DMC?
c. Wie groß sind die Selektivitäten von DPC bezüglich Phenol und bezüglich DMC?

⊗ **Lösung**

→ ***Berechnung***

$$\nu_{POH} = -2 \quad \nu_{DMC} = -1 \quad \nu_{DPC} = +1 \quad \nu_{MOH} = +2$$

a. Umsätze:

$$X_E = \frac{\dot{n}_{E_o} - \dot{n}_E}{\dot{n}_{E_o}}$$

$$X_{\mathbf{POH}} = \frac{\dot{n}_{POH_o} - \dot{n}_{POH}}{\dot{n}_{POH_o}} = \frac{(50 - 28)\ \text{mol} * \text{s}}{\text{s} * 50\ \text{mol}} = \frac{22}{50} = \mathbf{0{,}44 \rightarrow 44\ \%}$$

$$X_{\mathbf{DMC}} = \frac{\dot{n}_{DMC_o} - \dot{n}_{DMC}}{\dot{n}_{DMC_o}} = \frac{(20 - 5)\ \text{mol} * \text{s}}{\text{s} * 20\ \text{mol}} = \frac{15}{20} = \mathbf{0{,}750 \rightarrow 75{,}0\ \%}$$

b. Ausbeuten:

$$Y_{P/E} = \frac{\upsilon_E * \left(\dot{n}_{P_o} - \dot{n}_P\right)}{\upsilon_p * \dot{n}_{E_o}}$$

$$Y_{\mathbf{DPC/POH}} = \frac{\upsilon_{POH} * \left(\dot{n}_{DPC_o} - \dot{n}_{DPC}\right)}{\upsilon_{DPC} * \dot{n}_{POH_o}} = \frac{-2 * (4 - 15)\ \text{mol} * \text{s}}{\text{s} * 1 * 50\ \text{mol}} = \frac{22}{50} = \mathbf{0{,}44 \rightarrow 44\ \%}$$

$$Y_{\mathbf{DPC/DMC}} = \frac{\upsilon_{\mathrm{DMC}} * \left(\dot{n}_{\mathrm{DPC}_o} - \dot{n}_{\mathrm{DPC}}\right)}{\upsilon_{\mathrm{DPC}} * \dot{n}_{\mathrm{DMC}_o}} = \frac{-1 * (4 - 15)\ \mathrm{mol} * \mathrm{s}}{\mathrm{s} * 1 * 20\ \mathrm{mol}} = \frac{11}{20} = \mathbf{0{,}55 \rightarrow 55\ \%}$$

c. Selektivitäten:

$$S_{P/E} = \frac{\upsilon_E * \left(\dot{n}_{P_o} - \dot{n}_P\right)}{\upsilon_p * \left(\dot{n}_{E_o} - \dot{n}_E\right)}$$

$$S_{\mathbf{DPC/POH}} = \frac{\upsilon_{\mathrm{POH}} * \left(\dot{n}_{\mathrm{DPC}_o} - \dot{n}_{\mathrm{DPC}}\right)}{\upsilon_{DPC} * \left(\dot{n}_{\mathrm{POH}_o} - \dot{n}_{\mathrm{POH}}\right)} = \frac{-2 * (4 - 15)\ \mathrm{mol} * \mathrm{s}}{\mathrm{s} * 1 * (50 - 28)\ \mathrm{mol}} = \frac{22}{22} = \mathbf{1{,}00 \rightarrow 100\ \%}$$

$$S_{\mathbf{DPC/DMC}} = \frac{\upsilon_{\mathrm{DMC}} * \left(\dot{n}_{\mathrm{DPC}_o} - \dot{n}_{\mathrm{DPC}}\right)}{\upsilon_{\mathrm{DPC}} * \left(\dot{n}_{\mathrm{DMC}_o} - \dot{n}_{\mathrm{DMC}}\right)} = \frac{-1 * (4 - 15)\ \mathrm{mol} * \mathrm{s}}{\mathrm{s} * 1 * (20 - 5)\ \mathrm{mol}} = \frac{11}{15} = \mathbf{0{,}73 \rightarrow 73\ \%}$$

→ ***Ergebnis***

a. **Der Umsatz von Phenol beträgt 0,44 bzw. 44 %, der von Dimethylcarbonat 0,75 bzw. 75 %.**
b. **Die Ausbeute von Diphenylcarbonat hinsichtlich Phenol liegt bei 0,44 bzw. 44 %. Die Ausbeute von Diphenylcarbonat hinsichtlich Dimethylcarbonat liegt bei 0,55 bzw. 55 %.**
c. **Die Selektivität von Diphenylcarbonat hinsichtlich Phenol beträgt 1,00 bzw. 100 %, d. h., dass das umgesetzte Phenol vollständig zu Diphenylcarbonat umgesetzt wurde und keine Nebenreaktionen einging.**

Die Selektivität von Diphenylcarbonat hinsichtlich Dimethylcarbonat beträgt 0,73 bzw. 73 %, d. h., dass 27 % des eingesetzten Dimethylcarbonats in Nebenreaktionen abreagieren.

3.3.3 Reaktionsgeschwindigkeit

Aufgabe 32
Carbamide zerfallen gemäß nachfolgender Reaktionsgleichung erster Ordnung in ein Amin und Kohlendioxid, daher werden sie u. a. zum Aufschäumen von Polymeren verwendet:

$$\mathrm{R\text{-}NH\text{-}COOH} \rightarrow \mathrm{R\text{-}NH_2} + \mathrm{CO_2}$$

Wie viel mol/L bzw. % des Anfangsgehalts an Carbamid verbleiben nach einer Reaktionszeit von exakt einer Minute in einem Ansatz einer Anfangskonzentration von 0,15 mol/L in der Polymerschmelze? Die Geschwindigkeitskonstante bei der gewählten Reaktionstemperatur beträgt $0{,}11\ \mathrm{s}^{-1}$.

⊗ Lösung

→ *Strategie*

Es handelt sich um eine Reaktion des Typs A → B + C.

Mit Formel 13c wird die Konzentration an Carbamid (Carb) nach der angegebenen Reaktionszeit berechnet und der prozentuale Restgehalt durch Anwendung des Dreisatzes ermittelt. Es sei darauf hingewiesen, dass in diesem Fall der mol- bzw. massenbezogene Prozentsatz identisch sind.

→ *Berechnung*

$c_{Carb} = c_{Carb_o} * e^{-k*t}$ *mit t = 1 min = 60 s*

$$c_{\mathbf{Carb}} = 0{,}15\frac{\text{mol}}{\text{L}} * e^{-\frac{0{,}11*60\,\text{s}}{\text{s}}} = 0{,}15\frac{\text{mol}}{\text{L}} * 0{,}00136 = \mathbf{2{,}04 * 10^{-4}\frac{mol}{L}}$$

0,15 mol/L → 100 %

0,000204 mol/L → X %

$$X = \frac{0{,}000204\frac{\text{mol}}{\text{L}} * 100\ \%}{0{,}15\ \text{mol/L}} = \mathbf{0{,}135\ \%}$$

→ *Ergebnis*

Der Polymerschaum enthält 2,04 * 10^{-4} mol Carbamid bezogen auf das Volumen der Polymermatrix. Dies entspricht 0,135 % des Anfangsgehalts.

Aufgabe 33

In einem Produktionsbetrieb für Polyvinylchlorid (PVC) wird eine Lösung von Dilauroylperoxid (DLPO) als Initiator eingesetzt. Die Lagerzeit im Vorratsbehälter beträgt 30 Tage. Dilauroylperoxid zerfällt gemäß einer Reaktion erster Ordnung.

a. Zur Quantifizierung der Zerfallskinetik wurden im Anlagenlabor zwei Versuche durchgeführt:
   Eine 0,01 molare DLPO-Lösung wurde für 10h bei 70 °C gehalten. Nach dieser Zeit wurde ein DLPO-Gehalt von 1,54 * 10^{-3} mol/L analysiert. Ein ähnlicher Versuch bei 50 °C und einer Reaktionszeit von exakt drei Tagen resultierte in einem DLPO-Gehalt von 4,85 * 10^{-3} mol/L. Welchen Wert hat die Geschwindigkeitskonstante bei beiden Temperaturen, und wie groß ist die Aktivierungsenergie der Zerfallsreaktion?
b. Aus Gründen einer gleichmäßigen Qualität des PVC darf der DPLO-Gehalt der eingesetzten Lösung relativ zum Gehalt ihrer Herstellung nur um maximal 2 % sinken. Ist dies bei einer Lagertemperatur von 15 °C und einer Lagerzeit von 30 Tagen noch gegeben?

⊗ **Lösung**

→ ***Strategie***

Es handelt sich um eine Reaktion des Typs A → C.

a. Die Geschwindigkeitskonstanten berechnen sich gemäß entsprechend umgestellter Formel 13c aus dem Verhältnis der Anfangs- zur Endkonzentration und der Reaktionszeit. Aus den so berechneten Geschwindigkeitskonstanten und den zugehörigen Temperaturen ergibt sich aus der umgestellten Formel 17b die Aktivierungsenergie.

b. Ebenfalls aus Formel 17b errechnet man mit der ermittelten Aktivierungsenergie und einer bekannten Geschwindigkeitskonstante einer zugehörigen Temperatur (z. B. 50 °C oder 70 °C) die Geschwindigkeitskonstante bei 15 °C, und hieraus unter zu Hilfenahme von Formel 13c das Verhältnis aus End- zu Einsatzkonzentration, das anzeigt, ob die gestellte Bedingung eines DLPO-Abbaus von <0,1 % erfüllt ist.

→ ***Berechnung***

a. $k = \frac{\ln\left(c_{A_0}/c_A\right)}{t}$

50 °C → 323 K $t = \frac{3\ \text{Tage} * 24\ \text{h} * 3600\ \text{s}}{\text{Tag} * \text{h}}$

$$\boldsymbol{k_{50}} = \frac{\ln \frac{0{,}01}{0{,}00485}}{3 * 24 * 3600\ \text{s}} = \mathbf{2{,}79 * 10^{-6} s^{-1}}$$

70 °C → 343 K

$$t = \frac{10\ \text{h} * 3600\ \text{s}}{\text{h}}$$

$$\boldsymbol{k_{70}} = \frac{\ln \frac{0{,}01}{0{,}00154}}{36.000\ \text{s}} = \mathbf{5{,}20 * 10^{-5} s^{-1}}$$

$$\frac{k_{70}}{k_{50}} = e^{-\frac{E_A}{R} * \left(\frac{1}{323} - \frac{1}{343}\right)\text{K}^{-1}} \rightarrow E_A = \frac{0{,}008315\ \text{kJ} * \ln\frac{k_{70}}{k_{50}}}{\text{mol} * \text{K} * \left(\frac{1}{323\ \text{K}} - \frac{1}{343\ \text{K}}\right)} = \mathbf{134{,}4 \frac{kJ}{mol}}$$

b. $T = (273 + 15)\,\text{K} = 288\,\text{K}$

$$k_{15} = k_{50} * e^{\frac{134{,}4\ \text{kJ} * \text{mol} * \text{K}}{\text{mol} * 0{,}008315\ \text{kJ}} * \left(\frac{1}{323} - \frac{1}{288}\right)\text{K}^{-1}} = 2{,}79 * 10^{-6}\mathbf{s^{-1}} * e^{\mathbf{-6{,}0815}}$$

$$k_{15} = 2{,}79 * 10^{-6}\text{s}^{-1} * 2{,}29 * 10^{-3} = 6{,}39 * 10^{-9}\text{s}^{-1}$$

$$\frac{c_A}{c_{A0}} = e^{-k*t} = e^{-6{,}39 * 10^{-9}\text{s}^{-1} * 30 * 24 * 3600\ \text{s}} = e^{-0{,}01656} = 0{,}9835$$

Relative Abnahme → *100 % * (1 – 0,9835) =* ***1,65 %***

→ ***Ergebnis***

a. **Die Geschwindigkeitskonstante des Lauroylperoxids bei 50 °C beträgt 2,79 * 10^{-6} s^{-1}, bei 70 °C beträgt sie 5,20 * 10^{-5} s^{-1}. Die Aktivierungsenergie liegt bei 134,4 kJ/mol.**
b. **Eine 30-tägige Lagerung der Lauroylperoxidlösung bei 15 °C führt zu einem Zerfall von 1,65 % des Initiators. Die gestellten Anforderungen sind somit gegeben.**

Aufgabe 34
Die Halbwertszeit des Zerfalls gemäß einer Reaktion erster Ordnung des häufig verwendeten Polymerisationsinitiator Azobis(isobutyrolnitril) (AIBN) beträgt bei 60 °C 22 h. Die Aktivierungsenergie der Reaktion liegt bei 120 kJ/mol.

a. Wie groß ist die Geschwindigkeitskonstante des AIBN-Zerfalls bei 60 °C?
b. Wie lange darf AIBN bei 5 °C gelagert werden, damit bis zu seinem Einsatz maximal 2 % zerfallen sind?
c. Wie groß muss die Verweilzeit in einem bei 120 °C betriebenen Reaktor eines PFR-Typs (z. B. einem Extruder) sein, damit die Austrittskonzentration an AIBN relativ 1 % der Eintrittskonzentration beträgt?
d. Wie groß muss die Verweilzeit in einem bei 120 °C betriebenem Reaktor eines CSTR-Typs sein (z. B. ein kontinuierlicher Kneter), damit die Austrittskonzentration an AIBN relativ 1 % der Eintrittskonzentration beträgt?

⊗ **Lösung**
→ ***Strategie***
Es handelt sich um eine Reaktion des Typs A → C.

a. Beim Erreichen der Halbwertszeit ist die Hälfte des eingesetzten AIBN zerfallen: c_{Ao}/c_A=2. Mittels umgestellter Gleichung 13c wird hieraus zusammen mit der **Halbwertszeit** die Zerfallsgeschwindigkeitskonstante bei 60 °C berechnet.
b. Sind 2 % des AIBN zerfallen, beträgt c_A/c_{ao} = 0,98. Gleichung 13c wird zur Zeit hin umgestellt. Die in diese Beziehung einzusetzende Geschwindigkeitskonstante bei 5 °C berechnet sich mittels Formel 17b aus der berechneten Geschwindigkeitskonstante bei 60 °C und der Aktivierungsenergie.
c. Analog zu Teil b der Aufgabe wird Gleichung 17b zur Berechnung der Geschwindigkeitskonstante bei 120 °C verwendet. Bei 1 % Rest-AIBN-Gehalt am Ende der Reaktion ist das Verhältnis c_A/c_{A0} = 0,01. Zur Ermittlung der nötigen Verweilzeit im PFR-Typ-Reaktor wird die entsprechend umgestellte Formel 13d herangezogen.
d. Im Fall des Reaktors des CSTR-Typs wird die Verweilzeit aus der entsprechend umgestellten Formel 13e berechnet.

→ ***Berechnung***

a. $\boldsymbol{k_{60}} = \frac{1}{t} * \ln\frac{c_{A_0}}{c_A} = \frac{1*h}{22\,h*3600\,s} * \ln 2 = \mathbf{8{,}752 * 10^{-6}\ s^{-1}}$

b. $k_5 = k_{60} * e^{\frac{E_A}{R}*\left(\frac{1}{273+60}-\frac{1}{273+5}\right)K^{-1}}$

$$k_5 = 8{,}752 * 10^{-6}\ s^{-1} * e^{\frac{120\,kJ*mol*K}{mol*0{,}008315\,KJ}*\left(\frac{1}{333\,K}-\frac{1}{278\,K}\right)}$$
$$= 8{,}752 * 10^{-6}\,s^{-1} * e^{-8{,}574} = 1{,}654 * 10^{-9}s^{-1}$$

$$\frac{c_A}{c_{Ao}} = 0{,}98 = e^{-k*t}$$

$$\boldsymbol{t} = \frac{-\ln\frac{c_A}{c_{A_o}}}{k_5} = \frac{-\ln 0{,}98}{1{,}654 * 10^{-9}\ s^{-1}} = \mathbf{1{,}22 * 10^7\ s}$$
$$= \frac{1{,}22 * 10^7\ s*h}{3600\ s} = \mathbf{3393\ h} = \frac{3393\ h * Tag}{24\ h} = \mathbf{141}\ \text{Tage}$$

c. $k_{120} = k_{60} * e^{\frac{E_A}{R}*\left(\frac{1}{[273+60]K}-\frac{1}{[273+120]K}\right)}$

$$\boldsymbol{k_{120}} = 8{,}752 * 10^{-6}\ s^{-1} * e^{\frac{120\,kJ*mol*K}{mol*0{,}008315\,kJ}*\left(\frac{1}{333\,K}-\frac{1}{393\,K}\right)}$$
$$= 8{,}752 * 10^{-6}s^{-1}*e^{6{,}617} = \mathbf{6{,}544 * 10^{-3}s^{-1}}$$
$$\frac{c_A}{c_{A_o}} = 0{,}01$$

$$\tau = \frac{-\ln\frac{c_A}{c_{A_o}}}{k_{120}} = \frac{-\ln 0{,}01}{6{,}544 * 10^{-3}s^{-1}} = \mathbf{703{,}7\ s = 11{,}7\ min}$$

d. $\tau = \frac{1}{k_{120}} * \left(\frac{c_{A_0}}{c_A} - 1\right) = \frac{1}{6{,}544 * 10^{-3}\ s^{-1}} * (100 - 1) = \mathbf{15.128\,s = 252\,min = 4{,}20\,h}$

→ ***Ergebnis***

a. **Die Geschwindigkeitskonstante des AIBN-Zerfalls bei 60 °C beträgt $8{,}75 * 10^{-6}\ s^{-1}$.**
b. **Die maximale Lagerzeit beträgt unter den genannten Bedingungen $1{,}22 * 10^7$ s = 3393 h = 141 Tage.**
c. **Die Verweilzeit in einem PFR-Typ-Reaktor liegt bei 703 s = 11,7 min.**
d. **Die Verweilzeit in einem CSTR-Typ-Reaktor liegt bei 15.128 s = 252 min = 4,20 h.**

Aufgabe 35

Butadien, gelöst in einem hoch siedenden Kohlenwasserstoff, soll katalytisch zu Okten dimerisiert werden. Dies ist eine Reaktion zweiter Ordnung gemäß 2 Butadien → Okten. Aus Labormessungen ist die maximale Geschwindigkeitskonstante $k_o = 1{,}10 * 10^7$ L/(mol * s) und die Aktivierungsenergie $E_A = 75$ kJ/mol bekannt. Die Reaktion soll großtechnisch bei 150°C entweder in einem

Rohrreaktor (PFR-Typ) oder einem Reaktor mit vollständiger Rückvermischung (CSTR-Typ) durchgeführt werden. Die mittlere Verweilzeit (Reaktionszeit) beträgt 3,5 min. Die Konzentration von Butadien im Einsatzstrom ist 5,0 mol/L.

a. Wie groß ist die Geschwindigkeitskonstante bei der Prozesstemperatur von 150 °C?
b. Wie groß ist der Butadienumsatz im PFR-Typ-Reaktor? Es wird hierbei näherungsweise davon ausgegangen, dass sich das Reaktionsvolumen nicht signifikant ändert.
c. Wie groß ist der Butadienumsatz im CSTR-Typ-Reaktor? Es wird hierbei näherungsweise davon ausgegangen, dass sich das Reaktionsvolumen nicht signifikant verändert.

⊗ **Lösung**

→ ***Strategie***

Es handelt sich um einen Reaktionstyp von 2A → C.

a. Die Geschwindigkeitskonstante bei 150 °C berechnet sich gemäß Formel 17a.
b. Aus der ermittelten Geschwindigkeitskonstante und der Anfangskonzentration von Butadien ergibt sich mittels Formel 14d die Butadienkonzentration im Auslass des PFR-Typ-Reaktors. Da sich das Reaktionsvolumen nicht ändert, kann mit Formel 9c der Butadienumsatz aus seiner Anfangs- und Endkonzentration berechnet werden.
c. Der Butadienumsatz ergibt sich analog zur vorher unter b) beschriebenen Methodik, für die Berechnung der Butadienkonzentration des den CSTR-Typ-Reaktor verlassenden Stroms wird allerdings Formel 14e verwendet.

→ ***Berechnung***

a. *k bei 150 °C:*

$$k = k_0 * e^{-E_A/R * T} = 1{,}10 * 10^7 \frac{\mathrm{L}}{\mathrm{mol} * \mathrm{s}} * e^{-\frac{75\ \mathrm{kJ} * \mathrm{mol} * \mathrm{K}}{\mathrm{mol} * 0{,}008315\ \mathrm{kJ} * (273 + 150)\mathrm{K}}}$$

$$= 1{,}10 * 10^7 \frac{\mathrm{L}}{\mathrm{mol} * \mathrm{s}} * e^{-21{,}324}$$

$$\boldsymbol{k_{150} = 6{,}04 * 10^{-3} \frac{\mathrm{L}}{\mathrm{mol} * \mathrm{s}}}$$

b. *PFR*

$$c_{\mathrm{But}} = \frac{c_{\mathrm{But_o}}}{\left(1 + c_{\mathrm{But_o}} * k * \tau\right)}$$

$$\tau = 3{,}5\ \mathrm{min} * 60 \frac{\mathrm{s}}{\mathrm{min}} = 210\ \mathrm{s}$$

$$c_{But} = \frac{5{,}0\ \text{mol}}{L * \left(1 + 5{,}0\frac{\text{mol}}{L} * 6{,}033 * 10^{-3}\frac{\text{mol}}{L * s} * 210\ s\right)} = \frac{5{,}0\ \text{mol}}{L * (1 + 6{,}335)} = 0{,}682\frac{\text{mol}}{L}$$

$$X_{But} = \frac{c_{But_o} - c_{But}}{c_{But_o}} = \frac{5{,}0 - 0{,}682}{5{,}0} = \mathbf{0{,}864 \rightarrow 86{,}4\ \%}$$

c. *CSTR*

$$c_{But} = \sqrt{\frac{c_{But_o}}{k * \tau} + \frac{1}{4 * k^2 * \tau^2}} - \frac{1}{2 * k * \tau}$$

$$\frac{c_{But_o}}{k * \tau} = \frac{5{,}0\ \text{mol} * \text{mol} * s}{L * 6{,}033 * 10^{-3}\ L * 210\ s} = 3{,}947\frac{\text{mol}^2}{L^2}$$

$$\frac{1}{2 * k * \tau} = \frac{\text{mol} * s}{2 * 6{,}033 * 10^{-3} L * 210\ s} = 0{,}395\frac{\text{mol}}{L}$$

$$\frac{1}{4 * k^2 * \tau^2} = \left(\frac{1}{2 * k * \tau}\right)^2 = \left(2{,}536\frac{\text{mol}}{L}\right)^2 = 0{,}1558\frac{\text{mol}^2}{L^2}$$

$$c_{But} = \sqrt{(3{,}947 + 0{,}1558)\frac{\text{mol}^2}{L^2}} - 0{,}395\frac{\text{mol}}{L} = (2{,}026 - 0{,}395)\frac{\text{mol}}{L} = 1{,}63\frac{\text{mol}}{L}$$

$$X_{But} = \frac{c_{But_o} - c_{But}}{c_{But_o}} = \frac{5{,}0 - 1{,}63}{5{,}0} = \mathbf{0{,}674 \rightarrow 67{,}4\ \%}$$

→ ***Ergebnis***

a. **Die Geschwindigkeitskonstante bei 150 °C beträgt k = 6,04 * 10^{-3} L/(mol * s).**
b. **Der Butadienumsatz im PFR-Typ-Reaktor liegt bei 0,864 bzw. 86,4 %.**
c. **Der Butadienumsatz im CSTR-Typ-Reaktor liegt bei 0,674 bzw. 67,4 %.**

Aufgabe 36

Ein Epoxid (EP) soll in einem Technikum mit einem sekundären Amin (AM) unter Verwendung des Lösemittels Hexan in einer Reaktion 2.Ordnung zu einem Hydroxi-Amin (HA) umgesetzt werden:

$$EP + AM \rightarrow HA$$

Hierzu stehen alternativ ein kontinuierlicher Rohrreaktor (PFR) eines äußeren Rohrdurchmessers von 0,1 m, einer Wanddicke von 4 mm und einer Länge von 15 m oder ein kontinuierlicher Rührkessel eines nutzbaren Volumens von 100 L zur Verfügung. Der gesamte Volumenstrom an Einsatzmaterial (Epoxid, Amin und Hexan) beträgt 0,85 L/s.

a. Zur Bestimmung der Geschwindigkeitskonstante erfolgte ein Laborversuch: In einen Rührkolben wurden 100 mL einer 0,2 molaren Lösung des Epoxids in Hexan mit 25 mL einer 0,8 molaren Lösung des Amins in Hexan reagiert. Eine Probe nach 10 min Reaktionszeit zeigte eine Konzentration von jeweils 0,0683 mol/L Epoxid und Amin. Es traten keine Nebenreaktionen auf. Wie groß ist die Geschwindigkeitskonstante dieser Reaktion zweiter Ordnung?
b. Das Epoxid und das Amin werden dem Reaktor äquimolar mit 4,0 mol/L im Einsatzstrom zugeführt. Wie hoch sind die Konzentrationen an Epoxid, Amin und Produkt im Auslauf des PFR und des CSTR unter der Abnahme, dass keine Nebenreaktionen auftreten? Wie groß sind dabei Umsatz und Ausbeute?
c. In einem weiteren Ansatz wird dem Rohrreaktor ein Einsatzgemisch aus 3 mol Epoxid/L und 5 mol Amin/L zugeführt. Die Verweilzeit im Reaktor ist die gleiche wie bei der unter Punkt b. angegebenen Betriebsweise. Wie hoch sind die Konzentrationen an Epoxid, Amin und Produkt im Reaktorauslauf unter der Abnahme, dass keine Nebenreaktionen auftreten? Wie groß sind die Umsätze und die Ausbeuten?

⊗ **Lösung**
→ ***Strategie***
Es handelt sich um eine Reaktion des Typs A + B → C.

a. Für den Laborversuch werden die Startkonzentrationen von Epoxid und Amin berechnet. Sind beide gleich, kann die umgestellte Formel 15b zur Berechnung der Geschwindigkeitskonstante verwendet werden.
b. Da die Einsatzstoffe der Reaktion 2.Ordnung äquimolar vorliegen, kann zur Berechnung der zur Ermittlung von Umsatz und Ausbeute nötigen Reaktoraustrittskonzentrationen für den PFR Formel 15c und für den CSTR Formel 15d verwendet werden. Die Verweilzeit berechnet sich als der Quotient aus Reaktorvolumen und Volumenstrom. Da die Einsatzkonzentrationen des Epoxids und des Amins gleich sind und keine Nebenreaktionen auftreten, sind auch jeweils für den PFR und auch für den CSTR die Umsätze und die auf das Epoxid und das Amin bezogene Ausbeute gleich.
c. Zur Berechnung der Epoxidkonzentration im Reaktorauslauf wird Formel 16d verwendet. (Alternativ kann man mit Formel 16d auch die Aminkonzentration berechnen.)

Es liegen keine Nebenreaktionen vor, somit muss die Aminkonzentration im Reaktorauslauf seiner Konzentration im Zulauf abzüglich der Differenz der Epoxidkonzentration Einlauf zu Auslauf betragen. Auch die Produktkonzentration im Reaktorauslauf ist gleich der genannten Differenz der Epoxidkonzentration. Die Umsätze und Ausbeuten berechnen sich wie zuvor.

→ Berechnung

a. *Laborversuch:* $V_{\text{Gesamt}} = 25\ \text{ml} + 100\ \text{ml} = 125\ \text{mL}$

$$n = c * V \quad n_{\text{EP}_o} = \frac{0{,}20\ \text{mol}}{\text{L}} * 0{,}100\ \text{L} = 0{,}02\ \text{mol}$$

$$n_{\text{AM}_o} = \frac{0{,}8\ \text{mol}}{\text{L}} * 0{,}025\ \text{L} = 0{,}02\ \text{mol}$$

Für das Einsatzgemisch des Laborversuchs: $c = \frac{n}{V} \quad c_{\text{EP}_o} = \frac{0{,}02\ \text{mol}}{0{,}125\ \text{L}} = 0{,}160 \frac{\text{mol}}{\text{L}} = c_{\text{AM}_o}$
Mit gleichen Startkonzentrationen gilt $c_A = c_B = \frac{c_{A_o}}{(1+c_{A_o} * k * t)} = \frac{c_{B_o}}{(1+c_{B_o} * k * t)}$
Die Reaktionszeit t betrug 10 min = 600 s.
Für den vorliegenden Fall umgestellt zu k (es kann auch der gleichwertige Datensatz des Amins eingesetzt werden):

$$\boldsymbol{k} = \frac{c_{\text{EP}_o} - c_{\text{EP}}}{c_{\text{EP}_o} * c_{\text{EP}} * t} = \frac{(1{,}16 - 0{,}0683)\ \text{mol} * \text{L}^2}{\text{L} * 0{,}16\ \text{mol} * 0{,}0683\ \text{mol} * 600\ \text{s}} = \mathbf{1{,}40 * 10^{-2}} \frac{\mathbf{L}}{\mathbf{mol * s}}$$

b.

$$c_{\text{EP}_o} = c_{\text{AM}_o} = 4{,}0 \frac{\text{mol}}{\text{L}} \quad \tau = \frac{V_R}{\dot{V}} \quad \dot{V} = 0{,}85 \frac{\text{L}}{\text{s}} = \frac{0{,}00085\ \text{m}^3}{\text{s}}$$

PFR:

$$V = \frac{d^2 * \pi * \text{L}}{4} \quad d = 0{,}1\ \text{m} - 2 * 0{,}004\ \text{m} = 0{,}092\ \text{m}$$

$$V = \frac{0{,}092^2\ \text{m}^2 * \pi * 15\ \text{m}}{4} = 0{,}0997\ \text{m}^3 \cong 0{,}100\ \text{m}^3$$

$$\tau = \frac{0{,}100\ \text{m} * \text{s}^3}{0{,}00085\ \text{m}} = 117{,}6\ \text{s}$$

$$c_A = c_B = \frac{c_{A_o}}{(1 + c_{A_o} * k * \tau)} = \frac{c_{B_o}}{(1 + c_{B_o} * k * \tau)}$$

$$\boldsymbol{c_{\text{EP}}} = c_{\text{AM}} = \frac{c_{\text{EP}_o}}{(1 + c_{\text{EP}_o} * k * \tau)} = \frac{c_{\text{AM}_o}}{(1 + c_{\text{AM}_o} * k * \tau)}$$

$$= \frac{4\ \text{mol}}{\text{L} * \left(1 + 4 \frac{\text{mol}}{\text{L}} * 1{,}40 * 10^{-2} \frac{\text{L}}{\text{mol} * \text{s}} * 117{,}6\ \text{s}\right)} = \frac{4\ \text{mol}}{7{,}590\ \text{L}} = \mathbf{0{,}527} \frac{\mathbf{mol}}{\mathbf{L}}$$

Da keine Nebenreaktionen stattfinden und mit $\nu_{\text{EP}} = \nu_{\text{AM}} = -1 \quad \nu_{\text{AH}} = +1$, *ist die Zunahme an Produkt gleich der Abnahme an Edukt:*

$$c_{\text{AH}} = c_{\text{AH}_o} + (c_{\text{EP}_o} - c_{\text{EP}}) = c_{\text{AH}_o} + (c_{\text{AM}_o} - c_{\text{AM}}) \quad c_{\text{AH}_o} = 0 \frac{\text{mol}}{\text{L}}$$

$$\boldsymbol{c_{\text{AH}}} = (4{,}0 - 0{,}527) \frac{\text{mol}}{\text{L}} = \mathbf{3{,}473} \frac{\mathbf{mol}}{\mathbf{L}}$$

$$X_E = \frac{\dot{n}_{E_o} - \dot{n}_E}{\dot{n}_{E_o}}$$

$$\dot{n} = c * \dot{V} * \tau$$

Da der Volumenstrom sowie die Verweilzeit für Produkt und Edukt identisch sind, kürzen sie sich beide aus der Umsatz- und der Ausbeuteformel heraus:

$$X_E = \frac{c_{E_o} - c_E}{c_{E_o}} \quad \boldsymbol{X_{\mathrm{EP}}} = \frac{c_{\mathrm{EP_o}} - c_{\mathrm{EP}}}{c_{\mathrm{EP_o}}} = \frac{c_{\mathrm{AM_o}} - c_{\mathrm{AM}}}{c_{\mathrm{AM_o}}} = \boldsymbol{X_{\mathrm{AM}}}$$

$$= \frac{(4{,}0 - 0{,}527)\mathrm{mol} * \mathrm{L}}{\mathrm{L} * 4{,}0\ \mathrm{mol}} = \mathbf{0{,}868} \rightarrow \mathbf{86{,}8\ \%}$$

$$Y_{P/E} = \frac{\upsilon_E * (n_{P_o} - n_P)}{\upsilon_p * n_{E_o}} = \frac{\upsilon_E * (c_{P_o} - c_P)}{\upsilon_p * c_{E_o}}$$

$$Y_{\mathrm{AH/EP}} = \frac{\upsilon_{\mathrm{EP}} * (c_{\mathrm{AH_o}} - c_{\mathrm{AH}})}{\upsilon_{\mathrm{AH}} * c_{\mathrm{EP_o}}} = \frac{\upsilon_{\mathrm{AM}} * (c_{\mathrm{AH_o}} - c_{\mathrm{AH}})}{\upsilon_{\mathrm{AH}} * c_{\mathrm{AM_o}}} = Y_{\mathrm{AH/AM}}$$

$$\boldsymbol{Y_{\mathrm{AH/EP}}} = \boldsymbol{Y_{\mathrm{AH/AM}}} = \frac{-1 * (0 - 3{,}473)\mathrm{mol} * \mathrm{L}}{+1 * \mathrm{L} * 4{,}0\ \mathrm{mol}} = \mathbf{0{,}868} \rightarrow \mathbf{86{,}8\ \%}$$

CSTR:

$\tau = \frac{V_R}{\dot{V}} = \frac{0{,}100\ \mathrm{m}^3 * \mathrm{s}^3}{0{,}00085\ \mathrm{m}^3} = 117{,}6\ \mathrm{s}$ → *Die Verweilzeit im CSTR ist somit praktisch gleich der des PFR.*

$$c_A = c_B = \sqrt{\frac{c_{A_o}}{k * \tau} + \frac{1}{4 * k^2 * \tau^2}} - \frac{1}{2 * k * \tau} = \sqrt{\frac{c_{B_o}}{k * \tau} + \frac{1}{4 * k^2 * \tau^2}} - \frac{1}{2 * k * \tau}$$

$$c_{\mathrm{EP}} = c_{\mathrm{AM}} = \sqrt{\frac{c_{\mathrm{EP_o}}}{k * \tau} + \frac{1}{4 * k^2 * \tau^2}} - \frac{1}{2 * k * \tau} = \sqrt{\frac{c_{\mathrm{AM_o}}}{k * \tau} + \frac{1}{4 * k^2 * \tau^2}} - \frac{1}{2 * k * \tau}$$

$$c_{\mathrm{EP}} = \sqrt{\frac{4{,}0\ \mathrm{mol} * \mathrm{mol} * \mathrm{s}}{\mathrm{L} * 1{,}4 * 10^{-2}\mathrm{L} * 117{,}6\ \mathrm{s}} + \frac{1}{4 * \left(1{,}4 * 10^{-2}\ \mathrm{L}/_{(\mathrm{mol} * \mathrm{s})}\right)^2 * (117{,}6\ \mathrm{s})^2}} - \frac{\mathrm{mol} * \mathrm{s}}{2 * 1{,}4 * 10^{-2}\mathrm{L} * 117{,}6\ \mathrm{s}}$$

$$\boldsymbol{c_{\mathrm{EP}}} = \boldsymbol{c_{\mathrm{AM}}} = \sqrt{2{,}522\frac{\mathrm{mol}^2}{\mathrm{L}^2}} - 0{,}3037\frac{\mathrm{mol}}{\mathrm{L}} = \mathbf{1{,}284\frac{mol}{L}}$$

Mit den bereits beim PFR angeführten Umsatz- und Ausbeutebeziehungen folgt:

$$\boldsymbol{X_{\mathrm{EP}}} = \boldsymbol{X_{\mathrm{AM}}} = \frac{(4{,}0 - 1{,}284)\ \mathrm{mol} * \mathrm{L}}{\mathrm{L} * 4{,}0\ \mathrm{mol}} = \mathbf{0{,}679} \rightarrow \mathbf{67{,}9\ \%}$$

$$c_{\mathrm{AH}} = (4{,}0 - 1{,}284)\frac{\mathrm{mol}}{\mathrm{L}} = \mathbf{2{,}716\frac{mol}{L}}$$

$$\boldsymbol{Y_{\mathrm{AH/EP}}} = \boldsymbol{Y_{\mathrm{AH/AM}}} = \frac{-1 * (0 - 2{,}716)\ \mathrm{mol} * \mathrm{L}}{+1 * \mathrm{L} * 4{,}0\ \mathrm{mol}} = \mathbf{0{,}679} \rightarrow \mathbf{67{,}9\ \%}$$

c. $c_A = \frac{\theta * c_{A_o} * (c_{B_o} - c_{A_o})}{c_{B_o} - \theta * c_{A_o}} \qquad c_{A_o} = c_{\mathrm{EP_o}} = 3{,}0\frac{\mathrm{mol}}{\mathrm{L}}$

$c_{B_o} = c_{\mathrm{AM_o}} = 5{,}0\frac{\mathrm{mol}}{\mathrm{L}}$

$$c_{\mathrm{EP}} = \frac{\theta * c_{\mathrm{EP_o}} * (c_{\mathrm{AM_o}} - c_{\mathrm{EP_o}})}{c_{\mathrm{AM_o}} - \theta * c_{\mathrm{EP_o}}}$$

$$\text{mit } \theta = e^{(c_{A_o} - c_{B_o}) * k * \tau} = e^{(c_{\mathrm{EP_o}} - c_{\mathrm{AM_o}}) * k * \tau}$$

$$\theta = e^{(3{,}0-5{,}0)\frac{\mathrm{mol}}{\mathrm{L}} * 1{,}4 * 10^{-2}\frac{\mathrm{L}}{\mathrm{mol}*\mathrm{s}} * 117{,}6\,\mathrm{s}} = e^{-3{,}293} = 0{,}03714$$

$$\boldsymbol{c_{\mathrm{EP}}} = \frac{0{,}03714 * 3{,}0\frac{\mathrm{mol}}{\mathrm{L}} * (5{,}0 - 3{,}0)\frac{\mathrm{mol}}{\mathrm{L}}}{5{,}0\frac{\mathrm{mol}}{\mathrm{L}} - (0{,}03714 * 3{,}0)\frac{\mathrm{mol}}{\mathrm{L}}} = \mathbf{0{,}0456\frac{mol}{L}}$$

Da keine Nebenreaktionen vorliegen, folgt:

$$c_{\mathrm{AM}} = c_{\mathrm{AM}} = c_{\mathrm{AM_o}} - \Delta c_{\mathrm{EP}} \; \textit{und} \; c_{\mathrm{AH}} = \Delta c_{\mathrm{EP}}$$

$$\Delta c_{\mathrm{EP}} = c_{\mathrm{EP_o}} - c_{\mathrm{EP}} = (3{,}00 - 0{,}0456)\frac{\mathrm{mol}}{\mathrm{L}} = 2{,}955\frac{\mathrm{mol}}{\mathrm{L}}$$

$$\boldsymbol{c_{\mathrm{AM}}} = (5{,}00 - 2{,}955)\frac{\mathrm{mol}}{\mathrm{L}} = \mathbf{2{,}045\frac{mol}{L}}$$

$$\boldsymbol{c_{\mathrm{AH}}} = \mathbf{2{,}955\frac{mol}{L}}$$

$$\boldsymbol{X_{\mathrm{EP}}} = \frac{c_{\mathrm{EP_o}} - c_{\mathrm{EP}}}{c_{\mathrm{EP_o}}} = \frac{(3{,}00 - 0{,}0456)\,\mathrm{mol} * \mathrm{L}}{\mathrm{L} * 3{,}00\,\mathrm{mol}} = \mathbf{0{,}985 \rightarrow 98{,}5\,\%}$$

$$\boldsymbol{X_{\mathrm{AM}}} = \frac{c_{\mathrm{AM_o}} - c_{\mathrm{AM}}}{c_{\mathrm{AM_o}}} = \frac{(5{,}00 - 2{,}045)\,\mathrm{mol} * \mathrm{L}}{\mathrm{L} * 5{,}00\,\mathrm{mol}} = \mathbf{0{,}591 \rightarrow 59{,}1\,\%}$$

$$\boldsymbol{Y_{\mathrm{AH/EP}}} = \frac{\upsilon_{\mathrm{EP}} * (c_{\mathrm{AH_o}} - c_{\mathrm{AH}})}{\upsilon_{\mathrm{AH}} * c_{\mathrm{EP_o}}} = \frac{-1 * (0 - 2{,}955)\,\mathrm{mol} * \mathrm{L}}{+1 * 3{,}00\,\mathrm{mol} * \mathrm{L}} = \mathbf{0{,}985 \rightarrow 98{,}5\,\%}$$

$$\boldsymbol{Y_{\mathrm{AH/AM}}} = \frac{\upsilon_{\mathrm{AM}} * (c_{\mathrm{AH_o}} - c_{\mathrm{AH}})}{\upsilon_{\mathrm{AH}} * c_{\mathrm{AM_o}}} = \frac{-1 * (0 - 2{,}955)\,\mathrm{mol} * \mathrm{L}}{+1 * 5{,}00\,\mathrm{mol} * \mathrm{L}} = 0{,}59 \rightarrow \mathbf{59{,}0\,\%}$$

→ *Ergebnis*

a. **Die Geschwindigkeitskonstante beträgt 1,40 * 10^{-2} L/(mol * s).**
b. **PFR: Die Konzentrationen am Reaktorausgang sind wie folgt:**
Epoxid und Amin: 0,527 mol/L
Hydroxi-Amin: 3,473 mol/L
Die Umsätze an Epoxid und Amin betrugen 0,868 bzw. 86,8 %. Da keine Nebenreaktionen auftraten, ist die auf Epoxid oder Amin bezogene Ausbeute an Hydroxi-Amin gleich dem Umsatz.
CSTR: Die Konzentrationen am Reaktorausgang sind wie folgt:
Epoxid und Amin: 1,284 mol/L
Hydroxi-Amin: 2,716 mol/L
Die Umsätze an Epoxid und Amin betrugen 0,679 bzw. 67,9 %. Da keine Nebenreaktionen auftraten, ist die auf Epoxid oder Amin bezogene Ausbeute an Hydroxi-Amin gleich dem Umsatz.
Die im Vergleich zum PFR deutlich niedrigeren Umsätze und Ausbeute beim CSTR haben ihre Ursache in dem durch Rückvermischung hervorgerufenen Verdünnungseffekt der Reaktanten.
c. **Die Konzentrationen im PFR-Auslauf sind:**
Epoxid: 0,0456 mol/L
Amin: 2,045 mol/L
Hydroxi-Amin: 2,955 mol/L
Da keine Nebenreaktionen auftraten, ist die auf Epoxid oder Amin bezogene Ausbeute an Hydroxi-Amin gleich dem Umsatz. Somit betragen die Umsätze und Hydroxi-Amin Ausbeuten bezüglich Epoxid und Amin:
Epoxid: 0,985 → 98,5 %
Amin: 0,591 → 59,1%

Aufgabe 37

Zur satzweisen Herstellung eines Farbstoffes im Rührkessel wird eine Diazo-Verbindung eingesetzt. Nach Abschluss der Reaktion wird das Reaktionsgemisch noch 20 min bei 40 °C gehalten, um durch den Zerfall der Diazo-Verbindung gemäß einer Reaktion erster Ordnung den vorgegebenen maximalen Grenzwert einzuhalten. Zukünftig soll dieser Grenzwert um den Faktor 5 gesenkt werden.

Im Laborversuch wurden die Reaktionsgeschwindigkeiten des Zerfalls der Diazo-Verbindung gemessen. Hierzu wurde die Konzentration einer 0,10 molaren Ausgangslösung nach einer Reaktionszeit von 10 min analysiert. Bei einer Reaktionstemperatur von 20 °C ergab sich eine Konzentration von 0,081 mol/L, bei 30 °C eine von 0,049 mol/L.

a. Wie groß sind die Geschwindigkeitskonstanten des Zerfalls bei 20 °C und bei 30 °C sowie die zugehörige Aktivierungsenergie?
b. Wie groß ist die Geschwindigkeitskonstante bei der Reaktionstemperatur von 40 °C? Wie groß ist hierbei das Verhältnis der Konzentration der Diazo-Verbindung nach und vor der Abklingzeit von 20 min?

c. Wie lang müsste das Reaktionsgemisch nun bei 40 °C gehalten werden, um dem neuen, fünffach niedrigeren Grenzwert zu genügen?
d. Auf welche Temperatur müsste das Reaktionsgemisch gebracht werden, um bei einer unveränderten Diazo-Abbauzeit von 20 min auch den neuen Grenzwert einzuhalten?

⊗ **Lösung**

→ ***Strategie***

Es handelt sich um eine Reaktion des Typs A → C.

a. Die Geschwindigkeitskonstanten für 20 °C und 30 °C lassen sich mittels der entsprechend umgestellten Formel 13b aus den Daten der Laborversuche berechnen. Die Aktivierungsenergie ergibt sich durch Einsatz dieser berechneten Geschwindigkeitskonstanten in die entsprechend umgestellte Formel 17b.
b. Mittels Formel 17b wird durch Einsatz der berechneten Aktivierungsenergie und einer der unter a) berechneten Geschwindigkeitskonstanten sowie der zugehörigen Temperatur (z. B. 20 °C oder 30 °C) die Geschwindigkeitskonstante bei 40 °C berechnet. Mit Formel 13d ergibt sich das in der Produktion vorgegebene Verhältnis der Diazo-Konzentration nach der Reaktion zu der nach der Abreaktionsphase.
c. In die umgestellte Formel 13b werden die Geschwindigkeitskonstante bei 40 °C sowie das um den Faktor 5 niedrigere Verhältnis der Diazo-Konzentration nach zu vor der Abreaktionsphase eingesetzt und die Reaktionszeit berechnet.
d. Formel 13b wird zur Geschwindigkeitskonstante umgestellt und das niedrigere Diazo-Konzentrationsverhältnis sowie die gewünschte Reaktionszeit von 20 min eingesetzt. Mittels Formel 17b, der Aktivierungsenergie und einem bekannten Wertepaar Geschwindigkeitskonstante & Temperatur (z. B. 40 °C) ergibt sich die zugehörige Reaktionstemperatur.

→ ***Berechnung***

a. $k = \frac{1}{t} * \ln\frac{c_{A_0}}{c_A}$

$$20\,°\text{C} \rightarrow \boldsymbol{k_{20}} = \frac{\text{min}}{10\,\text{min} * 60\,\text{s}} * \ln\frac{0{,}1}{0{,}081} = \mathbf{3{,}512 * 10^{-4}s^{-1}}$$

$$30\,°\text{C} \rightarrow \boldsymbol{k_{30}} = \frac{\text{min}}{10\,\text{min} * 60\,\text{s}} * \ln\frac{0{,}1}{0{,}049} = \mathbf{1{,}189 * 10^{-3}s^{-1}}$$

$$\ln\frac{k_1}{k_2} = \frac{E_A}{R} * \left(\frac{1}{T_1} - \frac{1}{T_2}\right)$$

$$\boldsymbol{E_A} = \frac{R * \ln\frac{k2}{k1}}{\frac{1}{T1} - \frac{1}{T2}} = \frac{0{,}008315\frac{\text{kJ}}{\text{mol} * \text{K}} * \ln\frac{0{,}001189}{0{,}0003512}}{\frac{1}{293\,\text{K}} - \frac{1}{303\,\text{K}}} = \mathbf{90{,}1\frac{kJ}{mol}}$$

b. $k_2 = k_1 * e^{\frac{E_A}{R}*\left(\frac{1}{T_1}-\frac{1}{T_2}\right)}$

$$\boldsymbol{k_{40}} = 1{,}189 * 10^{-3}\,\mathrm{s}^{-1} * e^{\frac{90{,}1\,\mathrm{kJ}*\mathrm{mol}*\mathrm{K}}{\mathrm{mol}*0{,}008315\,\mathrm{kJ}}*\left(\frac{1}{303\,\mathrm{K}}-\frac{1}{313\,\mathrm{K}}\right)} = \mathbf{3{,}727 * 10^{-3} s^{-1}}$$

$$\frac{c_A}{c_{A_0}} = e^{-k*t} = e^{-0{,}003727\,\mathrm{s}^{-1} * 20\,\mathrm{min} * 60\frac{\mathrm{s}}{\mathrm{min}}} = \mathbf{0{,}0114}$$

c. $\left(\frac{c_A}{c_{A_0}}\right)_{\mathrm{Neu}} = \frac{1}{5} * \left(\frac{c_A}{c_{A_0}}\right)_{\mathrm{Alt}} = \frac{0{,}0114}{5} = 0{,}00228$

$$t = \frac{\ln\frac{c_{A_0}}{c_A}}{k} = \frac{\ln 0{,}00228}{0{,}003727\,\mathrm{s}^{-1}} = \mathbf{1632\,s = 27{,}2\,min}$$

d. $k_x = \frac{1}{t} * \ln\frac{c_{A_0}}{c_A} = \frac{1}{1200\,\mathrm{s}} * \ln\frac{1}{0{,}00228} = 5{,}07 * 10^{-3}\,\mathrm{s}^{-1}$

$$\frac{k_x}{k_{40}} = e^{\frac{E_A}{R}*\left(\frac{1}{[273+40]\,\mathrm{K}}-\frac{1}{T_x}\right)}$$

$$\ln\frac{k_x}{k_{40}} = \frac{E_A}{R} * \left(\frac{1}{313\,\mathrm{K}} - \frac{1}{T_x}\right)$$

$$\frac{1}{T_x} = \frac{1}{313\,\mathrm{K}} - \frac{R}{E_A} * \ln\frac{k_x}{k_{40}}$$

$$\frac{1}{T_x} = \frac{1}{313\,\mathrm{K}} - \frac{0{,}008315\,\mathrm{kJ} * \mathrm{mol}}{\mathrm{mol} * \mathrm{K} * 90{,}1\,\mathrm{kJ}} * \ln\frac{0{,}00507\,\mathrm{s}}{0{,}003727\,\mathrm{s}}$$

$$= \left(3{,}1949 * 10^{-3} - 2{,}84 * 10^{-5}\right)\mathrm{k}^{-1} = 3{,}17 * 10^{-3}\,\mathrm{K}^{-1}$$

$$\boldsymbol{T_x} = \mathbf{315{,}5\,K = 42{,}3\,°C}$$

→ ***Ergebnis***

a. **Die Geschwindigkeitskonstante des Diazo-Komponenten-Abbaus bei 20 °C beträgt 3,512 * 10^{-4} s^{-1} und bei 30 °C 1,189 * $10^{-3}$$s^{-1}$. Die Aktivierungsenergie dieser Reaktion liegt bei 90,1 kJ/mol.**
b. **Die Geschwindigkeitskonstante der Abbaureaktion bei 40 °C beträgt 3,727 * 10^{-3} s^{-1}. Das Verhältnis der Konzentrationen der Diazo-Verbindung vor zu nach der 20-minütigen Abklingphase beträgt bei 40 °C 0,0114.**
c. **Um einen fünffach niedrigeren Wert der Diazo-Komponente nach der Abklingzeit zu erreichen, wären hierzu bei 40 °C 27,2 min erforderlich.**
d. **Um den fünffach niedrigeren Grenzwert bei unverändert 20 min Abklingzeit zu erreichen, wäre eine Nachreaktionstemperatur von 42,3 °C nötig.**

3.4 Wärme

Da Leitungen, Reaktoren und Apparate nicht ideal, also nicht vollständig isoliert sind, wird beim Betrieb immer ein gewisser Anteil an Wärme bzw. an Kühlleistung verloren gehen. Eine komplette exakte Erfassung dieser Verluste ist im realen Betrieb nur schwer zu bewerkstelligen. Solche Wärmeverluste werden in den folgenden Berechnungen näherungsweise vernachlässigt, um die Übersichtlichkeit des Rechengangs zu wahren und sich auf die prinzipiellen Lösungswege zu konzentrieren.

3.4.1 Erwärmen, Schmelzen, Verdampfen, Auflösen

Aufgabe 38

Welche Kondensatmenge entsteht beim Aufschmelzen von 100 kg Naphthalin ($M = 128$ g/mol, $\Delta_S H = 18.8$ kJ/mol) durch Sattdampf ($\Delta_V H = 2450$ kJ/kg)? Das feste Naphthalin wird mit der Temperatur seines Schmelzpunktes eingesetzt. Das Dampfkondensat verlässt das System mit der Temperatur des Sattdampfes.

⊗ Lösung

→ *Strategie*

Da die Schmelzwärme des Naphthalins als molbezogene Größe angegeben ist, wird die eingesetzte Naphthalin Masse auf die Molzahl umgerechnet. Hieraus ergibt sich mittels Formel 23a die für das Aufschmelzen benötigte Wärmemenge. Diese Wärmemenge entspricht der Kondensationswärme des Sattdampfes. Die notwendige Menge an Sattdampf ergibt sich durch Umstellen der Formel 24a und den Einsatz der entsprechenden Größen.

→ *Berechnung*

$$n_{\text{Naph}} = \frac{m_{\text{Naph}}}{M_{\text{Naph}}} = \frac{100\,\text{kg} * \text{mol}}{0{,}128\,\text{kg}} = 781{,}25\,\text{mol}$$

$$Q = n_{\text{Naph}} * \Delta_S H_{\text{Naph}} = 781{,}25\,\text{mol} * 18{,}8\frac{\text{kJ}}{\text{mol}} = 14687{,}5\,\text{kJ}$$

$$m_{\text{Dampf}} = \frac{Q}{\Delta_V H} = \frac{14.687{,}5\,\text{kJ} * \text{kg}}{2450\,\text{kJ}} = \mathbf{6{,}00\,kg}.$$

→ *Ergebnis*

Zum Aufschmelzen des Naphthalins werden 6,0 kg Dampf benötigt.

Aufgabe 39

Wie viel 12 bar Sattdampf (T = 190 °C) benötigt man für das Verdampfen von 2000 L Toluol (Dichte ρ = 0,88 kg/L; Wärmekapazität cp = 1,8 kJ/[kg * °C]; Verdampfungswärme $\Delta_V H$ = 336 kJ/kg; Siedepunkt 110 °C), das mit einer Temperatur von 20 °C in den Verdampfer eingespeist wird? Das Dampfkondensat (cp = 4,3 kJ/[kg * °C] wird zum Vorwärmen des Toluols verwendet und mit 125 °C abgeführt. Die Kondensationswärme des Dampfes ist $\Delta_V H$ = 2310 kJ/kg.

⊗ **Lösung**

→ ***Strategie***

Die benötigte Wärmemenge setzt sich zusammen aus dem Betrag des Erwärmens des Toluols von seiner Einsatztemperatur bis zu seinem Siedepunkt (Formel 18a) und dem Betrag zum Verdampfen (Formel 24a). Diese Wärmemenge wird geliefert durch die Kondensationswärme des Sattdampfes und das Abkühlen des Kondensats von der Temperatur des Dampfes zu seiner Auslasstemperatur. Da die Toluolmenge als Volumen gegeben ist, die Wärmekapazität und die Verdampfungswärme jedoch massenbezogen sind, muss sie zuvor mit der Dichte auf die Masse umgerechnet werden.

→ ***Berechnung***

Im Folgenden wird Toluol durch den Index T, Dampf durch den Index D und Kondensat durch den Index W gekennzeichnet.

$$m_{\text{Tol}} = V_{\text{Tol}} * \rho_{\text{Tol}} = 2000\,\text{L} * 0{,}88\frac{\text{kg}}{\text{L}} = 1760\,\text{kg}$$

$$Q_{\text{Tol}} = m_{\text{Tol}} * (cp_T * \Delta T_{\text{Tol}} + \Delta_V H_{\text{Tol}}) = 1760\,\text{kg} * \left[1{,}8\frac{\text{kJ}}{\text{kg} * {}^\circ\text{C}} * (110 - 20)\,{}^\circ\text{C} + 336\frac{\text{kJ}}{\text{kg}}\right]$$

$$Q_{\text{Tol}} = (285.120 + 591.360)\,\text{kJ} = 876.480\,\text{kJ}$$

$$Q_D = m_D * (\Delta_V H_D + cp_W * \Delta T_W)$$

$$Q_D = Q_{\text{Tol}} = 876.480\,\text{kJ}$$

$$m_D = \frac{Q_D}{\Delta_V H_D + cp_W * \Delta T_W} = \frac{876.480\,\text{kJ}}{2310\,\text{kJ} + 4{,}3\frac{\text{kJ}}{\text{kg} * {}^\circ\text{C}} * (190 - 125\,{}^\circ\text{C})}$$

$$= \frac{876.480\,\text{kJ} * \text{kg}}{2310\,\text{kJ} + 279{,}5\,\text{kJ}}$$

$$m_D = \frac{876.480}{2589{,}5}\text{kJ} = \mathbf{338{,}5\,kg}$$

→ ***Ergebnis***

Es werden 338,5 kg Dampf benötigt.

Aufgabe 40

In einem kontinuierlichen Rührkessel werden die Reaktanten A (1,2 t/h; $cp_A = 2{,}5$ kJ/[kg * °C)]) und B (2 t/h; $cp_B = 2{,}1$ kJ/[kg * °C]) sowie ein Lösemittel (10 t/h; $cp_L = 1{,}8$ kJ/[kg * °C]) zugeführt. Alle diese Zuflüsse haben eine Temperatur von 15 °C. Die bei der Reaktion freiwerdende Wärmemenge beträgt 11.500 MJ/h. Die Reaktortemperatur soll 80 °C nicht überschreiten. Das Kühlwasser ($cp_w = 4{,}2$ kJ/[kg * K]) hat eine Eintrittstemperatur von 20 °C, der Ausgang darf 60 °C nicht überschreiten. Wie viel Kühlwasser wird benötigt?

⊗ **Lösung**

→ ***Strategie***

Die Wärmeleistung der Reaktion abzüglich der zum Aufheizen der Reaktorzuflüsse von 15 °C auf 80 °C muss durch den Kühlwasserstrom abgeführt werden. Die Wärmeleistung zum Aufheizen der Reaktorzuflüsse berechnet sich gemäß Formel 19b. Der Massenstrom des Kühlwassers ergibt sich aus der entsprechend umgestellten Formel 19a.

→ ***Berechnung***

$$\dot{Q}_{\text{Kühlwasser}} = \dot{m}_{\text{Kühlwasser}} * cp_{\text{Kühlwasser}} * (T_{\text{KWex}} - T_{\text{KWin}})$$

$$\dot{m}_{\text{Kühlwasser}} = \frac{\dot{Q}_{\text{Kühlwasser}}}{cp_{\text{Kühlwasser}} * (T_{\text{KWex}} - T_{\text{KWin}})}$$

$$\dot{Q}_{\text{Reaktion}} = \dot{Q}_{\text{Aufheiz}} + \dot{Q}_{\text{Kühlwasser}}$$

$$\dot{Q}_{\text{Kühlwasser}} = \dot{Q}_{\text{Reaktion}} - \dot{Q}_{\text{Aufheiz}}$$

$$\dot{Q}_{\text{Aufheiz}} = \sum_i [\dot{m}_i * cp_i * (T_{\text{ex}} - T_{\text{in}})]$$

$$\dot{Q}_{\text{Aufheiz}} = (\dot{m}_A * cp_A + \dot{m}_B * cp_B + \dot{m}_{\text{LM}} * cp_{\text{LM}}) * (T_{\text{ex}} - T_{\text{in}})$$

$$\dot{Q}_{\text{Aufheiz}} = \left(1200\frac{\text{kg}}{\text{h}} * 2{,}5\frac{\text{kJ}}{\text{kg} * °\text{C}} + 2000\frac{\text{kg}}{\text{h}} * 2{,}1\frac{\text{kJ}}{\text{kg} * °\text{C}} + 10.000\frac{\text{kg}}{\text{h}} * 1{,}8\frac{\text{kJ}}{\text{kg} * °\text{C}}\right) * (80 - 15)\,°\text{C}$$

$$\dot{Q}_{\text{Aufheiz}} = 25.200\frac{\text{kJ}}{\text{h} * °\text{C}} * 65\,°\text{C} = 1638.000\frac{\text{kJ}}{\text{h}} = 1638\frac{\text{MJ}}{\text{h}}$$

$$\dot{Q}_{\text{Kühlwasser}} = (11.500 - 1638)\frac{\text{MJ}}{\text{h}} = 9862\frac{\text{MJ}}{\text{h}}$$

$$\dot{m}_{\text{Kühlwasser}} = \frac{9862\,\text{kJ} * \text{kg} * °\text{C}}{\text{h} * 4{,}2\,\text{kJ} * (60 - 20)\,°\text{C}} = \mathbf{58.700\frac{kg}{h} = 58{,}7\frac{t}{h} = 16{,}3\frac{kg}{s}}$$

→ ***Ergebnis***
Der benötigte Kühlwasserstrom beträgt 58,7 t/h = 16,3 kg/s.

Aufgabe 41
Ein flüssiges Reaktionsgemisch (cp_R = 2,05 kJ/[kg * °C]; Schmelzpunkt <30 °C) einer Temperatur von 90 °C und einem Massenstrom von 750 kg/h wird in einem Mischer mit 100 kg/h festen Phenol-Prills von 20 °C versetzt ($cp_{\text{festes Phenol}}$ = 1,4 kJ/(kg * °C); $cp_{\text{flüssiges Phenol}}$ = 2,25 kJ/(kg * °C); Schmelzpunkt Phenol = 40,85 °C; Schmelzwärme Phenol = 120,6 kJ/kg).

a. Mit welcher Temperatur verlässt das Gemisch den Mischer?
b. Wie hoch muss die Temperatur des Reaktionsgemisches mindestens sein, um gerade die gesamte Menge an Phenol aufzuschmelzen?

⊗ **Lösung**
→ ***Strategie***

a. Da der Massenfluss des Reaktionsgemisches 7,5-mal größer ist als der des Phenols, die Wärmekapazitäten beider Ströme in der gleichen Größenordnung liegen und zudem die Temperatur des Reaktionsgemisches mit 90 °C deutlich über der Schmelztemperatur des Phenols liegt, kann von folgender Situation ausgegangen werden: Die vom Reaktionsgemisch abgegebene Wärmemenge reicht zum Erwärmen des Phenols bis zu seinem Schmelzpunkt, seinem völligen Aufschmelzen und dem Erwärmen der Phenolschmelze bis zur Endtemperatur aus.
   Die Wärmemenge, die vom Reaktionsgemisch an das Phenol abgegeben wird, berechnet sich gemäß Formel 19a. Die vom Phenol ausgenommene Wärmemenge ist Summe der Wärmemenge zum Aufheizen des festen Phenols bis zum Schmelzpunkt (Formel 19a), der Schmelzwärme (Formel 22b) und der Wärmemenge zum Aufheizen der Schmelze bis zur Endtemperatur Formel 19a). Die so zusammengefügte Gleichung wird zur Endtemperatur hin aufgelöst. Für eine sinnvolle Lösung muss die ermittelte Temperatur oberhalb der Schmelztemperatur des Phenols liegen!
b. Im Fall des vollständigen Aufschmelzens des Phenols, aber keiner weiteren Erwärmung der Schmelze ist die Endtemperatur gleich der Schmelztemperatur des Phenols. Es wird wie bei a) vorgegangen, nur dass das der Term des Aufheizens der Schmelze wegfällt. Man löst zur Anfangstemperatur auf.

→ ***Berechnung***
Indizes: Reaktionsgemisch = R; Phenol = P;
f = fest; fl = flüssig; S = Schmelz;
T_o = Starttemperatur; T_E = Endtemperatur

a. *Wärmemenge, die das Reaktionsgemisch (R) abgibt:*

$\dot{Q} = \dot{m}_R * cp_R * (T_E - T_{R_0})$

Wärmemenge, die das Phenol (P) aufnimmt:

$\dot{Q} = \dot{m}_P * cp_{Pf} * (T_{PS} - T_{P_0}) + \dot{m}_P * \Delta_S H + \dot{m}_P * cp_{Pfl} * (T_E - T_{PS})$

Kombination beider Gleichungen:

$$\dot{Q} = \dot{m}_R * cp_R * (T_E - T_{R_0}) = \dot{m}_P * cp_{Pf} * (T_{PS} - T_{P_0}) + \dot{m}_P * \Delta_S H + \dot{m}_P * cp_{Pfl} * (T_E - T_{PS})$$

$$T_E = \frac{\dot{m}_R * cp_R * T_{R0} - \dot{m}_P * [cp_{Pf} * (T_{PS} - T_{P_0}) + \Delta_S H - cp_{Pfl} * T_{PS}]}{\dot{m}_R * cp_R + \dot{m}_P * cp_{Pfl}}$$

$$\dot{m}_R * cp_R = 750\frac{kg}{h} * 2{,}05\frac{kg}{kJ * °C} = 1537{,}5\frac{kJ}{h * °C}$$

$$P_R * cp_{Pfl} = 100\frac{kg}{h} * 2{,}25\frac{kg}{kJ * °C} = 225\frac{kJ}{h * °C}$$

$$T_E = \frac{1537{,}5\frac{kJ}{h*°C} * 90\,°C - 100\frac{kg}{h} * \left(1{,}4\frac{kJ}{kg*°C} * (40{,}85 - 20)\,°C + 120{,}6\frac{kJ}{kg} - 2{,}25\frac{kJ}{kg*°C} * 40{,}85\,°C\right)}{(1537{,}5 + 225)\frac{kJ}{h*°C}}$$

$$\mathbf{T_E = 75{,}2\,°C}$$

b. *Wärmemenge, die das Reaktionsgemisch (R) abgibt:*

$\dot{Q} = \dot{m}_R * cp_R * (T_E - T_{R_0})$

Wärmemenge, die das Phenol (P) aufnimmt:

$\dot{Q} = \dot{m}_P * cp_{Pf} * (T_{PS} - T_{P_0}) + \dot{m}_P * \Delta_S H$

Kombination beider Gleichungen:

$$\dot{Q} = \dot{m}_R * cp_R * (T_E - T_{R_0}) = \dot{m}_P * cp_{Pf} * (T_{PS} - T_{P_0}) + \dot{m}_P * \Delta_S H$$

$$T_{R_o} = T_{PS} + \frac{\dot{m}_P * cp_{Pf} * (T_{PS} - T_{P_0}) + \dot{m}_P * \Delta_S H}{\dot{m}_R * cp_R}$$

$$T_{R_o} = 40{,}85\,°C + \frac{100\frac{kg}{h} * 1{,}4\frac{kJ}{kg*°C} * (40{,}85 - 20{,}0)\,°C + 100\frac{kJ}{h} * 120{,}6\frac{kJ}{kg}}{750\frac{kg}{h} * 2{,}05\frac{kJ}{kg*°C}}$$

$$\mathbf{T_{R_o}} = 40{,}85\,°C + 9{,}74\,°C = \mathbf{50{,}6\,°C}$$

→ ***Ergebnis***

a. **Die Endtemperatur beträgt 75,2 °C. Somit ist das Phenol vollständig aufgeschmolzen.**
b. **Die Mindesttemperatur des Reaktionsgemisches, die nötig ist, um alles Phenol aufzuschmelzen, beträgt 50,6 °C.**

Aufgabe 42
Zur Vorbereitung einer Reaktion sollen 1,8 t eines Granulats eines festen Einsatzstoffes (Zuführtemperatur = 10 °C; Schmelzpunkt 34 °C) aufgeschmolzen und auf 80 °C gebracht werden. Die Wärmekapazität des Feststoffs beträgt 1,2 kJ/(kg * °C), die der Schmelze 0,9 kJ/(kg * °C), die Schmelzwärme liegt bei 830 kJ/kg.

a. Das Erwärmen des Einsatzstoffes soll graphisch dargestellt werden: Hierzu soll seine Temperatur als Funktion der zugeführten Wärme aufgetragen werden.
b. Welche Wärmemenge wird für die Erwärmung des Einsatzstoffes insgesamt benötigt?
c. Wie viel Sattdampf (T = 130 °C; Kondensationswärme 2250 kJ/kg) wird hierfür benötigt, wenn das Dampfkondensat die Apparatur mit Sattdampftemperatur verlässt?

⊗ **Lösung**
→ ***Strategie***

a. Die Erwärmung des Einsatzstoffes umfasst drei Phasen:
   1. Erwärmung des Feststoffes von 10 °C auf 34 °C (Schmelzpunkt): Wärmemenge → Formel 18a
   2. Das Aufschmelzen des Feststoffs (34 °C): Wärmemenge → Formel 22a
   3. Das Erwärmen der Schmelze von 34 °C auf 80 °C: Wärmemenge → Formel 18a

   In den Phasen 1 & 3 stellt die Beziehung der Temperatur in Anhängigkeit der Wärmezufuhr eine gerade Linie dar. In Phase 2 ändert sich die Temperatur trotz Wärmezufuhr nicht, bis der gesamte Stoff aufgeschmolzen ist.
b. Die Wärmemenge, die benötigt wird, um den Feststoff von 10 °C bis zu einer Schmelze der Temperatur von 80 °C zu bringen, ist die Summe der Wärmemengen der angeführten drei Phasen.
c. Die berechnete Gesamtwärmemenge der Erwärmung des Einsatzstoffes von 10 °C bis 80 °C muss durch die Kondensationswärme des Sattdampfes erbracht werden, woraus sich die Dampfmenge ergibt → Formel 24a.

→ ***Berechnung***

a. *Erwärmung des Feststoffes von 10 °C auf 34 °C:*
Phase 1: $Q_1 = m * cp * (T_1 - T_0) = 1800\ kg * 1{,}2\ kJ/(kg * °C) * (34-10)\ °C = 51.840\ kJ$
Phase 2: $Q_2 = m * \Delta_S H = 1800\ kg * 830\ kJ/kg = 1.494.000\ kJ$
Phase 3: $Q_3 = m * cp * (T_1 - T_0) = 1800\ kg * 0{,}9\ kJ/(kg * °C) * (80-34)\ °C = 74.520\ kJ$
→ *Es wird ein T vs. Q-Diagramm erstellt mit folgenden Punkten:*
Punkt 1 → $Q = 0\ kJ$
$T = 10\ °C$
Punkt 2 → $Q = 51.840\ kJ$
$T = 34\ °C$
Punkt 3 → $Q = 51.840\ kJ + 1.494.000\ kJ = 1.545.840\ kJ$
$T = 34\ °C$
Punkt 4 → $Q = 1.545.840\ kJ + 74.520\ kJ = 1.620.360\ kJ$
$T = 80\ °C$

b. *Benötigte Gesamtwärmemenge*

$$Q = Q1 + Q2 + Q3 = (51.840 + 1.494.000 + 74.520)\,\text{kJ} = \mathbf{1620{,}4\ MJ}$$

c. *Benötigte Dampfmenge*

$$Q = m * \Delta_V H$$

$$\boldsymbol{m} = \frac{Q}{\Delta_V H} = \frac{1.620.360\,\text{kJ} * \text{kg}}{2250\,\text{kJ}} = \mathbf{720\,kg}$$

→ ***Ergebnis***

a. **Diagramm T vs. Q**

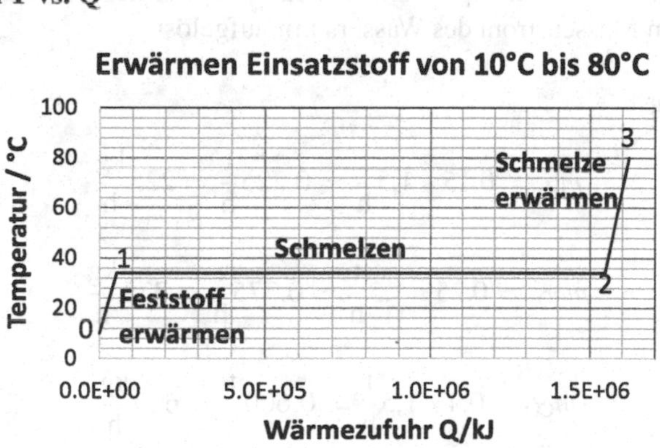

b. **Die Gesamtwärmemenge, um den festen Einsatzstoff von 10 °C zu einer Schmelze von 80 °C zu erhitzen, beträgt Q = 1.620.360 kJ = 1620 MJ.**

c. **Hierfür werden 720 kg Sattdampf benötigt.**

Aufgabe 43
Wassergas kann durch die partielle Oxidation von LPG (Liquid Petroleum Gas), eventuell unter Zugabe von Wasserdampf, hergestellt werden. Ein solchermaßen hergestellter Strom von 1,5 t Wassergas pro Stunde mit einer Zusammensetzung von 15 gew% Wasserstoff, 25 gew% Kohlendioxid, 40 gew% Kohlenmonoxid und 20 gew% Wasserdampf sowie einer Temperatur von 400 °C und unter einem Druck von 10bar soll durch Quenchen mit Wasser (Einsprühen von Wasser) schlagartig auf 200 °C abgekühlt werden, um die angegebene Gleichgewichtszusammensetzung zu erhalten. Wie viel Wasser von 20 °C muss hierzu pro Stunde in den Gasstrom eingedüst werden?

Die spezifischen Wärmen in kJ/(kg * °C) im betrachteten Temperaturbereich sind bekannt:

Wasserstoff: 14,5; CO_2: 1,10; CO: 1,10
Wasser flüssig: 4,30; Wasserdampf: 10,0
Siedepunkt Wasser bei 10 bar = 180 °C

Die Verdampfungswärme von Wasser im betrachteten Temperaturbereich liegt bei 1500 kJ/kg.

⊗ **Lösung**
→ ***Strategie***
Die Wärmemenge, die aus dem Gasgemisch abgeführt werden muss, ist gleich der, die durch das Erwärmen und Verdampfen des eingesprühten Wassers verbraucht wird. Zu ihrer Berechnung werden die Massenströme der Komponenten berechnet und mit den zugehörigen Wärmekapazitäten und der Temperaturdifferenz des Abkühlvorgangs in Formel 19b eingesetzt. Der Massenstrom an zuzuführendem Wasser ergibt sich aus der Summe der benötigten Wärmeströme zur Erhitzung des Wassers bis zu seinem Siedepunkt, seiner Verdampfungswärme und der Erhitzung des Dampfes bis zur Endtemperatur. Hierzu wird Formel 19a mit Formel 24b addiert und zum Massenstrom des Wassers hin aufgelöst.

→ ***Berechnung***

$$\dot{m}_{H_2} = 0{,}15 * 1{,}5\frac{t}{h} = 0{,}225\frac{t}{h} = 225\frac{kg}{h}$$

$$\dot{m}_{CO_2} = 0{,}25 * 1{,}5\frac{t}{h} = 0{,}375\frac{t}{h} = 375\frac{kg}{h}$$

$$\dot{m}_{CO} = 0{,}4 * 1{,}5\frac{t}{h} = 0{,}600\frac{t}{h} = 600\frac{kg}{h}$$

$$\dot{m}_{H_2O} = 0{,}2 * 1{,}5\frac{t}{h} = 0{,}300\frac{t}{h} = 300\frac{kg}{h}$$

$$\Delta\dot{Q}_{\text{Gas}} = \left(\dot{m}_{\text{H}_2} * cp_{\text{H}_2} + \dot{m}_{\text{CO}_2} * cp_{\text{CO}_2} + \dot{m}_{\text{CO}} * cp_{\text{CO}} + \dot{m}_{\text{H}_2\text{O}} * cp_{\text{H}_2\text{O}}\right) * \Delta T_{\text{Gas}}$$

$$\Delta\dot{Q}_{\text{Gas}} = (225 * 14{,}5 + 375 * 1{,}1 + 600 * 1{,}1 + 300 * 10{,}0)\frac{\text{kg} * \text{vkJ}}{\text{h} * \text{kg} * {}^\circ\text{C}} * (400 - 200)\,{}^\circ\text{C}$$

$$\Delta\dot{Q}_{\text{Gas}} = (3262{,}5 + 412{,}5 + 660{,}0 + 3000{,}0)\frac{\text{kJ}}{\text{h} * {}^\circ\text{C}} * 200\,{}^\circ\text{C} = 1{,}467 * 10^6\frac{\text{kJ}}{\text{h}}$$

$$\Delta\dot{Q}_{\text{Wasser}} = \dot{m}_{\text{Wasser}} * \left[cp_{\text{Wasser}} * (T_{\text{Siede}} - T_{\text{in}}) + \Delta_V H_{\text{Wasser}} + cp_{\text{Dampf}} * (T_{\text{End}} - T_{\text{Siede}})\right]$$

$$\dot{m}_{\text{Wasser}} = \frac{\dot{Q}_{\text{Wasser}}}{cp_{\text{Wasser}} * (T_{\text{Siede}} - T_{\text{in}}) + \Delta_V H_{\text{Wasser}} + cp_{\text{Dampf}} * (T_{\text{End}} - T_{\text{Siede}})}$$

$$\dot{m}_{\text{Wasser}} = \frac{1{,}467 * 10^6\frac{\text{kJ}}{\text{h}}}{4{,}3\frac{\text{kJ}}{\text{kg} * {}^\circ\text{C}} * (180 - 200)\,{}^\circ\text{C} + 1500\frac{\text{kJ}}{\text{kg}} + 10{,}0\frac{\text{kJ}}{\text{kg} * {}^\circ\text{C}} * (200 - 180)\,{}^\circ\text{C}}$$

$$\dot{m}_{\text{Wasser}} = \frac{1{,}467 * 10^6\text{kJ} * \text{kg}}{\text{h} * (688 + 1500 + 200)\,\text{kJ}} = \mathbf{614{,}3\frac{kg}{h}}$$

→ ***Ergebnis***

Zur Abkühlung des Gasstroms sind pro Stunde 614 kg Wasser von 20 °C erforderlich.

Aufgabe 44

In einem Trockner sollen 750 kg pro Stunde feuchtes Zellstoffgranulat eines Wassergehalts von 8,5 gew% auf eine Restfeuchte von 0,5 gew% getrocknet werden. Die Zufuhrtemperatur liegt bei 70 °C. Hierzu wird Stickstoff von 70 °C (Wassergehalt 11 g/m^3) über das Granulat geleitet. Der Stickstoffstrom tritt mit 70°C wieder aus und ist mit 220 g Wasser/m^3 gesättigt. Die Verdampfungsenthalpie Wasser beträgt ΔvH = 2100 kJ/kg.

a. Wie groß ist der Massenstrom an reinem Zellstoff?
b. Wie groß ist der Massenstrom an getrocknetem Zellstoff?
c. Wie viel Wasser wird pro Stunde entfernt?
d. Wie groß ist der benötigte Stickstoffstrom?
e. Welche Wärmeleistung muss dem Trockner zugeführt werden, um die Temperatur auf 70 °C zu halten?

⊗ Lösung

→ ***Strategie***

Der Zellstoffgehalt und die Menge an entferntem Wasser lassen sich mittels einfacher Prozentrechnung bestimmen, wobei die Reduzierung des Wassergehalts im Zellstoff 8 gew% beträgt. Die Menge an zu entfernendem Wasser, ergibt sich aus der Konzentrationsdifferenz des Wassergehalts des den Trockner verlassenden Stickstoffs abzüglich der der Stickstoffzufuhr, multipliziert mit dem Volumenstrom. Die Gleichung wird zum Volumenstrom umgestellt. Da die Temperatur aller dem Trockner zugeführten Stoffströme gleich ist mit der Temperatur von allen den Trockner verlassenden Stoffströmen, muss dem Apparat lediglich die Verdampfungswärme des aus dem Granulat entfernten Wassers zugeführt werden (Formel 24b).

→ ***Berechnung***
Index: ZSt = Zellstoff; W = Wasser

a. $\dot{m}_{ZSt} = \frac{100\,\% - 8{,}5\,\%}{100\,\%} * \dot{m}_{ZSt-nass} = 0{,}915 * 750\frac{kg}{h} = 686{,}25\frac{kg}{h} \cong \mathbf{686\frac{kg}{h}}$

b. $\dot{m}_{ZSt-trocken} = \frac{100\,\% - 8\,\%}{100\,\%} * \dot{m}_{ZSt-nass} = 0{,}92 * 750\frac{kg}{h} = 686{,}25\frac{kg}{h} \cong \mathbf{690\frac{kg}{h}}$

c. $\dot{m}_{\Delta W} = \frac{8\,\%}{100\,\%} * \dot{m}_{ZSt-nass} = 0{,}08 * 750\frac{kg}{h} = \mathbf{60\frac{kg}{h}}$

d. $\dot{m}_{\Delta W} = \dot{V}_{N_2} * (c_{Wex} - c_{Win})$

$$\dot{V}_{N_2} = \frac{m_{\Delta W}}{c_{Wex} - c_{Win}} = \frac{60\,\text{kg} * \dot{m}^3}{\text{h} * (0{,}220 - 0{,}011)\,\text{kg}} = 272{,}7\frac{\text{m}^3}{\text{h}} \cong \mathbf{273\frac{m^3}{h}}$$

e. $\dot{Q} = \dot{m}_W * \Delta_W H_W = 60\frac{kg}{h} * 2100\frac{kJ}{kg} = 216.000\frac{kJ}{h} = \frac{216.000\,kJ * h}{h * 3600\,s} = \mathbf{35\,kW}$

→ ***Ergebnis***

a. **Der Massenstrom von reinem Zellstoff liegt bei 686 kg pro Stunde.**
b. **Der Massenstrom von getrocknetem Zellstoff beträgt 690 kg pro Stunde.**
c. **Pro Stunde werden 60 kg Wasser entfernt.**
d. **Der zur Trocknung nötige Stickstoffstrom liegt bei 273 m³/h.**
e. **Die dem Trockner zuzuführende Wärmeleistung beträgt 35 kW.**

Aufgabe 45
In einem Prozess zur Herstellung von Diphenylcarbonat wird Phenoldampf einer Temperatur von 250°C in den Reaktor geleitet. Hierzu werden pro Stunde 100 kg festes Phenol einer Temperatur von 20 °C bis zum Schmelzpunkt von 41 °C erwärmt [cp-Phenol-fest = 1,9 kJ/(kg * °C)]. Nach dem vollständigen Aufschmelzen [Schmelzwärme Phenol = 121 kJ/kg] wird das flüssige Phenol [cp-Phenol-flüssig = 2,4 kJ/(kg * °C)] bis zum Siedepunkt von 182 °C gebracht und dort vollständig verdampft [Verdampfungswärme = 510 kJ/kg]. Der Phenoldampf wird vor dem Einbringen in den Reaktor noch auf 250 °C [cp-Phenol-Dampf = 5,5 kJ/(kg * °C)] erhitzt. Wie groß ist der nötige Energieeintrag für diesen Teil des Prozesses?

⊗ **Lösung**

→ ***Strategie***

Die Erwärmung des festen Phenolstroms zum überhitzten Phenoldampf geht in fünf Schritten vor sich. Die entsprechenden hierfür nötigen Wärmeströme werden gemäß der im Folgenden angegebenen Formeln berechnet und addiert:

1. Erwärmen des Feststoffs von 20 °C bis zum Schmelzpunkt (Formel 19a)
2. Aufschmelzen (Formel 22b)
3. Erwärmen der Schmelze vom Schmelzpunkt bis zum Siedepunkt (Formel 19a)
4. Verdampfen (Formel 24b)
5. Erwärmen des Dampfes vom Siedepunkt bis zur Endtemperatur (Formel 19a)

→ ***Berechnung***

$$\dot{Q}_{\text{fest}} = \dot{m} * cp_{\text{fest}} * (T_{\text{Schmelz}} - T_{\text{Start}}) = 100\frac{\text{kg}}{\text{h}} * 1{,}9\frac{\text{kJ}}{\text{kg} * {}^\circ\text{C}} * (41{,}0 - 20{,}0)\,{}^\circ\text{C} = 3990\frac{\text{kJ}}{\text{h}}$$

$$\dot{Q}_S = \dot{m} * \Delta_S H = 100\frac{\text{kg}}{\text{h}} * 121\frac{\text{kJ}}{\text{kg}} = 12.100\frac{\text{kJ}}{\text{h}}$$

$$\dot{Q}_{\text{fl}} = \dot{m} * cp_{\text{fl}} * (T_{\text{Siede}} - T_{\text{Schmelz}}) = 100\frac{\text{kJ}}{\text{h}} * 2{,}4\frac{\text{kJ}}{\text{kg} * {}^\circ\text{C}} * (182{,}0 - 41{,}0)\,{}^\circ\text{C} = 33.840\frac{\text{kJ}}{\text{h}}$$

$$\dot{Q}_V = \dot{m} * \Delta_V H = 100\frac{\text{kg}}{\text{h}} * 510\frac{\text{kJ}}{\text{kg}} = 51.000\frac{\text{kJ}}{\text{h}}$$

$$\dot{Q}_D = \dot{m} * cp_D * (T_{\text{End}} - T_{\text{Siede}}) = 100\frac{\text{kg}}{\text{h}} * 5{,}5\frac{\text{kJ}}{\text{kg} * {}^\circ\text{C}} * (250 - 182{,}0)\,{}^\circ\text{C} = 37.400\frac{\text{kJ}}{\text{h}}$$

$$\begin{aligned}\dot{Q}_{\text{Gesamt}} &= \dot{Q}_{\text{fest}} + \dot{Q}_S + \dot{Q}_{\text{fl}} + \dot{Q}_V + \dot{Q}_D \\ &= (3990 + 12.100 + 33.840 + 51.000 + 37.400)\frac{\text{kJ}}{\text{h}}\end{aligned}$$

$$\dot{Q}_{\textbf{Gesamt}} = 138.330\frac{\text{kJ}}{\text{h}} = \frac{138.330\,\text{kJ} * \text{h}}{\text{h} * 3600\,\text{s}} = \mathbf{38{,}4\,kW}$$

→ ***Ergebnis***

Der Prozessteil zur Verdampfung des Phenols benötigt eine Wärmezufuhr von 38,4 kW.

Aufgabe 46

Welche Temperatur stellt sich bei der Herstellung einer 10 gew% Calciumchloridlösung ein, wenn das Wasser und das Calciumchlorid mit einer Temperatur von 15 °C zugeführt werden? Die Lösungsenthalpie von Calciumchlorid (M = 111,0 g/mol) beträgt −60,8 kJ/mol. Die Wärmekapazität der Lösung beträgt 3,5 kJ/(kg * °C).

⊗ **Lösung**

→ ***Strategie***

Calciumchlorid hat eine negative Lösungsenthalpie, also wird durch den Lösevorgang Wärme frei (Formel 26). Diese Wärme wird durch die Temperaturerhöhung der Lösung verbraucht (Formel 18a). Aufgrund der Angabe der Calciumchloridkonzentration in gew% bietet sich als Berechnungsbasis 100 kg Lösung, also 10 kg Calciumchlorid, an.

→ ***Berechnung***

$$Q = -n_{\mathrm{CaCl_2}} * \Delta_L H$$

$$n_{\mathrm{CaCl_2}} = \frac{m_{\mathrm{Cacl_2}}}{M_{\mathrm{CaCl_2}}} = \frac{10\,\mathrm{kg} * \mathrm{mol}}{0{,}111\,\mathrm{kg}} = 90{,}1\,\mathrm{mol}$$

$$Q = -90{,}1\,\mathrm{mol} * \left(-60{,}8\frac{\mathrm{kJ}}{\mathrm{mol}}\right) = 5478\,\mathrm{kJ}$$

$$Q = m_{\mathrm{Lsg}} * cp_{\mathrm{Lsg}} * (T_E - T_o)$$

$$\boldsymbol{T_E} = T_o + \frac{Q}{m_{\mathrm{Lsg}} * cp_{\mathrm{Lsg}}} = 15\,°\mathrm{C} + \frac{5478\,\mathrm{kJ} * \mathrm{kg} * °\mathrm{C}}{100\,\mathrm{kg} * 3{,}5\,\mathrm{kJ}} = 15\,°\mathrm{C} + 15{,}7\,°\mathrm{C} = \mathbf{30{,}7}\,°\mathrm{C}$$

→ ***Ergebnis***

Die hergestellte Calciumchloridlösung hat eine Temperatur von 30,7 °C.

Aufgabe 47

Durch kontinuierliche Zugabe von 0,3 kg/s Kaliumchlorid von 20 °C zu einem wässrigen Volumenstrom von 1,3 L/s ($\rho = 1050\,\mathrm{kg/m^3}$; $cp_{\mathrm{H_2O}} = 4{,}19$ kg/kg * °C) soll eine Lösung des Salzes einer Temperatur von 20 °C hergestellt werden. Die Lösungsenthalpie des Kaliumchlorids beträgt 13,0 kJ/mol, seine Molmasse 74,55 g/mol. Welche Temperatur muss das eingesetzte Wasser haben?

⊗ **Lösung**

→ ***Strategie***

Da die Lösungsenthalpie des Kaliumchlorids positiv ist, hat das eingesetzte Wasser eine höhere Temperatur als die hergestellte Lösung. Zunächst wird der Molstrom des Kaliumchlorids berechnet und hieraus gemäß Formel 26 die beim Lösevorgang auftretende negative Wärmeleistung. Die Temperatur des eingesetzten Wasserstroms berechnet sich damit aus Formel 19a.

→ ***Berechnung***

$$\dot{Q} = -\dot{n}_{\mathrm{KCl}} * \Delta_L H \qquad \dot{n}_{\mathrm{KCl}} = \frac{\dot{m}_{\mathrm{KCl}}}{M_{\mathrm{KCL}}} = \frac{0{,}3\,\mathrm{kg} * \mathrm{mol}}{\mathrm{s} * 0{,}07455\,\mathrm{kg}} = 4{,}024\frac{\mathrm{mol}}{\mathrm{s}}$$

$$\dot{Q} = -4{,}024\frac{\text{mol}}{\text{s}} * 13{,}0\frac{\text{kJ}}{\text{mol}} = -52{,}31\frac{\text{kJ}}{\text{s}}$$

$$\dot{Q} = \dot{m}_W * cp_W * (T_{\text{ex}} - T_{\text{in}})$$

$$\dot{m}_W = \rho_W * \dot{V}_W = 1050\frac{\text{kg}}{\text{m}^3} * 0{,}0013\frac{\text{m}^3}{\text{s}} = 1{,}365\frac{\text{kg}}{\text{s}}$$

$$T_{\text{in}} = T_{\text{ex}} - \frac{\dot{Q}}{\dot{m}_W * cp_W} = 20\,°\text{C} - \frac{-52{,}31\,\text{kJ} * \text{s} * \text{kg} * °\text{C}}{\text{s} * 1{,}365\,\text{kg} * 4{,}19\,\text{kJ}} = \mathbf{29{,}15\,°C}$$

→ ***Ergebnis***

Der wässrige Einsatzstrom muss eine Temperatur von 29,15 °C haben.

3.4.2 Berechnung der Reaktionsenthalpie aus Bildungsenthalpien

Aufgabe 48

Ist die Shift-Reaktion der Gleichgewichtsumsetzung von Kohlenmonoxid und Wasserdampf zu Wasserstoff und Kohlendioxid exotherm oder endotherm?

Molare Bildungsenthalpien $\Delta_f H_o$ (kJ/mol):
Kohlenmonoxid: −110,5, Wasser(g): −241,8, Kohlendioxid: −393,5

⊗ **Lösung**

→ ***Strategie***

Die Reaktionsgleichung wird aufgestellt und hieraus die stöchiometrischen Faktoren entnommen.

$$CO + H_2O \leftrightarrow H_2 + CO_2$$

Mittels Formel 28 wird die Reaktionsenthalpie berechnet und hieraus auf die Wärmetönung der Reaktion geschlossen. (Wasserstoff ist ein Element → $\Delta_f H_o = 0$)

→ ***Berechnung***

$\nu_{CO} = -1$; $\nu_{H_2O} = -1$; $\nu_{H_2} = +1$; $\nu_{CO_2} = +1$

$$\Delta_R H_0 = \sum_i (\upsilon_i * \Delta_f H_{i0}) = \nu_{CO} * \Delta_f H_{CO} + \nu_{H_2O} * \Delta_f H_{H_2O} + \nu_{CO_2} * \Delta_f H_{CO_2}$$

$$\boldsymbol{\Delta_R H_0} = -1 * \left(-110{,}5\frac{\text{kJ}}{\text{mol}}\right) - 1 * \left(-241{,}8\frac{\text{kJ}}{\text{mol}}\right) + 1 * \left(-393{,}5\frac{\text{kJ}}{\text{mol}}\right) = \mathbf{-41{,}2\frac{kJ}{mol}}$$

→ ***Ergebnis***

Mit einer Reaktionsenthalpie von $\Delta_R H_o$ = −41,2 kJ/mol handelt es sich um eine exotherme Reaktion.

Aufgabe 49

Schwefeltrioxid wird in Schwefelsäure absorbiert. Das entstandene Oleum wird mit Wasser versetzt und dadurch das gelöste Schwefeltrioxid zu Schwefelsäure reagiert. Wie viel Wärme muss bei der Reaktion von 320 kg Schwefeltrioxid abgeführt werden, um die Temperatur bei 25 °C zu halten? Die Temperatur der Einsatzstoffe liegt bei 25 °C.

$$H_2O + SO_3 \rightarrow H_2SO_4$$

Molmasse SO_3 = 80 g/mol

Standardbildungsenthalpien:

Wasser (flüssig): –285,9 kJ/mol; Schwefeltrioxid (gas): –388,8 kJ/mol;

Schwefelsäure: –193,8 kcal/mol

⊗ Lösung

→ ***Strategie***

Die abzuführende Reaktionswärme berechnet sich aus Formel 27a. Die Molzahl des Schwefeltrioxids ergibt sich aus seiner eingesetzten Masse und seiner Molmasse. Die Reaktionsenthalpie folgt aus Formel 28. Hierbei ist darauf zu achten, dass die Bildungsenthalpie der Schwefelsäure nicht als SI-Einheit angegeben ist.

→ ***Berechnung***

$$n_{SO_3} = \frac{m_{SO_3}}{M_{SO_3}} = \frac{320\,\text{kg} * \text{mol}}{0{,}080\,\text{kg}} = 4000\,\text{mol}$$

	SO_3	H_2O	H_2SO_4
ν_i	−1	−1	+1
$\Delta_f H$	−388,8 kJ/mol	−285,9 kJ/mol	−193,8 kcal/mol = −4,19 * 193,8 kJ/mol = −798,5 kJ/mol

$$\Delta_R H = \sum_{i8} \left(\nu_i * \Delta_f H_i\right) = [-1 * (-285{,}9) - 1 * (-388,8) + 1 * (-812{,}0)]\frac{\text{kJ}}{\text{mol}}$$

$$= -137{,}3\frac{\text{kJ}}{\text{mol}}$$

$$Q = -n_{SO_3} * \Delta_R H = -4000\,\text{mol} * \left(-137{,}3\frac{\text{kJ}}{\text{mol}}\right) = \mathbf{549.200\,kJ = 549\,MJ}$$

→ ***Ergebnis***

Die abzuführende Wärmemenge beträgt 549 MJ.

Aufgabe 50

In einen kontinuierlichen Rührkessel werden pro Stunde 2 t 5 %ige Salzsäure und 6 t 10%iger Natriumcarbonat-Lösung zugeführt. Beide Lösungen haben eine Temperatur von 20 °C.

$$HCl + Na_2CO_3 \rightarrow NaHCO_3 + NaCl$$

a. Wie groß ist das stöchiometrische Überschussverhältnis Na_2CO3/HCl?
b. Wie groß ist die Reaktionsenthalpie?
c. Wie viel Wärme wird im Reaktor pro Zeiteinheit frei?
d. Wie warm würde der Reaktor, wenn keine Wärme abgeführt würde?

Bildungswärmen (kJ/mol):
$HCl = -92$; $Na_2CO_3 = -1131$; $NaHCO_3 = -949$; $NaCl = -412$
cp-Reaktorinhalt = 4,5 kJ/(kg * °C)

⊗ **Lösung**

→ ***Strategie***

Zunächst werden die Molströme des HCl und des Natriumcarbonats aus den Zuflussströmen und den Molmassen berechnet und hieraus das molare Verhältnis ermittelt.
Mittels Formel 28 berechnet sich die Reaktionsenthalpie. Zur Berechnung der Wärmeleistung der Reaktion wird der Molstrom der Unterschusskomponente, also der von HCl, in Formel 27b eingesetzt. Diese Wärme wird von den beiden Zuflussströmen aufgenommen. Hieraus wird mit der umgestellten Formel 19a die Temperatur berechnet, mit der die Lösung den Reaktor verlasst.

→ ***Berechnung***

a.
$$\dot{m}_{HCl} = 2\frac{t}{h} * 0{,}05 = 100\frac{kg}{h} = \frac{100\,kg * h}{h * 3600\,s} = 0{,}02778\frac{kg}{s}$$
$$\dot{n}_{HCl} = \frac{\dot{m}_{HCl}}{M_{HCl}} = \frac{0{,}02778\,kg * mol}{s * 0{,}0365\,kg} = 0{,}761\frac{mol}{s}$$

$$\dot{m}_{Na_2CO_3} = 6\frac{t}{h} * 0{,}1 = 600\frac{kg}{h} = \frac{600\,kg * h}{h * 3600\,s} = 0{,}1667\frac{kg}{s}$$
$$\dot{n}_{Na_2CO_3} = \frac{\dot{m}_{Na_2CO_3}}{M_{Na_2CO_3}} = \frac{0{,}1667\,kg * mol}{s * 0{,}106\,kg} = 1{,}572\frac{mol}{s}$$

→ *HCl ist die Unterschusskomponente.*

$$\frac{\dot{\mathbf{n}}_{\mathbf{Na_2CO_3}}}{\dot{\mathbf{n}}_{\mathbf{HCl}}} = \frac{1{,}572}{0{,}761} = \mathbf{2{,}07}$$

b. $\Delta_R H = \sum_i (\nu_i * \Delta_f H_i = -1 * \Delta_f H_{HCl} - 1 * \Delta_f H_{Na_2CO_3} + 1 * \Delta_f H_{NaHCO_3} + 1 * \Delta_f H_{NaCl}$

$$\Delta_R \boldsymbol{H} = [-1 * (-92) - 1 * (-1131) + 1 * (-949) + 1 * (-412)] \frac{kJ}{mol} = \mathbf{-138 \frac{kJ}{mol}}$$

c. $\dot{Q} = -\dot{n}_{HCl} * \Delta_R H = -0{,}761 \frac{mol}{s} * \left(-138 \frac{kJ}{mol}\right) = \mathbf{105{,}0 \frac{kJ}{s}} = \mathbf{105{,}0\,kW}$

d. $\dot{Q} = \dot{m}_{Reak} * cp_{Reak} * (T_{ex} - T_{in})$

$$T_{ex} = T_{in} + \frac{\dot{Q}}{\dot{m}_{Reak} * cp_{Reak}} = 20\,°C + \frac{105{,}0\,kJ * h * kg * °C}{s * (2000 + 6000)\,kg * 4{,}5\,kJ}$$

$$= 20\,°C + \frac{105{,}0 * h * °C * 3600\,s}{s * 8000 * h * 4{,}5}$$

$$\boldsymbol{T}_{ex} = 20\,°C + 10{,}5\,°C = \mathbf{30{,}5\,°C}$$

→ ***Ergebnis***

a. **Das molare Verhältnis der eingesetzten Ströme von Na_2CO_3 zu HCl beträgt 2,07. HCl ist die Unterschusskomponente.**
b. **Die Reaktionsenthalpie liegt bei −138 kJ/mol.**
c. **Die Wärmeleistung der Reaktion liegt bei 105,0 kW.**
d. **Die Reaktortemperatur beträgt 30,5 °C.**

Aufgabe 51
Wie viel Wärme wird bei der Bildung von 500 kg Tetrachlormethan (M = 154 g/mol) aus Methan und Chlor bei 150 °C frei?

$$CH_4 + 4Cl_2 \rightarrow CCl_4 + 4HCl$$

Standardbildungsenthalpien in (kJ/mol):

$$CH_4\!: -74{,}9, CCl_4\!: -33{,}3, HCl\!: -92{,}3$$

Wärmekapazitäten:
CH_4: 8,536 cal/(mol * °C); Cl_2: 8,11 cal/(mol * °C); CCl_4: 0,544 kJ/(kg * °C); HCl: 29,1 J/(mol * °C)

⊗ **Lösung**
→ ***Strategie***
Bei einer von der Standardtemperatur von 25 °C abweichenden Reaktionstemperatur berechnet sich die Reaktionsenthalpie gemäß Formel 29. Hierzu werden aus der Reaktionsgleichung zunächst die stöchiometrischen Faktoren ermittelt. Die Wärmekapazitäten von Methan und Tetrachlormethan müssen auf SI- bzw. molare Größen umgerechnet werden. Die durch die Reaktion freigesetzte Wärme ergibt sich mittel Formel 27a aus der gebildeten Molzahl des Tetrachlormethans und der Reaktionsenthalpie.

→ ***Berechnung***

$$Q = -\Delta n * \Delta_R H$$

$$\Delta n = \frac{m}{M} = \frac{500\,\text{kg} * \text{mol}}{0{,}154\,\text{kg}} = 3246{,}8\,\text{mol}$$

$\Delta_R H_T = \sum_i \left[\upsilon_i * \Delta_f H_{i_0} + \upsilon_i * cp_i * (T - 298{,}15\,\text{K})\right]$ (Cl_2 ist ein Element → $\Delta_f H_{i_0} = 0$)

$v_{CH_4} = -1$; $v_{Cl_2} = -4$; $v_{CCl_4} = +1$; $\nu_{HCl} = +4$

$$\sum_i \upsilon_i * \Delta_f H_{i_0} = v_{CH_4} * \Delta_f H_{CH_{4_0}} + v_{CCl_4} * \Delta_f H_{CCl_{4_0}} + v_{HCl} * \Delta_f H_{HCl_0}$$

$$\sum_i \upsilon_i * \Delta_f H_{i_0} = [-1 * (-74{,}9) + 1 * (-33{,}3) + 4 * (-92{,}3)]\frac{\text{kJ}}{\text{mol}} = -327{,}6\frac{\text{kJ}}{\text{mol}}$$

$$\upsilon_i * cp_i * (T - 298{,}15\,\text{K})] = (v_{CH_4} * cp_{CH_4} + v_{Cl_2} * cp_{Cl_2} + \nu_{CCl_4} * cp_{CCl_4} + v_{HCl} * cp_{HCl}) * (150 - 25)\,°\text{C}$$

$$cp_{CH_4} = \frac{8{,}536\,\text{cal} * 4{,}19\,\text{J}}{\text{mol} * °\text{C}} = 35{,}8\frac{\text{J}}{\text{mol} * °\text{C}}$$

$$cp_{Cl_2} = \frac{8{,}11\,\text{cal} * 4{,}19\,\text{J}}{\text{mol} * °\text{C}} = 34{,}0\frac{\text{J}}{\text{mol} * °\text{C}}$$

$$cp_{CCl_4} = \frac{544\,\text{J} * 0{,}154\,\text{kg}}{\text{kg} * °\text{C} * \text{mol}} = 83{,}8\frac{\text{J}}{\text{mol} * °\text{C}}$$

$$\upsilon_i * cp_i * (T - 298{,}15\,\text{K})] = (-1 * 35{,}8 - 4 * 34{,}0 + 1 * 83{,}8 + 4 * 29{,}1)\frac{\text{J}}{\text{mol} * °\text{C}} * (150 - 25)\,°\text{C}$$

$$\upsilon_i * cp_i * (T - 298{,}15\,\text{K}) = 0{,}0284\frac{\text{kJ}}{\text{mol} * °\text{C}} * 125\,°\text{C} = 3{,}55\frac{\text{kJ}}{\text{mol}}$$

$$\Delta_R H = -327{,}6\frac{\text{kJ}}{\text{mol}} + 3{,}55\frac{\text{kJ}}{\text{mol}} = -324{,}05\frac{\text{kJ}}{\text{mol}}$$

$$Q = -\Delta n * \Delta_R H = -3246{,}8\,\text{mol} * \left(-324{,}05\frac{\text{kJ}}{\text{mol}}\right) = 1.052.126\,\text{kJ} = \mathbf{1052\,MJ}$$

→ ***Ergebnis***

Die freigesetzte Wärmemenge beträgt 1052 MJ.

Aufgabe 52

2 t einer ausreagierten Reaktionsmischung nach einer Synthese enthalten 1,5 gew% restliches Sulfurylchlorid. Das Sulfurylchlorid wird durch Zugabe von verdünnter Natronlauge vernichtet. Welche Wärmemenge wird bei 80 °C frei?

$$SO_2Cl_2 + 4\,NaOH \rightarrow Na_2SO_4 + 2\,NaCl + 2\,H_2O$$

Standardbildungsenthalpien:
Wasser (flüssig): −285,9 kJ/mol; NaOH: −102 kcal/mol,
Kochsalz: −97,8 kcal/mol; Sulfurylchlorid: −93 kcal/mol; Natriumsulfat: −331 kcal/mol

Wärmekapazität:
Wasser (flüssig): 4,19 kJ/(kg * °K); NaOH: 19,2 cal/(mol * grd);
Kochsalz: 50,7 J/(mol * °C); Sulfurylchorid: 0,65 kJ/(kg * °C); Natriumsulfat: 30,5 cal/(mol * °C)

Atommassen:
H: 1,0 g/mol; O: 16,0 g/mol; S: 32,0 g/mol; Cl: 35,5 g/mol

⊗ **Lösung**

→ ***Strategie***

Die entstehende Wärmemenge berechnet sich gemäß Formel 27a aus der Molzahl des umgesetzten Sulfurylchlorids und der Reaktionsenthalpie. Die Masse an Sulfurylchlorid ist durch seine Konzentration und die Menge der Reaktionslösung gegeben. Mittels der Molmasse von Sulfurylchlorid wird die entsprechende Molzahl berechnet.

Die Reaktionsenthalpie für die von der Standardtemperatur von 25 °C abweichende Reaktionstemperatur von 80 °C berechnet man gemäß Formel 29. Hierzu müssen die Bildungsenthalpien sowie die Wärmekapazitäten in molare Größen und SI-Einheiten umgerechnet werden.

→ ***Berechnung***

$$Q = -n * \Delta_R H$$

$$\Delta_R H = \Delta_R H_T = \sum_i \left[\nu_i * \Delta_f H_{i_o} + \nu_i * cp_i * (T - 298{,}15\,\mathrm{K})\right]$$

$$(T - 298{,}15)\,\mathrm{K} = (273{,}15 + 80 - 298{,}15)\,\mathrm{K} = 55{,}0\,\mathrm{K} = 55{,}0\,°\mathrm{C}$$

$$n_{\mathrm{SO_2CL_2}} = \frac{m_{\mathrm{SO_2CL_2}}}{M_{\mathrm{SO_2CL_2}}}$$

$$m_{\mathrm{SO_2Cl_2}} = 2000\,\mathrm{kg} * \frac{1{,}5\,\%}{100\,\%} = 30\,\mathrm{kg}$$

$$M_{\mathrm{SO_2Cl_2}} = (32{,}0 + 2 * 16{,}0 + 2 * 35{,}5)\frac{\mathrm{g}}{\mathrm{mol}} = 135{,}0\frac{\mathrm{g}}{\mathrm{mol}}$$

$$n_{SO_2CL_2} = \frac{m_{SO_2CL_2}}{M_{SO_2CL_2}} = \frac{30\,\text{kg} * \text{mol}}{0{,}135\,\text{kg}} = 222{,}2\,\text{mol}$$

Stöchiometrische Faktoren ν_i:
SO_2Cl_2: −1; NaOH: −4; Na_2SO_4: +1; NaCl: +2; H_2O: +2

Standard-Bildungsenthalpien $\Delta_f H_o$ → kJ/mol

$$SO_2Cl_2: -93\frac{\text{kcal}}{\text{mol}} = -93\frac{\text{kcal} * 4{,}19\,\text{kJ}}{\text{mol} * \text{kcal}} = -389{,}7\frac{\text{kJ}}{\text{mol}}$$

$$NaOH: -102\frac{\text{kcal}}{\text{mol}} = -102\frac{\text{kcal} * 4{,}19\,\text{kJ}}{\text{mol} * \text{kcal}} = -427{,}4\frac{\text{kJ}}{\text{mol}}$$

$$Na_2SO_4: -331\frac{\text{kcal}}{\text{mol}} = -331\frac{\text{kcal} * 4{,}19\,\text{kJ}}{\text{mol} * \text{kcal}} = -1386{,}9\frac{\text{kJ}}{\text{mol}}$$

$$NaCl: -97{,}8\frac{\text{kcal}}{\text{mol}} = -97{,}8\frac{\text{kcal} * 4{,}19\,\text{kJ}}{\text{mol} * \text{kcal}} = -409{,}8\frac{\text{kJ}}{\text{mol}}$$

$$H_2O: -285{,}9\frac{\text{kJ}}{\text{mol}}$$

*Wärmekapazitäten cp → kJ/(mol * °C)*

$$SO_2Cl_2: 0{,}65\frac{\text{kJ}}{\text{kg} * {}^\circ\text{C}} = 0{,}65\frac{\text{kJ} * 0{,}135\,\text{kg}}{\text{kg} * {}^\circ\text{C} * \text{mol}} = 0{,}0878\frac{\text{kJ}}{\text{mol} * {}^\circ\text{C}}$$

$$NaOH: 19{,}2\frac{\text{cal}}{\text{mol} * {}^\circ\text{C}} = 19{,}2\frac{\text{cal} * 4{,}19\text{J}}{\text{mol} * \text{cal}} = 0{,}0805\frac{\text{kJ}}{\text{mol} * {}^\circ\text{C}}$$

$$Na_2SO_4: 30{,}5\frac{\text{cal}}{\text{mol} * {}^\circ\text{C}} = 30{,}5\frac{\text{cal}*4{,}19\,\text{J}}{\text{mol} * \text{cal} * {}^\circ\text{C}} = 0{,}128\frac{\text{kJ}}{\text{mol} * {}^\circ\text{C}}$$

$$NaCl: 50{,}7\frac{\text{J}}{\text{mol} * {}^\circ\text{C}} = 0{,}051\frac{\text{kJ}}{\text{mol} * {}^\circ\text{C}}$$

$$H_2O: 4{,}19\frac{\text{kJ}}{\text{kg} * {}^\circ\text{C}} = 4{,}19\frac{\text{kJ} * 0{,}018\,\text{kg}}{\text{kg} * {}^\circ\text{C} * \text{mol}} = 0{,}0754\frac{\text{kJ}}{\text{mol} * {}^\circ\text{C}}$$

Reaktionsenthalpie

$$\Delta_R H_o = \sum_i \left(\nu_i * \Delta_f H_{i_o}\right)$$
$$= \nu_{SO_2Cl_2} * \Delta_f H_{SO_2Cl_{2_o}} + \nu_{NaOH} * \Delta_f H_{NaOH_o}$$
$$+ \nu_{Na_2SO_4} * \Delta_f H_{Na_2SO_4o} + \nu_{NaCl} * \Delta_f H_{NaClo} + \nu_{H_2O} * \Delta_f H_{H_2Oo}$$

$$\Delta_R H_o = [-1 * (-389{,}7) - 4 * (-427{,}4) + 1 * (-1386{,}9) + 2 * (-409{,}8) + 2 * (-285{,}9)]\frac{\text{kJ}}{\text{mol}}$$

$$\Delta_R H_o = -679{,}0 \frac{\text{kJ}}{\text{mol}}$$

$$\sum_i [\nu_i * cp_i * (T - 298{,}15)] = \sum_i (\nu_i * cp_i * 55{,}0\,°\text{C})$$

$$\sum_i (\nu_i * cp_i * 55\,°\text{C}) = (\nu_{SO_2Cl_2} * cp_{SO_2Cl_{2o}} + \nu_{NaOH} * cp_{NaOH_o} + \nu_{Na_2SO_4} * cp_{Na_2SO_{4}o} + \nu_{NaCl} * cp_{NaCl_o} + \nu_{H_2O} * cp_{H_2O_o}) * 55\,°\text{C}$$

$$\sum_i (\nu_i * cp_i * 55\,°\text{C}) = (-1 * 0{,}0878 - 4 * 0{,}0805 + 1 * 0{,}128 + 2 * 0{,}051 + 2 * 0{,}0754) \frac{\text{kJ}}{\text{mol} * °\text{C}} * 55{,}0\,°\text{C}$$

$$\sum_i (\nu_i * cp_i * 55\,°\text{C}) = -1{,}6 \frac{\text{kJ}}{\text{mol}}$$

$$\Delta_R H = -679{,}0 \frac{\text{kJ}}{\text{mol}} - 1{,}6 \frac{\text{kJ}}{\text{mol}} = -680{,}6 \frac{\text{kJ}}{\text{mol}}$$

$$Q = -n * \Delta_R H = -222{,}2\,\text{mol} * \left(-680{,}6 \frac{\text{kJ}}{\text{mol}}\right) = \mathbf{151.229\,kJ} = \mathbf{151{,}2\,MJ}$$

→ ***Ergebnis***
Bei der Reaktion wird eine Wärmemenge von 151,2 MJ frei.

3.4.3 Heizwert/Brennwert

Die Definition und die Berechnung des oberen und unteren Heizwerts sowie des Brennwerts werden in Abschn. 2.4.4 behandelt.

Aufgabe 53
Wie groß sind der Brennwert (H_o) und untere Heizwert (H_u) von Propan in kJ/kg bzw. kJ/Norm-m^3?

$\Delta_f H_{Propan}$ = −104 kJ/mol; $\Delta_f H_{CO_2}$ = −391 kJ/mol; $\Delta_f H_{H_2Ogas}$ = −242 kJ/mol;
$\Delta_f H_{H_2Ofl}$ = −286 kJ/mol,
$\Delta_V H_{H_2O}$ = 44,1 kJ/mol

Atommassen: H = 1 g/tom; C = 12 g/tom; O = 16 g/tom

⊗ **Lösung**

→ ***Strategie***

Zunächst wird die Reaktionsgleichung aufgestellt und die stöchiometrischen Vorzeichen bestimmt. Aus den Bildungsenthalpien wird die Reaktionswärme berechnet (Formel 28). Für die Berechnung des oberen Heizwerts (Brennwert) wird hierbei die Bildungsenthalpie des flüssigen Wassers, für den unteren Heizwert die des gasförmigen Wassers eingesetzt. Die einem kg Propan bzw. 1 Norm-m^3 Propan entsprechende Molzahl wird berechnet. Die hieraus und aus der Bildungswärme gemäß Formel 27a ermittelte Wärme entspricht dem Heizwert.

→ ***Berechnung***

$$C_3H_8 + 5O_2 \rightarrow 3CO_2 + 4H_2O$$

	C_3H_8	CO_2	H_2O
ν_i	−1	+3	+4

$$Q = -n * \Delta_R H$$

Für den massenbezogenen Heizwert: $n = \frac{m}{M}$

$$M_{\text{Propan}} = 44 \frac{\text{g}}{\text{mol}}$$

Für 1 kg: $n = \frac{1\,\text{kg} * \text{mol}}{0{,}044\,\text{kg}} = 22{,}73\,\text{mol}$

Für den Norm-volumenbezogenen Heizwert: $n = 44{,}63 \frac{\text{mol}}{N-\text{m}^3}$

$$\Delta_R H = \sum_i (\nu_i * \Delta_f H_i) = \nu_P * \Delta_f H_P + \nu_{CO_2} * \Delta_f H_{CO_2} + \nu_{H_2O} * \Delta_f H_{H_2O}$$

Für den oberen Heizwert wird die Bildungsenthalpie für flüssiges Wasser eingegeben, für den unteren Heizwert die des gasförmigen Wassers.

Oberer Heizwert:

$$\Delta_R H = [-1 * (-104) + 3 * (-391) + 4 * (-286)] \frac{\text{kJ}}{\text{mol}} = -2213 \frac{\text{kJ}}{\text{mol}}$$

$$\boldsymbol{H_O} = Q = -22{,}73 \frac{\text{mol}}{\text{kg}} * (-2213) \frac{\text{kJ}}{\text{mol}} = 50.301 \frac{\text{kJ}}{\text{kg}} = \mathbf{50{,}3 \frac{MJ}{kg}}$$

$$\boldsymbol{H_O} = Q = -44{,}63 \frac{\text{mol}}{\text{Nm}^3} * (-2213) \frac{\text{kJ}}{\text{mol}} = 98.766 \frac{\text{kJ}}{\text{Nm}^3} = \mathbf{98{,}8 \frac{MJ}{Nm^3}}$$

Unterer Heizwert:

$$\Delta_R H = [-1 * (-104) + 3 * (-391) + 4 * (-242)] \frac{\text{kJ}}{\text{mol}} = -2037 \frac{\text{kJ}}{\text{mol}}$$

$$\boldsymbol{H_U} = Q = -22{,}73 \frac{\text{mol}}{\text{kg}} * (-2037) \frac{\text{kJ}}{\text{mol}} = 46.301 \frac{\text{kJ}}{\text{kg}} = \mathbf{46{,}3 \frac{MJ}{kg}}$$

$$H_U = Q = -44{,}63\frac{\text{mol}}{\text{Nm}^3} * (-2037)\frac{\text{kJ}}{\text{mol}} = 90.911\frac{\text{kJ}}{\text{Nm}^3} = \mathbf{90{,}9}\frac{\mathbf{MJ}}{\mathbf{Nm}^3}$$

→ ***Ergebnis***

Der Brennwert (oberer Heizwert) von Propan liegt bei 50,3 MJ/kg bzw. 98,8 MJ/Norm-m³.

Der untere Heizwert von Propan liegt bei 46,3 MJ/kg bzw. 90,9 MJ/Norm-m³.

Aufgabe 54

Wie groß sind der obere und der untere Heizwert (MJ/Norm-m³) eines Gemisches aus 34 vol% Wasserstoff, 49 vol% Kohlenmonoxid und 17 vol% Methan?

Bildungsenthalpien $\Delta_f H$/(kJ/mol):
H_2O gasförmig: −242; H_2O flüssig: −286; CO: −110,5; CO_2: −393,5; CH_4: −74,9

⊗Lösung

→ ***Strategie***

Der Heizwert von Gasen ist auf einen Norm-m³ = 44,63 mol bezogen. Die entsprechenden Molzahlen des Wasserstoffs, Kohlenmonoxids und Methans im Gasgemisch berechnet man aus den zugehörigen Volumenprozenten. Der Heizwert ist die Summe der Reaktionswärmen der Verbrennung von Wasserstoff, Kohlenmonoxid und Methan gemäß Formel 27a. Die Reaktionsenthalpien werden mittels der Bildungsenthalpien berechnet (Formel 28). Hierbei ist darauf zu achten, für den oberen Heizwert die Bildungsenthalpie des flüssigen Wassers einzusetzen und für den unten Heizwert die des gasförmigen Wassers zu verwenden.

→ ***Berechnung***

$$\text{Heizwert} = Q_{\text{Gesamt}} = Q_{\text{H}_2} + Q_{\text{CO}} + Q_{\text{CH}_4} \text{ mit } Q_{\text{Gesamt}} \text{ bezogen auf einen Norm} - \text{m}^3$$

$$Q_i = -n_i * \Delta_R H_i \text{ und } \Delta_R H_i = \sum_i \left(\upsilon_i * \Delta_f H_i\right)$$

Wasserstoff:

$$n_{\text{H}_2} = 44{,}63\frac{\text{mol}}{\text{Nm}^3} * 0{,}34 = 15{,}17\frac{\text{mol}}{\text{Nm}^3}$$

$$\text{H}_2 + {}^1\!/\!_2\text{O}_2 \rightarrow \text{H}_2\text{O}$$

Für den oberen Heizwert berechnet sich die Reaktionsenthalpie mit der Bildungsenthalpie des flüssigen Wassers:

$$\Delta_R H_{\text{H}_2} = +1 * \left(-286\frac{\text{kJ}}{\text{mol}}\right) = -286\frac{\text{KJ}}{\text{mol}} \rightarrow Q_{\text{H}_2}$$
$$= -15{,}17\frac{\text{mol}}{\text{Nm}^3} * \left(-286\frac{\text{KJ}}{\text{mol}}\right) = 4339\frac{\text{KJ}}{\text{Nm}^3}$$

Für den unteren Heizwert berechnet sich die Reaktionsenthalpie mit der Bildungsenthalpie des gasförmigen Wassers:

$$\Delta_R H'_{H_2} = +1 * \left(-242\frac{kJ}{mol}\right) = -242\frac{KJ}{mol} \to Q'_{H_2}$$
$$= -15{,}17\frac{mol}{Nm^3} * \left(-242\frac{KJ}{mol}\right) = 3671\frac{KJ}{Nm^3}$$

Kohlenmonoxid:

$$n_{CO} = 44{,}63\frac{mol}{Nm^3} * 0{,}49 = 21{,}87\frac{mol}{Nm^3}$$

$$CO + {}^1\!/_2 O_2 \to CO_2$$

$$\Delta_R H_{CO} = [-1 * (-110{,}5) + 1 * (-393{,}5)]\frac{KJ}{mol} = -283\frac{KJ}{mol} Q_{H_2}$$
$$= -21{,}87\frac{mol}{Nm^3} * \left(-283\frac{KJ}{mol}\right) = 6189\frac{KJ}{Nm^3}$$

Methan:

$$n_{CH_4} = 44{,}63\frac{mol}{Nm^3} * 0{,}17 = 7{,}59\frac{mol}{Nm^3}$$

$$CH_4 + 2O_2 \to CO_2 + 2H_2O$$

Für den oberen Heizwert berechnet sich die Reaktionsenthalpie mit der Bildungsenthalpie des flüssigen Wassers:

$$\Delta_R H_{CH_4} = [-1 * (-74{,}9) + 1 * (-393{,}5) + 2 * (-286)]\frac{kJ}{mol} = -890{,}6\frac{kJ}{mol}$$

$$\to Q_{CH_4} = -7{,}59\frac{mol}{Nm^3} * \left(-890{,}6\frac{kJ}{mol}\right) = 6760\frac{KJ}{Nm^3}$$

Für den unteren Heizwert berechnet sich die Reaktionsenthalpie mit der Bildungsenthalpie des gasförmigen Wassers:

$$\Delta_R H'_{CH_4} = [-1 * (-74{,}9) + 1 * (-393{,}5) + 2 * (-242)]\frac{kJ}{mol} = -802{,}6\frac{kJ}{mol} \to$$

$$\to Q'_{CH_4} = -7{,}59\frac{mol}{Nm^3} * \left(-802{,}6\frac{KJ}{mol}\right) = 6092\frac{KJ}{Nm^3}$$

$$\boldsymbol{H_o} = (Q_{H_2} + Q_{CO} + Q_{CH_4}) = (4339 + 6189 + 6760)\frac{kJ}{Nm^3} = 17.288\frac{kJ}{Nm^3} = \mathbf{17{,}3\frac{MJ}{Nm^3}}$$

$$H_U = (Q'_{H_2} + Q'_{CO} + Q'_{CH_4}) = (3671 + 6189 + 6092)\frac{kJ}{Nm^3} = 15.952\frac{kJ}{Nm^3} = \mathbf{15{,}95}\frac{\mathbf{MJ}}{\mathbf{Nm^3}}$$

→ ***Ergebnis***

Der obere Heizwert (Brennwert) des Gasgemisches beträgt 17,3 MJ pro Norm-m³.

Der untere Heizwert liegt bei 15,95 MJ pro Norm-m³.

Aufgabe 55

Bei einem Produktionsprozess sind 50 t Nebenprodukt entstanden, das praktisch vollständig aus Stearinsäure ($C_{17}H_{35}COOH$; M = 285 g/mol; $\Delta_f H_0$ = −950 kJ/mol) besteht. Es kann wegen seines intensiven Geruchs nicht zu Produkt weiterverarbeitet werden und soll der thermischen Verwertung in einem Kesselhaus zu geführt werden.

Standard-Bildungswärmen:
$\Delta_f Ho_{H_2O-gas} = -241{,}8$ kJ/mol; $\Delta_f Ho_{H_2O-flüssig} = -285{,}8$ kJ/mol; $\Delta_f Ho_{CO_2} = -393{,}5$ kJ/mol,
$M_{H_2O} = 18{,}0$ g/mol; Verdampfungswärme Wasser $\Delta_v H$=2450 kJ/kg

a. Wie groß ist der obere Heizwert (Brennwert) der Stearinsäure?
b. Wie groß ist der untere Heizwert der Stearinsäure? Gehen Sie zum einen bei seiner Berechnung den Lösungsweg über die Bildungsenthalpie des gasförmigen Wassers und zum anderen den über die Verdampfungswärme des Wassers.
c. Wie viel elektrische Energie in MWh kann aus dem Nebenproduktstrom erzeugt werden, wenn der Gesamtwirkungsgrad (Kesselanlage und Stromgenerator) bei 45 % liegt?

⊗Lösung

→ ***Strategie***

Die Reaktionsgleichung wird aufgestellt. Der Heizwert einer Flüssigkeit oder eines Feststoffes ist die Reaktionswärme, die beim Verbrennen von 1 kg dieses Stoffes entsteht. Somit wird zunächst die Reaktionsenthalpie aus den Bildungsenthalpien gemäß Formel 28 berechnet. Diese, multipliziert mit der entsprechenden Molzahl, die einem Kilogramm Brennstoff entspricht, ergibt den Heizwert (Formel 27a). Setzt man für die Bildungsenthalpie des Wassers den Wert für seinen flüssigen Zustand ein, erhält man den oberen Heizwert H_O. Setzt man die Bildungsenthalpie des gasförmigen Wassers ein, ergibt sich der untere Heizwert H_U. Der untere Heizwert lässt sich durch Subtraktion der Verdampfungswärme der bei der Verbrennung entstandenen Wassermenge (Formel 24a) vom oberen Heizwert berechnen.

Die Wärmemenge, die bei der Verbrennung der Stearinsäure frei wird, berechnet sich aus der Multiplikation des unteren Heizwerts mit 50 t. Da nur 45 %

der erzeugten Wärme in elektrische Energie umgesetzt werden, wird dieser Betrag mit 0,45 multipliziert und auf MWh umgerechnet.

→ ***Berechnung***

$C_{17}H_{35}COOH + 26O_2 \rightarrow 18CO_2 + 18H_2O$

	$C_{17}H_{35}COOH$	CO_2	H_2O
ν_i	−1	+18	+18

a. $Q = -n_{Stea} * \Delta_R H$

$n_{Stea} = \frac{m_{Stea}}{M_{Stea}} = \frac{1\,kg * mol}{0{,}285\,kg}$ = 3,51 mol pro 1 kg Stearinsäure

$$\Delta_R H = \sum_i (\nu_i * \Delta_f H_i) = \nu_{Stea} * \Delta_f H_{Stea} + \nu_{CO_2} * \Delta_f H_{CO_2} + \nu_{H_2O} * \Delta_f H_{H_2Ofl}$$

$$\Delta_f H_{O_2} = 0$$

$$\Delta_R H = [-1 * (-950) + 18 * (-393{,}5) + 18 * (-285{,}8)]\frac{kJ}{mol} = -11.277{,}4\frac{kJ}{mol}$$

$$\boldsymbol{H_O} = -3{,}51\frac{mol}{kg} * (-11.277{,}4)\frac{kJ}{mol} = \mathbf{39.584\frac{kJ}{kg}}$$

b. $\Delta_R H = \sum_i (\nu_i * \Delta_f H_i) = \nu_{Stea} * \Delta_f H_{Stea} + \nu_{CO_2} * \Delta_f H_{CO_2} + \nu_{H_2O} * \Delta_f H_{H_2Ogas}$

$$\Delta_R H = [-1 * (-950) + 18 * (-393{,}5) + 18 * (-241{,}8)]\frac{kJ}{mol} = 10.485\frac{kJ}{mol}$$

$$\boldsymbol{H_U} = -3{,}51\frac{mol}{kg} * (-10.485)\frac{kJ}{mol} = 36.804\frac{kJ}{kg} \cong \mathbf{36.800\frac{kJ}{kg}}$$

Alternativ aus dem Brennwert und der Verdampfungswärme des entstandenen Wassers:

$$H_U = H_O - \Delta Q$$

$$\Delta Q = m_{H_2O} * \Delta_V H_{H_2O} = n_{H_2O} * M_{H_2O} * \Delta_V H_{H_2O}$$

Aus 1 mol Stearinsäure entstehen 18 mol Wasser.

$$\rightarrow n_{H_2O} = 18 * 3{,}51\frac{mol}{kg\ Stea} = 63{,}18\frac{mol}{kg\ Stea}$$

$$\rightarrow \Delta Q = 63{,}18\frac{mol}{kg} * 0{,}018\frac{kg}{mol} * 2450\frac{kJ}{kg} = 2786\frac{kJ}{kg}$$

$$\boldsymbol{H_U} = (39.584 - 2786)\frac{kJ}{kg} = 36.798\frac{kJ}{kg} \cong \mathbf{36.800\frac{kJ}{kg}}$$

c. $Q = H_U * m_{\text{Stea}} = 36.800\frac{\text{kJ}}{\text{kg}} * 50.000\,\text{kg} = 1{,}84 * 10^9\,\text{kJ}$

$$Q_{\text{Elektr}} = 0{,}45 * 1{,}84 * 10^8\,\text{kJ} = 8{,}28 * 10^8\,\text{kJ} = 8{,}28 * 10^5\text{MW} * \text{s}$$

$$= \frac{8{,}28 * 10^5\,\text{MW} * \text{s} * \text{h}}{3600\,\text{s}} = \mathbf{230\,MWh}$$

→ *Ergebnis*

a. **Der obere Heizwert beträgt H_O = 39.584 kJ/kg = 39,6 MJ/kg.**
b. **Für den unteren Heizwert wurde nach beiden Methoden H_U = 36.800 kJ/kg = 36,8 MJ/kg berechnet.**
c. **Aus den 50 t Stearinsäure können unter den gegebenen Bedingungen 230 MWh elektrische Energie erzeugt werden.**

3.4.4 Wärmedurchgang

Aufgabe 56

Eine exotherme Reaktion einer Wärmeleistung von 35,5 kJ/s soll bei 110 °C in einem kontinuierlichen Rührkessel mit einer Kühlfläche von 2,9 m^2 durchgeführt werden. Der zugehörige Wärmedurchgangskoeffizient liegt bei Kw = 200 W/(m^2 * °C). Die Eintrittstemperatur des Kühlwassers beträgt 25 °C. Die mittlere Kühlwassertemperatur ist näherungsweise das arithmetische Mittel seiner Eintritts- und Austrittstemperatur.

a. Welche mittlere Temperatur darf das Kühlwasser nicht überschreiten, um die Reaktionstemperatur bei maximal 110 °C zu halten?
b. Welche Austrittstemperatur des Kühlwassers ist zu erwarten?
c. Welcher Kühlwasserstrom wird benötigt (cp_W = 4,2 kJ)/(kg * °C)?

⊗**Lösung**

→ ***Strategie***

a. Formel 30 wird zur Temperaturdifferenz Reaktorinhalt zu Kühlwasser umgestellt und die Wärmeleistung, der Wärmedurchgangskoeffizient und die Austauschfläche eingesetzt. Aus der Temperaturdifferenz ergibt sich mit der Reaktortemperatur die minimal notwendige mittlere Kühlwassertemperatur.
b. Die Gleichung der arithmetischen Mittelung wird nach der Kühlwasseraustrittstemperatur umgestellt und die mittlere und die Eintrittstemperatur des Kühlwassers eingesetzt.
c. Gleichung 19a wird zum Massenstrom hin umgestellt.

→ ***Berechnung***
Index R → Reaktorinhalt
Index W → Kühlwasser

$$\overline{T}_W = \text{Mittlere Kühlwassertemperatur}$$

a. $\Delta T = \frac{\dot{Q}}{Kw*A} = \frac{35{,}5\,\text{kJ}*\text{m}^2*°\text{C}}{200\,\text{W}*2{,}9\,\text{m}^2} = \frac{35.500\,\text{W}*\text{m}^2*°\text{C}}{200\,\text{W}*2{,}9\,\text{m}} = 61{,}2\,°\text{C}$

$\Delta T = T_R - \overline{T}_W$

$\overline{T}_W = T_R - \Delta T = (110{,}0 - 61{,}2)\,°\text{C} = \mathbf{48{,}8\,°C}$

b. $\overline{T}_W = \frac{T_{W-\text{in}} + T_{W-\text{ex}}}{2}$

$T_{W-\text{ex}} = 2 * \overline{T}_W - T_{W-\text{in}} = (2 * 48{,}8 - 25{,}0)\,°\text{C} = 72{,}6\,°\text{C}$

c. $\dot{m}_W = \frac{\dot{Q}}{cp_W*(T_{W-\text{ex}} - T_{W-\text{in}})} = \frac{35{,}5\,\text{kJ}*\text{kg}*°\text{C}}{\text{s}*4{,}2\,\text{kJ}*(72{,}6-25{,}0)\,°\text{C}} = \mathbf{0{,}178\,\frac{kg}{s}} = \mathbf{639{,}3\,\frac{kg}{h}}$

→ ***Ergebnis***

a. **Die mittlere Kühlwassertemperatur darf maximal 48,8 °C betragen.**
b. **Für die Austrittstemperatur des Kühlwassers sind 72,6 °C zu erwarten.**
c. **Es wird ein Kühlwasserstrom von 0,178 kg/s = 639,3 kg/h benötigt.**

Aufgabe 57
Ein Rührkessel mit einer Kühlfläche von 5,5 m^2 wird durch Wasser einer mittleren Temperatur von 40 °C gekühlt. Das reagierende Gemisch wird bei 85 °C gehalten. Der reaktionsseitige Wärmeübergangskoeffizient liegt bei 250 W/(m^2 * °C), der kühlwasserseitige bei 400 W/(m^2 * °C), die Reaktorwand ist 4mm dick. Die Wärmeleitfähigkeit der Wand beträgt $\lambda = 60$ W/(m * °C).

a. Wie viel Wärme wird pro Zeiteinheit abgeführt?
b. Da die Wärmeabfuhr dieses Reaktors die Begrenzung der Kapazität der Gesamtanlage darstellt und die Kühlwassertemperatur nicht geändert werden soll, wird der Wasserdurchsatz entsprechend erhöht und zusätzlich durch Einbauten erreicht, dass der wasserseitige Wärmeübergangskoeffizient sich um 20 % erhöht. Bedingt durch den höheren Kühlwasserdurchsatz hat sich, trotz des höheren Wärmestroms durch die Rührkesselwand, die mittlere Kühlwassertemperatur nur unwesentlich geändert. Um wie viel Prozent erhöht sich durch diese Maßnahme die Wärmeabfuhr aus dem Reaktor?

⊗ **Lösung**
→ ***Strategie***

a. Der Wärmefluss durch die Rührkesselwand wird mit Formel 30 berechnet. Die Wärmedurchgangsfläche und die Temperaturdifferenz sind bekannt. Der Wärmedurchgangskoeffizient Kw muss gemäß Formel 31a aus α_1, α_2 und s/λ berechnet werden.
b. Der Wärmedurchgangskoeffizient wird mit dem um 20 % erhöhten wasserseitigen Wärmeübergangskoeffizienten berechnet, der betreffende Wärmestrom ermittelt und mit dem des Falles a) verglichen.

→ ***Berechnung***

a. $\dot{Q} = Kw * A * \Delta T$

$$A = 5{,}5\,\mathrm{m^2} \quad \Delta T = (85 - 40)\,°\mathrm{C}$$

$$\frac{1}{Kw} = \frac{1\,\mathrm{m^2} * °\mathrm{C}}{400\,\mathrm{W}} + \frac{0{,}004\,\mathrm{m} * \mathrm{m} * °\mathrm{C}}{60\,\mathrm{W}} + \frac{1\,\mathrm{m^2} * °\mathrm{C}}{250\,\mathrm{W}}$$
$$= (0{,}0025 + 0{,}0000667 + 0{,}004)\frac{\mathrm{m^2} * °\mathrm{C}}{\mathrm{W}} = 0{,}00657\frac{\mathrm{m^2} * °\mathrm{C}}{\mathrm{W}}$$

$$Kw = 152{,}3\frac{\mathrm{W}}{\mathrm{m^2} * °\mathrm{C}}$$

$$\dot{Q} = 152{,}3\frac{\mathrm{W}}{\mathrm{m^2} * °\mathrm{C}} * 5{,}5\,\mathrm{m^2} * 45\,°\mathrm{C} = \mathbf{37.690\,W} = \mathbf{37{,}69\,kW}$$

b. $\alpha_{\mathrm{wasser}-b} = 1{,}2 * \alpha_{\mathrm{wasser}-a} = 1{,}2 * 400\frac{\mathrm{W}}{\mathrm{m^2} * °\mathrm{C}} = 480\frac{\mathrm{W}}{\mathrm{m^2} * °\mathrm{C}}$

$$\frac{1}{Kw} = \frac{1\,\mathrm{m^2} * °\mathrm{C}}{480\,\mathrm{W}} + \frac{0{,}004\,\mathrm{m} * \mathrm{m} * °\mathrm{C}}{60\,\mathrm{W}} + \frac{1\,\mathrm{m^2} * °\mathrm{C}}{250\,\mathrm{W}}$$
$$= (0{,}002083 + 0{,}0000667 + 0{,}004)\frac{\mathrm{m^2} * °\mathrm{C}}{\mathrm{W}}$$

$$\frac{1}{Kw} = 0{,}00615\frac{\mathrm{m^2} * °\mathrm{C}}{\mathrm{W}}$$

$$Kw = 162{,}6\frac{\mathrm{W}}{\mathrm{m^2} * °\mathrm{C}}$$

$$\dot{Q} = 162{,}6\frac{\mathrm{W}}{\mathrm{m^2} * °\mathrm{C}} * 5{,}5\,\mathrm{m^2} * 45\,°\mathrm{C} = \mathbf{40.244\,W} = \mathbf{40{,}24\,kW}$$

*Der Wärmestrom steigt durch den höheren wasserseitigen Wärmeübergangskoeffizienten um (40,24−37,69) kW = 2,55 kW. Bezogen auf die ursprüngliche Wärmeleistung entspricht das einer Steigerung von 100 % * 2,55 kW/37,69 kW =* ***6,77 %.***

→ ***Ergebnis***

Der Wärmestrom der Kühlung beträgt im Fall a) 37,69 kW. Durch den 20 % höheren wasserseitigen Wärmeübergangskoeffizienten im Falle b) nimmt er um 6,77 % auf 40,24 kW zu.

Aufgabe 58

Ein CSTR [Wanddicke 6 mm, Wärmeleitfähigkeit $\lambda = 60$ W/(m * °C)] wird mit einem Reaktionsgemisch einer Temperatur von 60 °C betrieben und über eine Fläche von 5 m^2 mit Wasser gekühlt (Mittlere Kühlwassertemperatur = 50 °C). Der innere Wärmeübergangskoeffizient (Reaktorgemisch) beträgt $\alpha_1 = 300$ W/(m^2 * °C), der wasserseitige $\alpha_2 = 1200$ W/(m^2 * °C).

a. Wie viel Wärme geht pro Zeiteinheit vom Reaktorinhalt auf das Kühlwasser über?
b. Aus Korrosionsschutzgründen erhält der Reaktor innen einen 2mm dicken Überzug aus Epoxidharz [Wärmeleitfähigkeit $\lambda = 0{,}25$ W/(m * °C)]. Auf wie viel °C muss die mittlere Kühlwassertemperatur gesenkt werden, um die gleiche Wärmeabfuhr zu erzielen wie zuvor ohne die Epoxidharzschicht?

⊗ **Lösung**

→ ***Strategie***

Der Wärmestrom wird mittels Formel 30 berechnet. Die Wärmedurchgangsfläche ist gegeben, ebenso die treibende Temperaturdifferenz als Differenz der Temperatur des Reaktorinhalts zur mittleren Kühlwassertemperatur. Der Wärmedurchgangskoeffizient Kw ergibt sich gemäß Formel 31a. Im zweiten Teil der Aufgabe wird der zusätzliche Wärmewiderstand der Epoxidharzschicht durch Berechnung von Kw mittels Formel 31b berücksichtigt. Es soll die gleiche Wärmemenge abgeführt werden wie zuvor ohne Epoxidharzschicht. Formel 30 wird zur Berechnung der Temperaturdifferenz entsprechend umgestellt und der neu berechnete Kw, die Fläche und der Wärmestrom eingesetzt. Hieraus ergibt sich die nun nötige mittlere Kühlwassertemperatur.

→ ***Berechnung***

a. $\dot{Q} = Kw * A * \Delta T = (T_{\text{Reaktorinhalt}} - T_{\text{Kühlwasser}})$

$$\frac{1}{Kw} = \frac{1\,\text{m}^2 * {}^\circ\text{C}}{300\,\text{W}} + \frac{0{,}006\,\text{m} * \text{m} * {}^\circ\text{C}}{60\,\text{W}} + \frac{1\,\text{m}^2 * {}^\circ\text{C}}{1200\,\text{W}} = (0{,}00333 + 0{,}00010 + 0{,}000833)\frac{\text{m}^2 * {}^\circ\text{C}}{\text{W}}$$

$$= 0{,}004263\,\frac{\text{m}^2 * {}^\circ\text{C}}{\text{W}}$$

$$Kw = 234{,}6 \frac{\mathrm{W}}{\mathrm{m}^2 * {}^\circ\mathrm{C}}$$

$$\dot{Q} = 234{,}6 \frac{\mathrm{W}}{\mathrm{m}^2 * {}^\circ\mathrm{C}} * 5\,\mathrm{m}^2 * (60 - 50)\,{}^\circ\mathrm{C} = 11730\,\mathrm{W} = \mathbf{11{,}73\,kW}$$

b $\Delta T = (T_{\text{Reaktorinhalt}} - T_{\text{Kühlwasser}}) = \frac{\dot{Q}}{Kw*A}$

$$\frac{1}{Kw} = \frac{1}{\alpha_1} + \sum_i \frac{s_i}{\lambda_i} + \frac{1}{\alpha_2} = \frac{1}{\alpha_1} + \frac{s_{\text{wand}}}{\lambda_{\text{wand}}} + \frac{s_{\text{Epoxy}}}{\lambda_{\text{Epoxy}}} + \frac{1}{\alpha_2}$$

$$\frac{s_{\text{Epoxy}}}{\lambda_{\text{Epoxy}}} = \frac{0{,}002\,\mathrm{m} * \mathrm{m} * {}^\circ\mathrm{C}}{0{,}25\,\mathrm{W}} = 0{,}008 \frac{\mathrm{m}^2 * {}^\circ\mathrm{C}}{\mathrm{W}}$$

$$\frac{1}{Kw} = (0{,}00333 + 0{,}00010 + 0{,}00800 + 0{,}000833) \frac{\mathrm{m}^2 * {}^\circ\mathrm{C}}{\mathrm{W}} = 0{,}012263 \frac{\mathrm{m}^2 * {}^\circ\mathrm{C}}{\mathrm{W}}$$

$$Kw = 81{,}55 \frac{\mathrm{W}}{\mathrm{m}'' * {}^\circ\mathrm{C}}$$

$$\Delta T = (T_{\text{Reaktorinhalt}} - T_{\text{Kühlwasser}}) = \frac{11.730\,\mathrm{W}{*}\mathrm{m}^2 * {}^\circ\mathrm{C}}{81{,}55\,\mathrm{W}{*}5\,\mathrm{m}^2} = 28{,}8\,{}^\circ\mathrm{C}$$

$$\boldsymbol{T}_{\textbf{KRhlwasser}} = (60 - 28{,}8)\,{}^\circ\mathrm{C} = \mathbf{31{,}2\,{}^\circ C}$$

→ ***Ergebnis***

a. **Der vom Reaktor auf das Kühlwasser übergehende Wärmestrom beträgt 11,73 kW.**
b. **Nach Auftragen der Epoxidharzschutzschicht ist dieser abzuführende Wärmestrom durch Absenken der mittleren Kühlwassertemperatur von 50 °C auf 31 °C gewährleistet.**

Aufgabe 59

Durch eine 100 m lange 4-Zoll-Stahlleitung [Wanddicke = 2 mm, Wärmeleitfähigkeit $\lambda = 50$ W/(m * °C)] strömt 115 °C heißer gesättigter Prozessdampf. Der dampfseitige Wärmeübergangskoeffizient beträgt $\alpha_1 = 1000$ W(m² * °C), der der umgebenden Luft $\alpha_2 = 70$ W/(m² * °C). Die umgebende Luft hat eine mittlere Temperatur von 15 °C.

a. Wie groß ist unter diesen Bedingungen der Wärmeverlust (Wärmeleistung)?
b. Wie groß wäre dieser Wärmeverlust pro Zeiteinheit, wenn bei sonst gleichbleibenden Bedingungen das Rohr mit einer 5 cm dicken Steinwolle-Isolierung versehen würde [Wärmeleitfähigkeit der Steinwolle $\lambda = 0{,}05$ W/(m * °C)]?
c. Wie viel Dampfkondensat fällt für den Fall a) bzw. den Fall b) stündlich an ($\Delta_V H_{\text{Wasser}} = 2215$ kJ/kg)?

⊗ **Lösung**

→ ***Strategie***

a. Der Wärmefluss durch die Rohrleitungswand wird mit Formel 30 berechnet. Hierfür muss der Wärmedurchgangskoeffizient Kw gemäß Formel 31a aus α_1, α_2 und s/λ berechnet werden. Die Wärmedurchgangsfläche ist der Rohrmantel. Da die Rohrwand dicke deutlich kleiner ist als der innere Rohrdurchmesser ($d_i = d_a - 2s$), kann hierfür das arithmetische Mittel des Durchmessers verwendet werden. Die Temperaturdifferenz beträgt ΔT = 100 °C.

b. Durch die Zufügung der Steinwolleschicht verändert sich der Wärmedurchgangskoeffizient Kw. Er wird mittels Formel 31b berechnet. Durch die Steinwolleschicht von 5 cm gerät die Gesamtdicke der Rohrwand (Stahlwand+Isolierschicht) in die Größenordnung des Rohrdurchmessers. Somit muss zur Berechnung der Wärmedurchgangsfläche das logarithmische Mittel des Rohrdurchmessers (siehe Abschn. 1.2.5) verwendet werden. Hieraus ergibt sich der Wärmefluss für das isolierte Rohr gemäß Formel 30.

c. Die Menge an Dampfkondensat wird aus den für den Fall a) und b) berechneten Wärmeströmen mittels Formel 24b berechnet.

→ ***Berechnung***

a. $\dot{Q} = Kw * A * \Delta T$

$$\frac{1}{Kw} = \frac{1\,\mathrm{m}^2 * {}^\circ\mathrm{C}}{1000\,\mathrm{W}} + \frac{0{,}002\,\mathrm{m} * \mathrm{m} * {}^\circ\mathrm{C}}{50\,\mathrm{W}} + \frac{1\,\mathrm{m}^2 * {}^\circ\mathrm{C}}{70\,\mathrm{W}}$$

$$= (0{,}001 + 0{,}00004 + 0{,}01429)\frac{\mathrm{m}^2 * {}^\circ\mathrm{C}}{\mathrm{W}} = 0{,}01533\frac{\mathrm{m}^2 * {}^\circ\mathrm{C}}{\mathrm{W}}$$

$$Kw = 65{,}23\frac{\mathrm{W}}{\mathrm{m}^2 * {}^\circ\mathrm{C}}$$

$$A = \overline{d}_m * \pi * L$$

$$\overline{d}_m = \frac{d_a + d_i}{2} \quad \text{mit } d_a = \frac{25{,}4\,\mathrm{mm}}{\mathrm{Zoll}} * 4'' = 0{,}1016\,\mathrm{m}$$

$$d_i = (0{,}1016 - 2 * 0{,}002)\,\mathrm{m} = 0{,}0976\,\mathrm{m}$$

$$\overline{d}_m = \frac{0{,}1016 + 0{,}0976}{2}\,\mathrm{m} = 0{,}0996\,\mathrm{m}$$

$$A = 0{,}0996\,\mathrm{m} * \pi * 100\,\mathrm{m} = 31{,}27\,\mathrm{m}^2$$

$$\dot{Q} = 65{,}23\frac{\mathrm{W}}{\mathrm{m}^2 * {}^\circ\mathrm{C}} * 31{,}274\,\mathrm{m}^2 * 100\,{}^\circ\mathrm{C} = 201.404\,\mathrm{W} = \mathbf{204{,}0\,kW} = \mathbf{204{,}0\,kJ/s}$$

b. $\dot{Q} = Kw * A * \Delta T$

$$\frac{1}{Kw} = \frac{1\,\text{m}^2 * °\text{C}}{1000\,\text{W}} + \frac{0{,}002\,\text{m} * \text{m} * °\text{C}}{50\,\text{W}} + \frac{0{,}05\,\text{m} * \text{m} * °\text{C}}{0{,}05\,\text{W}} \frac{1\,\text{m}^2 * °\text{C}}{70\,\text{W}}$$

$$= (0{,}001 + 0{,}00004 + 1 + 0{,}01429)\frac{\text{m}^2 * °\text{C}}{\text{W}} = 1{,}01533\frac{\text{m}^2 * °\text{C}}{\text{W}}$$

$$Kw = 0{,}985\frac{\text{W}}{\text{m}^2 * °\text{C}}$$

$$A = \overline{d}_m * \pi * L$$

Mit dem logarithmischen Rohrdurchmesser gemäß:

$$\overline{d}_m = \frac{\text{d}_\text{a} - \text{d}_\text{i}}{\ln\frac{d_a}{d_i}}$$

$d_i = 0{,}0976\ m$
$d_a = 0{,}1016\ m + 2 * 0{,}05\ m = 0{,}2016\ m$

$$\overline{d}_m = \frac{\text{d}_\text{a} - \text{d}_\text{i}}{\ln\frac{d_a}{d_i}} = \frac{0{,}2016 - 0{,}0976}{\ln\frac{0{,}2016}{0{,}0976}}\text{m} = 0{,}143\,\text{m}$$

$$A = 0{,}143\,\text{m} * \pi * 100\,\text{m} = 44{,}90\,\text{m}^2$$

$$\dot{Q} = 0{,}985\frac{\text{W}}{\text{m}^2 * °\text{C}} * 44{,}90\,\text{m}^2 * 100\,°\text{C} = 4423\,\text{W} = \mathbf{4{,}42\,kW} = \mathbf{4{,}42\,kJ/s}$$

c. *Formel 24b wird umgestellt:* $\dot{m} = \dot{Q}/\Delta_V H$

Für die Situation a → Kondensatmenge $\dot{m}_a = \frac{204{,}0\,\text{kJ} * \text{kg}}{2215\,\text{kJ} * \text{s}} = \mathbf{0{,}0921\frac{kg}{s}} = \mathbf{331{,}6\frac{kg}{h}}$

Für die Situation b → Kondensatmenge $\dot{m}_b = \frac{4{,}42\,\text{kJ} * \text{kg}}{2215\,\text{kJ} * \text{s}} = \mathbf{0{,}0020\frac{kg}{s}} = \mathbf{7{,}2\frac{kg}{h}}$

→ ***Ergebnis***

a. **Der Wärmeverluststrom durch die Wand der nicht isolierten Leitung beträgt 204,0 kW.**
b. **Der Wärmeverluststrom durch die Wand der Glaswolle-isolierten Leitung beträgt 4,42 kW.**
c. **Beim Betrieb der nicht isolierten Leitung fallen pro Sekunde 0,0921 kg Dampfkondensat an, was 331,6 kg pro Stunde entspricht. Beim Betrieb der isolierten Leitung fallen pro Sekunde 0,0020 kg Dampfkondensat an, was 7,2 kg pro Stunde entspricht.**

Aufgabe 60

Bei einem Brainstorming mit dem Ziel des „Aufbohrens" einer Ethyl-Propyl-Keton-Anlage wurde festgestellt, dass die Wärmeleistung des aus

Edelstahl gefertigten Kondensators der Finishing-Kolonne den „Bottleneck" darstellt. Der Wärmedurchgangskoeffizient Kw des Kondensators wurde bei Betriebsbedingungen zu 700 W/(m^2 * K) bestimmt. Die Dicke der Edelstahltauschfläche beträgt 4 mm, die Wärmeleitfähigkeit des Stahls 21 W/(m * °C). Bei der Diskussion wurde vorgeschlagen, den Edelstahlkondensator bei sonst gleichbleibenden Strömungsbedingungen durch einen aus Kupfer zu ersetzen (Wärmeleitfähigkeit Kupfer = 393 W/(m * K). Die Kupfertauschfläche soll ebenfalls 4 mm dick sein. Um wie viel Prozent würde durch eine solche Maßnahme die Wärmeleistung des Kondensators und damit die Produktionskapazität der Anlage zunehmen.

⊗ Lösung

→ *Strategie*

Die Steigerung der Wärmeleistung des Kondensators wird durch einen erhöhten Wärmedurchgangskoeffizienten erreicht, bedingt durch die Substitution des Edelstahls durch Kupfer mit einer vergleichsweise höheren Wärmeleitung. Alle anderen Größen, wie die Wärmeübergangskoeffizienten α_1 und α_2, die Wärmedurchgangsfläche und die Temperaturdifferenz, bleiben unverändert. Die Vergrößerung der Wärmeleistung ist direkt proportional der Erhöhung des Wärmedurchgangskoeffizienten. Der Wärmedurchgangskoeffizient berechnet sich gemäß Formel 31a. Da für den Tauscher aus Kupfer lediglich die Wanddicke und die Wärmeleitfähigkeit vorliegen, müssen die Wärmeübergangskoeffizienten α_1 und α_2 bestimmt werden. Dies ist aus den für den Edelstahltauscher gegebenen Daten mittel Formel 31a möglich, da keine Änderung der Strömungsbedingungen erfolgt und sich somit auch α_1 und α_2 nicht ändern.

→ *Berechnung*

Edelstahlkondensator:

$$\frac{1}{Kw_{\text{Stahl}}} = \frac{1}{\alpha_1} + \frac{s_{\text{Stahl}}}{\lambda_{\text{Stahl}}} + \frac{1}{\alpha_2} \rightarrow \frac{1}{\alpha_1} + \frac{1}{\alpha_2} = \frac{1}{Kw_{\text{Stahl}}} - \frac{s_{\text{Stahl}}}{\lambda_{\text{Stahl}}} = \frac{\text{m}^2 * \text{K}}{700\,\text{W}} - \frac{0{,}004\,\text{m} * \text{m} * {}^\circ\text{C}}{21\,\text{W}}$$

Da bei der Berechnung von Wärmeströmen Temperaturdifferenzen eingesetzt werden und die Spreizung der Kelvin- und der Celsius-Skala identisch ist, sind in diesem Fall auch die Einheiten Kelvin und °C identisch.

$$\frac{1}{\alpha_1} + \frac{1}{\alpha_2} = (0{,}001429 - 0{,}00019)\frac{\text{m}^2 * {}^\circ\text{C}}{\text{W}} = 0{,}001239\frac{\text{m}^2 * {}^\circ\text{C}}{\text{W}}$$

Kupferkondensator:

$$\frac{1}{Kw_{\text{Kupfer}}} = \frac{1}{\alpha_1} + \frac{1}{\alpha_2} + \frac{s_{\text{Kupfer}}}{\lambda_{\text{Kupfer}}}$$

Einsetzen des berechneten Terms $\frac{1}{\alpha_1} + \frac{1}{\alpha_2} = 0{,}001239\frac{\text{m}^2 * {}^\circ\text{C}}{\text{W}}$

und der Wandstärke und Wärmeleitfähigkeit der Kupferwand:

$$\frac{1}{Kw_{\text{Kupfer}}} = 0{,}001239\frac{\text{m}^2 * {}^\circ\text{C}}{\text{W}} + \frac{0{,}004\,\text{m} * \text{m} * {}^\circ\text{C}}{393\,\text{W}} = (0{,}001239 + 0{,}00010)\frac{\text{m}^2 * {}^\circ\text{C}}{\text{W}}$$

$$= 0{,}001339\frac{\text{m}^2 * {}^\circ\text{C}}{\text{W}}$$

$$Kw_{\text{Kupfer}} = 747\frac{\text{W}}{\text{m}^2 * {}^\circ\text{C}}$$

Die prozentuale Erhöhung des Wärmestroms und damit der Produktionsleistung berechnet sich aus der Differenz der Wärmedurchgangskoeffizienten Kupfer- zu Stahlkondensator bezogen auf 100 %:

$$700\frac{\text{W}}{\text{m}^2 * {}^\circ\text{C}} \triangleq 100\,\% \quad 747\frac{\text{W}}{\text{m}^2 * {}^\circ\text{C}} \triangleq x \quad x = \frac{747}{700} * 100\,\% = \mathbf{106{,}7\,\%}$$

→ ***Ergebnis***

Die Produktionsleistung würde durch den Austausch des Edelstahl- gegen einen Kupferkondensator um lediglich 6,7 % erhöht werden.

→ Anmerkung: Das Ergebnis zeigt, dass in einem solchen Fall der Hauptwärmewiderstand in den laminaren Grenzschichten und nicht in dem Wandmaterial liegt. Man vergleiche die Wärmeleitung durch die Wandung, also die Größe von λ/s = (5250 W/[m² * °C] für Edelstahl bzw. 98.250 W/[m² * °C] für Kupfer) mit dem Reziprok der Summe der reziproken Wärmeübergangskoeffizienten (~800W/[m² * °C]).

Aufgabe 61

Ein Reaktionsgemisch (Dichte = 0,85 g/cm³; cp = 2,4 kJ/[kg * °C]) verlässt den Reaktor mit einer Temperatur von 90 °C bei einem Volumenstrom von 1,5 L/s. Es soll in einem Rohrbündelkühler mit 25 Stahlrohren (Außendurchmesser = 2″; Wanddicke = 3 mm; Wärmeleitfähigkeit Stahl = 45 W/[m * °C]) im Gegenstrom mit Kühlwasser auf 35 °C abgekühlt werden. Das Kühlwasser (cp = 4,2 kJ/(kg * °C) wird dem Tauscher mit 20 °C zugeführt. Die Austrittstemperatur darf 40 °C nicht übersteigen. Die Wärmeübergangskoeffizienten wurden abgeschätzt als α_{innen} = 350 W/(m² * °C) und $\alpha_{\text{außen}}$ = 750 W/(m² * °C).

a. Welcher Kühlwasserstrom ist für diese Aufgabe nötig?
b. Wie groß ist die mittlere logarithmische Temperaturdifferenz?
c. Welche Austauschfläche und welche Länge muss der Wärmetauscher mindestens haben?

⊗ **Lösung**

→ ***Strategie***

a. Der Wärmestrom, der aus dem Reaktionsgemisch in das Kühlwasser übergeht, wird gemäß Formel 19a mit den Daten des Reaktionsgemisches berechnet. Zur Berechnung des hierzu nötigen Kühlwasserstroms wird die Formel 19a entsprechend umgestellt und der gerade berechnete Wärmestrom sowie die Stoffdaten des Wassers eingesetzt.

b. Die mittlere logarithmische Temperaturdifferenz ergibt sich aus der *entsprechenden* Abschn. 1.2.5 angegebenen Beziehung.

c. Die gesamte Austauschfläche berechnet sich aus der entsprechend umgestellten Formel 30 aus dem berechneten Wärmestrom, der mittleren Temperaturdifferenz und dem Wärmedurchgangskoeffizienten, der sich gemäß Formel 31a aus den Wärmeübergangskoeffizienten und dem Verhältnis der Wärmeleitfähigkeit des Stahls und der Rohrwanddicke berechnen lässt. Diese Gesamtfläche ist die Summe der Mantelflächen der 25 Einzelrohre, aus denen sich die nötige Rohrlänge gemäß der Formel einer Zylinderfläche berechnet.

→ ***Berechnung***

Index R → Reaktionsgemisch

Index W → Kühlwasser

a. $\dot{Q} = \dot{m}_R * cp_R * (T_{R-\text{in}} - T_{R-\text{ex}})$

$$\dot{m}_R = \dot{V}_R * \rho_R$$

$$\begin{aligned}\dot{Q} &= \dot{V}_R * \rho_R * cp_R * (T_{R-\text{in}} - T_{R-\text{ex}})\\ &= 0{,}0015\frac{\text{m}^3}{\text{s}} * 850\frac{\text{kg}}{\text{m}^3} * 2{,}4\frac{\text{kJ}}{\text{kg} * {}^\circ\text{C}} * (90 - 35)\,{}^\circ\text{C}\end{aligned}$$

$$\dot{Q} = 168{,}3\frac{\text{kJ}}{\text{s}} = 168{,}3\,\text{kW}$$

$$\dot{Q} = \dot{m}_W * cp_W * (T_{W-\text{ex}} - T_{W-\text{in}})$$

$$\dot{m}_W = \frac{\dot{Q}}{cp_W * (T_{W-\text{ex}} - T_{W-\text{in}})} = \frac{168\,\text{kJ} * \text{kg} * {}^\circ\text{C}}{\text{s} * 4{,}2\,\text{kJ} * (40 - 20){}^\circ\text{C}} = \mathbf{2{,}00\frac{kg}{s}} = \mathbf{7{,}2\frac{t}{h}}$$

b. $\overline{T}_m = \frac{\Delta T_1 - \Delta T_2}{\ln\frac{\Delta T_1}{\Delta T_2}}$.

$$\Delta T_1 = T_{R-\text{in}} - T_{W-\text{ex}} = (90 - 40)\,{}^\circ\text{C} = 50\,{}^\circ\text{C}$$

$$\Delta T_2 = T_{R-\text{ex}} - T_{W-\text{in}} = (35 - 20)\,{}^\circ\text{C} = 15\,{}^\circ\text{C}$$

$$\overline{T}_m = \frac{50 - 15}{\ln\frac{50}{15}}\,°\mathrm{C} = \mathbf{29{,}1°C}$$

c. $\dot{Q} = Kw * A * \Delta\dot{T}_M \rightarrow A = \frac{\dot{Q}}{Kw*\Delta\overline{T}_M}$

$$\dot{Q} = 168{,}3\frac{\mathrm{kJ}}{\mathrm{s}} = 168.300\,\mathrm{W}$$

$$\frac{1}{Kw} = \frac{1}{\alpha_i} + \frac{s_{\mathrm{Stahl}}}{\lambda_{\mathrm{Stahl}}} + \frac{1}{\alpha_a} = \frac{\mathrm{m}^2 * °\mathrm{C}}{350\,\mathrm{W}} + \frac{0{,}003\,\mathrm{m} * \mathrm{m} * °\mathrm{C}}{45\,\mathrm{W}} + \frac{\mathrm{m}^2 * °\mathrm{C}}{750\,\mathrm{W}}$$

$$\frac{1}{Kw} = (0{,}00285 + 0{,}000067 + 0{,}00133)\frac{\mathrm{m}^2 * °\mathrm{C}}{\mathrm{W}} = 0{,}004247\frac{\mathrm{m}^2 * °\mathrm{C}}{\mathrm{W}}$$

$$Kw = 235{,}5\frac{\mathrm{W}}{\mathrm{m}^2 * °\mathrm{C}}$$

$$A_{\mathrm{Gesamt}} = \frac{168.300\,\mathrm{W} * \mathrm{m}^2 * °\mathrm{C}}{235{,}5\,\mathrm{W} * 29{,}1\,°\mathrm{C}} = 24{,}56\,\mathrm{m}^2$$

$$A_{\mathrm{Gesamt}} = n_{\mathrm{Rohre}} * A_{\mathrm{Rohr}}$$

$$A_{\mathrm{Rohr}} = \overline{d}_m * \pi * L$$

*Der Außendurchmesser der Rohre ist mit 2" = 2 * 0,0254 m deutlich größer als die Rohrwanddicke. Somit ist die Genauigkeit des arithmetischen Mittels des Rohrdurchmessers ausreichend.*

$$\overline{d}_m = \frac{d_a + d_i}{2} = \frac{2 * 0{,}0254 + 2 * 0{,}0254 - 2 * 0{,}003}{2}\,\mathrm{m} = 0{,}0478\,\mathrm{m}$$

$$\boldsymbol{L} = \frac{A_{\mathrm{Rohr}}}{\overline{d}_m * \pi} = \frac{A_{\mathrm{Gesamt}}}{n_{\mathrm{Rohre}} * \overline{d}_m * \pi} = \frac{24{,}56\,\mathrm{m}^2}{25 * 0{,}0478\,\mathrm{m} * 3{,}14} = \mathbf{6{,}55\,m}$$

→ ***Ergebnis***

a. **Die benötigte Kühlwassermenge beträgt 2,00 kg/s = 7,20 t/h.**
b. **Die mittlere Temperaturdifferenz ist 29,1 °C.**
c. **Die Länge des Wärmetauschers ist auf 6,55 m zu projektieren.**

Aufgabe 62

1500 kg Reaktionsgemisch (cp = 1,36 kJ/[kg * °C]) pro Stunde soll von 90 °C auf 40 °C abgekühlt werden. Hierfür soll ein Rohrbündeltauscher konzipiert werden. Das Reaktionsgemisch wird einem Bündel von Stahlrohren (äußerer Rohrdurchmesser: 2"; Wandstärke: 3 mm; Wärmeleitfähigkeit Stahl: 45 W/[m * °C]) zugeführt. Die Rohrlänge darf aus Gründen des zur Verfügung stehenden Einbauplatzes 3,2 m nicht überschreiten. Dem Mantelrohr des Tauschers wird Kühlwasser (cp = 4,2 kJ/[kg * °C]) von 10 °C im Gegenstrom zugeführt. Die maximale Temperatur des erwärmten Kühlwassers ist mit 30 °C vorgegeben. Der Wärmeübergangskoeffizient auf der Seite des Reaktionsgemisches beträgt α_i = 90 W/(m² * °C), der kühlwasserseitige α_a = 800 J/(s * m² * °C).

a. Welcher Kühlwasserstrom wird hierfür mindestens benötigt?
b. Wie groß ist die mittlere logarithmische Temperaturdifferenz bei einem solchen Gegenstrombetrieb?
c. Wie groß ist der Wärmedurchgangskoeffizient?
d. Aus wie vielen Rohren muss das Wärmetauscherbündel bei einem solchen Gegenstrombetrieb bestehen?
e. Wie groß wäre die mittlere logarithmische Temperaturdifferenz bei einem Gleichstrombetrieb von Reaktionsgemisch und Kühlwasser?
f. Wie viele Rohre würden bei Gleichstrombetrieb unter der Annahme unveränderter Wärmeübergangskoeffizienten benötigt?

⊗ **Lösung**

→ ***Strategie***

a. Mithilfe von Formel 19a wird aus dem Massenstrom, der Wärmekapazität und der Temperaturdifferenz des Reaktionsgemisches der Wärmestrom ausgerechnet, der an das Kühlwasser abgegeben wird. Zur Ermittlung des benötigten Kühlwasserstroms wird Formel 19a zum Massenstrom umgestellt und der gerade berechnete Wärmestrom, die Wärmekapazität des Wassers und seine Temperaturdifferenz $T_{in} - T_{ex}$ eingesetzt.

b. Hierfür wird auf die in Abschn. 1.2.5 angegebene Formel des logarithmischen Mittels der Temperatur zurückgegriffen.

c. Der Wärmedurchgangskoeffizient berechnet sich gemäß Formel 31a.

d. Formel 30 wird zu der nötigen Gesamtfläche A für den bereits unter a) berechneten Wärmestrom umgestellt und zusätzlich der Wärmedurchgangskoeffizient sowie die bei b) berechnete mittlere logarithmische Temperaturdifferenz eingesetzt. Die nötige Anzahl der Rohre ergibt sich aus der Gesamtdurchgangsfläche, geteilt durch die Wärmedurchgangsfläche (Rohrmantel) eines Rohres. Da der Rohrdurchmesser deutlich größer ist als die Dicke der Wandstärke, kann hierfür das arithmetische Mittel des Rohrdurchmessers verwendet werden.

e. & f. Die Berechnung für den Gleichstrombetrieb erfolgt analog der unter b), d) und c) beschriebenen Vorgehensweise.

→ ***Berechnung***
Index R → Reaktionsgemisch
Index W → Kühlwasser

a. $$\dot{Q} = \dot{m}_R * cp_R * (T_{R\text{-in}} - T_{R\text{-ex}}) = \frac{1500\,\text{kg}}{3600\,\text{s}} * 1{,}36\frac{\text{kJ}}{\text{kg} * {}^\circ\text{C}} * (90 - 40)\,{}^\circ\text{C}$$

$$= 28{,}33\frac{\text{kJ}}{\text{s}} = 28{,}33\,\text{kW}$$

$$\dot{m}_W = \frac{\dot{Q}}{cp_W * (T_{W\text{-ex}} - T_{W\text{-in}})} = \frac{28{,}33\,\text{kJ} * \text{kg} * {}^\circ\text{C}}{\text{s} * 4{,}2\,\text{kJ} * (30 - 10){}^\circ\text{C}}$$

$$= \mathbf{0{,}337\frac{kg}{s} = 1214\frac{kg}{h}}$$

b. $$\Delta\overline{T}_m = \frac{\Delta T_1 - \Delta T_2}{\ln\frac{\Delta T_1}{\Delta T_2}} \text{ für Gegenstrom} \rightarrow \Delta T_1 = T_{R\text{-in}} - T_{W\text{-ex}}$$

$$= (90 - 30)\,{}^\circ\text{C} = 60\,{}^\circ\text{C}$$

$$\Delta T_2 = T_{R\text{-ex}} - T_{W\text{-in}} = (40 - 10)\,{}^\circ\text{C} = 30\,{}^\circ\text{C}$$

$$\overline{\boldsymbol{T}}_{\boldsymbol{m}} = \frac{60 - 30}{\ln\frac{60\,{}^\circ\text{C}}{30\,{}^\circ\text{C}}}\,{}^\circ\text{C} = \mathbf{43{,}2\,{}^\circ C}$$

c. $$\frac{1}{Kw} = \frac{1}{\alpha_i} + \frac{s_{\text{Rohr}}}{\lambda_{\text{Stahl}}} + \frac{1}{\alpha_a} = \frac{\text{m}^2 * {}^\circ\text{C}}{90\,\text{W}} + \frac{0{,}003\,\text{m*m}}{45\,\text{W} * {}^\circ\text{C}} + \frac{\text{m}^2 * {}^\circ\text{C}}{800\,\text{W}}$$

$$= 0{,}01243\frac{\text{m}^2 * {}^\circ\text{C}}{\text{W}}$$

$$\mathbf{Kw = 80{,}5\frac{W}{m^2 * {}^\circ C}}$$

d. $$A_{\text{Gesamt}} = \frac{\dot{Q}}{Kw * \Delta T_M} = \frac{28.330\,\text{W} * \text{m}^2 * {}^\circ\text{C}}{80{,}5\,\text{W} * 43{,}2\,{}^\circ\text{C}} = 8{,}146\,\text{m}^2$$

$$A_{\text{Rohr}} = \overline{d}_m * \pi * L$$

$$1'' = 0{,}0254\,\text{m} \rightarrow d_a = 2 * 0{,}0254\,\text{m} = 0{,}0508\,\text{m}$$

$$d_i = 2 * 0{,}254\,\text{m} - 2 * 0{,}003\,\text{m} = 0{,}0448\,\text{m}$$

$$\overline{d}_m = \frac{\text{d}_\text{a} + \text{d}_\text{i}}{2} = \frac{0{,}0508 + 0{,}0448}{2}\,\text{m} = 0{,}0478\,\text{m}$$

$$A_{\text{Rohr}} = 0{,}0478\,\text{m} * \pi * 3{,}2\,\text{m} = 0{,}481\,\text{m}^2$$

$$\textbf{Anzahl Rohre Gegenstrom – Fahrweise} = \frac{A_{\text{Gesamt}}}{A_{\text{Rohr}}} = \frac{8{,}146\,\text{m}^2}{0{,}481\,\text{m}^2} = 16{,}9 \sim \textbf{17 StRck}$$

e. Gleichstrom-Fahrweise

$$\Delta T_1 = T_{R\text{-in}} - T_{W\text{-in}} = (90 - 10)\ °C = 80\ °C$$

$$\Delta T_2 = T_{R\text{-ex}} - T_{W\text{-ex}} = (40 - 30)\ °C = 10\ °C$$

$$\overline{\boldsymbol{T}}_{\boldsymbol{m}} = \frac{80 - 10\,°C}{\ln\frac{80\,°C}{10\,°C}} = \mathbf{33{,}7\ °C}$$

f. Gleichstrom-Fahrweise

$$A_{\text{Gesamt}} = \frac{\dot{Q}}{Kw * \Delta T_M} = \frac{28.330\ W * m^2 * °C}{80{,}5\ W * 33{,}7\,°C} = 10{,}44\ m^2$$

$$\textbf{Anzahl Rohre Gleichstrom – Fahrweise} = \frac{A_{\text{Gesamt}}}{A_{\text{Rohr}}} = \frac{10{,}44\ m^2}{0{,}481\ m^2} = 21{,}7 \sim \textbf{22 StRck}$$

→ ***Ergebnis***

a. **Der notwendige Kühlwasserstrom beträgt 0,337 kg/s = 1214 kg/h.**
b. **Die mittlere logarithmische Temperaturdifferenz im Gegenstrombetrieb liegt bei 43,2 °C.**
c. **Der Wärmedurchgangskoeffizient beträgt 80,5 W/(m² * °C).**
d. **Für die gegebenen Bedingungen im Gegenstrombetrieb muss das Rohrbündel des Wärmetauschers mit mindestens 17 Rohren bestückt sein.**
e. **Die mittlere logarithmische Temperaturdifferenz im Gleichstrombetrieb liegt bei 33,7 °C.**
f. **Für die gegebenen Bedingungen im Gleichstrombetrieb muss das Rohrbündel des Wärmetauschers mit mindestens 22 Rohren bestückt sein.**

3.4.5 Wärmebilanzen

Aufgabe 63

In einem Produktionsbetrieb sollen pro Stunde kontinuierlich 2,4 t einer 10 gew%igen wässrigen Lösung von Magnesiumchlorid hergestellt werden. Hierzu werden der Wasserstrom von 10 °C und das feste, trockene Magnesiumchlorid (20 °C) in eine Kaskade aus zwei CSTR geführt. Die Lösungsenthalpie des Magnesiumchlorids in Wasser beträgt −159 kJ/mol. Die Wärmekapazität von Wasser liegt bei 4,2 kJ/(kg * °C), die des Magnesiumchlorids bei 71,1 J/(mol * °C). Die Molmasse des Magnesiumchlorids beträgt 95,2 g/mol.

a. Welche Massenströme an Wasser und Magnesiumchlorid müssen der Kaskade zugeführt werden?
b. Welche Wärmeleistung in kW ergibt sich bei der vollständigen Auflösung des Magnesiumchlorids?

c. Welche Temperatur hat die die Kaskade verlassende Lösung unter der Annahme der vollständigen Auflösung des Salzes?
d. Wie groß muss ein Kühlwasserstrom sein, um die Magnesiumchloridlösung auf 20 °C abzukühlen? Es steht Kühlwasser von 5 °C zur Verfügung, das jedoch am Auslauf des Wärmetauschers eine maximale Temperatur von 30 °C haben darf.

⊗ Lösung

→ *Strategie*

a. Die Masseströme an Wasser und Magnesiumchlorid ergeben sich aus dem prozentualen Anteil der Lösung und ihrem Massenstrom.
b. Mittel Formel 26b lässt sich die Wärmeleistung berechnen. Hierzu muss der Massenstrom des Magnesiumchlorids in den Molstrom umgerechnet werden.
c. Durch die Wärmeleistung wird sowohl der Wasseranteil als auch das Magnesiumchlorid gemäß Formel 19a (massenbezogener cp_{Wasser}) bzw. 21a (molbezogener cp_{MgCl_2}) aufgeheizt. Die so zusammengesetzte Formel wird zur Endtemperatur hin aufgelöst.
d. Die Formel der Berechnung der Wärmeleistung, die zur Abkühlung der Lösung nötig ist, setzt sich, wie vorher ausgeführt, wiederum aus dem Anteil des Wassers und dem des Magnesiumchlorids zusammen. Setzt man diesen Wert der Wärmeleistung zusammen mit der Temperaturdifferenz des austretendem zu eintretendem Kühlwasser und der Wärmekapazität des Wassers in Formel 19b ein, erhält man nach entsprechender Umformung den erforderlichen Kühlwasserstrom.

→ *Berechnung*

Indizes:
L = $MgCl_2$-Lösung, W = Wasser, Mg = Magnesiumchlorid, K = Kühlwasser,
T_{End} = Endtemperatur Lösung, T_{LEx} = Temperatur Lösung nach Kühlung
T_{Wo} = Zuführtemperatur Wasser, T_{Mgo} = Zuführtemperatur $MgCl_2$

a. $\dot{m}_{\mathbf{Mg}} = 0{,}1 * \dot{m}_L = 0{,}1 * 2400\,\frac{\text{kg}}{\text{h}} = \mathbf{240\,\frac{kg}{h}}$

$$\dot{m}_W = 0{,}9 * \dot{m}_L = 0{,}9 * 2400\,\frac{\text{kg}}{\text{h}} = \mathbf{2160\,\frac{kg}{h}}$$

b. $\dot{Q} = -\dot{n}_{\text{Mg}} * \Delta_L H$

$$\dot{n}_{\text{Mg}} = \frac{\dot{m}_{\text{Mg}}}{M_{\text{Mg}}} = \frac{240\,\text{kg} * \text{mol}}{\text{h} * 0{,}0952\,\text{kg}} = 2521\,\frac{\text{mol}}{\text{h}}$$

$$\dot{Q} = -2521\,\frac{\text{mol}}{\text{h}} * \left(-159\,\frac{\text{kJ}}{\text{mol}}\right) = 400.839\,\frac{\text{kJ}}{\text{h}} = \frac{400.839\,\text{kJ*h}}{\text{h} * 3600\,\text{s}} = \mathbf{111{,}3\,kW}$$

c. $\dot{Q} = \dot{Q}_W + \dot{Q}_{\text{Mg}}$

$$\dot{Q}_W = \dot{m}_W * cp_W * \left(T_{\text{End}} - T_{W_o}\right)$$

$$\dot{Q}_{Mg} = \dot{n}_{Mg} * cp_{Mg} * (T_{End} - T_{Mg_o})\ \text{da } cp_{Mg} \text{ als molare Größe vorliegt}$$

$$\dot{Q} = \dot{m}_W * cp_W * T_{End} - \dot{m}_W * cp_W * T_{W_o} + \dot{n}_{Mg} * cp_{Mg} * T_{End} - \dot{n}_{Mg} * cp_{Mg} * T_{Mg_o}$$

$$T_{End} = \frac{\dot{Q} + \dot{m}_W * cp_W * T_{W_o} + \dot{n}_{Mg} * cp_{Mg} * T_{Mg_o}}{\dot{m}_W * cp_W + \dot{n}_{Mg} * cp_{Mg}}$$

$$\dot{m}_W * cp_W = 2160\frac{\text{kg}}{\text{h}} * 4{,}2\frac{\text{kJ}}{\text{kg} * °\text{C}} = 9072\frac{\text{kJ}}{\text{h} * °\text{C}}$$

$$\dot{n}_{Mg} * cp_{mg} = 2521\frac{\text{mol}}{\text{h}} * 0{,}0711\frac{\text{kJ}}{\text{h} * °\text{C}} = 179\frac{\text{kJ}}{\text{h} * °\text{C}}$$

$$\boldsymbol{T_{End}} = \frac{400.839\frac{\text{kJ}}{\text{h}} + 9072\frac{\text{kJ}}{\text{h}*°\text{C}} * 10\,°\text{C} + 179\frac{\text{kJ}}{\text{h}*°\text{C}} * 20\,°\text{C}}{(9072+179)\frac{\text{kJ}}{\text{h}*°\text{C}}} = \frac{495.139}{9251}\,°\text{C} = \mathbf{53{,}5\,°C}$$

d. *Wärmeaufnahme Kühlwasser:*

$$\dot{Q}_K = \dot{m}_K * cp_W * (T_{Kex} - T_{Kin})$$

$$\dot{m}_K = \frac{\dot{Q}_K}{cp_W * (T_{Kex} - T_{Kin})} = \frac{\dot{Q}_K}{4{,}2\frac{\text{kJ}}{\text{kg}*°\text{C}} * (30-5)\,°\text{C}} = \frac{\dot{Q}_K * \text{kg}}{105\,\text{kJ}}$$

Wärmeaufnahme Kühlwasser = Wärmeabgabe Lösung:

$$\dot{Q}_K = (\dot{m}_W * cp_W + \dot{n}_{Mg} * cp_{Mg}) * (T_{End} - T_{Lex}) = 9251\frac{\text{kJ}}{\text{h} * °\text{C}} * (53{,}5 - 20)\,°\text{C}$$
$$= 309.909\frac{\text{kJ}}{\text{h}}$$

$$\dot{m}_K = \frac{309.909\,\text{kJ} * \text{kg}}{\text{h} * 105\,\text{kJ}} = \mathbf{2950\frac{kg}{h}} \approx \mathbf{3\frac{t}{h}}$$

→ ***Ergebnis***

a. **Der Kaskade müssen pro Stunde 240 kg Magnesiumchlorid und 2160 kg Wasser zugeführt werden.**
b. **Die Wärmeleistung des Lösungsprozesses beträgt 111,3 kW.**
c. **Ohne Kühlung beträgt die Endtemperatur der Magnesiumchloridlösung 53,5 °C.**
d. **Zum Herunterkühlen der Lösung werden 3 t Kühlwasser pro Stunde benötigt.**

Aufgabe 64

In einem Produktionsprozess sollen stündlich 5 t Dichlormethan (Verdampfungsenthalpie 330 kJ/kg) aus einem siedenden Reaktionsgemisch abgedampft werden.

a. Wie viel Wärme wird hierfür pro Stunde benötigt?
b. Wie viel Sattdampf wird hierfür pro Stunde benötigt, wenn das Kondensat den Verdampfer mit Sattdampftemperatur verlässt (Verdampfungsenthalpie Wasser: 2300 kJ/kg)?
c. Der Siedepunkt des Reaktionsgemisches liegt bei 40 °C, die Dampftemperatur bei 120 °C. Der Wärmedurchgangskoeffizient beträgt Kw = 600 W/(m² * °C). Berechnen Sie die notwendige Austauschfläche des Verdampfers.

⊗ **Lösung**

→ ***Strategie***

Die zur Verdampfung des Dichlormethans ($MeCl_2$) aufzuwendende Wärme ergibt sich aus Formel 24b, desgleichen die hierzu nötige Dampfmenge. Die Wärmedurchgangsfläche des Verdampfers berechnet sich aus Formel 30 mit dem vorher berechneten für die Verdampfung nötigen Wärmestrom.

→ ***Berechnung***

a. $\dot{Q} = \dot{m}_{\mathrm{MeCl_2}} * \Delta_V H_{\mathrm{MeCl_2}} = 5000\,\frac{\mathrm{kg}}{\mathrm{h}} * \frac{330\,\mathrm{kJ}}{\mathrm{kg}} = 1.650.000\,\frac{\mathrm{kJ}}{\mathrm{h}} = 458\,\frac{\mathrm{kJ}}{\mathrm{s}} = \mathbf{458\,kW}$

b. $\dot{m}_{\mathbf{Dampf}} = \frac{\dot{Q}}{\Delta_v H_{\mathrm{Dampf}}} = \frac{\mathbf{458\,kJ*kg}}{\mathbf{s*2300\,kJ}} = \mathbf{0{,}199\,\frac{kg}{s}} = \mathbf{717\,\frac{kg}{h}}$

c. $A = \frac{\dot{Q}}{Kw*\Delta T} = \frac{458\,\mathrm{kW*m^2*°C}}{600\,\mathrm{W*(120-40)\,°C}} = \mathbf{9{,}54\,m^2}$

→ ***Ergebnis***

a. **Der zur Verdampfung des Dichlormethans nötige Wärmestrom beträgt 458 kW.**
b. **Hierzu sind 0,199 kg Dampf pro Sekunde bzw. 717 kg Dampf pro Stunde erforderlich.**
c. **Die Wärmedurchgangsfläche des Verdampfers muss mindestens 9,54 m² betragen.**

Aufgabe 65

Zur kontinuierlichen Herstellung eines industriellen Entfettungsmittels, das sowohl polare als auch unpolare Verunreinigungen entfernen soll, werden Stoffströme von Ethanol, Isopropanol und Toloul zwecks Vermischung einem kontinuierlichen Doppelwand-Rührkessel zugeführt. Es findet keine chemische Reaktion statt. Das Gemisch soll den Rührkessel mit einer Temperatur von 15 °C verlassen. Der Wärmedurchgangskoeffizient liegt bei 600 W/(m² * °C).

	Ethanol	Isopropanol	Toluol
Massenstrom/(kg/h)	450	215	550
Eintrittstemperatur/°C	55	5	80
cp/kJ/(kg * °C)	2,5	2,9	1,9

a. Welcher Massenstrom an Kühlsolestrom einer Wärmekapazität von cp = 4,35 kJ/(kg * °C) und einer Temperatur von 0 °C muss zur Kühlung zugeführt werden, wenn er sich auf maximal 20 °C erwärmen darf?
b. Wie groß muss die Wärmedurchgangsfläche des Doppelwand-Rührkessels mindestens sein, wenn als mittlere Kühlsoletemperatur 10 °C angenommen werden kann?

⊗ **Lösung**
→ ***Strategie***

a. Zunächst wird mittels Formel 19a berechnet, wie viel Wärme die Stoffströme von Ethanol und Toluol abgeben bzw. der von Isopropanol aufnimmt. Die Summe dieser Wärmeströme muss durch die Kühlsole abgeführt werden. Aus der hierfür zu benutzenden Formel 19a wird der Massenstrom der Kühlsole berechnet.
b. Aus der umgestellten Formel 30 ergibt sich die nötige Austauschfläche für den abzuführenden Wärmestrom.

→ ***Berechnung***

a. $\dot{Q}_{\text{Ges}} = \Delta\dot{Q}_{\text{Et}} + \Delta\dot{Q}_{\text{IP}} + \Delta\dot{Q}_{T}$

$$\Delta\dot{Q}_{\text{Et}} = \dot{m}_{\text{Et}} * cp_{\text{Et}} * (T_{\text{Et-in}} - T_{\text{Ex}}) = 450\frac{\text{kg}}{\text{h}} * 2{,}5\frac{\text{kJ}}{\text{kg} * °\text{C}} * (55 - 15)\,°\text{C} = 45.000\frac{\text{kJ}}{\text{h}}$$

$$\Delta\dot{Q}_{\text{IP}} = \dot{m}_{\text{IP}} * cp_{\text{IP}} * (T_{\text{IP-in}} - T_{\text{Ex}}) = 215\frac{\text{kg}}{\text{h}} * 2{,}9\frac{\text{kJ}}{\text{kg} * °\text{C}} * (5 - 15)\,°\text{C} = -6235\frac{\text{kJ}}{\text{h}}$$

$$\Delta\dot{Q}_{T} = \dot{m}_{T} * cp_{T} * (T_{T\text{-in}} - T_{\text{Ex}}) = 550\frac{\text{kg}}{\text{h}} * 1{,}9\frac{\text{kJ}}{\text{kg} * °\text{C}} * (80 - 15)\,°\text{C} = 67.925\frac{\text{kJ}}{\text{h}}$$

$$\dot{Q}_{\text{Ges}} = (45.000 - 6235 + 67.925)\frac{\text{kJ}}{\text{h}} = 106.690\frac{\text{kJ}}{\text{h}} = \frac{106.690\,\text{kJ} * \text{h}}{\text{h} * 3600\,\text{s}} = 29{,}64\,\text{kW}$$

$$\dot{Q}_{\text{Ges}} = \dot{m}_{\text{Sole}} * cp_{\text{Sole}} * (T_{\text{Sole-ex}} - T_{\text{Sole-in}})$$

$$\dot{m}_{\text{Sole}} = \frac{\dot{Q}_{\text{Ges}}}{cp_{\text{Sole}} * (T_{\text{Sole-ex}} - T_{\text{Sole-in}})} = \frac{106.690\,\text{kJ} * \text{kg} * °\text{C}}{\text{h} * 4{,}35\,\text{kJ} * (20 - 0)\,°\text{C}} = \mathbf{1226\frac{kg}{h}}$$

b. $\dot{Q}_{\text{Ges}} = Kw * A * \Delta T$

$$A = \frac{\dot{Q}_{\text{Ges}}}{Kw * \Delta T} = \frac{29.640\,\text{W} * \text{m}^2 * °\text{C}}{600\,\text{W} * (15 - 10)\,°\text{C}} = 9{,}88\,\text{m}^2 \cong \mathbf{10\,m^2}$$

→ ***Ergebnis***

a. **Es werden 1226 kg Kühlsole pro Stunde benötigt.**
b. **Die erforderliche Kühlfläche liegt bei 9,88 m^2, also 10 m^2.**

Aufgabe 66

In einem Doppelrohrtauscher soll ein durch sein Innenrohr (da = 10 cm; s = 2,5 mm) strömendes Produktgemisch von 70 °C auf 30 °C abgekühlt werden. Das Gemisch hat eine Wärmekapazität von cp_p = 1,9 kJ/(°C * kg). Der Massenfluss beträgt 1500 kg pro Stunde. Das außenseitig fließende Kühlwasser hat eine Temperatur von 10 °C und darf auf maximal 30 °C erwärmt werden. Die Wärmekapazität des Kühlwassers beträgt cp_w = 4,2 kJ/(kg * °C).

Der wasserseitige Wärmeübergangskoeffizient liegt bei α_1 = 1000 W/(m^2 * °C), der der Produktseite bei α_2 = 300 W/(m^2 * °C). Die Wärmeleitfähigkeit des Stahls der Rohrwandung beträgt λ = 40 W/(m * °C).

a. Welcher Wärmestrom geht vom Produkt in das Kühlwasser über?
b. Wie groß ist der Kühlwasserstrom?
c. Wie lang muss das Rohr bei Gegenstromfahrweise sein, um das Ziel zu erreichen?
d. Wie lang müsste es bei Gleichstromfahrweise sein?

⊗ **Lösung**

→ ***Strategie***

a. Der Wärmestrom ergibt sich gemäß Formel 19a aus dem Massenstrom des Produktgemisches, seiner Wärmekapazität in Verbindung mit der Differenz seiner Eintritts- zu seiner Austrittstemperatur.
b. Der nötige Kühlwasserstrom berechnet sich ebenfalls gemäß Formel 19a aus dem unter a) ermittelten Wärmestrom, der Wärmekapazität des Kühlwassers und der Differenz der Wassereintritts- zu Austrittstemperatur.
c. & d. Die nötige Kühlfläche ergibt sich aus der entsprechend umgestellten Formel 30. Der Wärmestrom ist aus Lösung a) bekannt. Die Wärmedurchgangszahl berechnet sich gemäß Formel 31a. Als Temperaturdifferenz wird der mittlere logarithmische Wert eingesetzt. Aus der so berechneten Fläche lässt sich durch den mittleren Rohrdurchmesser (arithmetisches oder logarithmisches Mittel) die Länge des Wärmetauscherrohrs ermitteln.

→ ***Berechnung***

a. $\dot{Q} = \dot{m}_P * cp_P * \Delta T_P = 1500 \frac{\text{kg}}{\text{h}} * 1{,}9 \frac{\text{kJ}}{\text{kg}*°\text{C}} * (70 - 30)\,°\text{C}$

$$\dot{Q} = \mathbf{114.000 \frac{kJ}{h}} = \frac{114.000\,\text{kJ} * \text{h}}{\text{h} * 3600\,\text{s}} = \mathbf{31{,}7\,kW}$$

b. $\dot{Q} = \dot{m}_W * cp_W * \Delta T_W$

$$\dot{m}_W = \frac{\dot{Q}}{cp_W * \Delta T_W} = \frac{114.000\,\text{kJ} * \text{kg} * °\text{C}}{\text{h} * 4{,}2\,\text{kJ} * (30 - 10)°\text{C}} = \mathbf{1{,}357\frac{t}{h}}$$

$$= \frac{1{,}357\,\text{kg} * \text{h}}{\text{h} * 3600\,\text{s}} = \mathbf{0{,}377\frac{kg}{s}}$$

c. $\dot{Q} = Kw * A * \Delta T_M$

$$A = d_M * \pi * L$$

$$\dot{Q} = Kw * d_M * \pi * L * \Delta T_M$$

$$L = \frac{\dot{Q}}{Kw * d_M * \pi * \Delta T_M}$$

$$d_M = \frac{d_a + d_i}{2} = \frac{d_a + (d_a - 2 * s)}{2} = \frac{0{,}1\,\text{m} - (0{,}1\,\text{m} - 2 * 0{,}0025)\,\text{m}}{2} = 0{,}0975\,\text{m}$$

$$\frac{1}{Kw} = \frac{1}{\alpha_1} + \frac{s}{\lambda} + \frac{1}{\alpha_2} = \frac{\text{m}^2 * °\text{C}}{1000\,\text{W}} + \frac{0{,}0025\,\text{m} * \text{m} * °\text{C}}{40\,\text{W}} + \frac{\text{m}^2 * °\text{C}}{300\,\text{W}} = 0{,}0044\frac{\text{m}^2 * °\text{C}}{\text{W}}$$

$$\text{Kw} = 227{,}5\frac{\text{W}}{\text{m}^2 * °\text{C}}$$

$$\Delta T_{M-\text{Gegenstrom}} = \frac{\Delta T_1 - \Delta T_2}{\ln\frac{\Delta T_1}{\Delta T_2}} \text{ mit } \Delta T_1 = (70 - 30)\,°\text{C} = 40\,°\text{C und}$$

$$\Delta T_2 = (30 - 10)\,°\text{C} = 20\,°\text{C}$$

$$\Delta T_{M-\text{Gegenstrom}} = \frac{(40 - 20)\,°\text{C}}{\ln\frac{40}{20}} = 28{,}85\,°\text{C}$$

$$L_{\textbf{Gegenstrom}} = \frac{31{,}7\,\text{kW} * \text{m} * °\text{C}}{0{,}2275\,\text{kW} * 0{,}0975\,\text{m} * \text{m} * 28{,}85\,°\text{C}} = \mathbf{15{,}8\,m}$$

d. $L = \frac{\dot{Q}}{Kw * d_M * \pi * \Delta T_M}$

$$\Delta T_{M-\text{Gleichstrom}} = \frac{\Delta T_1 - \Delta T_2}{\ln\frac{\Delta T_1}{\Delta T_2}} \text{ mit } \Delta T_1 = (70 - 10)\,°\text{C} = 60\,°\text{C und}$$

$$\Delta T_2 = (30 - 30)\,°\text{C} = 0\,°\text{C}$$

$\Delta T_{M-\text{Gleichstrom}} = \frac{(60-0)\,°\text{C}}{\ln\frac{60}{0}} \rightarrow 0\,°\text{C}$ ***Damit wird $L_{Gleichstrom}$ unendlich lang.***

→ ***Ergebnis***

a. **Der Wärmestrom beträgt 36,7 kW.**
b. **Es wird ein Kühlwasserstrom von 1,36 t/h = 0,377 kg/s benötigt.**
c. **Die nötige Länge des Wärmetauschers im Gegenstrombetrieb liegt bei 15,8 m.**
d. **Im Gleichstrom würden das Kühlwasser und das abgekühlte Produktionsgemisch die gleiche Temperatur haben, d. h., es würde aufgrund des Wärmegradienten von 0 °C keine Wärme fließen. Hieraus ergäbe sich als Konsequenz eine gegen Unendlich gehende Länge des Tauscherrohres. Diese Anordnung ist somit unter den vorgegebenen Betriebsbedingungen nicht realistisch.**

Aufgabe 67
Ein Rührreaktor mit einem Gemisch aus 2000 L Tetrachlorkohlenstoff (Dichte: 1590 kg/m^3; cp = 0,89 kJ/(kg * °C) und 1000 L Heptan (Dichte: 680 kg/m^3; cp = 2,3 kJ/(kg * °C) soll mit Sattdampf von 120 °C (Verdampfungswärme 2300 kJ/kg) von 20 °C auf 80 °C gebracht werden. Die Wärmeübergangsfläche ist 4 m^2, der Wärmedurchgangskoeffizient liegt bei 500 J/(s * m^2 * °C).

a. Wie viel Wärme wird für den Aufheizvorgang benötigt?
b. Wie viel Kondensat von 120 °C fällt an?
c. Wie viel Zeit wird für den Aufheizvorgang benötigt?

⊗ **Lösung**
→ ***Strategie***

a. Die benötigte Wärme Q für das Aufheizen des Stoffgemisches von 20 °C auf 80 °C berechnet sich gemäß Formel 20b. Die Masse des Tetrachlorkohlenstoffs sowie die des Heptans werden aus Volumen und Dichte berechnet. Die zugehörigen Wärmekapazitäten sind bekannt.
b. Die zum Aufheizen des Stoffgemisches benötigte Wärme Q ist gleich der, die beim Kondensieren des Dampfes frei wird. Zur Berechnung der Kondensatmenge wird Formel 24a entsprechend umgestellt.
c. Die zum Aufheizen benötigte Zeit berechnet sich aus der Wärme Q, die für das Aufheizen des Gemisches benötigt wird, geteilt durch den Wärmestrom $\dot{Q}$, der sich gemäß Formel 30 aus dem Wärmedurchgangskoeffizienten Kw, der Wärmedurchgangsfläche A und der Temperaturdifferenz Dampf zu Gemisch ergibt. Da die Temperatur des Gemisches mit der Zeit zunimmt, wird somit auch die genannte Temperaturdifferenz geringer. In der Aufgabe sind zu diesem Effekt keine weiteren Angaben gemacht. Als Näherung wird daher das Mittel aus der Anfangstemperatur und der Endtemperatur des Gemisches zur Lösung verwendet.

→ ***Berechnung***

a. $Q = \left(m_{\mathrm{Cl_4}} * cp_{\mathrm{CCl_4}} + m_{\mathrm{Hep}} * cp_{\mathrm{Hep}}\right) * (T_{\mathrm{Ende}} - T_0)$

Die Masse ergibt sich aus Volumen und Dichte gemäß $m = V * \rho$

Daraus folgt: $Q = \left(V_{\mathrm{CCl_4}} * \rho_{\mathrm{CCl_4}} * cp_{\mathrm{CCl_4}} + V_{\mathrm{Hep}} * \rho_{\mathrm{Hept}} * cp_{\mathrm{Hep}}\right) * (T_{\mathrm{Ende}} - T_0)$

$$Q = \left(2\,\mathrm{m}^3 * 1590\frac{\mathrm{kg}}{\mathrm{m}^3} * 0{,}89\frac{\mathrm{kJ}}{\mathrm{kg} * {}^\circ\mathrm{C}} + 1\,\mathrm{m}^3 * 680\frac{\mathrm{kg}}{\mathrm{m}^3} * 2{,}3\frac{\mathrm{kJ}}{\mathrm{kg} * {}^\circ\mathrm{C}}\right) * (80 - 20)\,{}^\circ\mathrm{C}$$

$$\mathbf{Q = 263.652\,kJ = 263{,}7\,MJ}$$

b. $m_{\mathrm{Kondensat}} = \frac{Q}{\Delta vH} = \frac{263.652\,\mathrm{kJ*kg}}{2300\,\mathrm{kJ}} = \mathbf{114{,}6\,kg}$

c. $t = \frac{Q}{\dot{Q}}$

$$\dot{Q} = Kw * A * \Delta T$$

$$\Delta T = T_{\mathrm{Dampf}} - T_M$$

$$T_M = \frac{T_0 + T_{\mathrm{Ende}}}{2} = \frac{20 + 80}{2}\,{}^\circ\mathrm{C} = 50\,{}^\circ\mathrm{C}$$

$$\Delta T = (120 - 50)\,{}^\circ\mathrm{C}$$

$$\dot{Q} = 500\frac{\mathrm{J}}{\mathrm{s*m}^2 * {}^\circ\mathrm{C}} * 4\,\mathrm{m}^2 * 70\,{}^\circ\mathrm{C} = 140.000\frac{\mathrm{J}}{\mathrm{s}} = 140\frac{\mathrm{kJ}}{\mathrm{s}}$$

$$t = \frac{263.652\,\mathrm{kJ} * \mathrm{s}}{140\,\mathrm{kJ}} = \mathbf{1883{,}2\,s = 31{,}4\,Min.}$$

→ ***Ergebnis***

a. **Die zur Aufheizung des Gemisches nötige Wärmemenge beträgt 263,7 MJ.**
b. **Es fallen 114,6 kg Dampfkondensat an.**
c. **Der Aufheizvorgang nimmt etwa 1883 s = 31,4 min. in Anspruch.**

Aufgabe 68

Die Reaktionsenthalpie der Essigsäureherstellung durch Oxidation von Ethanol beträgt −496kJ/mol. Molmassen: Ethanol = 46 g/mol, Essigsäure = 60 g/mol
Die Reaktion läuft wie folgt ab: $C_2H_5OH + O_2 \rightarrow CH_3COOH + H_2O$

a. Welche Wärmeleistung tritt bei einer Produktionsrate von 0,5 t Essigsäure pro Stunde auf?
b. Wie groß muss die Fläche eines Wärmetauschers (Kw = 500 W/[m² * °C]) sein, um diese Wärmelast bei einer mittleren Temperaturdifferenz von 70 °C zu bewältigen?

c. Wie viel Kühlwasser einer Temperatur von 20 °C und einer spezifischen Wärmekapazität von 4,2 kJ/(kg * °C) wird pro Stunde benötigt, wenn die Wasserauslasstemperatur 50 °C nicht überschreiten darf?

⊗ **Lösung**

→ ***Strategie***

Die Wärmeleistung der Reaktion wird mittels Formel 27c berechnet, wobei der Massenstrom an Essigsäure in den Molstrom umgerechnet wird. Aus der Wärmeleistung ergibt sich mithilfe der entsprechend umgestellten Formel 30 die hierzu nötige Wärmeaustauschfläche. Die Wärmeleistung der Reaktion wird durch das Kühlwasser abgeführt. Somit wird der Massenstrom des Kühlwassers gemäß Formel 19a berechnet.

→ ***Berechnung***

a. $\dot{Q} = -\dot{n} * \Delta_R H$ mit $\dot{n} = \frac{\dot{m}}{M} = \frac{500\,\text{kg} * \text{mol}}{\text{h} * 0{,}060\,\text{kg}} = 8333\,\frac{\text{mol}}{\text{h}} = \frac{8333\,\text{mol} * \text{h}}{\text{h} * 3600\,\text{s}} = 2{,}315\,\frac{\text{mol}}{\text{s}}$

$$\dot{Q} = -2{,}315\,\frac{\text{mol}}{\text{s}} * \left(-496\,\frac{\text{kJ}}{\text{mol}}\right) = \mathbf{1148\,\frac{kJ}{s} = 1148\,kW}$$

b. $\dot{Q} = Kw * A * \Delta T_M$

$$A = \frac{\dot{Q}}{Kw * \Delta T_M} = \frac{1148\,\text{kW} * \text{m}^2 * °\text{C}}{0{,}5\,\text{kW} * 70\,°\text{C}} = \mathbf{32{,}8\,m^2}$$

c. $\dot{Q} = \dot{m}_W * cp_W * \Delta T_W$

$$\Delta T_W = \frac{\dot{Q}}{cp_W * \Delta T_W} = \frac{1148\,\text{kJ} * \text{kg} * °\text{C}}{\text{s} * 4{,}2\,\text{kJ} * (50 - 20)\,°\text{C}} = \mathbf{9{,}11\,\frac{kg}{s} = 32{,}8\,\frac{t}{h}}$$

→ ***Ergebnis***

a. **Die Wärmeleistung der Reaktion liegt bei 1148 kW.**
b. **Die für den Wärmeaustausch nötige Fläche ist 32,8 m^2.**
c. **Der Kühlwasserstrom beträgt 9,11 kg/s = 32,8 t/h.**

Aufgabe 69

In einem Technikumsrührkessel soll eine 10 gew%ige Ammoniumnitratlösung hergestellt werden. Hierzu werden 900 kg Wasser vorgelegt, durch direktes Einleiten von 130 °C-Sattdampf von 20 °C auf 85 °C gebracht, eine entsprechende Menge Ammoniumnitrat einer Temperatur von 15 °C zugegeben und aufgelöst. Die Wärmekapazität des Ammoniumnitrats beträgt 1,74 kJ/(kg * °C), die des Wassers 4,2 kJ/(kg * °C), die Kondensationswärme des Dampfes 2230 kJ/kg.

Die Lösungsenthalpie des Ammoniumnitrats in Wasser liegt bei 25,7 kJ/mol, die Ammoniumnitrat-Molmasse 80,0 g/mol.

a. Wie viel Dampf wird hierzu benötigt?
b. Welches Menge an Ammoniumnitrat muss zugegeben werden und welche Gesamtmasse an Lösung ergibt sich?
c. Wie hoch ist die Temperatur der Lösung nach vollständiger Auflösung des Salzes?

⊗ **Lösung**

→ ***Strategie***

a. Die Wärmemenge, die benötigt wird, um das Wasser auf 85 °C aufzuheizen, wird mit Formel 18a ermittelt. Diese Wärmemenge wird durch die Summe der Wärmemengen aus der Kondensation des Dampfes bei 130 °C (Formel 24a) und der Abkühlung des Kondensats von 130 °C auf 85 °C (Formel 18a) erhalten. Aus der entstandenen Formel der Summe dieser Wärmemengen wird durch entsprechende Umstellung die hierzu nötige Menge an Dampf berechnet.
b. Die Wassermenge ist nun die Summe aus dem vorgelegten Wasser und dem Dampfkondensat. Mithilfe des Dreisatzes wird hieraus die nötige Masse an Ammoniumnitrat zur Herstellung einer 10 gew%igen Lösung berechnet.
c. Gemäß Formel 26a berechnet sich aus der zuvor ermittelten Ammoniumnitratmenge und der positiven Lösungsenthalpie die negative Wärmemenge, die das System abkühlen lässt. Zusätzlich wird das Ammoniumnitrat von der Zugabetemperatur von 15 °C auf die Endtemperatur der Lösung erwärmt (Formel 18a). Die Summe beider Wärmemengen wird durch das Abkühlen des Wassers (Formel 18a) bereitgestellt. Durch die entsprechende Kombination der Gleichungen und ihre Umstellung lässt sich die Endtemperatur berechnen.

→ ***Berechnung***

Indizes:

D = Dampf; W = Wasser; W_o = Vorgelegtes Wasser; WL = Wasser der Lösung;
A = Ammoniumnitrat;
E = Ende → Fertige Lösung; LW = Lösungswärme

a. *Wärmemenge Aufheizen Wasser:* $Q = m_{W_o} * cp_W * (T_{85} - T_{W_o})$
Wärmemenge durch Dampfeinleitung: $Q = m_D * \Delta_v H + m_D * cp_W * (T_D - T_{85})$

$$m_{W_o} * cp_W * (T_{85} - T_{W_o}) = m_D * \Delta_v H + m_D * cp_W * (T_D - T_{85})$$

$$m_D = \frac{m_{W_o} * cp_W * (T_{85} - T_{W_o})}{\Delta_v H + cp_W * (T_D - T_{85})} = \frac{900\,\text{kg} * 4{,}2\frac{\text{kJ}}{\text{kg} * {}^\circ\text{C}} * (85 - 20)\,{}^\circ\text{C}}{2230\frac{\text{kJ}}{\text{kg}} + 4{,}2\frac{\text{kJ}}{\text{kg} * {}^\circ\text{C}} * (130 - 85)\,{}^\circ\text{C}} = \mathbf{101{,}6\,kg}$$

b. *Gesamtmenge Wasser:* $m_{WL} = (900 + 101{,}6)\,\text{kg} = 1001{,}6\,\text{kg}$

90 kg Wasser + 10 kg NH_4NO_3

1001,6 kg Wasser + X kg NH_4NO_3

$$X = \frac{10 * 1001{,}6}{90}\text{kg} \rightarrow \mathbf{111{,}3\,kgNH_4NO_3}$$

$$m_{\text{Lösung}} = (1001{,}6 + 111{,}3)\,\text{kg} = \mathbf{1112{,}9\,kg}$$

c. $Q_{\text{Wärmeabgabe Wasser}} + Q_{\text{Wärmeaufnahme NH}_4\text{NO}_3} + Q_{LW} = 0$

$$Q_{LW} = -n_A * \Delta_L H$$

$$n_A = \frac{m_A}{M_A} = \frac{111{,}3\,\text{kg} * \text{mol}}{0{,}080\,\text{kg}} = 1391{,}3\,\text{mol}$$

$$Q_{LW} = -1391{,}3\,\text{mol} * 25{,}7\frac{\text{kJ}}{\text{mol}} = -35.755\,\text{kJ}$$

$$Q_{LW} = Q_{\text{Wärmeabgabe Wasser}} + Q_{\text{Wärmeaufnahme NH}_4\text{NO}_3}$$

$$Q_{\text{Wärmeabgabe Wasser}} = m_{WL} * cp_W * (T_{85} - T_E)$$

$$Q_{\text{Wärmeaufnahme NH}_4\text{NO}_3} = m_A * cp_A * (T_A - T_E)$$

$$m_{WL} * cp_W * T_{85} - m_{WL} * cp_W * T_E + m_A * cp_A * T_A - m_A * cp_A * T_E + Q_{LW} = 0$$

$$T_E = \frac{Q_{LW} + m_{WL} * cp_W * T_{85} + m_A * cp_A * T_A}{m_{WL} * cp_W + m_A * cp_A}$$

$$m_{WL} * cp_W = 1001{,}6\,\text{kg} * 4{,}2\frac{\text{kJ}}{\text{kg} * {}^\circ\text{C}} = 4207\frac{\text{kJ}}{{}^\circ\text{C}}$$

$$m_A * cp_A = 111{,}3\,\text{kg} * 1{,}74\frac{\text{kJ}}{\text{kg} * {}^\circ\text{C}} = 194\frac{\text{kJ}}{{}^\circ\text{C}}$$

$$T_E = \frac{-35.785\,\text{kJ} + 4207\frac{\text{kJ}}{{}^\circ\text{C}} * 85\,{}^\circ\text{C} + 194\frac{\text{kJ}}{{}^\circ\text{C}} * 15\,{}^\circ\text{C}}{(4207 + 194)\frac{\text{kJ}}{{}^\circ\text{C}}} = \mathbf{73{,}8\,{}^\circ C}$$

→ *Ergebnis*

a. **Es werden 101,6 kg Dampf benötigt.**
b. **Es müssen 111,3 kg Ammoniumnitrat zugesetzt werden, damit ergibt sich eine Gesamtmasse der Lösung von 1112,9 kg ≈1113 kg.**
c. **Die Endtemperatur der 10 %igen Ammoniumnitratlösung ist 73,8 °C ≈ 74 °C.**

Aufgabe 70
Ein 15 kg schweres stählernes Schmiedestück [cp_{Stahl} = 460 J/(kg * °C)] einer Temperatur von 700 °C wird zum Härten in ein 30 °C warmes Ölbad [$\rho_{Öl}$ = 0,9kg/L; $cp_{Öl}$ = 0,95 kJ/(kg * °C)] eines Volumens von 100 L gegeben.

a. Welche gleiche Endtemperatur von Stahl und Öl stellt sich ein?
b. Wie viel Kühlsole von −5 °C [cp_{KS} = 4,9 kJ/(kg * °C)] wird benötigt, um das Ölbad wieder auf seine Ausgangstemperatur abzukühlen? Die Kühlsole erwärmt sich hierbei auf 20 °C.
c. Der Wärmetauscher zum Abkühlen des Ölbads hat eine Fläche von 3 m^2 und unter den bestehenden Betriebsbedingungen einen Wärmedurchgangskoeffizienten von Kw = 50 W/(m^2 * °C). Wie lange dauert etwa der Abkühlvorgang, wenn die über die Zeit gemittelte Temperaturdifferenz Öl zu Sole näherungsweise als Differenz zwischen dem arithmetischen Mittel der End- und der Anfangstemperatur des Öls und des Mittels aus Eintritts- und Austrittstemperatur der Sole gewählt wird?
d. Welcher Volumenstrom an Sole (ρ_{KS} = 1,12 kg/L) muss zu diesem Zweck eingestellt werden?

⊗ Lösung
→ *Strategie*

a. Am Ende der Härtung des Schmiedestücks ist im Idealfall die Temperatur des Stahlstücks und die des Ölbades identisch. Die Wärme, die vom Schmiedestück abgegeben wird, wird vom Ölbad aufgenommen. Dies wird in beiden Fällen durch Formel 18a für das Stahlstück und das Ölbad quantifiziert. Hieraus berechnet sich beider Endtemperatur. Die vom Schmiedestück in das Ölbad abgegebene Wärme soll durch die Kühlsole abgeführt werden.
b. Mit Formel 18a wird aus der abgegebenen Wärme des Ölbades und der Temperaturdifferenz der Sole die Masse an benötigter Sole ermittelt.
c. Der Wärmefluss im Wärmetauscher ergibt sich aus Formel 30. Die nötige Zeit zur Abkühlung des Ölbades resultiert aus der abgegebenen Wärme, dividiert durch den Wärmefluss im Wärmetauscher.
d. Der Volumenstrom an Sole ist der Quotient von Solemenge zu Abkühlzeit.

→ *Berechnung*

a. $Q_{\text{Stahl}} = Q_{\text{öl}}$

$$Q_{\text{Stahl}} = m_{\text{Stahl}} * cp_{\text{Stahl}} * (T_{\text{Stahl}-o} - T_{\text{Ende}})$$

$$Q_{\text{öl}} = m_{\text{öl}} * cp_{\text{öl}} * \left(T_{\text{Ende}} - T_{\text{öl}-o}\right)$$

$$m_{\text{Stahl}} * cp_{\text{Stahl}} * T_{\text{Stahl}-o} + m_{\text{öl}} * cp_{\text{öl}} * T_{\text{öl}-o} = T_{\text{Ende}} * (m_{\text{Stahl}} * cp_{\text{Stahl}} + m_{\text{öl}} * cp_{\text{öl}})$$

$$T_{\text{Ende}} = \frac{m_{\text{Stahl}} * cp_{\text{Stahl}} * T_{\text{Stahl}-o} + m_{\text{öl}} * cp_{\text{öl}} * T_{\text{öl}-o}}{m_{\text{Stahl}} * cp_{\text{Stahl}} + m_{\text{öl}} * cp_{\text{öl}}}$$

$$m_{\text{Stahl}} * cp_{\text{Stahl}} = 15\,\text{kg} * 0{,}460\frac{\text{kJ}}{\text{kg} * °\text{C}} = 6{,}90\frac{\text{kJ}}{°\text{C}}$$

$$m_{\ddot{o}l} * cp_{\ddot{o}l} \quad = 0{,}9\frac{\text{kg}}{\text{L}} * 100\,\text{L} * 0{,}95\frac{\text{kJ}}{\text{kg} * °\text{C}} = 85{,}5\frac{\text{kJ}}{°\text{C}}$$

$$T_{\text{Ende}} = \frac{6{,}90\frac{\text{kJ}}{°\text{C}} + 700\,°\text{C} + 85{,}5\frac{\text{kJ}}{°\text{C}} * 30\,°\text{C}}{(6{,}90 + 85{,}5)\frac{\text{kJ}}{°\text{C}}} = \mathbf{80{,}0\,°C}$$

b. $Q = m_{\text{KS}} * cp_{\text{KS}} * (T_{\text{KS-ex}} - T_{\text{KS-in}})$

$$m_{\text{KS}} = \frac{Q}{cp_{\text{KS}} * (T_{\text{KS-ex}} - T_{\text{KS-in}})}$$

$$Q = m_{\text{Stahl}} * cp_{\text{Stahl}} * (T_{\text{Stahl-o}} - T_{\text{Ende}}) = 15\,\text{kg} * 0{,}460\frac{\text{kJ}}{\text{kg} * °\text{C}} * (700 - 80)\,°\text{C} = 4278\,\text{kJ}$$

$$m_{\text{KS}} = \frac{4278\,\text{kJ} * \text{kg} * °\text{C}}{4{,}9\,\text{kJ} * [20 - (-5)]\,°\text{C}} = \mathbf{34{,}9\,kg}$$

c. $\dot{Q} = Kw * A * \overline{\Delta T}$

$$T_{\ddot{O}l} = (80 + 30)°\text{C}/2 = 55°\text{C} \quad T_{\text{KS}} = (-5 + 20)°\text{C}/2 = 7{,}5°\text{C}$$
$$\overline{\Delta T} = (55 - 7{,}5)°\text{C} = 60°\text{C}$$

$$\dot{Q} = 50\frac{\text{W}}{°\text{C}*\text{m}^2} * 3\,\text{m}^2 * 47{,}5\,°\text{C} = 7125\,\text{W} = 7{,}125\frac{\text{kJ}}{\text{s}}$$

$$t = \frac{Q}{\dot{Q}} = \frac{4278\,\text{kJ}*\text{s}}{7{,}125\,\text{kJ}} = \mathbf{600\,s = 10\,min}$$

d. $\dot{m}_{\text{KS}} = \frac{m_{\text{KS}}}{\text{t}} = \frac{34{,}9\,\text{kg}}{600\,\text{s}} = 0{,}0582\frac{\text{kg}}{\text{s}}$

$$\dot{V}_{\text{KS}} = \frac{\dot{m}_{\text{KS}}}{\rho_{\text{KS}}} = \frac{0{,}0582\text{kg} * \text{L}}{\text{s} * 1{,}12\,\text{kg}} = \mathbf{0{,}0520\,\frac{L}{s} = 0{,}187\frac{m^3}{h}}$$

→ ***Ergebnis***

a. **Die Endtemperatur beträgt 80,0 °C**
b. **Es werden 34,9 kg Kühlsole benötigt.**
c. **Der Abkühlvorgang nimmt 600 s = 10 min in Anspruch.**
d. **Der Volumenstrom an Kühlsole liegt bei 0,0520 L/s = 0,187 m³/h.**

3.4.6 Reaktorstabilitätskriterien

Aufgabe 71
In einem Satz-Reaktor wird ein Gemisch höherer Alkohole (C_{14}–C_{18}) zu dem entsprechenden Fettsäuregemisch oxidiert (Mittlere Molmasse der Alkohole = 237 g/mol). Die Reaktionsenthalpie beträgt $\Delta_R H = -145$ kJ/mol. Der Reaktor wird mit 400 kg des Alkoholgemisches (Wärmekapazität $cp_{Alk} = 2{,}5$ kJ/[kg * °C]), 800 kg des Lösemittels Oktan ($cp_{Ok} = 2{,}2$ kJ/[kg * °C]) beschickt. Es werden 120 L Wasserphase (Dichte $\rho_W = 1026$ kg/m^3; $cp_W = 4{,}35$ kJ/[kg * °C]), in dem das Oxidationsmittel gelöst ist, zugegeben. Damit die Reaktion gut anspringt, werden die Einsatzstoffe auf 40 °C vorgeheizt. Die erlaubte Maximaltemperatur für den Betrieb des Rührkessels beträgt 95 °C.

a. Kann die erlaubte Maximaltemperatur unter der Annahme von keinerlei Wärmeverlusten eingehalten werden, falls die Kühlung des Reaktors ausfällt?
b. Wie viel Oktan ist für einen sicheren Betrieb, auch bei Ausfall der Reaktorkühlung, minimal nötig?

⊗ **Lösung**
→ ***Strategie***

a. Die Endtemperatur ergibt sich als Summe aus Starttemperatur (40 °C) und der adiabatischen Temperaturerhöhung und sollte für einen sicheren Betrieb bei Ausfall der Kühlung unterhalb der erlaubten Maximaltemperatur von 95 °C liegen. Die adiabatische Temperaturerhöhung wird gemäß Formel 32b berechnet
b. Die zur Einhaltung der Reaktorstabilität (d. h. maximal 95 °C bei Ausfall der Kühlung) minimal nötige Oktanmenge lässt sich durch die entsprechende Umstellung der Formel 32b berechnen. Für die adiabatische Temperaturerhöhung wird die Temperaturdifferenz von maximal erlaubter Temperatur (95 °C) und der Starttemperatur (40 °C) eingesetzt.

→ ***Berechnung***

a. $\Delta T_{ad} = \frac{-n_i * \Delta_R H}{\sum (m_i * cp_i)} = \frac{-n_{Alk} * \Delta_R H}{m_{Alk} * cp_{Alk} + m_{Ok} * cp_{Ok} + m_W * cp_W}$

$m_W = V_W * \rho_W$

Im Reaktor befinden sich 400 kg Alkoholgemisch mit einer mittleren Molmasse von 0,237 kg/mol:

$$n_{Alk} = \frac{m_{Alk}}{M_{Alk}} = \frac{400\,\text{kg} * \text{mol}}{0{,}237\,\text{kg}} = 1688\,\text{mol}$$

$$\Delta T_{\mathrm{ad}} = \frac{-n_i * \Delta_R H}{\sum (m_i * cp_i)} = \frac{-n_{\mathrm{Alkohol}} * \Delta_R H}{m_{\mathrm{Alk}} * cp_{\mathrm{Alk}} + m_{\mathrm{Ok}} * cp_{\mathrm{Ok}} + V_W * \rho_W * cp_W}$$

$$\boldsymbol{\Delta T_{\mathrm{ad}}} = \frac{-1688\,\mathrm{mol} * \left(-145^{\mathrm{kJ}}/_{\mathrm{mol}}\right) * \mathrm{kg} * {}^\circ\mathrm{C}}{400\,\mathrm{kg} * 2{,}5\,\mathrm{kJ} + 800\,\mathrm{kg} * 2{,}2\,\mathrm{kJ} + 0{,}120\,\mathrm{m}^3 * 1026^{\mathrm{kg}}/_{\mathrm{m}^3} * 4{,}35\,\mathrm{kJ}} = \mathbf{74{,}2\,{}^\circ C}$$

$$\boldsymbol{T_{\mathrm{Ende}}} = T_{\mathrm{Start}} + \Delta T_{\mathrm{ad}} = (40 + 74{,}2)\,{}^\circ\mathrm{C} = \mathbf{114{,}2\,{}^\circ C}$$

b. $\Delta T_{\mathrm{ad}} = \frac{-n_{\mathrm{Alk}} * \Delta_R H}{m_{\mathrm{Alk}} * cp_{\mathrm{Alk}} + m_{\mathrm{Ok}} * cp_{\mathrm{Ok}} + m_W * cp_W}$

$$\boldsymbol{m_{\mathrm{Ok}}} = \frac{-\frac{n * \Delta_R H}{\Delta T_{\mathrm{ad}}} - \boldsymbol{m_{\mathrm{Alk}} * cp_{\mathrm{Alk}} - V_W * \rho_W * cp_W}}{\boldsymbol{cp_{\mathrm{Ok}}}}$$

$$\Delta T_{\mathrm{ad}} = (95 - 40)^\circ\mathrm{C} = 55\,{}^\circ\mathrm{C}$$

$$\frac{n_{\mathrm{Alk}} * \Delta_R H}{\Delta T_{\mathrm{ad}}} = -\frac{1688\,\mathrm{mol} * \left(-145\,\frac{\mathrm{kJ}}{\mathrm{mol}}\right)}{55\,{}^\circ\mathrm{C}} = 4450\,\frac{\mathrm{kJ}}{{}^\circ\mathrm{C}}$$

$$\boldsymbol{m_{\mathrm{Ok}}} = \frac{4450\,\frac{\mathrm{kJ}}{{}^\circ\mathrm{C}} - 400\,\mathrm{kg} * 2{,}5\,\frac{\mathrm{kJ}}{\mathrm{kg} * {}^\circ\mathrm{C}} - 0{,}12\,\mathrm{m}^3 * 1026\,\mathrm{m}^3 * 4{,}35\,\frac{\mathrm{kJ}}{\mathrm{kg} * {}^\circ\mathrm{C}}}{2{,}2\,\frac{\mathrm{kJ}}{\mathrm{kg} * {}^\circ\mathrm{C}}}$$

$$= \frac{4450 - 1000 - 536}{2{,}2}\,\mathrm{kg} = \mathbf{1325\,kg}$$

→ ***Ergebnis***

a. Die adiabatische Temperaturerhöhung beträgt 74,2 °C, somit würde sich der Reaktorinhalt bei einem Ausfall der Kühlung auf 114,2 °C erhöhen und damit das Kriterium einer maximalen Temperatur von 95 °C nicht eingehalten werden können.
b. Durch das Vergrößern der Oktanmenge auf 1325 kg wäre das Kriterium einer maximalen Temperatur von 95 °C bei einem Ausfall der Kühlung gegeben.

Aufgabe 72

In einem Reaktor werden 1000 mol des Stoffes A in 800 kg Hexan aufgelöst. Dann werden 2500 mol des Stoffes B zugeben. A und B reagieren gemäß folgender Formel zu C:

$$\mathrm{A} + \mathrm{B} \rightarrow \mathrm{C}$$

Exotherme Reaktion $\Delta_R H = -200\,\mathrm{kJ/mol}$

Der Stoff A reagiert vollständig gemäß Formel ab. Die Anfangstemperatur beträgt 15 °C. Es gibt keine Nebenreaktionen. Die Stoffe A, B und C haben Siedepunkte oberhalb von 100 °C, während der Siedepunkt des leicht entzündlichen Hexans unter atmosphärischem Druck bei 68 °C liegt. Der absolute Druck im Reaktor soll 1bar nicht überschreiten.

Die Wärmekapazitäten sind bekannt:
$cp_A = 20{,}0$ J/(mol * °C)
$cp_B = 15{,}0$ J/(mol * °C)
$cp_{Hexan} = 2{,}0$ kJ/(kg * K)

a. Kann der Reaktion bei Ausfall der Kühlung noch sicher beherrscht werden?
b. Was passiert, wenn lediglich die Drittel der Reaktanten A und B eingesetzt wird, aber die Menge an Hexan unverändert bleibt?

⊗ **Lösung**
→ ***Strategie***

a. Da ein Druck von 1bar nicht überschritten werden darf, ist die maximal erlaubte Temperatur gleich dem Siedepunkt des Hexans von 68 °C, d. h., die adiabatische Temperaturerhöhung darf nicht größer als die Differenz zwischen Anfangstemperatur und dem Siedepunkt des Hexans sein. Die adiabatische Temperaturerhöhung berechnet sich gemäß Formel 32a,b, wobei die Molzahl der vollständig abreagierten Unterschusskomponente A eingesetzt wird.
b. Die Lösung erfolgt analog der Vorgehensweise beim ersten Teil der Aufgabe.

→ ***Berechnung***

a. $\Delta T_{\mathrm{ad}} = \frac{-n_i * \Delta_R H}{\sum (n_i * cp_i)}$

$$\Delta T_{\mathrm{ad}} = \frac{-n_i * \Delta_R H}{\sum (m_i * cp_i)}$$

Da cp sowohl molzahlbezogen als auch massenbezogen vorgegeben wird, kommt eine Mischform beider Formeln zum Tragen:

$$\Delta T_{\mathrm{ad}} = \frac{-n_i * \Delta_R H}{\sum (n_i * cp_i) + \sum (m_i * cp_i)}$$

$$-n_A * \Delta_R H = -1000\,\mathrm{mol} * \left(-200\frac{\mathrm{kJ}}{\mathrm{mol}}\right) = 200.000\,\mathrm{kJ}$$

$$\sum (n_i * cp_i) = n_A * cp_A + n_B * cp_B = 1000\,\mathrm{mol} * 20\frac{\mathrm{J}}{\mathrm{mol} * °\mathrm{C}} + 2500\,\mathrm{mol} * 15\frac{\mathrm{J}}{\mathrm{mol} * °\mathrm{C}}$$
$$= 57.500\frac{\mathrm{J}}{°\mathrm{C}} = 57{,}5\frac{\mathrm{kJ}}{°\mathrm{C}}$$

$$\sum (m_i * cp_i) = n_H * cp_H = 800\,\mathrm{kg} * 2\frac{\mathrm{kJ}}{\mathrm{kg} * °\mathrm{C}} = 1600\frac{\mathrm{kJ}}{°\mathrm{C}}$$

$$\boldsymbol{\Delta T_{\mathrm{ad}}} = \frac{200.000\,\mathrm{kJ} * °\mathrm{C}}{1657{,}5\,\mathrm{kJ}} = \mathbf{120{,}7\,°C}$$

$$\boldsymbol{T_{\mathrm{Ende}}} = T_{\mathrm{Start}} + \Delta T_{\mathrm{ad}} = (15 + 121)\,°\mathrm{C} = \mathbf{136\,°C}$$

b. $n_A = \frac{1000\,\text{mol}}{3} = 333\,\text{mol}$

$$n_B = \frac{2500\,\text{mol}}{3} = 833\,\text{mol}$$

$$n_A * \Delta_R H = -333\,\text{mol} * \left(-200\frac{\text{kJ}}{\text{mol}}\right) = 66.600\,\text{kJ}$$

$$\sum(n_i * cp_i) = n_A * cp_A + n_B * cp_B = 333\,\text{mol} * 20\frac{\text{J}}{\text{mol} * °\text{C}} + 833\,\text{mol} * 15\frac{\text{J}}{\text{mol} * °\text{C}}$$
$$= 19.155\frac{\text{J}}{°\text{C}} = 19{,}16\frac{\text{kJ}}{°\text{C}}$$

$$\sum(m_i * cp_i) = n_H * cp_H = 800\,\text{kg} * 2 = 1600\frac{\text{kJ}}{°\text{C}}$$

$$\Delta T_{\textbf{ad}} = \frac{66.600\,\text{kJ} * °\text{C}}{1619\,\text{kJ}} = \mathbf{41{,}1\,°C}$$

$$T_{\textbf{Ende}} = T_{\text{Start}} + \Delta T_{\text{ad}} = (15 + 41{,}1)\,°\text{C} = \mathbf{56{,}1\,°C}$$

→ ***Ergebnis***

a. **Unter den gegebenen Bedingungen ergibt sich eine adiabatische Temperaturerhöhung von 121 °C und damit bei Ausfall der Kühlung eine maximale Endtemperatur von 136 °C. Die Reaktion wäre in dem Fall nicht beherrschbar.**
b. **Bei einem Einsatz von nur einem Drittel der ursprünglich angedachten Reaktantenmenge, aber gleichbleibender Hexanmenge, ergibt sich eine geringere adiabatische Temperaturerhöhung von 41,1 °C und somit bei Ausfall der Kühlung im ungünstigsten Fall eine Endtemperatur von 56 °C. Somit wäre der Reaktor in dem Fall inhärent sicher.**

Aufgabe 73

In einem Rührkessel wird eine Lösung des Rohstoffs A in 2000 kg Ethanol mit der äquivalenten Menge des Rohstoffs B versetzt. Die Zugabetemperatur aller eingesetzten Stoffe beträgt 20 °C. Die Reaktionswärme beträgt −169 kJ/mol bezogen auf Stoff A. Der Siedepunkt von Ethanol ist mit 78 °C (1 bar) deutlich niedriger als die der Stoffe A, B und C. Die Wärmekapazität von Ethanol beträgt $cp_{\text{Ethanol}} =$ 2.4 kJ/(kg * °C), die des Rohstoffs A cp_A = 400J/(mol * °C), die des Rohstoffs B cp_B = 0,10 kJ/(mol * °C). Der Rohstoff A hat eine Molmasse von 150 g/mol. Die Molmasse von B liegt bei 100 g/mol.

Die Reaktionsgleichung wird wie folgt beschrieben: A + 2 B → C

Es findet keine Kühlung oder Heizung des Reaktors statt. Wärmeverluste sollen vernachlässigt werden. Nebenreaktionen treten nicht auf. Der Umsatz von A beträgt 100 %.

a. Wie viel kg der Rohstoffe A und B darf man einsetzen, damit der Reaktorinhalt gerade nicht beginnt zu sieden? Wie groß darf der gewichtsprozentuale Gehalt an A der Anfangslösung sein?
b. Wie viel Gewichtsprozent Produkt C enthält die entstandene Lösung?

⊗ Lösung

→ *Strategie*

a. Gemäß der Reaktionsgleichung ist bei einem stöchiometrischen Ansatz die Molzahl an eingesetztem B doppelt so hoch wie die von A ($2n_A = n_B$). Basierend auf diesem Fakt substituiert man in der Formel 32a,b die Molzahl von B durch die angeführte Beziehung zu A und löst zur Molzahl von A auf. Die adiabatische Temperaturerhöhung entspricht dem Siedepunkt des Ethanols abzüglich der Starttemperatur. Der prozentuale Gehalt an A in der alkoholischen Lösung ergibt sich aus den Mengen des eingesetzten Stoffes A und des Ethanols.
b. Die Masse des Produkts C ist die Summe der eingesetzten Mengen der Stoffe A und B. Hieraus kann mit der Gesamtmasse der prozentuale Anteil von C im ausreagierten Gemisch berechnet werden.

→ *Berechnung*

a. $\Delta T_{\text{ad}} = \frac{-n_i * \Delta_R H}{\sum (n_i * cp_i)}$ *und* $\Delta T_{\text{ad}} = \frac{-n_i * \Delta_R H}{\sum (m_i * cp_i)}$

Da cp sowohl molzahlbezogen als auch massenbezogen vorgegeben wird, kommt eine Mischform beider Formeln zum Tragen (Index Et = Ethanol):

$\Delta T_{\text{ad}} = \frac{-n_i * \Delta_R H}{\sum (n_i * cp_i) + \sum (m_i * cp_i)} = \frac{-n_A * \Delta_R H}{n_A * cp_A + n_B * cp_B + m_{\text{Et}} * cp_{\text{Et}}}$ *mit* $n_B = 2 * n_A$

$$\Delta T_{\text{ad}} = \frac{-n_A * \Delta_R H}{n_A * cp_A + 2 * n_A * cp_B + m_{\text{Et}} * cp_{\text{Et}}} = \frac{-n_A * \Delta_R H}{n_A * cp_A + 2 * n_A * cp_B + m_{\text{Et}} * cp_{\text{Et}}}$$

$$\Delta T_{\text{ad}} = \frac{-n_A * \Delta_R H}{n_A * (cp_A + 2 * cp_B) + m_{\text{Et}} * cp_{\text{Et}}}$$

$$n_A * \Delta_R H = n_A * (cp_A + 2 * cp_B) * \Delta T_{\text{ad}} + m_{\text{Et}} * cp_{\text{Et}} * \Delta T_{\text{ad}}$$

$$n_A = \frac{m_{\text{Et}} * cp_{\text{Et}} * \Delta T_{\text{ad}}}{-\Delta_R H - (cp_A + 2 * cp_B) * \Delta T_{\text{ad}}} \quad \text{mit } \Delta T_{\text{ad}} = (78 - 20)\,°\text{C} = 58\,°\text{C}$$

$$n_A = \frac{2000\,\text{kg} * 2{,}4\frac{\text{kJ}}{\text{kg}*°\text{C}} * 58\,°\text{C}}{169\frac{\text{kJ}}{\text{mol}} - \left(0{,}4\frac{\text{kJ}}{\text{mol}*°\text{C}} + 2 * 0{,}1\frac{\text{kJ}}{\text{mol}*°\text{C}}\right) * 58\,°\text{C}} = 2074{,}5\,\text{mol}$$

$$\boldsymbol{m_A} = n_A * M_A = 2074{,}5\,\text{mol} * 0{,}150\frac{\text{kg}}{\text{mol}} = \mathbf{311{,}2\,kg}$$

$$\boldsymbol{m_B} = n_B * M_B = 2 * n_A * M_B = 2 * 2074{,}5\,\text{mol} * 0{,}100\frac{\text{kg}}{\text{mol}} = \mathbf{414{,}9\,kg}$$

$$m_{\text{AlkoholischeLösung A}} = m_A + m_{\text{Et}} = (311{,}2 + 2000)\,\text{kg} = 2311\,\text{kg}$$

$$2311\,\text{kg} \triangleq 100\,\% \quad 311{,}2\,\text{kg}\,A \triangleq x$$

$$x = \frac{311{,}2\,\text{kg} * 100\,\%}{2311\,\text{kg}} = \mathbf{13{,}47\,gew\%A} \cong \mathbf{13{,}5\,gew\%A}$$

b. $m_C = m_A + m_B \quad m_B = n_B * M_B = 2 * n_A * M_B$

$$\boldsymbol{m_C} = m_A + m_B = (311{,}2 + 414{,}9)\,\text{kg} = \mathbf{726{,}1\,kg}$$

$$m_{\text{Gesamt}} = m_{\text{Et}} + m_c = (2000 + 726{,}1)\,\text{kg} \cong 2726\,\text{kg}$$

$$2726\,\text{kg} \triangleq 100\,\% \quad 726{,}0\,\text{kg}\ {}^\circ\text{C} \triangleq x$$

$$x = \frac{726{,}1\,\text{kg} * 100\,\%}{2726\,\text{kg}} = \mathbf{26{,}6\,gew\%{}^\circ C}$$

→ *Ergebnis*

a. **Es dürfen 311 kg des Rohstoffs A und 415 kg des Rohstoffs B eingesetzt werden. Die eingesetzte ethanolische Lösung darf maximal 13,5 gew% des Rohstoffs A enthalten.**
b. **Die entstandene ethanolische Lösung enthält 26,6 gew% des Produkts C.**

Aufgabe 74
In einem CSTR soll ein Ester aus einem Säurechlorid und einem Alkohol hergestellt werden. Die Reaktion ist exotherm. Die Wärmeleistung der Reaktion wurde im Labor als Funktion der Temperatur bestimmt und auf die Gegebenheiten des Produktionsreaktors 5, in dem die Reaktion großtechnisch durchgeführt werden soll, hochgerechnet:

$$\dot{Q}_{\text{Reaktion}} = 2{,}15 * 10^{-6}\,\text{kW} * e^{0{,}0535*\left(273+\text{T}_{\text{Reaktor}}/{}^\circ\text{C}\right)}$$

Die Parameter für die Kühlung sind bekannt:
$K_w = 650\,\text{J/(s} * {}^\circ\text{C} * \text{m}^2)$; Kühlfläche = $8\,\text{m}^2$; mittlere Kühlwassertemperatur = 25 °C

a. Bestimmen Sie den unteren und den oberen Betriebspunkt.
b. Was passiert, wenn die Wärmedurchgangszahl durch Verschmutzung auf die Hälfte abnimmt?
c. Was passiert, wenn bei unverschmutzter Kühlfläche die mittlere Kühlwassertemperatur auf 40 °C ansteigt?

⊗ **Lösung**

→ ***Strategie***

Die Schnittpunkte der Wärmeleistungskurve der Reaktion als Funktion der Temperatur mit der Wärmeabfuhrgerade stellen die Betriebspunkte dar (siehe Abschn. 2.4.7). Zur Ermittlung der Schnittpunkte erstellt man ein $\dot{Q}\,vs.T$-Diagramm für beide Funktionen im Temperaturbereich von T = 20 °C–100 °C.

→ ***Berechnung***

$$\dot{Q}_{\text{Reaktion}} = 2{,}15 * 10^{-3}\text{kW} * e^{0{,}0535*\left(273+T_{\text{Reaktor}}/{}^\circ\text{C}\right)}$$

Fall a) $\dot{Q}_{\text{Kühl}} = Kw * A * (T_{\text{Reaktor}} - T_{\text{Wasser}}) = 0{,}65\,\text{kW} * 8\,\text{m}^2 * (T_{\text{Reaktor}} - 25\,^\circ\text{C})$

Fallb) $\dot{Q}_{\text{Kühl}} = Kw * A * (T_{\text{Reaktor}} - T_{\text{Wasser}}) = 0{,}325\,\text{kW} * 8\,\text{m}^2 * (T_{\text{Reaktor}} - 25\,^\circ\text{C})$

Fall c) $\dot{Q}_{\text{Kühl}} = Kw * A * (T_{\text{Reaktor}} - T_{\text{Wasser}}) = 0{,}65\,\text{kW} * 8\,\text{m}^2 * (T_{\text{Reaktor}} - 40\,^\circ\text{C})$

Für den erwarteten Temperaturbereich werden mittels der obigen Beziehungen Wertepaare der Temperatur und zugehörigen Wärmeflüsse berechnet:

T-Reaktor °C	Q-Reaktor kW	Fall a. Q-Kühlung kW	Fall b. Q-Kühlung kW	Fall c. Q-Kühlung kW
20	14	-26	-13	-104
40	40	78	39	0
60	117	182	91	104
80	342	286	143	208

Hieraus werden für die Fragestellungen a), b), c) die Wärmeleistungskurven und die Wärmeabfuhrgeraden erstellt.

a.

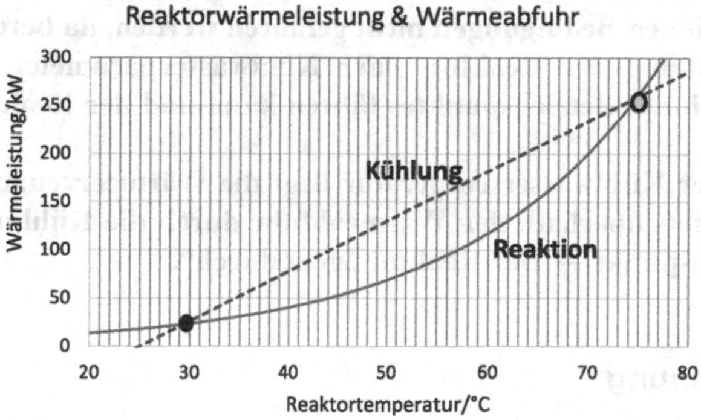

b.

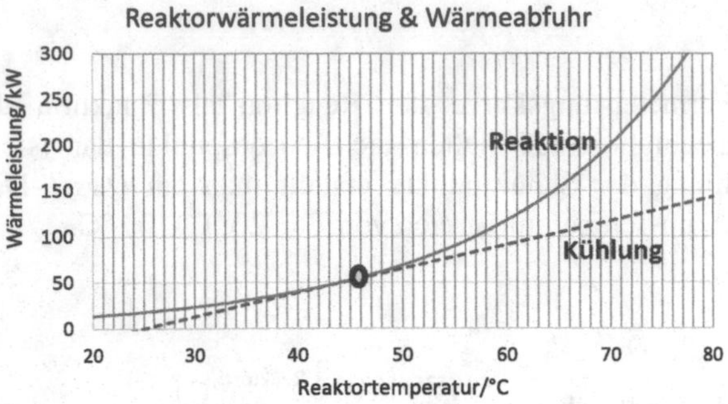

c.

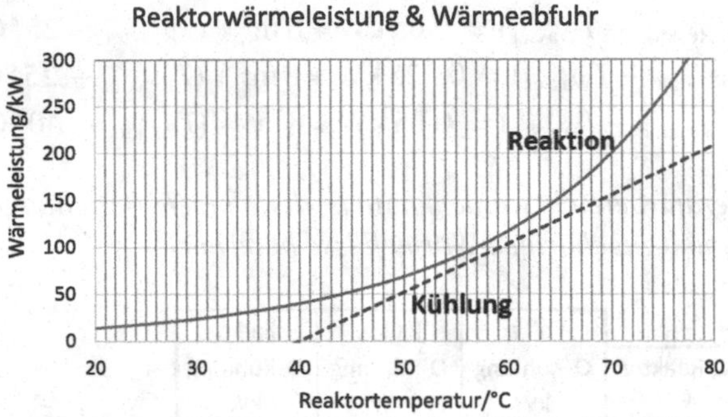

→ *Ergebnis*

a. **Es ergeben sich zwei Betriebspunkte: der untere stabile bei etwa 30 °C Reaktortemperatur und der obere instabile bei etwa 75 °C.**
b. **Durch das Absinken des Wärmedurchgangkoeffizienten auf die Hälfte des ursprünglichen Werts ergibt sich durch das Tangieren der Wärmeleistungskurve lediglich ein instabiler Betriebspunkt bei 45°C. Der Reaktor kann unter diesen Bedingungen nicht gefahren werden, da bereits eine geringe Schwankung der Reaktor- oder Kühlwasserparameter zu Bedingungen oberhalb des Betriebspunktes führen kann und der Reaktor somit „durchgeht".**
c. **Durch den Anstieg der Kühlwassertemperatur liegt die Wärmeerzeugung durch die Reaktion stets oberhalb der Wärmeabfuhr durch die Kühlung: Es gibt keinen Betriebspunkt → Der Reaktor „geht durch".**

3.4.7 Wärmeausdehnung

Aufgabe 75
Von einer Raffinerie soll eine in 39 km Entfernung gelegene Chemieanlage über eine Pipeline mit Propen versorgt werden. Hierzu soll abgeschätzt werden, wie viele Ausdehnungs-Kompensatoren mit einem Ausgleichsvermögen von jeweils 30 cm für diese Leitung mindestens benötigt werden, wenn die am niedrigsten

anzunehmende Temperatur −15 °C wäre und als höchste Temperatur der Leitung 60 °C erwartet würde? Der Wärmeausdehnungskoeffizient des verwendeten Stahls beträgt 1,115 * 10^{-5} $grad^{-1}$.

⊗ **Lösung**

→ ***Strategie***

Die maximale Längendifferenz der 39 km langen Leitung bei einer Differenz der unteren Temperatur von −15 °C zu einer oberen Temperatur von 60 °C wird mittels der Gleichung 34a berechnet. Da jeder Kompensator hiervon 30 cm aufnimmt, ergibt sich die Anzahl der Kompensatoren aus dem Verhältnis der Längendifferenz der Leitung zu der Aufnahmefähigkeit eines Kompensators.

→ ***Berechnung***

$$\Delta L = L_o * \alpha * (T_1 - T_o)$$

Gegeben:

$L_0 = 39.000\ m$

$A = 1{,}115 * 10^{-5}/°C$

$T_0 = -15\ °C$

$T_1 = 60°C$

Maximale Längendifferenz:

$\Delta L = 39.000\ m * 1{,}115 * 10^{-5}\ °C^{-1} * (60 - [-15])\ °C = 32{,}61\ m$

Ein Kompensator kann maximal 0,3 m aufnehmen. Damit ergibt sich der Dreisatz:

1 Kompensator = 0,3 m

X Kompensatoren = 32,61 m → X = 32,61 m/0,3 m = **108,7 Kompensatoren**

→ ***Ergebnis***

109 Kompensatoren werden benötigt, um die maximale Wärmeausdehnung der Pipeline aufzufangen.

Aufgabe 76

Ein zylinderförmiger Reaktor aus Stahlblech einer Stärke von 10 mm hat bei 20 °C eine äußere Länge von 2,00 m und einen äußeren Durchmesser von 2,15 m. Die Längenausdehnung des Stahls bei Temperaturerhöhung wird beschrieben durch 1,1 * 10^{-5}/°C. Der Reaktor soll bei 200 °C betrieben werden.

a. Die Halterung gibt für die Reaktorlänge ein maximales Spiel von 30 mm vor. Gibt es Probleme durch die Fahrweise bei 200 °C?
b. Wie groß ist das Reaktorvolumen bei 20 °C?
c. Wie groß ist das Volumen des Reaktors bei 200 °C?

⊗ **Lösung**

→ ***Strategie***

a. Die Ausdehnung der Reaktorlänge durch Erwärmen von 20 °C auf 200 °C wird berechnet durch die Formel 34a und mit dem maximal möglichen Spiel von 30 mm verglichen.
b. Das Volumen des Zylinders wird aus der inneren Länge (äußere Länge abzüglich zweimal der Wandstärke) und dem inneren Durchmesser (äußerer Durchmesser abzüglich zweimal der Wandstärke), beides bei 20 °C, berechnet.
c. Es sind zwei Lösungswege möglich:
   1. Die innere Reaktorlänge bei 200 °C wird mit Formel 34b berechnet, desgleichen der innere Durchmesser und hieraus das Zylindervolumen für 200 °C.
   2. Das Reaktorvolumen bei 200 °C kann näherungsweise mittels Formel 35b aus dem kubischen Ausdehnungskoeffizient (Formel 35c) und dem unter Punkt b) berechneten Volumen erfolgen.

→ ***Berechnung***

a. *Längenausdehnung:* $\Delta L = L_o * \alpha * (T_1 - T_o)$

   $\boldsymbol{\Delta L} = 2{,}00\ \text{m} * 1{,}1 * 10^{-5}\ °\text{C}^{-1} * (200 - 20)\ °\text{C} = 0{,}00396\ \text{m} \cong \mathbf{4\ mm}$

b. *Volumen bei* 20 °C: $V = L_i * d_i^2 * \pi/4$

   $V = (2{,}00\ \text{m} - 2 * 0{,}01\ \text{m}) * (2{,}15\ \text{m} - 2 * 0{,}01\ \text{m})^2 * \pi/4 = \mathbf{7{,}052\ m^3}$

c. *Volumen bei* 200 °C

   Alternative 1:

   $V = L_{i\,200\,°\text{C}} * d_i^2 * \pi/4$

   $L_{i\,200\,°\text{C}} = L_{i\,20\,°\text{C}} * (1 + \alpha * [200 - 20]\ °\text{C})$

   $= (2{,}00\ \text{m} - 2*0{,}01\ \text{m}) * (1 + 1.1 * 10^{-5}\ °\text{C}^{-1} * [200 - 20]\ °\text{C}) = 1{,}9839\ \text{m}$

   $d_{i\,200\,°\text{C}} = d_{i\,20\,°\text{C}} * (1 + \alpha * [200 - 20]\ °\text{C})$

   $= (2{,}15\ \text{m} - 2 * 0{,}01\ \text{m}) * (1 + 1{,}1 * 10^{-5}\ °\text{C}^{-1} * [200 - 20]\ °\text{C}) = 2{,}1342\ \text{m}$

   $\mathbf{V_{200\,°C}} = 1{,}9839\ \text{m} * 2{,}1342^2\ \text{m}^2 * \pi/4 = \mathbf{7{,}0935\ m^3}$

   Alternative 2:

   $V_{200\,°\text{C}} = V_{20\,°\text{C}} * (1 + 3 * \alpha * [200 - 20]\ °\text{C})$

   $\mathbf{V_{200\,°C}} = 7{,}052\ \text{m}^3 * (1 + 3 * 1{,}1 * 10^{-5}/°\text{C} * [200 - 20]\ °\text{C}) = \mathbf{7{,}0939\ m^3}$

→ **Ergebnis**

a. **Da die Längenausdehnung des Reaktors mit etwa 4mm deutlich unter der maximal zulässigen von 30 mm liegt, gibt es keine Probleme mit einer Fahrweise bei 200 °C.**
b. **Das Reaktorvolumen bei 20 °C beträgt 7,052 m^3.**
c. **Das Reaktorvolumen bei 200 °C beträgt nach beiden alternativen Lösungsansätzen 7,094 m^3.**

Aufgabe 77
Bei zwei Messungen wurde die Dichte von Wasser bei unterschiedlichen Temperaturen bestimmt:

T = 4 °C
$\rho_{4\,°C} = 1000\ kg/m^3$
T = 25 °C
$\rho_{25\,°C} = 997\ kg/m^3$

Berechnen Sie den räumlichen Ausdehnungskoeffizienten des Wassers für den Bereich von 4 °C bis 25 °C. (Da der Ausdehnungskoeffizient selbst temperaturabhängig ist [er steigt mit wachsender Temperatur], kann nach dieser Methode mit zwei Wertepaaren von Dichte & Temperatur lediglich ein mittlerer Ausdehnungskoeffizient für den genannten Temperaturbereich berechnet werden).

⊗ **Lösung**
→ **Strategie**
Die Volumendifferenz, die sich aus einer Temperaturänderung ergibt, wird durch Formel 35b beschrieben, die den räumlichen Ausdehnungskoeffizienten enthält. Durch ihre Umstellung kann dieser berechnet werden.
Die Masse ist das Produkt aus Dichte und Volumen, somit gilt für die gleiche Masse, aber unterschiedliche Dichten und Volumina $\rho_{4\,°C} * V_{4\,°C} = m = \rho_{25\,°C} * V_{25\,°C}$.
Bei 4 °C entspricht $V_{4\,°C} = 1\ m^3$ Wasser einer Masse von 1000 kg. Das Volumen $V_{25\,°C}$ von 1000 kg Wasser bei 25 °C ergibt sich aus der Umstellung der vorherigen Gleichung. Die Volumenzunahme ΔV ist die Differenz aus $V_{25\,°C}$ und $V_{4\,°C}$.
Man setzt diese Volumenzunahme ΔV, das ursprüngliche Volumen bei 4 °C und die Temperatur in die umgestellte Gleichung 35a ein und erhält so den räumlichen Ausdehnungskoeffizienten.

→ ***Berechnung***
$\Delta V = V_0 * \gamma * \Delta T \rightarrow \gamma = \Delta V/(V_0 * \Delta T)$
$\rho_{4\,°C} * V_{4\,°C} = m = \rho_{25\,°C} * V_{25\,°C}$
$V_{25\,°C} = \frac{m}{\rho 25\,°C}$ *mit einer Masse von 1000 kg Wasser, das bei* 4 °C $V_{4\,°C} = 1\ m^3$ *entspricht,*
ergibt sich $V_{25\,°C} = \frac{1000\,kg * m^3}{997{,}0\,kg} = 1{,}00301\ m^3$
$\Delta V = V_{25\,°C} - V_{4\,°C} = 1{,}0026\ m^3 - 1{,}000\ m^3 = 0{,}00301\ m^3$
$\gamma = \Delta V/(V_0 * \Delta T) = 0{,}00301\ m^3/(1{,}000\ m^3 * [25 - 4]\ °C) = \mathbf{1{,}43 * 10^{-4}/°C}$

→ ***Ergebnis***
Der mittlere räumliche Ausdehnungskoeffizient des Wassers zwischen 4 °C und 25 °C beträgt
$\boldsymbol{\gamma = 1{,}43 * 10^{-4}/°C}$.

3.5 Elektrochemie

Aufgabe 78
Wie viel Energie wird zur Herstellung von 1 t Chlor (M = 71,1 g/mol) bei einer Zersetzungsspannung von 4,3 V theoretisch benötigt?

⊗ Lösung
→ *Strategie*
Zunächst wird die Molzahl berechnet, die 1 t Chlor entspricht. Hiermit werden mit der umgestellten Formel 36b die zur Abscheidung nötigen Ampere*Sekunden berechnet. Für ein Molekül Chlor werden zwei Elektronen ausgetauscht: $v_{Cl_2} = 2$. Die Multiplikation mit der anliegenden Volt-Zahl ergibt gemäß Formel 37b den hierzu notwendigen Energieeinsatz.

→ *Berechnung*

$$n_{Cl_2} = \frac{m_{Cl_2}}{M_{Cl_2}} = \frac{1000\,\text{kg} * \text{mol}}{0{,}071\,\text{kg}} = 14.085\,\text{mol}$$

$$I * t = n_{Cl_2} * v_e * F = 14.085\,\text{mol} * 2 * 96.485\frac{A * \text{s}}{\text{mol}} = 2{,}718 * 10^9 A * \text{s}$$

$$E = U * I * t = 4{,}3V * 2{,}718 * 10^9\text{A} * \text{s} = 1{,}169 * 10^{10}\,Ws = \frac{1{,}169 * 10^7\text{kW} * \text{s} * \text{h}}{3600\,\text{s}}$$

$$\mathbf{E = 1{,}169 * 10^7\,kJ = 3246\,kWh}$$

→ *Ergebnis*
Zur elektrolytischen Herstellung von 1 t Chlor werden unter den genannten Bedingungen 3246 kWh bzw. 1,169 * 10^7 kJ verbraucht.

Aufgabe 79
Bei der Elektrolyse einer Zinkchloridlösung fließt ein Strom von 250 A. Der Zeitraum der Elektrolyse liegt bei 10 h. Das Atomgewicht von Zink beträgt 65,38 g/tom. Die an der Elektrolysezelle anliegende Spannung beträgt 5,3 V.

a. Wie viel Zink wird insgesamt an der Kathode abgeschieden?
b. Wie viel Liter Chlorgas bei 15 °C und 0,7 bar werden pro Sekunde erzeugt?
c. Welche elektrische Leistung liegt an und wie viel elektrische Energie wird bei dem Elektrolysevorgang verbraucht?

$$Zn^{2+} + 2e \rightarrow Zn\ (e = \text{Elektronen})\ 2Cl^- - 2e \rightarrow Cl_2$$

⊗ Lösung

→ Strategie

Die Molzahl von abgeschiedenem Zink und Chlor lässt sich mit Formel 36b berechnen. Wobei die Anzahl der ausgetauschten Elektronen $\nu_e = 2$ ist. Die abgeschiedene Menge an Zink folgt aus der Multiplikation der Molzahl mit der Molmasse. Das Volumen des Chlorgases errechnet sich aus Formel 2. Der Volumenstrom ist der Quotient aus Chlorvolumen und Elektrolysezeit. Die elektrische Leistung ist das Produkt aus Stromstärke und Voltzahl (Formel 37a). Die verbrauchte elektrische Energie ist das Produkt aus Leistung und Elektrolysezeit (Formel 37b).

→ Berechnung

a. $n = \frac{I*t}{\nu_e*F} = \frac{250\,\text{A}*10\,\text{h}*3600\,\text{s}*\text{mol}}{2*96.485\,\text{A}*\text{s}*\text{h}} = 46{,}64\,\text{mol}$

$$\boldsymbol{m_{Zn}} = n * M_{Zn} = 46{,}64\,\text{mol} * 0{,}06538\frac{\text{kg}}{\text{mol}} = \mathbf{3{,}05\,kg}$$

b. $V_{Cl_2} = \frac{n*R*T}{p} = \frac{46{,}64\,\text{mol}*8{,}315*10^{-5}\text{bar}*\text{m}^3*(15+273)\text{K}}{\text{mol}*\text{K}*0{,}7\,\text{bar}} = 1{,}60\,\text{m}^3$

$$\boldsymbol{\dot{V}_{Cl_2}} = \frac{V_{Cl_2}}{t} = \frac{1600\,\text{L}}{10*3600\,\text{s}} = \mathbf{0{,}0444\frac{L}{s}}$$

c. $\boldsymbol{P} = U * I = 250\,\text{A} * 5{,}3\,\text{V} = 1325\,\text{V} * \text{A} = \mathbf{1{,}325\,kW}$

$$\boldsymbol{E} = U * I * t = 250\,\text{A} * 5{,}3\,\text{V} * 10\,\text{h} = \mathbf{13{,}25\,kWh} = \frac{13{,}25\,\text{kWh} * 3600\,\text{s}}{\text{h}} = \mathbf{47.700\,kJ}$$

→ Ergebnis

a. **Es werden 3,05 kg metallisches Zink abgeschieden.**
b. **Bei 15 °C und einem Druck von 0,7 bar entsteht ein Chlorvolumenstrom von 44,4 mL/s.**
c. **An der Elektrolyse liegt eine Leistung von 1,325 kW an. Die zur Elektrolyse verwendete elektrische Energie beträgt 13,25 kWh bzw. 47.700 kJ.**

Aufgabe 80

Aluminiummetall wird durch Schmelzelektrolyse von Aluminiumoxid Al_2O_3 hergestellt. Eine kleinere Aluminiumhütte stellt pro Tag 150 t des Metalls her. Die notwendige Spannung der Elektrolysezellen beträgt 5,1 V. ($M_{Aluminium}$ = 27 g/tom; $M_{Sauerstoff}$ = 16 g/tom)

$$Al^{3+} + 3e \rightarrow Al^{o}$$

a. Wie viel Aluminiumoxid muss für eine solche Produktionsleistung am Tag eingesetzt werden?
b. Wie viele kWh werden theoretisch für die Herstellung von 1 kg Aluminium in der Schmelzelektrolyse verbraucht?
c. Wie groß ist die nötige elektrische Leistung für die Schmelzelektrolyse dieses Standortes?

⊗ **Lösung**
→ ***Strategie***

a. Aus der täglichen Produktionsleistung des Metalls wird durch das Verhältnis der Molmassen Metalloxid/Metall der nötige Massenstrom an Aluminiumoxid berechnet.
b. & c. Mittels der Molzahl des pro Zeiteinheit erzeugten Aluminiummetalls und der Anzahl ausgetauschter Elektronen von $\nu_e = 3$ wird gemäß umgestellter Formel 36b und 37b die zugehörige Strommenge bzw. der zugehörige Stromfluss zur Herstellung von 1 kg Aluminium berechnet. Hieraus ergibt sich durch Multiplikation mit der anliegenden Spannung die elektrische Leistung und durch Multiplikation mit der Zeit die eingesetzte elektrische Energie.

→ ***Berechnung***

a. $\dot{\boldsymbol{m}}_{\mathbf{Al_2O_3}} = \dot{m}_{\mathrm{Al}} * \frac{M_{\mathrm{Al_2O_3}}}{2*M_{\mathrm{Al}}} = 150\frac{t}{\mathrm{Tag}} * \frac{102}{2*27} = \mathbf{283{,}3\frac{t}{Tag}}$

b. *Für 1 kg Aluminium:*

$$n_{\mathrm{Al}} = \frac{m_{\mathrm{Al}}}{M_{\mathrm{Al}}} = \frac{1\,\mathrm{kg} * \mathrm{mol}}{0{,}027\,\mathrm{kg}} = 37{,}04\,\mathrm{mol}$$

$$E = U * I * t$$

$$I * t = n_{\mathrm{Al}} * \mathrm{v}_{\mathrm{Al}} * F = 37{,}04\,\mathrm{mol} * 3 * 96.486\frac{\mathrm{A} * \mathrm{s}}{\mathrm{mol}} = 1{,}072 * 10^7\,\mathrm{A} * \mathrm{s}$$

$$E = U * I * t = 5{,}1\,\mathrm{V} * 1{,}072 * 10^7\,\mathrm{A{*}s} = 5{,}467 * 10^4\,\mathrm{kW{*}s} = \frac{5{,}467 * 10^4\,\mathrm{kW{*}s{*}h}}{3600\,\mathrm{s}}$$

$$= \mathbf{15{,}19\,kWh}$$

c. *150 t Al/Tag* → $\boldsymbol{E} = 15{,}19\frac{\mathrm{kWh}}{\mathrm{kg}} * 150 * 1000\,\mathrm{kg} = 2{,}279 * 10^6\,\mathrm{kWh}$

Mit 24 h/Tag → $\boldsymbol{P} = \frac{2{,}279*10^6\,\mathrm{kWh}}{24\,\mathrm{h}} = \mathbf{9{,}494 * 10^4\,kW = 94{,}9\,MW}$

→ ***Ergebnis:***

a. **Es werden 283,3 t Aluminiumoxid pro Tag benötigt.**
b. **Zur Herstellung von 1 kg Aluminium werden 15,19 kWh benötigt.**
c. **Die Aluminiumschmelzelektrolyse hat einen Leistungsbedarf von 94,9 MW.**

Aufgabe 81
In einem 60 MW Windpark können regelmäßig in der Zeit von 13:00–16:00 Uhr nur 40 % der erzeugbaren elektrischen Energie in das Netz eingespeist werden. Es wird eine „Power-to-Gas"-Lösung angedacht, um in dieser Zeit Wasser elektrolytisch in Wasserstoff und Sauerstoff zu spalten, den Wasserstoff in einer leeren Salzkaverne einzulagern, um dann zu Zeiten hohen Verbrauchs elektrischer Energie über Brennstoffzellen Strom zu erzeugen und in das Netz einzuspeisen. Die Elektrolysespannung liegt bei 1,9 V. Wie groß wäre das nötige Volumen einer solchen Kaverne, in der der in der Zeitspanne von 13:00–16:00 Uhr erzeugte Wasserstoff bei 25 °C und einem Druck von 10 bar zu lagern wäre? Verluste durch den Wirkungsgrad der Elektrolyse sollen vernachlässigt werden.

⊗ **Lösung**
→ ***Strategie***
Zunächst wird die in drei Stunden erzeugte Überschussstrommenge als W * s berechnet. Mit der an der Elektrolyse anliegenden Spannung wird die entsprechende Anzahl an Ampere * Sekunden ermittelt. Hieraus ergibt sich mit Beziehung 36b die Molzahl an erzeugtem Wasserstoff. Mit dem Gasgesetz (Formel 2) folgt das Volumen des zu lagernden Wasserstoffs und damit das nötige Leerraum-Volumen der Salzkaverne.

→ ***Berechnung***

$$E = P * t = 36\,\text{MW} * 3\,\text{h} = 108\,\text{MWh} = 108 * 10^6\,\text{W} * \text{h} * 3600\frac{\text{s}}{\text{h}} = 3{,}888 * 10^{11}\,\text{W} * \text{s}$$

$$n_{H_2} = \frac{I * t}{\nu_e * F} \qquad I * t = \frac{E}{U} = \frac{3{,}888 * 10^{11}\,\text{W} * \text{s}}{1{,}9\,\text{V}} = 2{,}046 * 10^{11}\,\text{A} * \text{s} \qquad \nu_e = 2$$

$$n_{H_2} = \frac{2{,}046 * 10^{11}\,\text{A} * \text{s} * \text{mol}}{2 * 96.485\,\text{A} * \text{s}} = 1{,}060 * 10^6\,\text{mol}$$

$$V = \frac{n * R * T}{p} = \frac{1{,}06 * 10^6\,\text{mol} * 8{,}315 * 10^{-5}\,\text{bar} * \text{m}^3 * (273 + 25)\text{K}}{\text{mol} * \text{K} * 10\,\text{bar}} = \mathbf{2627\,m^3}$$

→ ***Ergebnis***
Die Kaverne müsste ein Mindestvolumen von 2627 m³ haben. Ein solches Vorhaben wäre somit realistisch.

Aufgabe 82

Bei der elektrolytischen Kupferraffination werden Rohkupferplatten als Anode und eine dünne Reinstkupferplatte als Kathode in einem Bad aus verdünnter Schwefelsäure geschaltet. Bei einer angelegten Gleichspannung von 0,25 V löst sich das unreine Kupfer der Anode auf und wird als Reinstkupfer an der Kathode abgeschieden:

$$\mathrm{Cu} \rightleftarrows \mathrm{Cu}^{2+} + 2\mathrm{e}\ (\text{Atommasse Cu } = 63,55\mathrm{g/mol})$$

a. Wie viel elektrische Energie benötigt ein Betrieb für die Produktion von 20 t Reinstkupfer pro Tag?
b. Welche elektrische Leistung liegt hierbei an?

⊗ Lösung

→ *Strategie*

Anodenreaktion: $Cu - 2e \rightarrow Cu^{2+}$
Kathodenreaktion: $Cu^{2+} + 2e \rightarrow Cu$
ν_e=2

Aus der täglich produzierten Masse an Reinstkupfer und der Molmasse des Kupfers wird die Molzahl berechnet, in die zu I * t umgestellte Formel 36b eingesetzt und mit der Zellspannung multipliziert. Das Ergebnis stellt die nötige elektrische Energiemenge in kWh dar. Die elektrische Leistung ergibt sich durch Teilen der so berechneten Energiemenge durch die Stundenzahl eines Tages.

→ *Berechnung*

a. $n = \frac{m}{M} = \frac{20.000\,\mathrm{kg}}{0{,}06255} = 3{,}147 * 10^5\,\mathrm{mol}$

$$E = U * I * t$$

$$I * t = n * \nu_e * F = 3{,}147 * 10^5\,\mathrm{mol} * 2 * 96.485 \frac{\mathrm{A} * \mathrm{s}}{\mathrm{mol}} = 6{,}073 * 10^{10}\,\mathrm{A} * \mathrm{s}$$

$$E = 0{,}25\,\mathrm{V} * 6{,}073 * 10^{10}\,\mathrm{V} * \mathrm{A} * \mathrm{s} = 1{,}518 * 10^7\mathrm{kW} * \mathrm{s}$$

$$= \frac{1{,}518 * 10^7\,\mathrm{kW} * \mathrm{s} * \mathrm{h}}{3600\,\mathrm{s}} = \mathbf{4217\,kWh}$$

b. $P = \frac{E}{t} = \frac{4217\,\mathrm{kWh}}{24\,\mathrm{h}} = \mathbf{175{,}7\,kW}$

→ *Ergebnis*

a. **Für die Herstellung von 20 t Reinstkupfer wird ein elektrischer Energiebetrag von 4217 kWh benötigt.**
b. **Die Elektrolyseeinheit hat einen Bedarf an elektrischer Leistung von 176 kW.**

3.6 Flüssigfördern

Aufgabe 83

Aus einem Tiefbrunnen mit einem Wasserspiegel von 20 m unter Grund werden 2 m^3 Wasser (Dichte 1000 kg/m^3) pro Minute in einen offenen Behälter von 30 m über Grund gefördert. Der Reibungsverlust im Leitungssystem beträgt 0,4 bar.

a. Wie groß muss die Leistung des antreibenden Elektromotors bei einem Pumpenwirkungsgrad von 70 % und einem Wirkungsgrad des Motors von 90 % sein, um diese Aufgabe zu bewältigen?
b. Wie viel elektrische Energie wird täglich bei durchgehendem Betrieb benötigt?

⊗ **Lösung**

→ ***Strategie***

a. Die theoretisch nötige Leistungsaufnahme des Pumpenmotors wird durch Formel 39a berechnet. Hierzu wird die Gesamthöhe gemäß Formel 38a ermittelt. Da sowohl der Tiefbrunnen als auch der Behälter atmosphärisch sind, liegt auch keine Druckdifferenz und somit keine Druckhöhe vor. Das Höhenäquivalent der Reibung wird unter Zuhilfenahme von Formel 38b ermittelt. Die reale Leistungsaufnahme des Elektromotors ergibt sich durch Division des theoretischen Wertes durch das Produkt der Wirkungsgrade der Pumpe und des Motors.
b. Die tägliche Pumpenergie ist das Produkt aus realer Leistungsaufnahme und 24 h Pumpzeit.

→ ***Berechnung***

a. $P = \dot{m} * g * H$

$$\dot{m} = \frac{2\,\mathrm{m}^3 * \mathrm{min} * 1000\,\mathrm{kg}}{\mathrm{min} * 60\,\mathrm{s} * \mathrm{m}^3} = 33{,}3\frac{\mathrm{kg}}{\mathrm{s}}$$

$$H = h_{\mathrm{geo}} + h_p + h_r$$

$$h_{\mathrm{geo}} = (20 + 30)\mathrm{m} = 50\,\mathrm{m} \quad h_p = 0\,\mathrm{m}$$

$$h_r = \frac{\Delta p}{\rho * g} = \frac{0{,}4\,\mathrm{bar} * \mathrm{m}^3 * \mathrm{s}^2 * 10^5\,\mathrm{kg}}{1000\,\mathrm{kg} * 9{,}81\,\mathrm{m} * \mathrm{m} * \mathrm{s}^2} = 4{,}08\,\mathrm{m} \cong 4{,}1\,\mathrm{m}$$

$$H = (50 + 4{,}1)\,\mathrm{m} = 54{,}1\,\mathrm{m}$$

$$P = \frac{33{,}3\,\mathrm{kg\,m}^3 * 9{,}81\,\mathrm{m} * 54{,}1\,\mathrm{m}}{\mathrm{s} * \mathrm{s}^2} = 17{,}67\,\mathrm{kW}$$

$$P_{\text{real}} = \frac{P}{\eta_{\text{Pumpe}} * \eta_{\text{Motor}}} = \frac{17{,}67\,\text{kW}}{0{,}7 * 0{,}9} = \mathbf{28\,kW}$$

b. $E_{\text{real}} = P_{\text{real}} * t = 28\,\text{kW} * 24\,\text{h} = \mathbf{672\,kWh}$

→ ***Ergebnis***

a. **Die Anschlussleistung des Antriebsmotors liegt bei 28 kW.**
b. **Der tägliche Energieverbrauch der Pumpe beträgt 672 kWh.**

Aufgabe 84
Ein Binnenschiff liefert flüssiges Propan einer Dichte von 0,52 kg/L im Hafen eines Tanklagers an. Der Propantank des Lagers liegt 15 m oberhalb der Pierkante. Der Tank des Schiffes liegt 3 m unterhalb der Pierkante. Der Druck im Schiffstank beträgt 4,5 bar, der im Lagertank 3,5 bar. Das Löschen der Propanladung erfolgt mit 50 t/h. Die Reibungsverluste unter solchen Bedingungen liegen bei 0,8 bar. Insgesamt sollen 600 t Propan verpumpt werden.

a. Wie groß muss die Leistungsaufnahme des Elektromotors der Pumpe sein, wenn der Gesamtwirkungsgrad von Pumpe und Motor 65 % beträgt?
b. Wie viel elektrische Energie in kWh werden für das Löschen des Schiffes benötigt?

⊗ **Lösung**
→ ***Strategie***

a. Die Pumpleistung berechnet sich mittels Formel 39a, die hierzu erforderliche Gesamthöhe aus Formel 38a mit der Umrechnung der Druckdifferenz von Binnenschiff zu Lagertank und dem Reibungsdruckverlust gemäß Formel 38b auf die entsprechenden Höhen. Dieser theoretische Wert erhöht sich durch Division mit dem Gesamtwirkungsgrad zum realen Wert des Leistungsanschlusswertes des Pumpenmotors.
b. Die Gesamtenergie der Verpumpung ergibt sich aus dem Produkt der Leistung und der Zeit des Pumpvorgangs.

→ ***Berechnung***

a. $P = \dot{m} * H * g$
$H = h_{\text{geo}} + h_p + h_r$
$h_{\text{geo}} = (3 + 15)\,\text{m} = 18\,\text{m}$

$$h_p = \frac{\Delta p}{\rho * g} = \frac{p_{Tank} - p_{Schiff}}{\rho * g} = \frac{(3{,}5 - 4{,}5)\,\text{bar} * \text{m}^3 * \text{s}^2}{520\,\text{kg} * 9{,}81\,\text{m}}$$

$$= \frac{-1{,}0\,\text{bar} * 10^5\,\text{kg} * \text{m}^3 * \text{s}^2}{\text{bar} * \text{m} * \text{s}^2 * 520\,\text{kg} * 9{,}81\,\text{m}} = -19{,}6\,\text{m}$$

$$h_r = \frac{\Delta p}{\rho * g} = \frac{0{,}8\,\text{bar} * 10^5\,\text{kg} * \text{m}^3 * \text{s}^2}{\text{bar} * \text{m} * \text{s}^2 * 520\,\text{kg} * 9{,}81\,\text{m}} = 15{,}7\,\text{m}$$

$$H = (18 - 19{,}6 + 15{,}7)\,\text{m} = 14{,}1\,\text{m}$$

$$P = \frac{50\,\text{t} * 14{,}1\,\text{m} * 9{,}81\text{m}}{\text{h} * \text{s}^2} = \frac{50\,\text{t} * 14{,}1\,\text{m} * 9{,}81\text{m} * 1000\,\text{kg} * \text{h}}{\text{h} * \text{s}^2 * \text{t} * 3600\,\text{s}}$$

$$= 1921 \frac{\text{kg} * \text{m}^2}{\text{s}^2} = 1{,}92\,\text{kW}$$

$$\boldsymbol{P}_{\textbf{real}} = \frac{P}{\eta_{Pumpe} * \eta_{Motor}} = \frac{1{,}92\,\text{kW}}{0{,}65} = \mathbf{2{,}95\,kW \cong 3{,}0\,kW}$$

b. $E_{real} = P * t \quad t = \frac{m}{\dot{m}} = \frac{600\,\text{t} * \text{h}}{50\,\text{t}} = 12\,\text{h} \rightarrow \boldsymbol{E}_{\textbf{real}} = 3{,}0\,\text{kW} * 12\,\text{h} = \mathbf{36\,kWh}$

→ ***Ergebnis:***

a. **Die Leistungsaufnahme des Pumpenmotors ist mit 3 kW anzusetzen.**
b. **Die Gesamtenergie für den Pumpvorgang beträgt 36 kWh.**

Aufgabe 85

Mit einer Kreiselpumpe sollen pro Stunde 30 m³ Flusswasser in einen Hochbehälter gefördert werden. Der Fluss liegt 4 m unterhalb der Pumpe, der Füllstand des Hochbehälters, der sich nicht ändert, liegt 10 m oberhalb der Pumpe. Der Luftdruck beträgt 1 bar. Der Druck innerhalb des Hochbehälters liegt bei 3 bar. Die Reibungsverluste entsprechen einer Höhe von 1 m. Das Flusswasser hat eine Dichte von 1000 kg/m³.

a. Wie groß muss die Pumpenleistung (kW) sein, wenn der Gesamtwirkungsgrad (Pumpe und Motor) bei 69 % liegt?
b. Wie viel Energie (kWh) wird für den Pumpvorgang pro Tag benötigt?

⊗ **Lösung**

→ ***Strategie***

a. Die Pumpenleistung wird mittels Formel 39c berechnet. Die Gesamtförderhöhe ergibt sich aus Formel 38a, wobei zur Berechnung der Druck- sowie der Reibungshöhe Formel 38b verwendet wird.
b. Die nötige Energie folgt aus dem Produkt von Leistung und Förderzeit.

→ *Berechnung*

a. $P = \frac{\dot{m}*g*H}{\eta_{\text{Pumpe}}*\eta_{\text{Motor}}}$

$$\dot{m} = \dot{V} * \rho = 30\frac{\text{m}^3 * \text{h}}{\text{h} * 3600\,\text{s}} * 1000\frac{\text{kg}}{\text{m}^3} = 8{,}333\frac{\text{kg}}{\text{s}}$$

$$H = h_{\text{geo}} + h_p + h_r$$

$$h_{\text{geo}} = (4 + 10)\,\text{m} = 14\,\text{m} \quad h_r = 1\,\text{m}$$

$$h_p = \frac{\Delta p}{\rho * g} = \frac{(3-1)\,\text{bar} * \text{m}^3 * \text{s}^2}{1000\,\text{kg} * 9{,}81\,\text{m}} = 0{,}0002039 * \frac{10^5\,\text{kg} * \text{m}^3 * \text{s}^2}{\text{kg} * \text{m} * \text{s}^2 * \text{m}} = 20{,}4\,\text{m}$$

$$H = (14 + 20{,}4 + 1)\,\text{m} = 35{,}4\,\text{m}$$

$$\boldsymbol{P} = \frac{8{,}333\,\text{kg} * 9{,}81\,\text{m} * 35{,}4\,\text{m}}{\text{s} * \text{s}^2 * 0{,}69} = 4194\frac{\text{kg} * \text{m}^2}{\text{s}^3} = \mathbf{4{,}194\,kW \cong 4{,}2\,kW}$$

b. $\boldsymbol{E} = P * t = 4{,}194\,\text{kW} * 24\,\text{h} = \mathbf{100{,}7\,kWh}$

→ *Ergebnis*

a. **Die Anschlussleistung des Pumpenmotors muss 4,2 kW betragen.**
b. **Die benötigte tägliche Energie beträgt 100,7 kWh.**

Aufgabe 86

Eine Destillationskolonne wird mittels einer Kreiselpumpe (Kennlinien-Diagramm liegt bei) mit 5 kg/s eines Stoffgemisches (ρ = 900 kg/m^3) beschickt. Die Höhe des Flüssigkeitsspiegels im Vorratstank des Gemisches liegt 10 m unterhalb der des Aufgabebodens. Die Druckhöhe zwischen dem Vorratstank und dem höheren Druck im Aufgabeboden der Kolonne beträgt 20 m.

Die Strömungsverluste wurden empirisch gemäß der folgenden Gleichung bestimmt:

$$h_r = 0{,}04 * \dot{V}^2 \text{ Mit } \dot{V} \text{ in m}^3/\text{h ergibt sich } h_r \text{ in m.}$$

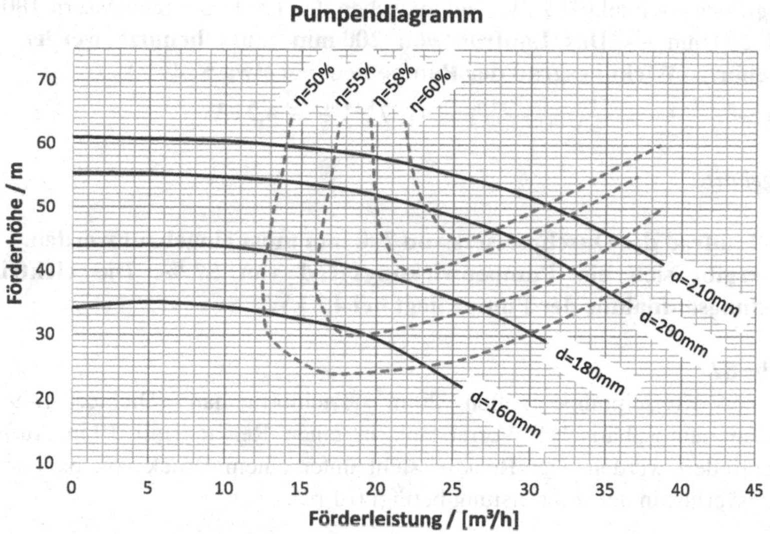

a. Welcher Pumpenlaufraddurchmesser sollte verwendet werden und welcher Pumpenwirkungsgrad wird sich ergeben?
b. Wie groß muss die Anschlussleistung des Elektromotors (Wirkungsgrad:95 %) sein, der die Kreiselpumpe antreibt.

⊗ **Lösung**

→ ***Strategie***

Aus dem Massenstrom wird mittels der Dichte der Volumenstrom des Stoffgemisches berechnet. Die Gesamtförderhöhe ergibt sich aus der geodätischen Höhe, der Druckhöhe und der Höhe des Druckverlustes. Letztere berechnet sich aus der in der Aufgabenstellung gegebenen Formel und dem ermittelten Volumenstrom. Aus dem so ermittelten Punkt aus Förderhöhe und Volumenstrom im Pumpendiagramm wird der nächsthöhere Laufraddurchmesser und der zugehörige Pumpenwirkungsgrad entnommen. Der Anschlusswert der Leistung des Elektromotors berechnet sich gemäß Formel 39c.

→ ***Berechnung***

a. $\dot{V} = \frac{\dot{m}}{\rho} = \frac{5\,\mathrm{kg} * \mathrm{m}^3}{\mathrm{s} * 900\,\mathrm{kg}} = 0{,}00556\,\frac{\mathrm{m}^3}{\mathrm{s}} = \frac{0{,}00556\,\mathrm{m}^3 * 3600\,\mathrm{s}}{\mathrm{s} * \mathrm{h}} = 20\,\frac{\mathrm{m}^3}{\mathrm{h}}$

$$H = h_{\mathrm{geo}} + h_p + h_r$$

$$h_{\mathrm{geo}} = 10\,\mathrm{m} \quad h_p = 20\,\mathrm{m} \quad h_r = 0{,}04 * 20^2\,\mathrm{m} = 16\,\mathrm{m}$$

$$H = (20 + 10 + 16)\,\mathrm{m} = 46\,\mathrm{m}$$

Diagramm → Punkt H zu $\dot{V}$ liegt zwischen den Laufraddurchmessern 180 mm und 200 mm → **Das Laufrad von 200 mm muss benutzt werden. Der zugehörige Wirkungsgrad der Pumpe liegt bei etwa 57 %.**

b. $\boldsymbol{P} = \frac{\dot{m} * H * g}{\eta_{\text{Pumpe}} * \eta_{\text{Motor}}} = \frac{5\,\text{kg} * 46\,\text{m} * 9{,}81\,\text{m}}{\text{s} * \text{s}^2 * 0{,}57 * 0{,}95} = 4167 \frac{\text{kg} * \text{m}^2}{\text{s}^3} \cong \mathbf{4{,}2\,kW}$

→ ***Ergebnis***

a. **Das Laufrad des Durchmessers von 200 mm muss eingebaut werden.**
b. **Es ergibt sich ein Pumpenwirkungsgrad von 57 %. Die elektrische Leistungsaufnahme der Pumpe liegt bei 4,2 kW.**

Aufgabe 87
Mit einer Kreiselpumpe sollen 20 m³ Trichlormethan (Dichte: 1,49 kg/l) aus einem atmosphärischen Vorratstank in einen Reaktor mit 10 m Aufgabehöhe gefördert werden. Der Reaktor steht unter einem Druck von 6,5 bar. Der Reibungsverlust in der Rohrleistung beträgt 0,1 bar.

a. Welche Energie wird hierzu theoretisch benötigt?
b. Welche theoretische Leistung muss die Pumpe mindestens haben, wenn der Fördervorgang innerhalb von 30 min erfolgt sein soll?
c. Wie viel Energie und welche Leistung werden hierzu unter realen Bedingungen (Wirkungsgrad Pumpe: 60 %; Wirkungsgrad elektrischer Antrieb der Pumpe: 89 %) benötigt?

⊗ **Lösung**
→ ***Strategie***

a. Mittels Formel 39b berechnet sich die nötige Energie für den Pumpvorgang. Die hierzu nötige Gesamtförderhöhe berechnet sich aus Formel 38a mit der durch Formel 38b ermittelten Höhe für die Druckdifferenz und für den Druckverlust durch Reibung.
b. Die Leistung ist der Quotient aus eingesetzter Energie und nötiger Zeit für den Pumpvorgang.
c. Zur Ermittlung der in der Realität benötigten Energie und Leistungsaufnahme für den Pumpvorgang werden die zuvor unter b) ermittelten theoretischen Werte durch das Produkt der Wirkungsgrade der Pumpe und des elektrischen Antriebsmotors dividiert.

→ ***Berechnung***

a. $E = m * g * H \quad m = V * \rho = 20\,\text{m}^3 * 1490 \frac{\text{kg}}{\text{m}^3} = 29.800\,\text{kg}$

$$H = h_{\text{geo}} + h_p + h_r$$

$$h_{\text{geo}} = 10\,\text{m}$$

$$h_p = \frac{\Delta p}{\rho * g} = \frac{(6{,}5 - 1{,}0)\,\text{bar} * \text{m}^3 * \text{s}^2}{1490\,\text{kg} * 9{,}81\,\text{m}} = \frac{5{,}5 * 10^5\,\text{kg} * \text{m}^3 * \text{s}^2}{1490\,\text{kg} * 9{,}81\text{m} * \text{s}^2 * \text{m}} = 37{,}6\,\text{m}$$

$$h_r = \frac{\Delta p}{\rho * g} = \frac{0{,}1\,\text{bar} * \text{m}^3 * \text{s}^2}{1490\,\text{kg} * 9{,}81\,\text{m}} = \frac{0{,}1 * 10^5\,\text{kg} * \text{m}^3 * \text{s}^2}{1490\,\text{kg} * 9{,}81\,\text{m} * \text{s}^2 * \text{m}} = 0{,}68\,\text{m} \cong 0{,}7\,\text{m}$$

$$H = (10 + 37{,}6 + 0{,}7)\,\text{m} = 48{,}3\,\text{m}$$

$$E = 29.800\,\text{kg} * 9{,}81\frac{\text{m}}{\text{s}^2} * 48{,}3\,\text{m} = 14.119.925\frac{\text{kg}}{} * \text{ms}^2$$

$$\mathbf{E = 14.120\,kJ = 14.120\,kW * s = \frac{14.120\,kW * s * h}{3600\,s} = 3{,}92\,kWh}$$

b. $\mathbf{P} = \frac{E}{t} = \frac{14.120\,\text{kJ}*\text{min}}{30\,\text{min}*60\,\text{s}} = \mathbf{7{,}84\,kW}$ alternativ : $\mathbf{P} = \frac{E}{t} = \frac{3{,}92\,\text{kWh}}{0{,}5\,\text{h}} = \mathbf{7{,}84\,kW}$

c. $\mathbf{E_{Real}} = \frac{E}{\eta_{\text{Pumpe}} * \eta_{\text{Motor}}} = \frac{14.120\,\text{kJ}}{0{,}6*0{,}89} = \mathbf{26.442\,kJ}$

$$= \frac{3{,}92\,\text{kWh}}{0{,}6 * 0{,}89} = \mathbf{7{,}34\,kWh}$$

$$\mathbf{P_{Real}} = \frac{P}{\eta_{\text{Pumpe}} * \eta_{\text{Motor}}} = \frac{7{,}84\,\text{kW}}{0{,}6 * 0{,}89} = \mathbf{14{,}68\,kW \cong 15\,kW}$$

→ ***Ergebnis***

a. **Der theoretische Energieverbrauch liegt bei 14.120 kJ = 3,92 kWh.**
b. **Die theoretische Leistung beträgt 7,84 kW.**
c. **Im praktischen Betrieb werden 26.442 kJ = 7,34 kWh verbraucht. Der Elektromotor der Pumpe muss eine Leistung von 15 kW aufweisen.**

Aufgabe 88

In einer Kornbrennerei soll jeweils nach einer Satz-Destillation 10.000 L des 60 %igen Destillats einer Dichte von 0,9 g/cm^3 aus dem Sammeltank in einen Hochbehälter verpumpt werden. Beide Behälter sind atmosphärisch. Die Förderhöhe beträgt während des gesamten dreißigminütigen Pumpvorgangs 15 m. Hierzu steht eine Kreiselpumpe zur Verfügung, die einen hydraulischen Wirkungsgrad von 75 % hat. Unglücklicherweise ist der Elektromotor durchgebrannt und das Typenschild nicht mehr entzifferbar.

a. Welche elektrische Leistungsaufnahme muss ein Ersatzmotor mindestens haben, um bei einem elektrischen Wirkungsgrad von 90 % die Förderaufgabe zu bewältigen? Reibungsverluste im Leitungssystem sollen hierbei vernachlässigt werden.

b. In der gleichen Brennerei wird das Kühlwasser für den Kondensator der Destillation mittels einer Tauchpumpe (Kreiselpumpe → Pumpenkennlinie liegt bei) mit einem Strom von mindestens 15 m^3/h Wasser ($\rho = 1000$ kg/m^3) aus einem Tiefbrunnen aus 30 m Tiefe in einen offenen Vorratstank von 10 m über dem Fabrikboden gefördert. Die geringe Druckdifferenz und der geringe Druckverlust durch Reibung sollen vernachlässigt werden. Mit welchem Laufraddurchmesser muss die Pumpe betrieben werden, um dieser Forderung gerecht zu werden? Welcher Pumpenwirkungsgrad wird erreicht? Welche Leistung des Pumpenantriebsmotors ist bei einem Motorwirkungsgrad von 85 % erforderlich?

c. Wegen der ständig wiederkehrenden komplizierten Wartungsarbeiten an der 30 m tief liegenden Tauchpumpe kommt der Vorschlag auf, die Tauchpumpe durch eine Kreiselpumpe auf der Ebene des Fabrikbodens zu ersetzen. Welche Vorteile hätte eine Kolbenpumpe, die ebenfalls auf der Ebene des Fabrikbodens angebracht würde?

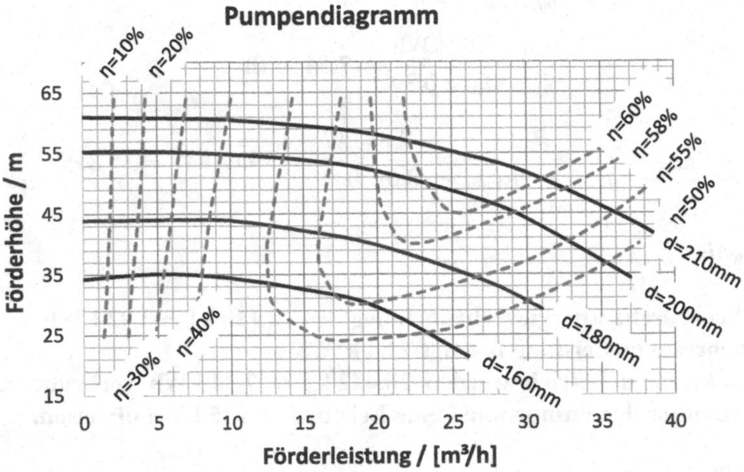

⊗ **Lösung**

→ ***Strategie***

a. Die nötige Leistung der Förderung wird mit Formel 39a berechnet. Da laut Aufgabenstellung keine Druckdifferenz zwischen Destillatsammeltank und Hochbehälter besteht und die Reibungsverluste der Strömung vernachlässigt werden können, entspricht die Förderhöhe der geodätischen. Die Wirkungsgrade der Pumpe und des Antriebsmotors müssen berücksichtigt werden.

b. Die Förderleistung ist gegeben und die Gesamtförderhöhe entspricht der geodätischen, da die geringen Druckdifferenz und Reibungsdifferenzen vernachlässigt werden können. Mittels dieser beiden Werte werden im Pumpendiagramm der nächstgrößere Laufraddurchmesser und der zugehörige Pumpenwirkungsgrad bestimmt. Mit der zuvor berechneten theoretischen

Pumpenleistung, dem gegebenen Wirkungsgrad des Motors und dem ermittelten Wirkungsgrad der Pumpe selbst berechnet sich der reale Wert der elektrischen Leistungsaufnahme.

c. Eine Saugförderung von Wasser mit einer Ansaughöhe von mehr als 9m lässt sich wegen des Dampfdrucks des Wassers nicht realisieren. Dieser Teil der Aufgabe ist somit Unfug.

→ *Berechnung*

a. $P = \dot{m} * g * H$

$$H = h_{\text{geo}} + h_p + h_r \quad h_{\text{geo}} = 15\,\text{m} \quad h_p = 0\,\text{m} \quad h_r = 0\,\text{m} \rightarrow \quad H = 15\,\text{m}$$

$$\dot{m} = \frac{\dot{V} * \rho}{t} = \frac{10\,\text{m}^3 * 900\,\text{kg} * \text{min}}{30\,\text{min} * \text{m}^3 * 60\,\text{s}} = 5{,}0\frac{\text{kg}}{\text{s}}$$

$$P = \frac{5\,\text{kg} * 9{,}81\,\text{m} * 15\,\text{m}}{\text{s} * \text{s}^2} = 735{,}8\,\text{W}$$

$$P_{\text{real}} = \frac{P}{\eta_{\text{Pumpe}} * \eta_{\text{Motor}}} = \frac{0{,}736\,\text{kW}}{0{,}75 * 0{,}9} = \mathbf{1{,}09\,kW \cong 1{,}1\,kW}$$

b. $H = h_{\text{geo}} + h_p + h_r \quad h_{\text{geo}} = (30 + 10)\,\text{m} \quad h_p = 0\,\text{m} \quad h_r = 0\,\text{m} \rightarrow \quad H = 40\,\text{m}$

Pumpendiagramm ($\dot{V} = 15\frac{\text{m}^3}{\text{h}}$; $H = 40\,\text{m}$)

→ Laufraddurchmesser zwischen 160 mm und 180 mm : Also Laufrad 180 mm und $\eta_{\text{Pumpe}} = 0{,}53$

$$P = \dot{m} * g * H \quad \dot{m} = \dot{V} * \rho = \frac{15\,\text{m}^3 * 1000\,\text{kg} * \text{h}}{\text{h} * \text{m}^3 * 3600\,\text{s}} = 4{,}17\frac{\text{kg}}{\text{s}}$$

$$P = \frac{4{,}17\,\text{kg} * 9{,}81\,\text{m} * 40\,\text{m}}{\text{s} * \text{s}^2} = 1636\frac{\text{kg} * \text{m}^2}{\text{s}^3} = 1{,}64\,\text{kW}$$

$$P_{\text{real}} = \frac{P}{\eta_{\text{Pumpe}} * \eta_{\text{Motor}}} = \frac{1{,}64\,\text{kW}}{0{,}53 * 0{,}85} = \mathbf{3{,}64\,kW}$$

→ *Ergebnis*

a. **Der Antriebsmotor der Destillat-Pumpe hat eine Leistungsaufnahme von 1,1 kW.**

b. **Die Kühlwasserpumpe muss mit einem 180 mm Laufrad ausgerüstet sein. Es ergibt sich ein hydraulischer Wirkungsgrad von 53 %. Die Leistungsaufnahme des Pumpenmotors liegt bei 3,64 kW.**

c. **Da aufgrund des Dampfdrucks des Wassers eine Saugförderhöhe von über 9 m nicht realisierbar ist, ist der Vorschlag der Installation der Pumpe auf der Ebene des Fabrikbodens unsinnig, egal ob Kreisel- oder Kolbenpumpe.**

Aufgabe 89

Ein Gemisch aus Tetrachlorkohlenstoff (Anteil: 50 gew%, Dichte: 1594 kg/m^3), Chloroform (30 gew%, 1490 kg/m^3), Dichlormethan (20 gew%, 1300 kg/m^3) wird mit einer Kreiselpumpe aus einem atmosphärischen Tank in den Aufgabeboden einer Rektifikationskolonne in 25 m Höhe gepumpt. Der Druck im Aufgabeboden beträgt 2 bar. Die Reibungsverluste im Rohrsystem liegen bei 0,5 bar. Der die Kreiselpumpe antreibende Elektromotor hat einen Wirkungsgrad von 85 %.

a. Welcher Volumenstrom wird laut beigelegter Pumpenkennlinie erreicht und wie groß ist die Leistungsaufnahme des Elektromotors der Pumpe?
b. Der Volumenstrom soll auf 8 m^3/h erhöht werden. Näherungsweise wird angenommen, dass sich die Reibungsverluste nur unwesentlich erhöhen und ihre Zunahme somit vernachlässigt werden kann. Es soll dieselbe Pumpe und derselbe Elektromotor der Pumpe mit gleicher Leistungsaufnahme verwendet werden. Auf wie viel bar muss der Druck im Tank erhöht werden, um dieses Ziel zu erreichen?

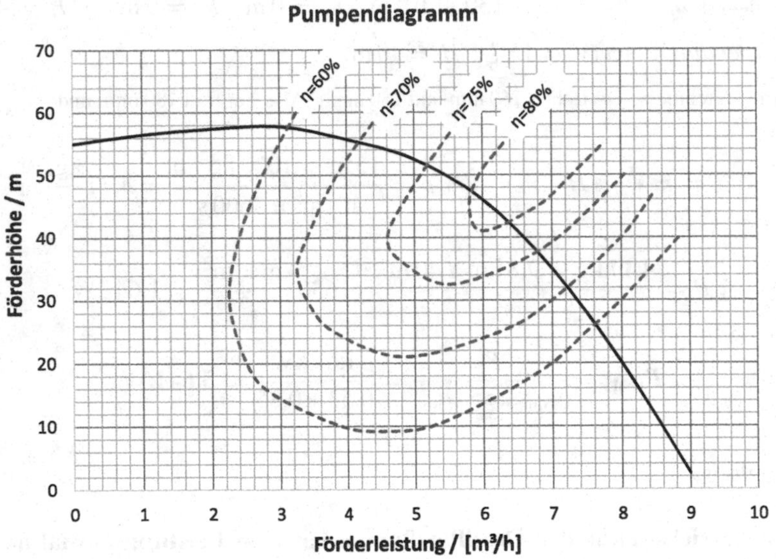

⊗ **Lösung**
→ ***Strategie***

a. Mit der Gesamtförderhöhe (Formel 38a) können aus dem Pumpendiagramm sowohl der Förderstrom als auch der Pumpenwirkungsgrad entnommen werden. Die Druck- und die Reibungshöhe ergeben sich aus Formel 38b. Hierzu muss das Mittel der Dichte des Förderstroms berechnet werden. Für die ermittelte Gesamtförderhöhe entnimmt man dem Diagramm den zugehörigen Volumenstrom und den Pumpenwirkungsgrad. Mithilfe von Formel 39c ergibt sich damit der elektrische Anschlusswert der Leistung des Pumpenmotors.
b. Aus dem Pumpendiagramm werden die Gesamtförderhöhe und der zugehörige Wirkungsgrad für einen Förderstrom von 8 m^3/h entnommen. Mittels Formel 38a wird die Druckhöhe berechnet und hieraus mit entsprechend umgestellter Formel 38b die Druckdifferenz von Kolonneneingang zu Tank, aus der sich wiederum der nötige Tankdruck ergibt. Mithilfe von Formel 39c wird überprüft, ob der zu erwartende gleichbleibende Motorleistungsanschlusswert zutrifft.

→ ***Berechnung***

a. $H = h_{\text{geo}} + h_p + h_r$

$$h_{\text{geo}} = 25\,\text{m}$$

$$h_p = \frac{\Delta p}{\rho * g} \qquad \Delta p = (2-1)\,\text{bar} = 1\,\text{bar} = 10^5\frac{\text{kg}}{\text{m} * \text{s}^2}$$

$$h_r = \frac{\Delta p}{\rho * g} \qquad \Delta p = 0{,}5\,\text{bar} = 0{,}5 * 10^5\frac{\text{kg}}{\text{m} * \text{s}^2}$$

$$\overline{\rho} = \frac{\sum (m_i * \rho_i)}{\sum m_i} = \frac{m_{\text{Gesamt}} * \sum\left(\frac{\%_i}{100\,\%} * \rho_i\right)}{m_{\text{Gesamt}}}$$
$$= \frac{\%_{\text{CCl}_4} * \rho_{\text{CCl}_4} + \%_{\text{CHCl}_3} * \rho_{\text{CHCl}_3} * \%_{\text{CH}_2\text{Cl}_2} * \rho_{\text{CH}_2\text{Cl}_2}}{100\,\%}$$

$$\overline{\rho} = \frac{(50 * 1594 + 30 * 1490 + 20 * 1300)\% * \text{kg}}{\text{m}^3 * 100\,\%} = 1504\frac{\text{kg}}{\text{m}^3}$$

$$h_p = \frac{10^5\,\text{kg} * \text{m}^3 * \text{s}^2}{\text{m} * \text{s}^2 * 1504\,\text{kg} * 9{,}81\,\text{m}} = 6{,}78\,\text{m} \cong 6{,}8\,\text{m}$$

$$h_r = \frac{0{,}5 * 10^5\,\text{kg} * \text{m}^3 * \text{s}^2}{\text{m} * \text{s}^2 * 1504\,\text{kg} * 9{,}81\,\text{m}} = 3{,}39\,\text{m} \cong 3{,}4\,\text{m}$$

$$H = (25 + 6{,}8 + 3{,}4)\text{m} = 35{,}2\,\text{m}$$

Der dieser Gesamtförderhöhe entsprechende Volumenstrom ergibt sich aus der Pumpenkennlinie des Diagramms zu 7 m³/h bei einem Pumpenwirkungsgrad von 0,725. Dies entspricht einem Massenstrom von

$$\dot{m} = \dot{V} * \rho = 7{,}0\frac{\text{m}^3}{\text{h}} * \frac{\text{h}}{3600\,\text{s}} * 1504\frac{\text{kg}}{\text{m}^3} = \mathbf{2{,}92\frac{kg}{s}}$$

$$\boldsymbol{P} = \frac{\dot{m} * g * H}{\eta_{\text{Pumpe}} * \eta_{\text{Motor}}} = \frac{2{,}92\,\text{kg} * 9{,}81\,\text{m}*35{,}2\,\text{m}}{\text{s} * \text{s}^2 * 0{,}725 * 0{,}85} = \mathbf{1{,}64\,kW}$$

b. *Aus Diagramm für 8 m³/h → $H = 20$ m; $\eta_P \cong 0{,}5$*

$$H = h_{\text{geo}} + h_p + h_r$$

$$h_p = H - h_{\text{geo}} - h_r = (20 - 25 - 3{,}4)\text{m} = -8{,}4\,\text{m}$$

$$\Delta p = hp * \rho * g \frac{-8{,}4\,\text{m}*1504\,\text{kg}*9{,}81\,\text{m}}{\text{m}^3*\text{s}^2} = -123.936\frac{\text{kg}}{\text{m}*\text{s}^2} \cong -123.936\frac{\text{Pa}*\text{bar}}{10^5\,\text{Pa}} \cong -1{,}24\,\text{bar}$$
$$\Delta p = P_{\text{kolonne}} - P_{\text{rank}}$$

$$\boldsymbol{p_{\text{Tank}}} = p_{\text{Kolonne}} - \Delta p = 2\,\text{bar} - (-1{,}24\,\text{bar}) = \mathbf{3{,}24\,bar}$$

$$\dot{m} = \dot{V} * \rho = 8\frac{\text{m}^3}{\text{h}} * \frac{\text{h}}{3600\,\text{s}} * 1504\frac{\text{kg}}{\text{m}^3} = 3{,}34\frac{\text{kg}}{\text{s}}$$

$$P = \frac{\dot{m} * g * H}{\eta_{\text{Pumpe}} * \eta_{\text{Motor}}} = \frac{3{,}34\,\text{kg} * 9{,}81\,\text{m} * 20\,\text{m}}{\text{s} * \text{s}^2 * 0{,}5 * 0{,}85} = 1{,}54\,\text{kW} \rightarrow \cong 1{,}64\,\text{kW}$$

→ ***Ergebnis***

a. **Der Volumenstrom beträgt 7 m³ pro Stunde. Die für den Fall a) nötige elektrische Anschlussleistung des Pumpenmotors liegt bei 1,64 kW.**
b. **Die auf 8 m³/h erhöhte Förderleistung bei gleicher Pumpenleistung kann durch eine Erhöhung des Drucks im Vorratstank auf 3,24 bar erreicht werden. Die mit dem sich hierfür ergebenden Pumpenwirkungsgrad berechnete Anschlussleistung bestätigt dieses Ergebnis.**

3.7 Maßstabvergrößerung

Aufgabe 90

Ein Kunde benötigt 2200 kg 3,4,5-Trimethylanilin (TMA). Das Forschungslabor hat hierzu eine Synthese entwickelt, bei der im abschließenden Reaktionsschritt 3,4,5-Trimethylnitrobenzol (TMNB) durch Zugabe von Eisenspänen zu 3,4,5-TMA reduziert wird. Dieser Reaktionsschritt ist der langsamste in der Sequenz der Synthesestufen und Aufbereitungsprozeduren.

Der Laboransatz wurde wie folgt durchgeführt: In einem 1,5-L-Doppelwandreaktor wurden 100 g TMNB in 400 mL Toluol innerhalb von 20 min unter Rühren vollständig aufgelöst und auf 35 °C gebracht. Dann wurden innerhalb einer Stunde 500mL 25gew%ige Salzsäure und 75 g Eisenspäne kontinuierlich zugeführt und die Temperatur bei 35 °C gehalten. Anschließend wurde das Gemisch auf 60 °C aufgeheizt und die Reaktion innerhalb von drei weiteren Stunden abgeschlossen. Die Aufbereitung erfolgte durch Filtration und Rektifikation. Einschließlich der Aufbereitung des Produkts ergab sich eine Ausbeute an TMA bezüglich TMNB von 85 %.
Zur Befriedigung des Kundenwunsches soll die Reaktion in einem Technikumsreaktor von 3 m^3 durchgeführt werden. Als Füllgrad sind 60 % vorgesehen. Die Vorbesprechung der Schicht vor jedem Ansatz dauert 10 min. Für das Füllen des Reaktors mit Toluol und TMNB werden 20 min benötigt. Die Zeiten des Auflösens des TMNB und die Reaktion selbst, einschließlich der Zugabe der Eisenspäne und der Nachreaktion bei 60 °C, entsprechen denen des Laboransatzes. Das Abpumpen des Reaktionsgemisches erfordert eine halbe Stunde, die Reinigung des Reaktors 40 min.

a. Wie groß ist der Scale-up-Faktor?
b. Welche Mengen an TMNB, Toloul, Salzsäure und Eisenspänen werden pro Technikumsansatz benötigt?
c. Wie viel TMA ist aus einem Technikumsansatz zu erwarten, und wie viele Ansätze sind theoretisch erforderlich, um dem Kundenwunsch zu entsprechen?
d. Das Technikum wird rund um die Uhr im Dreischichtenbetrieb benutzt. In welchem Zeitraum kann die geforderte Menge TMA hergestellt werden, wenn während der gesamten Kampagne mit einem Fehlansatz und etwa 4 h Wartungsausfall gerechnet werden kann?

Molmassen in g/mol: C = 12 g; H = 1; N = 14; O = 16; Fe = 58
Dichte in kg/m^3: TMA = 920; TMNB = 1240; Eisen = 5580

⊗ **Lösung**
→ ***Strategie***

a. Als sinnvoller Scale-up-Faktor wird das Verhältnis des aktiven Volumens des Technikumsreaktors zum Endvolumen des Laboransatzes formuliert.
b. Die Mengen des Laboransatzes, multipliziert mit dem Scale-up-Faktor, entsprechen den Einsatzmengen für einen Technikumsansatz.
c. Formel 10a (Ausbeuteberechnung) wird zur Produktmolzahl (n_{TMA}) hin umgestellt und die im Technikumsreaktor eingesetzte TMNB-Masse in die Molzahl umgerechnet (Formel 7e). Die kalkulierte Molzahl an TMA wird in die Masse pro Technikumsansatz umgerechnet.
d. Aus der geforderten Liefermenge und der pro Ansatz hergestellten TMA-Masse wird die theoretisch nötige Anzahl der Ansätze bestimmt. Hierzu kommt ein wahrscheinlicher Fehlansatz. Die Zahl wird auf die nächstgrößere ganze Zahl aufgerundet. Die für einen Ansatz benötigte Zeit wird aus den Einzelzeiten und

hieraus die für die Ansätze erforderliche Gesamtzeit berechnet. Hinzu kommt noch die wahrscheinlich nötige Zeit für Wartungsarbeiten.

→ ***Berechnung***

a. $ScF = \frac{V_{\text{Technikumsreaktor}}}{V_{\text{Laboransatz}}}$

$$V_{\text{Technikumsreaktor}} = 3{,}0\,\text{m}^3 * \frac{60\,\%}{100\,\%} = 1{,}8\,\text{m}^3 = 1800\,\text{L}$$

$$V_{\text{Laboransatz}} = V_{\text{TMNB}} + V_{\text{Toluol}} + V_{\text{Salzsäure}} + V_{\text{Fe}} \quad \text{V} = \frac{m}{\rho}$$

$$V_{\text{Laboransatz}} = \frac{m_{\text{TMNB}}}{\rho_{\text{TMNB}}} + V_{\text{Toluol}} + V_{\text{Salzsäure}} + \frac{m_{\text{Fe}}}{\rho_{\text{Fe}}}$$

$$V_{\text{Laboransatz}} = \frac{0{,}1\,\text{kg} * \text{m}^3}{1240\,\text{kg}} * \frac{1000\,\text{L}}{\text{m}^3} + 0{,}4\,\text{L} + 0,5\,\text{L} + \frac{0{,}075\,\text{kg} * \text{m}^3}{5580\,\text{kg}} * \frac{1000\,\text{L}}{\text{m}^3}$$

$$V_{\text{Laboransatz}} = (0{,}0806 + 0{,}4 + 0{,}5 + 0{,}0134)\,\text{L} = 0{,}994\,\text{L}$$

$$ScF = \frac{1800\,\text{L}}{0{,}994\,\text{L}} = \mathbf{1811}$$

b. $m_{i\text{–Techn}} = m_{i\text{–Lab}} * ScF \quad V_{i\text{–Techn}} = V_{i\text{–Lab}} * ScF$

$$m_{\text{TMNB–Techn}} = 0{,}1\,\text{kg} * 1811 = 181{,}1\,\text{kg} \cong \mathbf{181\,kg}$$

$$V_{\text{Toluol–Techn}} = 0{,}4\,\text{L} * 1811 = 724{,}4\,\text{L} \cong \mathbf{0{,}724\,m^3}$$

$$V_{\text{Salzsäure-Technikum}} = 0{,}5\,\text{L} * 1811 = 905{,}5\,\text{L}$$

$$m_{\text{Fe–Techn}} = 0{,}075\,\text{kg} * 1811 = 135{,}8\,\text{kg} = \mathbf{136\,kg}$$

c. *Technikum*

$$\text{TMNB} \rightarrow C_9H_{11}NO_2$$

$$M_{\text{TMNB}} = (9 * 12 + 11 * 1 + 14 + 2 * 16)\text{g/mol} = 165\,\text{g/mol}$$

$$TMA \rightarrow C_9H_{13}N$$

$$M_{\text{TMA}} = (9 * 12 + 13 * 1 + 14)\text{g/mol} = 135\,\text{g/mol}$$

$$Y_{P/E} = \frac{\upsilon_E * (n_{P_o} - n_P)}{\upsilon_p * n_{E_o}} \quad Y_{\text{TMA/TMNB}} = \frac{\upsilon_{\text{TMNB}} * (n_{\text{TMA}_o} - n_{\text{TMA}})}{\upsilon_{\text{TMA}} * n_{\text{TMNB}_o}}$$

$$\upsilon_{\text{TMNB}} = -1 \quad \upsilon_{\text{TMA}} = +1$$

$$n_{\text{TMA}_0} = 0 \quad n_{\text{TMNB}_0} = \frac{m_{\text{TMNB}_0}}{M_{\text{TMNB}}} = \frac{181\,\text{kg} * \text{mol}}{0{,}165\,\text{kg}} = 1097\,\text{mol}$$

$$n_{\text{TMA}} = Y_{\text{TMA/TMNB}} * \frac{\nu_{\text{TMA}}}{-\nu_{\text{TMNB}}} * n_{\text{TMNB}} = 0{,}85 * \frac{+1}{-(-1)} * 1097\,\text{mol} = 919\,\text{mol}$$

$$\boldsymbol{m_{\text{TMA}}} = n_{\text{TMA}} * M_{\text{TMA}} = 919\,\text{mol} * 0{,}135\frac{\text{kg}}{\text{mol}} = \mathbf{124\,kg}$$

d. Anzahl Ansätze $= \frac{2200\,\text{kg}}{124\,\text{kg}} = 17{,}4 \cong 18$ *zusätzlich Zeitreserve für einen eventurellen Fehlansatz → 19 Ansätze*
Zeit pro Ansatz = Vorbesprechung + Auffüllen + Auflösen + Zugabe Salzsäure & Eisen + Nachreaktion + Abpumpen + Reinigen

$$\frac{\text{Zeit}}{\text{Ansatz}} = (10 + 20 + 20 + 60 + 3 * 60 + 30 + 40)\text{min} = 360\,\text{min} = 6\,\text{h}$$

$$t_{\text{Gesamt-Produktion}} = 6\frac{\text{h}}{\text{Ansatz}} * 19\,\text{Ansätze} = 114\,\text{h}$$

$$\boldsymbol{t_{\text{Kampagne}}} = 114\,\text{h} + 4\,\text{h} = 118\,\text{h} = 4{,}9\,\text{Tage} \cong \mathbf{5\,Tage.}$$

→ ***Ergebnis***

a. **Der Scale-up-Faktor beträgt 1811.**
b. **Für einen Ansatz im Technikumsreaktor benötigt man 181 kg TMNB, 0,724 m^3 Toluol, 0,906 m^3 Salzsäure und 136 kg Eisenspäne.**
c. **Pro Technikumsansatz werden 124 kg TMA hergestellt.**
d. **Für die Produktionskampagne im Technikum müssen 5 Tage eingeplant werden.**

Aufgabe 91

Mittels eines PFTR eines inneren Rohrdurchmessers von 150 mm sollen pro Stunde 100 kg trockenes Calciumpalmitat (Mw = 548,8 g/mol)) hergestellt werden. Hierzu wird eine 5 gew%ige wässrige Natriumpalmitatlösung (Mw = 278,4 g/mol; $\rho_{\text{Lösung}} = 1030\,\text{kg/m}^3$) mit einer 20 gew%igen Calciumchloridlösung (Mw = 111,1 g/mol; $\rho_{\text{Lösung}} = 1180\,\text{kg/m}^3$) reagiert und der gebildete Niederschlag abfiltriert. Das abgeschiedene Calciumpalmitat mit einem Wassergehalt von 5 gew% wird getrocknet.

Entsprechende Versuche in einem Laborreaktor unter Einsatz von 500 g 5 gew%iger Natriumpalmitatlösung und 25 g 20 gew%iger Calciumchloridlösung ergaben nach einer Reaktionszeit von 5 min, Abfiltrieren und Trocknung des Niederschlags durchschnittlich eine Ausbeute von 97,5 % Calciumpalmitat bezüglich Natriumpalmitat.

a. Ist im Laborversuch ein stöchiometrisches Verhältnis der Reaktanten eingehalten worden?
b. Wie groß ist der Scale-up-Faktor?
c. Welche Stoffströme an Natriumpalmitat- und Calciumchloridlösungen müssen dem Rohrreaktor unter Zugrundelegung des Laborversuchs zugeführt werden?
d. Wie lang muss der PFR bei einer Verweilzeit von 5 min sein?
e. Welcher Sattdampfstrom wird zur Trocknung des abfiltrierten Calciumpalmitats näherungsweise benötigt, wenn lediglich die Verdampfungswärme des Wassergehalts des Niederschlags berücksichtigt werden soll und der thermische Wirkungsgrad des Trockners bei 85 % liegt?

⊗ **Lösung**
→ ***Strategie***

a. Für den Laboransatz werden die molaren Einsätze an Natriumpalmitat (NaP) und Calciumchlorid berechnet und verglichen.
b. Die im Laborversuch gewonnene Menge an Calciumpalmitat (CaP) wird aus dem eingesetzten Natriumpalmitat mithilfe der Umsatzformel 10a berechnet. Der Scale-up-Faktor wird als das Verhältnis der gewünschten Produktionsleistung an CaP und der des Laborversuchs definiert (Formel 40).
c. Die Stoffströme an NaP-Lösung und $CaCl_2$-Lösung zum PFR berechnen sich aus den Mengen, die im Laborversuch bei einer Verweilzeit von 5 min eingesetzt wurden, und dem Scale-up-Faktor.
d. Aus der umgestellten Volumenformel eines Zylinders ergibt sich die Länge des PFR. Das Volumen des PFR berechnet sich aus der Summe der Volumenströme der Na-P-Lösung und der $CaCl_2$-Lösung, multipliziert mit der Verweilzeit von 5 min. Die Volumenströme ergeben sich aus den Massenströmen, dividiert durch deren Dichte.
e. Die Verdampfungswärme des Restwassers ist etwa gleich der Kondensationswärme des Heizdampfes. Somit entspricht der nötige Dampfstrom zur Trocknung etwa der Menge des zu entfernenden Wassers, dividiert durch den thermischen Wirkungsgrad des Trockners.

→ ***Berechnung***

a. 500 g 5 gew%NaP-Lösung → 25 g NaP

$$n_{\mathrm{NaP}} = \frac{m_{\mathrm{NaP}}}{M_{\mathrm{NaP}}} = \frac{25\,\mathrm{g} * \mathrm{mol}}{278{,}4\,\mathrm{g}} = 0{,}0898\,\mathrm{mol} \cong 0{,}09\,\mathrm{mol}$$

25 g 20 gew% $CaCl_2$-Lösung → 5 g $CaCl_2$

$$n_{\mathrm{CaCl_2}} = \frac{m_{\mathrm{CaCl_2}}}{M_{\mathrm{CaCl_2}}} = \frac{5\,\mathrm{g}*\mathrm{mol}}{111{,}1\,\mathrm{g}} = 0{,}045\,\mathrm{mol}$$

Für 1 mol $CaCl_2$ werden 2 mol NaP benötigt. Daher liegen beim Laboransatz stöchiometrische Verhältnisse vor.

b. $ScF = \frac{\dot{m}_{CaP-PFR}}{\dot{m}_{CaP-Labor}}$

$$Y_{CaP/NaP} = \frac{\nu_{NaP} * (n_{CaPo} - n_{CaP})}{\nu_{CaP} * n_{NaPo}}$$

$$n_{CaP-Labor} = -\frac{\nu_{CaP}}{\nu_{NaP}} * Y_{CaP/NaP} * n_{NaP} = 0{,}5 * 0{,}975 * 0{,}09\,\text{mol} = 0{,}0439\,\text{mol}$$

$$m_{CaP-Labor} = n_{CaP} * M_{CaP} = 0{,}439\,\text{mol} * 548{,}8\,\frac{\text{g}}{\text{mol}} = 24{,}1\,\text{g in 5 min}$$

$$\rightarrow \dot{m}_{CaP-Labor} = \frac{24{,}1\,\text{g}}{5 * 60\,\text{s}} = 0{,}0803\,\frac{\text{g}}{\text{s}}$$

$$\dot{m}_{CaP-PFR} = \frac{100\,\text{kg}}{3600\,\text{s}} = 27{,}78\,\frac{\text{g}}{\text{s}}$$

$$\boldsymbol{ScF} = \frac{27{,}78}{0{,}0803} = 346$$

c. $\boldsymbol{\dot{m}_{NaP-Lsg-PFR}} = \dot{m}_{NaP-Lsg-Labor} * ScF = \frac{0{,}5\,\text{kg}}{300\,\text{s}} * 346 = \mathbf{0{,}576\frac{kg}{s}}$

$$\boldsymbol{\dot{m}_{CaCl_2-Lsg-PFR}} = \dot{m}_{CaCl_2-Lsg-Labor} * ScF = \frac{0{,}025\,\text{kg}}{300\,\text{s}} * 346 = \mathbf{0{,}0288\frac{kg}{s}}$$

d. $L_{PFR} = \frac{V_{PFR} * 4}{d^2 * \pi}$

$$V_{PFR} = \tau * \dot{V} \quad \tau = 5\,\text{min} = 300\,\text{s} \quad \dot{V} = \frac{\dot{m}}{\rho}$$

$$\dot{V}_{NaP-Lsg-PFR} = \frac{0{,}576\,\text{kg} * \text{m}^3}{\text{s} * 1030\,\text{kg}} = 5{,}59 * 10^{-4}\,\frac{\text{m}^3}{\text{s}}$$

$$\dot{V}_{CaCl_2-Lsg-PFR} = \frac{0{,}0288\,\text{kg} * \text{m}^3}{\text{s} * 1180\,\text{kg}} = 2{,}44 * 10^{-5}\,\frac{\text{m}^3}{\text{s}}$$

$$V_{PFR} = 300\,\text{s} * (55{,}9 + 2{,}44) * 10^{-5}\,\frac{\text{m}^3}{\text{s}} = 0{,}175\,\text{m}^3$$

$$\boldsymbol{L_{PFR}} = \frac{0{,}175\,\text{m}^3 * 4}{(0{,}15\,\text{m})^2 * \pi} = \mathbf{9{,}91\,m \cong 10\,m}$$

e. *100 kg feuchtes CaP enthält 95 kg CaP und 5 kg Wasser. Bei der Gewinnung von 100 kg trockenem CaP pro Stunde müssen folglich 5,26 kg/h Wasser entfernt werden.*

$$\boldsymbol{\dot{m}_{Dampf}} = \frac{5{,}26\,\text{kg}}{\text{h} * 0{,}85} = \mathbf{6{,}2\frac{kg}{h}}$$

→ ***Ergebnis***

a. **Der Laborversuch wurde unter stöchiometrischen Verhältnissen der Natriumpalmitat- und Calciumchlorid-Molzahl durchgeführt.**
b. **Der Produktstrom-bezogene Scale-up-Faktor liegt bei ScF = 346.**
c. **Der Feedstrom für den PFR liegt bei 0,576 kg/s 5 gew%iger Natriumpalmitatlösung und 0,0288 kg/s 20 gew%iger Calciumchloridlösung.**
d. **Die nötige Länge des Rohrreaktors beträgt 10 m.**
e. **Zur Trocknung werden 6,2 kg Dampf pro Stunde benötigt.**

Aufgabe 92
In einem Technikumsreaktor von 200 L Gesamtvolumen soll eine gewisse Menge 1,2-Epoxybutan (E) aus 1-Chlor-2-Hydroxybutan (CHB) durch die Reaktion mit Natriumhydroxid produziert werden. Der Technikumsreaktor darf nur zu 70 % gefüllt werden. Hierzu wurden in einem Laborversuch 1,2-Epoxybutan (EPB; M = 70,0 g/mol) aus 1-Chlor-2-Hydroxybutan (CHB; M = 106,5 g/mol) mit einer Ausbeute von 81 % hergestellt. Eingesetzt wurden 600 g CHB (Dichte 1,05 g/cm^{3}l), 0,7 L 40 gew% wässrige Natronlauge und 1 L Hexan als Lösemittel. Es fand keine Volumenkontraktion statt.

a. Wie groß ist der Scale-up-Faktor?
b. Wie groß sind die Einsatzmengen für den Technikumsreaktor?
c. Welche Epoxybutan-Menge kann aus dem Technikumsansatz erwartet werden?

⊗ **Lösung**
→ ***Strategie***

a. Die Produktionsrate wird durch das nutzbare Volumen des Technikumsreaktors begrenzt. Daher stellt das Verhältnis des nutzbaren Volumens des Technikumsreaktors zum Reaktionsvolumen des Laborversuchs einen sinnvollen Scale-up-Faktor dar (Formel 40). Das Reaktionsvolumen des Laborversuchs berechnet sich aus den gegebenen Einsatzmengen.
b. Die Einsatzmengen des Laborversuchs, multipliziert mit dem Scale-up-Faktor ergeben die Mengen, die dem Technikumsreaktor pro Ansatz zugeführt werden müssen.
c. Mittels Umstellen der Ausbeuteformel 10a lässt sich die Menge des im Laborversuch herstellten EPB berechnen. Multipliziert mit dem Scale-up-Faktor ergibt sich die pro Technikumsansatz anfallende Menge EPB.

→ Berechnung

a. $ScF = \frac{V_{\text{Technikum}}}{V_{\text{Labor}}}$

$$V_{\text{Technikum}} = 0{,}2\,\text{m}^3 * 0{,}70 = 0{,}14\,\text{m}^3$$

$$V_{\text{Labor}} = V_{\text{CHB}} + V_{\text{NaOH}} + V_{\text{Hexan}} = \frac{0{,}6\,\text{kg} * \text{L}}{1{,}05\,\text{kg}} + 0{,}7\,\text{L} + 1\,\text{L} = 2{,}27\,\text{L}$$

$$ScF = \frac{140\,\text{L}^3}{2{,}27\,\text{L}} = \mathbf{61{,}64}$$

b. $\boldsymbol{m_{\text{CHB}}} = 61{,}64 * 0{,}6\,\text{kg} = \mathbf{37{,}0\,kg}$

$$\boldsymbol{V_{\text{NaOH}}} = 61{,}64 * 0{,}7\,\text{L} = \mathbf{43{,}15\,L}$$

$$\boldsymbol{V_{\text{Hexan}}} = 61{,}64 * 1{,}0\,\text{L} = \mathbf{61{,}64\,L}$$

c. $Y_{P/E} = \frac{\upsilon_E*(n_{P_0} - n_P)}{\upsilon_p*n_{E_0}}$

Edukt → Index E = CHB

Produkt → Index P = EPB

$$Y_{\text{EPB/CHB}} = \frac{\upsilon_{\text{CHB}} * (n_{\text{EPB}_0} - n_{\text{EPB}})}{\upsilon_{\text{EPB}} * n_{\text{CHB}_0}}$$

Zu Beginn der Reaktion liegt kein EPB vor, da reine Edukte eingesetzt werden

→ $n_{\text{EPBo}} = 0\,\text{mol}$

CHB + NaOH → EPB + NaCl + H_2O → $\upsilon_{\text{CHB}} = -1 \quad \upsilon_{\text{EPB}} = +1$

$$Y_{\text{EPB/CHB}} = 0{,}81$$

$$Y_{\text{EPB/CHB}} = \frac{-1 * (-n_{\text{EPB}})}{+1 * n_{\text{CHB}_0}}$$

$$n_{\text{CHB}_0} = \frac{m_{\text{CHB}_0}}{M_{\text{CHB}_0}} = \frac{600\,\text{g} * \text{mol}}{106{,}5\,\text{g}} = 5{,}63\,\text{mol}$$

Im Laborversuch hergestellte Menge EPB:

$$n_{\text{EPB}} = Y_{\text{EPB/CHB}} * n_{\text{CHB}_0} = 0{,}81 * 5{,}63\,\text{mol} = 4{,}56\,\text{mol}$$

$$m_{\text{EPB}} = n_{\text{EPB}} * M_{\text{EPB}} = 4{,}56\,\text{mol} * \frac{70{,}0\,\text{g}}{\text{mol}} = 319{,}2\,\text{g}$$

Im Technikumsreaktor zu erwartende Menge EPB:

$$\boldsymbol{m_{\text{EPB-Technikum}}} = m_{\text{EPB}} * ScF = 0{,}3192\,\text{kg} * 61{,}64 = \mathbf{19{,}7\,kg}$$

→ ***Ergebnis***

a. **Der Scale-up-Faktor ist 61,64.**
b. **Für einen Ansatz des Technikumsreaktors werden folgende Mengen benötigt:**
37,0 kg 1-Chlor-2-Hydroxybutan (CHB), 43,2 L 40 gew%NaOH und 61,6 L Hexan.
c. **Im Technikumsreaktor werden pro Ansatz 19,7 kg 1,2-Epoxybutan hergestellt.**

Aufgabe 93
Bei der Projektierung der Produktion zur Herstellung eines Kunststoffadditivs „Y" (Gesamtgröße des Marktes etwa 250 t pro Jahr) geht man davon aus, dass hierfür der Satz-Rührkessel RK8 eines nutzbaren Volumens von 1,2 m^3 an 15 Tagen im Monat verwendet werden kann. Pro Tag können zwei Ansätze durchgeführt werden. Im Forschungslabor wurden Versuchsreihen mit folgendem Ergebnis durchgeführt:

Standard-Ansatz:
Rohstoff 1: 210 cm^3; Rohstoff 2: 108 g ($\rho = 0{,}95$ g/cm^3); Katalysator-Lösung: 8 cm^3; Lösemittel: 350 cm^3
Ausbeute an Y: 152 g

a. Wie groß ist der Scale-up-Faktor pro Batch?
b. Welche Rohstoffmengen und welche Menge am Produkt Y sind pro Ansatz im RK8 zu projektieren?
c. Welche Menge an Additiv Y kann man damit im Jahr herstellen, und welchen maximalen Marktanteil kann man damit erreichen?
d. Machen Sie Vorschläge, wie man die Produktionsleistung erhöhen könnte.

⊗ **Lösung**
→ ***Strategie***

a. Zur Bestimmung des Scale-up-Faktors bietet sich der Vergleich des Reaktionsvolumens des Laboransatzes mit dem nutzbaren Volumen des Reaktors RK8 an (Formel 40).
b. Die für den RK8-Betrieb notwendigen Mengen werden mittels des Scale-up-Faktors aus den Werten des Laboransatzes berechnet, desgleichen die Produktmenge pro Ansatz.
c. Die Anzahl der Ansätze im RK8 ergibt sich aus den Angaben der Betriebszeiten und hieraus, mit der erzielten Produktmenge pro Ansatz, die Jahresproduktion. Mit der Marktgröße lässt sich per Dreisatz der mit RK8 erreichbare prozentuale Anteil ermitteln.

→ ***Berechnung***

a. $ScF = \frac{V_{RK8}}{V_{Labor}}$

$$V_{RK8} = 1{,}2\,m^3 \quad V_{Labor} = 210\,cm^3 + \frac{108\,g * cm^3}{0{,}95\,g} + 8\,cm^3 + 350\,cm^3$$

$$= 682\,cm^3 = 0{,}682 * 10^{-3}\,m^3$$

$$\boldsymbol{ScF} = \frac{1{,}2\,m^3}{0{,}682 * 10^{-3}\,m^3} = 1759 \simeq 1760$$

b $\textbf{Rohstoff1}: V = 0{,}21\,L * 1760 = \textbf{370 L}$
$\textbf{Rohstoff2}: m = 0{,}108\,kg * 1760 \cong \textbf{190 kg}$
$\textbf{Katalysator – Lsg.}: V = 8\,cm^3 * 1760 = 14.080\,cm^3 \cong \textbf{14,1 L}$
$\textbf{Lösemittel}: V = 0{,}350\,L * 1760 = \textbf{616 L}$
$\boldsymbol{MassY}\textbf{proAnsatz} = 0{,}152\,kg * 1760 = \textbf{267,5 kg}.$

c. $\frac{\text{Ansätze}}{a} = \frac{2}{\text{Tag}} * \frac{15\,\text{Tage}}{\text{Monat}} * \frac{12\,\text{Monate}}{a} = 360\frac{\text{Ansätze}}{a}$

$$\frac{m_Y}{a} = 360 * 267{,}5\,kg = 96.300\frac{kg}{a} = \mathbf{96{,}3}\frac{t}{a}$$

250t/a → 100 %
96,3t/a → X %

$$\textbf{Relativer Marktanteil X} = \frac{96{,}3 * 100\,\%}{250} = \textbf{38,5 \%}$$

→ ***Ergebnis***

a. **Der Scale-up-Faktor beträgt 1760.**
b. **Pro RK8-Ansatz werden folgen Mengen eingesetzt:**
Rohstoff 1: 370 L, Rohstoff2: 190 kg, Katalysator-Lösung: 14,1 L, Lösemittel: 616 L.
Pro Ansatz werden 267,5 kg Produkt Y hergestellt.
c. **Mit der Jahresproduktion des RK8 kann ein Marktanteil von 38,5 % erreicht werden.**
d. **Die Produktionsmenge ließe sich durch folgende Maßnahmen steigern:**

- **Kürzere Batch-Zeiten durch rascheres Vor- und Nachbereitung der Ansätze (schnelleres Befüllen bzw. Entleeren des Reaktors, raschere Einstellung der Reaktionstemperatur).**
- **Kürzere Batch-Zeiten durch höhere Reaktionsgeschwindigkeit [höhere Reaktionstemperatur, höhere Reaktantenkonzentration (niedrigerer Anteil an Lösemittel), eventuell höhere Rührergeschwindigkeit (insbesondere bei Zweiphasen-Reaktionen)].**

Aufgabe 94

Für eine Kunststoffproduktionsanlage soll die Zugabe einer Additiv-Lösung zur Polymerlösung mittels der Ergebnisse des Betriebslabors als Maßstabvergrößerung implementiert werden. Die den Reaktor verlassende Polymerlösung von 100 t/h einer Temperatur von 30 °C soll mit einer Additivlösung eines Stroms von 50 L/h versetzt werden, die in einem 2 m langen Rohrstück eines äußeren Durchmessers von 10″ (Wandstärke 3 mm) homogen eingemischt werden soll.

Im Labor wurde anhand von Modellversuchen festgestellt, dass zum Erreichen einer homogenen Einmischung des Additivs im 2 m langen Rohrstück eine Reynolds-Zahl von >3500 erforderlich ist. Die Dichte der Polymerlösung beträgt 1200 kg/m^3 und soll näherungsweise als temperaturunabhängig angenommen werden. Die Viskosität der Polymerlösung bei 20 °C wurde zu 0,2 Pa * s bestimmt. Labormessungen ergaben folgenden empirischen Zusammenhang zwischen der Viskosität und der Temperatur der Polymerlösung:

$\eta = 21.060\, Pa * s * e^{-0{,}0395 * T}$ mit T als absolute Temperatur

a. Welche Strömungsverhältnisse würden in dem Rohrstück nach dem Reaktor unter den geschilderten Bedingungen herrschen?
b. Ab welcher Temperatur der Polymerlösung würde das Mischungskriterium gemäß Reynolds-Zahl erfüllt sein?

⊗ Lösung

→ *Strategie*

Die Strömung eines Fluids wird durch die Reynolds-Zahl gemäß Formel 41 charakterisiert. Zunächst wird der innere Rohrdurchmesser berechnet. Die Strömungsgeschwindigkeit folgt aus dem Verhältnis des Volumenstroms (Quotient aus Massenstrom und Dichte) zum Rohrquerschnitt.

a. Die Viskosität der Lösung für 30 °C wird mittels der gegebenen empirischen Formel bestimmt und hieraus zusammen mit den zuvor berechneten Größen die Reynolds-Zahl berechnet.
b. Die Formel für die Reynolds-Zahl wird zur Viskosität umgestellt und diese für eine minimale Re = 3500 berechnet. Aus der empirischen Formel Viskosität als Funktion der Temperatur wird die zugehörige Mindesttemperatur der Polymerlösung berechnet.

→ *Berechnung*

$$Re = \frac{w * \rho * d}{\eta}$$

$$d = d_i = 10'' * 0{,}0254 \frac{\mathrm{m}}{''} - 2 * (0{,}003)\mathrm{m} = 0{,}248\,\mathrm{m}$$

$$w = \frac{\dot{V}}{A} \quad A = \frac{d_i^2 * \pi}{4} = \frac{(0{,}248\,\text{m})^2 * \pi}{4} = 0{,}0483\,\text{m}^2$$

$$\dot{V} = \frac{\dot{m}}{\rho} = \frac{100.000\,\text{kg} * \text{m}^3 * \text{h}}{\text{h} * 1200\,\text{kg} * 3600\,\text{s}} = 0{,}0232\frac{\text{m}^3}{\text{s}}$$

$$w = \frac{0{,}0232\,\text{m}^3}{\text{s} * 0{,}0483\,\text{m}^2} = 0{,}478\frac{\text{m}}{\text{s}}$$

a. $\eta_{30\,°\text{C}} = 21.060\,Pa * s * e^{-0{,}0395 * 303{,}15} = 0{,}133\,Pa * s$

$$\boldsymbol{Re} = \frac{0{,}478\,\text{m} * 1200\,\text{kg} * 0{,}248\,\text{m} * \text{s} * \text{m}}{\text{s} * \text{m}^3 * 0{,}133\,\text{kg}} = \mathbf{1070}$$

b. $\eta = \frac{w*\rho*d}{Re} = \frac{0{,}478\,\text{m}*1200\,\text{kg} * 0{,}248\,\text{m}}{\text{s}*\text{m}^3*3500} = 0{,}0406\,\text{Pa} * \text{s}$

$$\eta = 21.060\,\text{Pa} * \text{s} * e^{-0{,}0395*T} \rightarrow \ln\frac{\eta}{21.060\,\text{Pa} * \text{s}} = -0{,}0395\,\text{T}$$

$$\boldsymbol{T} = \frac{-\ln\frac{0{,}0406\,\text{Pa}*\text{s}}{21060\,\text{Pa}*\text{s}}}{0{,}0395}\text{K} = 333{,}1\,\text{K} = \mathbf{60\,°C}$$

→ ***Ergebnis***

a. **Unter den ursprünglichen Gegebenheiten wird eine Reynolds-Zahl von lediglich 1070 erreicht, d. h., es liegt laminare, aber keine ausgeprägte turbulente Strömung vor und man bleibt hiermit unter dem zur Homogenisierung notwendigen Kriterium von Re > 3500.**
b. **Um das Minimum-Kriterium von Re = 3500 zu erreichen, muss die Polymerlösung auf 60 °C aufgeheizt werden.**

Aufgabe 95

In einer Pilotanlage zur Abwasserreinigung wird ein Rohrreaktor eines inneren Durchmessers von d = 25 mm mit dem zu behandelnden Abwasser durchströmt, in dem Feststoffpartikel in suspendierter Form vorhanden sind. Bei Versuchen in der Pilotanlage wird festgestellt, dass sich bei einer Fließgeschwindigkeit von $w \geq 0{,}53$ m/s kein Feststoff absetzt. Wie groß darf der Durchmesser des Rohrreaktors einer geplanten Abwasserreinigungslage mit einem projektierten Volumenstrom von $\dot{V} = 50\ \text{m}^3$ pro Stunde höchstens sein, damit der Feststoff auch hier in der Schwebe bleibt? Die Dichte des Abwassers liegt bei ρ = 1,10 kg/L. Die Viskosität ist η = 1,5 mPa * s = 0,0015 kg/(m * s). Verwenden sie zu diesem Up-Scaling die dimensionslose Kennzahl Re, die den Strömungszustand (laminar oder turbulent) beschreibt.

⊗ **Lösung**

→ ***Strategie***

Ein Feststoffabsetzvorgang in einer Flüssigkeit wird durch den Strömungszustand beeinflusst: Je stärker turbulent, desto geringer die Ansetzneigung. Der Strömungszustand im Pilotversuch, bei dem kein Absetzen des Feststoffes erfolgt, sollte somit auch in der Großanlage herrschen, um Absetzvorgänge zu vermeiden. Der Strömungszustand wird beschrieben durch die Reynolds-Zahl (Re → Formel 41). Somit stellt die Re-Zahl des Pilot-Reaktors die minimal nötige Re-Zahl des Reaktors der Abwasserreinigungsanlage dar, ab der sich kein Feststoff absetzt. Man berechnet Re des Pilot-Reaktors und bestimmt hieraus den maximalen Durchmesser des Rohres der Abwasseranlage.

→ ***Berechnung***

Pilot-Reaktor:

$Re = \frac{w * d_{Pilot} * \rho}{\eta} = \frac{0{,}53\,m * 0{,}025\,m * 1100\,kg * m * s}{s * m^3 * 0{,}0015\,kg} = 9717$ → turbulente Strömung

Abwasseranlage:

Die Strömungsgeschwindigkeit w ergibt sich aus Volumendurchsatz und innerem Querschnitt des Rohres:

$$w = \frac{\dot{V}}{A} \text{ mit } A = \frac{d^2 * \pi}{4} \rightarrow w = \frac{4 * \dot{V}}{A * d^2 * \pi} \text{ mit } \dot{V} = \frac{50\,m^3}{h} = \frac{50\,m^3}{3600\,s} = 0{,}01389\frac{m^3}{s}$$

$Re = \frac{4 * \dot{V} * d * \rho}{d^2 * \pi * \eta} = \frac{4 * \dot{V} * \rho}{d * \pi * \eta}$ und daraus umgestellt der minimale Rohrdurchmesser:

$$\boldsymbol{d} = \frac{4 * \dot{V} * \rho}{Re * \pi * \eta} = \frac{4 * 0{,}01389\,m * 1100\,kg * m * s^3}{9717 * \pi * 0{,}0015\,kg * s * m^3} = \mathbf{1{,}335\,m}$$

→ ***Ergebnis***

Um Feststoffabsetzung zu vermeiden, darf in der Abwasseranlage ein Rohrdurchmesser von 1,335 m nicht überschritten werden.

Aufgabe 96

In einer Anlage eines Betriebes zur Herstellung von Arzneimitteln fällt ein Abwasserstrom von 800 L pro Stunde an. Im zeitlichen Mittel beträgt der Restgehalt an pharmazeutischem Wirkstoff 25 ppm. Der Wirkstoff soll mittels eines von oben angeströmten zylindrischen Aktivkohleadsorberbettes auf eine Konzentration unterhalb der analytischen Nachweisgrenze gebracht, also praktisch vollständig entfernt werden. Für diese Bedingungen soll das zu designende Adsorberbett einen Betrieb von 30 Tagen gewährleisten, dann soll die beladene Aktivkohle durch frische ausgetauscht werden. Das 2 m lange Wasserzuführungsrohr soll so bemessen sein, dass in ihm laminare Strömungsbedingungen herrschen. Hierzu wird eine Reynolds-Zahl von 1000 vorgegeben

Folgende Daten sind bekannt bzw. wurden ermittelt: Schüttdichte Aktivkohle $\rho_K = 440\,kg/m^3$; Dichte Abwasser $\rho_W = 1010\,kg/m^3$; Viskosität Abwasser $\eta_W = 0{,}001\,Pa * s = 0{,}001\,kg/(s * m)$.

In einem Pilotversuch im Labor wurde ein Rohr von 0,1 m Innendurchmesser mit 400 g der für die Produktionsanlage ausgewählten Aktivkohle befüllt und mit einem Abwasserstrom von 40 L pro Stunde beschickt. Nach 18 h Betrieb erfolgte der Durchbruch von Spuren des pharmazeutischen Wirkstoffs im ablaufenden Strom.

a. Wie viel Wirkstoff muss in dem angegebenen Zeitraum von 30 Tagen aus dem Abwasserstrom der Anlage entfernt werden?
b. Wie viel Wirkstoff wurde im Laborversuch bis zum Durchbruch pro Gramm Kohle aufgenommen, und wie groß war die mittlere Beladung der Aktivkohle zum Zeitpunkt des Durchbruchs?
c. Welche Formulierung eines Scale-up-Faktors erscheint sinnvoll und welchen Wert hätte er?
d. Mit wie viel kg Aktivkohle muss das Absorberbett in der Produktion bestückt werden?
e. Wie sind die Abmessungen des Adsorberbetts in der Produktion, wenn hinsichtlich des Verhältnisses Durchmesser zur Länge Ähnlichkeit zur Laboranordnung bestehen soll?
f. Welchen Durchmesser muss das Zuleitungsrohr des Adsorberapparats haben, um laminare Strömungsbedingungen zu gewährleisten?

⊗ **Lösung**
→ ***Strategie***

a. Die Masse an pharmazeutischem Wirkstoff (WSt), die von der Aktivkohle (A) aufgenommen wird, ist das Produkt aus der Differenz der Wirkstoffkonzentration im Wasser (W) vor und nach dem Adsorptionsbett mit dem Massenstrom des Wassers sowie der Betriebszeit. Ab dieser Beladung beginnt der Durchbruch von Wirkstoff.
b. Man geht wie unter a) vor. Die Beladung der Aktivkohle mit Wirkstoff beim Durchbruchpunkt gilt auch für das Adsorberbett in der Produktionsanlage. Sie stellt die adsorbierte Masse an Wirkstoff bezogen auf die Aktivkohlenmasse dar.
c. Als eine sinnvolle Formulierung des Scale-up-Faktors bietet sich das Verhältnis der adsorbierten Wirkstoffmasse im Adsorber der Produktionsanlage zu der im Laborversuch an.
d. Die Masse des im Laborversuch eingesetzten Aktivkohlebetts, multipliziert mit dem Scale-up-Faktor, ergibt die Masse des Aktivkohlebetts in der Produktionsanlage.
e. Aus den Daten des Laborreaktors berechnet man das Volumen des dort eingesetzten Aktivkohlebetts und hieraus die Länge des Betts. Daraus ergibt sich mittels der Volumenformel des Zylinders das Verhältnis Länge zu Durchmesser des Aktivkohlebetts. Das Volumen des Aktivkohlebetts in der Anlage ergibt sich aus seiner Masse und der Dichte der Aktivkohleschüttung. Aus den

Randbedingungen der geometrischen Ähnlichkeit zur Laboranordnung (Verhältnis Durchmesser zu Länge des Betts) ergeben sich aus der Volumenformel des Zylinders die Abmessungen des Adsorberbetts in der Anlage.

f. Man stellt die Formel der Reynolds-Zahl auf (Formel41) und substituiert die Strömungsgeschwindigkeit durch das Verhältnis aus Volumenstrom des Wassers und Rohrquerschnitt. Diese Gleichung wird zum Rohrdurchmesser hin umgestellt.

→ ***Berechnung***

a. *Maximale Menge von WSt auf A in der Produktionsanlage vor WSt-Durchbruch:*

$$m_{\text{WSt-Anl}} = \Delta C_{\text{WSt}} * \dot{m}_{W-\text{Anl}} * t_{\text{Anl}} = \Delta C_{\text{WSt}} * \dot{V}_{W-\text{Anl}} * \rho_W * t_{\text{Anl}}$$

C_{WSt} *nach dem Adsorberbett ist praktisch gleich null.*

$$\boldsymbol{m}_{\textbf{WSt-Anl}} = 25\frac{\text{mg}}{\text{kg}} * 0{,}8\frac{\text{m}}{\text{h}} * 1010\frac{\text{kg}}{\text{m}^3} * 24\frac{\text{h}}{\text{Tag}} * 30\,\text{Tage} = \mathbf{1{,}454 * 10^7\,mg = 14{,}54\,kg}$$

b. *Maximale Menge von WSt auf A im Laborversuch vor WSt-Durchbruch:*

$$m_{\text{WSt-Lab}} = \Delta C_{\text{WSt}} * \dot{m}_{W-\text{Lab}} * t_{\text{Lab}} = \Delta C_{\text{WSt}} * \dot{V}_{W-\text{Lab}} * \rho_W * t_{\text{Lab}}$$

C_{WSt} *nach dem Adsorberbett ist praktisch gleich null.*

$$\boldsymbol{m}_{\textbf{WSt-Lab}} = 25\tfrac{\text{mg}}{\text{kg}} * 0{,}040\tfrac{\text{m}}{\text{h}} * 1010\tfrac{\text{kg}}{\text{m}^3} * 18\,\text{h} = \mathbf{18.180\,mg = 18{,}2\,g = 0{,}0182\,kg}$$

$$\textbf{Beladung im Durchbruchpunkt} = \frac{m_{\text{WSt}}}{m_{\text{A}}} = \frac{1810\,\text{mg WSt}}{40\,\text{g A}}$$

$$= \mathbf{45{,}45\frac{mg\ WSt}{g\ A} = 0{,}0455\frac{kg\ WSt}{kg\ A}}$$

c. $\boldsymbol{ScF} = \frac{14{,}54\,\text{kg}}{0{,}0182\,\text{kg}} = \mathbf{798{,}9 \cong 800}$

d. $\boldsymbol{m}_{\textbf{A-Anl}} = m_{A-\text{Lab}} * ScF = 0{,}40\,\text{kg} * 800 = \mathbf{320\,kg}$

e. $V_{A-\text{Lab}} = \frac{m_{A-\text{Lab}}}{\rho_A} = \frac{0{,}4\,\text{kg} * \text{m}^3}{440\,\text{kg}} = 9{,}1 * 10^{-4}\,\text{m}^3$

$$V = \frac{d^2 * \pi}{4} * L \rightarrow L_{A-Lab} = \frac{4 * V_{A-Lab}}{d^2_{A-Lab} * \pi} = \frac{4 * 9{,}1 * 10^{-4}\,\text{m}^3}{0{,}1^2 * \text{m}^2 * \pi}$$

$$= 0{,}116\,\text{m} \rightarrow L_{A-Lab} = 1{,}16 * d_{A-Lab}$$

$$V_{A-\text{Anl}} = \frac{m_{A-\text{Anl}}}{\rho_A} = \frac{320\,\text{kg} * \text{m}^3}{440\,\text{kg}} = 0{,}727\,\text{m}^3$$

$$V_{A-\text{Anl}} = \frac{d^2_{A-\text{Anl}} * \pi}{4} * L_{A-\text{Lab}} = \frac{d^2_{A-\text{Anl}} * \pi}{4} * 1{,}16 * d_{A-\text{Anl}} = \frac{1{,}16 * \pi}{4} * d^3_{A-\text{Anl}}$$

$$d_{A-\text{Anl}} = \sqrt[3]{\frac{4 * V_{A-\text{Anl}}}{1{,}16 * \pi}} == \sqrt[3]{1{,}098 * 0{,}727\,\text{m}^3} = \mathbf{0{,}928\,m} \cong \mathbf{0{,}93\,m}$$

$$L_{A-\text{Anl}} = 1{,}16 * d_{A-\text{Anl}} = 1{,}16 * 0{,}928\,\text{m} = \mathbf{1{,}08\,m} \cong \mathbf{1{,}1\,m}$$

f. $\text{Re} = \frac{d_{\text{Rohr}} * w_{w-\text{Anl}} * \rho_w}{\eta_w}$

$$w_{w-\text{Anl}} = \frac{\dot{V}_{w-\text{Anl}}}{A_{\text{Rohr}}} A_{\text{Rohr}} = \frac{d^2_{\text{Rohr}} * \pi}{4} \rightarrow w_{w-\text{Anl}} = \frac{4 * \dot{V}_{w-\text{Anl}}}{d^2_{\text{Rohr}} * \pi}$$

$$\text{Re} = \frac{d_{\text{Rohr}} * 4 * \dot{V}_{w-\text{Anl}} * \rho_w}{\eta_w * d^2_{\text{Rohr}} * \pi} = \frac{4 * \dot{V}_{w-\text{Anl}} * \rho_w}{\eta_w * d_{\text{Rohr}} * \pi}$$

$$d_{\text{Rohr}} = \frac{4 * \dot{V}_{w-\text{Anl}} * \rho_w}{\text{Re} * \eta_w * \pi} = \frac{4 * 0{,}8\,\text{m}^3 * 1010\,\text{kg} * s * \text{m}}{1000 * 0{,}001\,\text{kg} * \pi * \text{h} * \text{m}^3} * \frac{\text{h}}{3600\,\text{s}} = \mathbf{0{,}286\,m}$$

→ ***Ergebnis***

a. **In der Produktionsanlage müssen in 30 Tagen 14,54 kg Wirkstoff durch Adsorption im Aktivkohlebett aus dem Abwasser entfernt werden.**
b. **Im Laborversuch sind 18,2 g Wirkstoff adsorbiert worden, das entspricht einer Beladung im Durchbruchspunkt von 0,0455 kg Wirkstoff pro kg Aktivkohle.**
c. **Der Scale-up-Faktor beträgt 800.**
d. **Für das Adsorberbett in der Produktionsanlage müssen 320 kg Aktivkohle eingesetzt werden.**
e. **Der Durchmesser des Aktivkohlebetts in der Produktionsanlage beträgt 0,93 m, seine Länge 1,1 m.**
f. **Das Zulaufrohr muss einen Innendurchmesser von mindestens 0,286 m haben.**

3.8 Kombinierte Aufgaben

Aufgabe 97
Die trans-Form von 1,3-Dichlorpropen (t-DCP) kann durch Zugabe einer katalytischen Menge an Brom in ein Gemisch aus 55 %trans- und 45 %cis 1,3-Dichlorpropen (c-DCP) umgewandelt werden. Die Wärmetönung der Reaktion ist vernachlässigbar. In einem PFR soll pro Stunde 1 t t-DCP mit einem c-DCP-Gehalt von 2,5 % verarbeitet werden. Hierzu wird t-DCP, das 2,5 % c-DCP enthält, bei 25 °C mit einer Lösung von 5 gew% Brom in 1,2-Dichlorpropan (PDC) vermischt und in einem PFR zum genannten trans-cis-Gleichgewicht reagiert. Anschließend wird das Gemisch einem Verdampfer zugeführt,

aus dem bei 108 °C 95 % des t-DCP & c-DCP als Dampf abgezogen werden. Der Sumpf aus Brom, PDC und DCP wird zur Katalysatoraufbereitung geleitet. Der DCP-Dampf wird in einer Rektifikationskolonne in die trans- und cis-Isomere getrennt. Die Kopffraktion c-DCP wird in den Produkttank überführt. Die Mittelfraktion aus t-DCP mit 2,5 %c-DCP wird in den Edukttank geleitet und als interner Recyclestrom zusammen mit externem Feed gleicher Zusammensetzung wieder dem Reaktor zugeleitet. Der Sumpf aus geringen Mengen PDC und Nebenprodukten wird entsorgt.

Aus Labordaten soll eine Anlage zur Herstellung von 1 t c-DCP pro Stunde vorgeplant werden. Hierzu wurden 500 g einer Mischung aus t-DCP mit 2,5 % c-DCP mit 25 g einer Lösung von 5 gew% Brom in PDC gemischt. Nach 5 min hatte sich das Gleichgewicht aus trans- und cis-Form eingestellt.

Der PFR soll aus einem 6″-Rohr einer Wandstärke von 3 mm gefertigt werden.

a. Wie groß ist der Scale-up Faktor für den PFR bezüglich der Labordaten?
b. Welche Länge muss der PFR haben?
c. Welche Wärmemenge wird für das Aufheizen sowie für den Verdampfungsvorgang des Reaktionsgemisches benötigt?
d. Wie viel c-DCP wird pro Stunde hergestellt? Wie groß ist der interne Recyclestrom aus t-DCP mit 2,5 % c-DCP zum Edukttank? Wie groß ist der stündliche Bedarf der Gesamtanlage an t-DCP mit 2,5 % c-DCP (externer Feed)?

Folgende Stoffdaten sind bekannt:

	Br_2	DCP	PDC
Dichte in kg/m^3	3120	1230	1180
Wärmekapazität in kJ/(kg * °C)	3,15	1,4	1,5
Verdampfungswärme $\Delta_V H$ in kJ/mol		33,3	
Molmasse in g/mol		111	

⊗ **Lösung**
→ ***Strategie***

a. Als Scale-up-Faktor eignet sich das Verhältnis des DCP-Feedstroms zum PFR zur Menge des im Laborversuch eingesetzten DCP, bezogen auf die Reaktionszeit.
b. Die Länge des PFR ergibt sich aus der entsprechend umgestellten Formel des Zylindervolumens. Hierbei muss der innere Rohrdurchmesser verwendet werden. Als Volumen wird das Produkt aus Verweilzeit und Volumenstrom eingesetzt. Der Volumenstrom berechnet sich aus dem Gesamtmassenstrom, dividiert durch seine Dichte. Die einzelnen Feed-Massenströme ergeben sich aus dem Laboransatz und dessen Reaktionszeit, multipliziert mit dem Scale-up-Faktor. Die mittlere Dichte des Gesamt-Feedstroms ergibt sich aus

den Einzelmassenströmen, multipliziert mit ihrer Dichte, dividiert durch den Gesamtmassenstrom (siehe Abschn. 1.2.5).

c. Die zum Aufheizen des den PFR verlassenden Stroms benötigte Wärmeleistung berechnet sich gemäß Formel 19a. Die Methode zur Berechnung der mittleren Wärmekapazität des Gemisches ist vom Prinzip her ähnlich wie die unter c) beschriebene Bestimmung der mittleren Dichte des Gemisches. Die Wärmeleistung, die zum Verdampfen von 95 % des im Gemisch enthaltenen DCP benötigt wird, ergibt sich aus Formel 24b.
d. Die gefragten Stoffströme lassen sich über eine Massenbilanz ermitteln. Hierzu stellt man zunächst ein Fließbild der Anlage auf, betrachtet die vorhandenen Daten der zugehörigen Ströme und berechnet durch logische Betrachtung ihrer Zusammenhänge die gefragten Ströme.

→ *Berechnung*

a. $ScF = \frac{\dot{m}_{\text{DCP-PFR}}}{\dot{m}_{\text{DCP-Lab}}}$

$$\dot{m}_{\text{DCP-PFR}} = 1\frac{\text{t}}{\text{h}} = \frac{1000\,\text{kg}}{3600\,\text{s}} = 0{,}278\frac{\text{kg}}{\text{s}}$$

$$\dot{m}_{\text{DCP-Lab}} = \frac{0{,}50\,\text{kg} * \text{min}}{5\,\text{min} * 60\,\text{s}} = 0{,}00167\frac{\text{kg}}{\text{s}}$$

$$\boldsymbol{ScF} = \frac{0{,}278}{0{,}00167} = \mathbf{166{,}5}$$

b. $V_{\text{PFR}} = \frac{d_{\text{PFR}}^2 * \pi}{4} * L_{\text{PFR}}$

$$L_{\text{PFR}} = \frac{4 * V_{\text{PFR}}}{d_{\text{PFR}}^2 * \pi} \qquad d_{\text{PFR}} = 6'' * 0{,}0254\frac{\text{m}}{''} - 2 * 0{,}003\,\text{m} - 0{,}1464\,\text{m}$$

$$V_{\text{PFR}} = \tau * \dot{V}_{\text{PFR}} \qquad \dot{V}_{\text{PFR}} = \frac{\dot{m}_{\text{PFR}}}{\rho_{\text{Feed}}} \qquad V_{\text{PFR}} = \tau * \frac{\dot{m}_{\text{PFR}}}{\rho_{\text{Feed}}}$$

$$\rho_{\text{Feed}} = \frac{\sum_i (\dot{m}_i * \rho_i)}{\sum_i \dot{m}_i} = \frac{\dot{m}_{\text{DCP}} * \rho_{\text{DCP}} + \dot{m}_{\text{PDC}} * \rho_{\text{PDC}} + \dot{m}_{\text{Br2}} * \rho_{\text{Br2}}}{\dot{m}_{\text{DCP}} + \dot{m}_{\text{PDC}} + \dot{m}_{\text{Br2}}}$$

$$\dot{m}_{\text{DCP-PFR}} * \rho_{\text{DCP}} = 0{,}278\frac{\text{kg}}{\text{s}} * 1230\frac{\text{kg}}{\text{m}^3} = 341.94\frac{\text{kg}^2}{\text{s*m}^3}$$

$$\dot{m}_{i\text{-PFR}} = \frac{m_{i\text{-Lab}}}{t} * \text{ScF}$$

$$\dot{m}_{\text{PDC-PFR}} = \frac{0{,}025\,\text{kg}}{300\,\text{s}} * 166{,}5 * \frac{95\,\%}{100\,\%} = 0{,}0132\frac{\text{kg}}{\text{s}}$$

$$\dot{m}_{PDC-PFR} * \rho_{PDC} = 0{,}0132\frac{kg}{s} * 1180\frac{kg}{m^3} = 15{,}58\frac{kg^2}{s{*}m^3}$$

$$\dot{m}_{Br2-PFR} = \frac{0{,}025\,kg}{300\,s} * 166{,}5 * \frac{5\,\%}{100\,\%} = 0{,}0007\frac{kg}{s}$$

$$\dot{m}_{Br2-PFR} * \rho_{Br2} = 0{,}0007\frac{kg}{s} * 3120\frac{kg}{m^3} = 2{,}84\frac{kg^2}{s * m^3}$$

$$\dot{m}_{PFR} = \dot{m}_{DCP-PFR} + \dot{m}_{PDC-PFR} + \dot{m}_{Br2-PFR} = (0{,}278 + 0{,}0132 + 0{,}0007)\frac{kg}{s} = 0{,}2919\frac{kg}{s}$$

$$\rho_{Feed} = \frac{(341{,}9 + 15{,}58 + 2{,}84)kg^2 * s}{s * m^3 * 0{,}2919\,kg} = 1234\frac{kg}{m^3}$$

$$\tau = 5\,min * \frac{60\,s}{min} = 300\,s$$

$$\dot{m}_{PFR} = \frac{m_{Lab}}{t} * ScF = \frac{0{,}5\,kg + 0{,}025\,kg}{300\,s} * 166{,}5 = 0{,}291\frac{kg}{s}$$

$$\boldsymbol{L_{PFR}} = \frac{4 * \tau * \dot{m}_{DCP-PFR}}{d_{PFR}^2 * \pi * \rho_{Feed}} = \frac{4 * 300\,s * 0{,}291\,kg * m^3}{s * 0{,}1464^2\,m^2 * \pi * 1234\,kg} = \mathbf{4{,}21\,m}$$

c. $\dot{Q}_{Aufheiz} = \dot{m}_{PFR} * cp_{PFR} * (T_{Siede} - T_{PFR})$

$$cp_{PFR} = \frac{\sum_i (\dot{m}_i * cp_i)}{\sum_i \dot{m}_i} = \frac{\dot{m}_{DCP} * cp_{DCP} + \dot{m}_{PDC} * cp_{PDC} + \dot{m}_{Br2} * cp_{Br2}}{\dot{m}_{DCP} + \dot{m}_{PDC} + \dot{m}_{Br2}}$$

$$cp_{PFR} = \frac{(0{,}278 * 1{,}4 + 0{,}0132 * 1{,}5 + 0{,}0007 * 3{,}15)\frac{kg * kJ}{s * kg * °C}}{0{,}2919\frac{kg}{s}} = 1{,}41\frac{kJ}{kg * °C}$$

$$\boldsymbol{\dot{Q}_{Aufheiz}} = 0{,}2919\frac{kg}{s} * 1{,}14\frac{kJ}{kg * s} * (108 - 25)\,°C = 34{,}2\frac{kJ}{s} = \mathbf{34{,}2\,kW}$$

$$\dot{Q}_{DCP-Verd} = \dot{m}_{DCP-PFR} * \frac{95\,\%}{100\,\%} * \Delta_V H$$

$$\boldsymbol{\dot{Q}_{DCP-Verd}} = 0{,}278\frac{kg}{s} * 0{,}95 * \frac{33{,}3\frac{kJ}{mol}}{0{,}111\frac{kg}{mol}} = 79{,}2\frac{kJ}{s} = \mathbf{79{,}2\,kW}$$

$$\boldsymbol{\dot{Q}_{Gesamt}} = \dot{Q}_{Aufheiz} + \dot{Q}_{DCP-Verd} = (34{,}2 + 79{,}2)\,kW = \mathbf{113{,}4\,kW}$$

d.

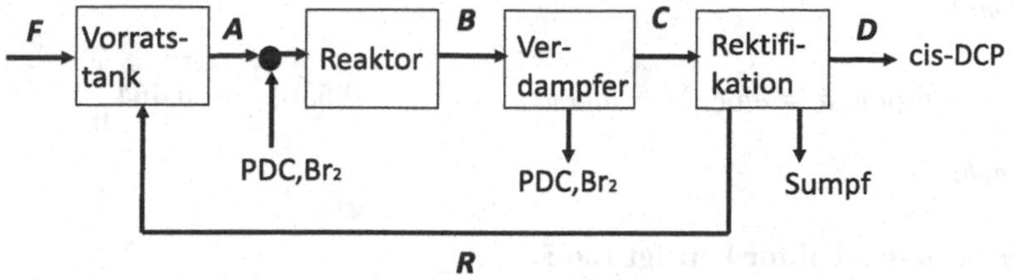

Strom A:

$$\dot{m}_{\text{DCP}-A} = 1\frac{\text{t}}{\text{h}} \quad C_{\text{DCP-trans}-A} = 97{,}5\,\% \quad C_{\text{DCP-cis}-A} = 2{,}5\,\%$$

$$\rightarrow \dot{m}_{\text{DCP-trans}-A} = 0{,}975\frac{\text{t}}{\text{h}} \quad \dot{m}_{\text{DCP-cis}-A} = 0{,}025\frac{\text{t}}{\text{h}}$$

Strom B:

$$\dot{m}_{\text{DCP}-B} = 1\frac{\text{t}}{\text{h}} \quad C_{\text{DCP-trans}-B} = 55{,}0\,\% \quad C_{\text{DCP-cis}-B} = 45{,}0\,\%$$

$$\rightarrow \dot{m}_{\text{DCP-trans}-B} = 0{,}55\frac{\text{t}}{\text{h}} \quad \dot{m}_{\text{DCP-cis}-B} = 0{,}45\frac{\text{t}}{\text{h}}$$

Strom C:

$$\dot{m}_{\text{DCP-C}} = 0{,}95\frac{\text{t}}{\text{h}} \quad C_{\text{DCP-trans}-C} = 55\,\% \quad C_{\text{DCP-cis}-C} = 45\,\%$$

$$\rightarrow \dot{m}_{\text{DCP-trans}-C} = 0{,}5225\frac{\text{t}}{\text{h}} \quad \dot{m}_{\text{DCP-cis}-C} = 0{,}4275\frac{\text{t}}{\text{h}}$$

Strom R:

$$\dot{m}_{\text{DCP}-R} = \dot{m}_{\text{DCP-trans}-R} + \dot{m}_{\text{DCP-cis}-R}$$

$$\dot{m}_{\text{DCP-trans}-R} = \dot{m}_{\text{DCP-trans}-C} = 0{,}5225\frac{\text{t}}{\text{h}}$$

$$\dot{m}_{\text{DCP-cis}-R} = 2{,}5\,\% = 0{,}5225\frac{\text{t}}{\text{h}} * \frac{2{,}5\,\%}{97{,}5\,\%} = 0{,}0134\frac{\text{t}}{\text{h}}$$

$$\dot{\boldsymbol{m}}_{\mathbf{DCP}-\boldsymbol{R}} = (0{,}5225 + 0{,}0134)\frac{\text{t}}{\text{h}} = \mathbf{0{,}536\frac{t}{h}}$$

Strom D:

$$\dot{\boldsymbol{m}}_{\mathbf{DCP-cis}-\boldsymbol{D}} = \dot{m}_{\text{DCP-cis}-C} - \dot{m}_{\text{DCP-cis}-R} = (0{,}4275 - 0{,}0134)\frac{\text{t}}{\text{h}} = \mathbf{0{,}414\frac{t}{h}}$$

Strom F:

$$\dot{m}_{DCP-F} = \dot{m}_{DCP-A} - \dot{m}_{DCP-R} = (1{,}0 - 0{,}536)\frac{t}{h} = \mathbf{0{,}464\frac{t}{h}}$$

→ ***Ergebnis***

a. **Der Scale-up-Faktor beträgt 166,5.**
b. **Der PFR ist 4,21 m lang.**
c. **Die Wärmeleistung, die zum Aufheizen des Reaktionsgemisches von 25 °C auf 108 °C benötigt wird, liegt bei 34,2 kW. Die Verdampfung von 95 % des DCP erfordert eine Wärmeleistung von 79,2 kW. Die insgesamt nötige Wärmeleistung liegt bei 113,4 kW.**
d. **Es werden 0,414 t/h cis-DCP hergestellt. Der interne Recyclestrom aus 97,5 % trans-DCP und 2,5 % cis-DCP beträgt 0,536 t/h. Der Anlage müssen pro Stunde 0,464 t eines trans-cis-DCP-Gemisches der genannten Zusammensetzung zugeführt werden. Die Differenz zwischen Feed-Strom und dem cis-DCP-Produkt-Strom stellt den Verlust durch den Rektifikationssumpf dar.**

Aufgabe 98

In einer Produktionsanlage entstehen 450 m^3 Abgas (T = 150 °C; p = 2,5 bar) pro Stunde. Das Gas setzt sich aus 82 Vol% Stickstoff (M = 28 g/mol; cp = 30 J/[mol * °C]), 3,5 Vol% Wasserstoff (M = 2 g/mol; cp = 27,5 J/[mol * °C]), 10 Vol% Kohlenmonoxid (M = 28 g/mol; $\Delta_f H$ = −110,5 kJ/mol; cp = 29,5 J/[mol * °C]) und 4,5 Vol% Propan (M = 44,1 g/mol; $\Delta_f H$ = −103,8 kJ/mol; cp = 73,9 J/[mol * °C]) zusammen. Die brennbaren Bestandteile des Abgases werden durch Zugabe von Luft einer Temperatur von 20 °C und einem Druck von 2.5 bar mit einem molaren Sauerstoffüberschuss von 15 % in einer Kesselanlage, die aus dem Verbrennungsraum, gefolgt von einem Verdampfer besteht, vollständig zu Wasserdampf ($\Delta_f H$ = −241,8 kJ/mol) und Kohlendioxid ($\Delta_f H$ = −393,5 kJ/mol) verbrannt (Luft → 21 Vol% Sauerstoff [cp = 30 J/[mol * °C]), 79 Vol% Stickstoff (cp = 30 J/[mol * °C]). Die abgekühlten Abgase der Verbrennung verlassen den Verdampfer mit einer Temperatur von 280 °C. Im Verdampfer wird Sattdampf ($\Delta_v H$ = 2170 kJ/kg) einer Temperatur von 130 °C und 2,7 bar erzeugt. Der Wärmedurchgangskoeffizient liegt bei Kw = 350 W/(m^2 * °C). Die Zuführtemperatur des in einem unter Atmosphärendruck stehenden Tanks lagernden Kesselspeisewassers (cp_W = 4,2 kJ/[kg * °C]; ρ_W = 965 kg/m^3) liegt bei 90 °C.

Bei den Berechnungen sollen die Wärmeverluste durch Wandungen näherungsweise vernachlässigt werden.

a. Wie groß muss der Volumenstrom der Luftzuführung zur Verbrennung unter diesen Bedingungen sein?
b. Welche Reaktionswärme wird pro Zeiteinheit frei? (Näherungsweise werden die Bildungsenthalpien als temperaturunabhängig gesehen.)

c. Mit welcher Temperatur tritt das Verbrennungsgas in den Verdampfer ein?
d. Wie groß muss die Wärmedurchgangsfläche des Verdampfers sein? (Zur Berechnung der mittleren logarithmischen Temperaturdifferenz soll wasserseitig eine Temperatur von 130 °C angenommen werden.)
e. Wie groß ist der Massenstrom des erzeugten Sattdampfes, der den Verdampfer verlässt?
f. Wie groß ist der thermische Wirkungsgrad der kombinierten Einheit Verbrennung/Verdampfer, wenn er als Verhältnis der Kondensationswärmeleistung des 130 °C-Dampfes zur Reaktionswärme der Abgasverbrennung definiert wird?
g. Welche Leistungsaufnahme muss die Kesselspeisewasserpumpe haben, wenn der Vorratstank 15 m unterhalb der Einspeisung des Verdampfers liegt, atmosphärisch betrieben wird und unter den Betriebsbedingungen ein Reibungsverlust von 0,15 bar auftritt? Der Gesamtwirkungsgrad von Pumpe und Motor beträgt 65 %.

⊗ **Lösung**
→ ***Strategie***

a. Die anteiligen Volumenströme der Brenngase Wasserstoff, Kohlenmonoxid, Propan und Stickstoff ergeben sich aus dem Gesamtstrom des Abgases entsprechend dem zugehörigen prozentualen Anteil. Mittels des allgemeinen Gasgesetzes (Formel 2) werden die entsprechenden Molströme berechnet. Aus den Reaktionsgleichungen der Verbrennung folgt, welche Sauerstoffmolströme für die Verbrennung von Wasserstoff, Kohlenmonoxid und Propan bei einem Sauerstoffüberschuss von 15 % benötigt werden. Mit dem Gasgesetz (Formel 2) wird für der Volumenstrom von Sauerstoff für 20 °C und 2,5 bar berechnet. Der Volumenstrom der Verbrennungsluft $\dot{V}_L$ wird mittels Dreisatz für einen Sauerstoffgehalt von 21 vol% berechnet.
b. Der Gesamtwärmestrom aus der Verbrennung ergibt sich aus der Summe der Wärmeströme aus der Wasserstoff-, der Kohlenmonoxid- und der Propanverbrennung, die gemäß Formel 27c aus den einzelnen Molströmen und den zugehörigen Reaktionsenthalpien berechnet werden. Die Reaktionsenthalpien ergeben sich aus den Bildungsenthalpien gemäß Formel 28, wobei zu berücksichtigen ist, dass die Bildungsenthalpie der Elemente definitionsgemäß null ist.
c. Sowohl das Abgas als auch die zugeführte Luft werden durch die Wärmeleistung der Verbrennungsreaktionen $\dot{Q}_{Ges}$ auf die gesuchte Endtemperatur = Verdampfereintrittstemperatur T_{in} erwärmt, wobei die Anfangstemperatur des Abgases bei $T_{Abg} = 150$ °C liegt, während die zugeführte Verbrennungsluft eine Temperatur von $T_L = 20$ °C hat. (Da die molare Wärmekapazität von Sauerstoff und Stickstoff praktisch identisch ist, kann hier die Gesamtmolzahl der Verbrennungsluft eingesetzt werden.) Diese Wärmeströme berechnen sich gemäß Formel 21b. Die so gebildete Beziehung der Summe der aufgenommenen Wärmemengen durch das Erhitzen des Abgasstroms und der Verbrennungsluft wird zur Endtemperatur T_{in} hin umgestellt.

d. Die nötige Wärmedurchgangsfläche ergibt sich aus der entsprechend umgestellten Formel 30. Der Wärmefluss entspricht der durch die Abkühlung des Verbrennungsgases freigesetzten Wärmeleistung gemäß Formel 21b mit der Differenz der Abgastemperatur vor dem Verdampfer (T_{in}) zu der nach dem Verdampfer (T_{ex}). Die Berechnung der mittleren logarithmischen Temperaturdifferenz ist in Abschn. 1.2.5 beschrieben.
e. Die Wärmeleistung des Verdampfers setzt sich zusammen aus dem Betrag, der für das Aufheizen des Kesselspeisewassers auf die Sattdampftemperatur benötigt wird (Formel 19a), und der Wasserverdampfung (Formel 24b). Die so zusammengestellte Beziehung wird zum Massenstrom des Kesselspeisewassers ($\dot{m}_W$) umgeformt, der dem Massenstrom an Sattdampf entspricht.
f. Der thermische Wirkungsgrad ist gemäß Definition der Quotient der Kondensationswärme des erzeugten Dampfstroms und der gesamten pro Zeiteinheit erzeugten Wärmemenge.
g. Die theoretisch nötige Pumpenleistung berechnet sich gemäß Formel 39a. Die real nötige Leistung folgt aus der Division dieses Wertes durch den Gesamtwirkungsgrad. Die Gesamtförderhöhe ergibt sich aus Formel 38a, wobei hierzu die Druckhöhe und die Reibungshöhe durch Formel 38b berechnet werden.

→ *Berechnung*

a. *Für 2,5 bar und 150 °C:*

$$\dot{n} = \frac{p * \dot{V}}{R * T} = \frac{2,5\,\text{bar} * \text{mol} * \text{K}}{8,315 * 10^{-5}\text{bar} * \text{m}^3 * 423\,\text{K}} * \dot{V} = 71,1\frac{\text{mol}}{\text{m}^3} * \dot{V}$$

$$\dot{V}_{H_2} = 450\frac{\text{m}^3}{\text{h}} * \frac{3,5\,\%}{100\,\%} = 15,75\frac{\text{m}^3}{\text{h}}$$

$$\dot{n}_{H_2} = 71,1\frac{\text{mol}}{\text{m}^3} * 15,75\frac{\text{m}^3}{\text{h}} = 1120\frac{\text{mol}}{\text{h}} = 0,311\frac{\text{mol}}{\text{s}}$$

$$\dot{V}_{CO} = 450\frac{\text{m}^3}{\text{h}} * \frac{10\,\%}{100\,\%} = 45,0\frac{\text{m}^3}{\text{h}}$$

$$\dot{n}_{CO} = 71,1\frac{\text{mol}}{\text{m}^3} * 45,0\frac{\text{m}^3}{\text{h}} = 3200\frac{\text{mol}}{\text{h}} = 0,889\frac{\text{mol}}{\text{s}}$$

$$\dot{V}_{Prop} = 450\frac{\text{m}^3}{\text{h}} * \frac{4,5\,\%}{100\,\%} = 20,25\frac{\text{m}^3}{\text{h}}$$

$$\dot{n}_{Prop} = 71,1\frac{\text{mol}}{\text{m}^3} * 20,25\frac{\text{m}^3}{\text{h}} = 1440\frac{\text{mol}}{\text{h}} = 0,400\frac{\text{mol}}{\text{s}}$$

$$\dot{V}_{N_2 Abg} = 450\frac{m^3}{h} * \frac{82\,\%}{100\,\%} = 369{,}0\frac{m^3}{h}$$

$$\dot{n}_{N_2 Abg} = 71{,}1\frac{mol}{m^3} * 369{,}0\frac{m^3}{h} = 26.236\frac{mol}{h} = 7{,}288\frac{mol}{s}$$

$$H_2 + {}^1\!/\!_2 O_2 \rightarrow H_2O \rightarrow \frac{1}{2} * \dot{n}_{H_2} = \dot{n}_{O_2}$$

$$CO + {}^1\!/\!_2 O_2 \rightarrow CO_2 \rightarrow \frac{1}{2} * \dot{n}_{CO} = \dot{n}_{O_2}$$

$$C_3H_8 + 5O_2 \rightarrow 3CO_2 + 4H_2O \rightarrow 5 * \dot{n}_{Prop} = \dot{n}_{O_2}$$

$$\dot{n}_{O_2-theor} = \frac{1}{2} * \dot{n}_{H_2} + \frac{1}{2} * \dot{n}_{H_2} + 5 * \dot{n}_{Prop} = \frac{1}{2} * (1120 + 3200)\frac{mol}{h} + 5 * 1440\frac{mol}{h} = 9360\frac{mol}{h}$$

$$\dot{n}_{O_2-real} = 1{,}15 * \dot{n}_{O_2-theor} = 10.764\frac{mol}{h} = 3{,}0\frac{mol}{s}$$

$$\dot{V}_{O_2} = \frac{\dot{n}_{O_2} * R * T_{Luft}}{p_{Luft}} = \frac{10764\,mol * 8{,}315 * 10^{-5}\,bar * m^3 * 293\,K}{h * mol * K * 2{,}5\,bar} = 104{,}9\frac{m^3}{h}$$

$$\dot{V}_{O_2} = 104{,}9\frac{m^3}{h} \rightarrow 21\,vol\% \quad \dot{V}_L = 100\,vol\% = 104{,}9\frac{m^3}{h} * \frac{100\,\%}{21\,\%} = \mathbf{500\frac{m^3}{h}}$$

b.

$$\dot{Q}_{Ges} = \dot{Q}_{H_2} + \dot{Q}_{CO} + \dot{Q}_{Prop} \quad \dot{Q}_i = -\Delta\dot{n}_i * \Delta_R H_i \quad \Delta_R H_i = \sum_i (\nu_i * \Delta_f H_i)$$

$$\Delta_R H_{H_2} = \nu_{H_2O} * \Delta_f H_{H_2O} = 1 * \left(-241{,}8\frac{kJ}{mol}\right) = -241{,}8\frac{kJ}{mol}$$

$$\dot{Q}_{H_2} = -\dot{n}_{H_2} * \Delta_R H_{H_2} = -1120\frac{mol}{h} * \left(-241{,}8\frac{kJ}{mol}\right)$$
$$= 270.768\frac{kJ}{h} = \frac{270.768\,kJ * h}{h * 3600\,s} = 75{,}2\,kW$$

$$\Delta_R H_{CO} = \nu_{CO} * \Delta_f H_{CO} + \nu_{CO_2} * \Delta_f H_{CO_2} = -1 * \left(-110{,}5\frac{kJ}{mol}\right) + 1 * \left(-393{,}5\frac{kJ}{mol}\right)$$
$$= -283{,}0\frac{kJ}{mol}$$

$$\dot{Q}_{CO} = -\dot{n}_{CO} * \Delta_R H_{CO} = -3200\frac{mol}{h} * \left(-283{,}0\frac{kJ}{mol}\right) = 905.600\frac{kJ}{h}$$
$$= \frac{905.600\,kJ * h}{h * 3600\,s} = 251{,}6\,kW$$

$$\Delta_R H_{Prop} = \nu_{Prop} * \Delta_f H_{Prop} + \nu_{CO_2} * \Delta_f H_{CO_2} + \nu_{H_2O} * \Delta_f H_{H_2O}$$

$$\Delta_R H_{Prop} = -1 * \left(-103{,}8\frac{kJ}{mol}\right) + 3 * \left(-393{,}5\frac{kJ}{mol}\right) + 4 * \left(-241{,}8\frac{kJ}{mol}\right) = -2044\frac{kJ}{mol}$$

$$\dot{Q}_{Prop} = -\dot{n}_{Prop} * \Delta_R H_{Prop} = -1440\frac{mol}{h} * \left(-2044\frac{kJ}{mol}\right) = 2.943.000\frac{kJ}{h}$$
$$= \frac{2.943.000\,kJ*h}{h*3600\,s} = 817{,}5\,kW$$

$$\dot{Q}_{Ges} = (270.768 + 905.600 + 2.943.000)\frac{kJ}{h} = \mathbf{4119\frac{MJ}{h}} = \mathbf{1144\,kW}$$

c. $\dot{Q}_{Ges} = \Delta\dot{Q}_{Abg} + \Delta\dot{Q}_L$

$$\Delta\dot{Q}_{Abg} = \left(\dot{n}_{H_2} * cp_{H_2} + \dot{n}_{CO} * cp_{CO} + \dot{n}_{Prop} * cp_{Prop} + \dot{n}_{N_2Abg} * cp_{N_2}\right) * \left(T_{in} - T_{Abg}\right)$$

$$\Delta\dot{Q}_{Abg} = (0{,}311 * 27{,}5 + 0{,}889 * 29{,}5 + 0{,}400 * 73{,}9 + 7{,}29 * 30)\frac{J}{s * mol * °C} * (T_{in} - 150\,°C)$$

$$\Delta\dot{Q}_{Abg} = 283{,}0\frac{J}{s * mol * °C} * (T_{in} - 150\,°C) = 0{,}283\frac{kJ}{s * mol * °C} * T_{in} - 42{,}45\frac{kJ}{s}$$

$$\Delta\dot{Q}_L = \left(\dot{n}_{O_2} * cp_{O_2} + \dot{n}_{N_2L} * cp_{N_2}\right) * (T_{in} - T_L)$$

Mit $cp_{O_2} = cp_{N_2} = cp_L = 0{,}03\,kJ/(mol * °C) \rightarrow$

$$\Delta\dot{Q}_L = \left(\dot{n}_{O_2} * cp_{O_2} + \dot{n}_{N_2L} * cp_{N_2}\right) * (T_{in} - T_L) = \dot{n}_L * cp_L * (T_{in} - T_L)$$

$$\dot{n}_L = \dot{n}_{O_2} + \dot{n}_{N_2} \quad \dot{n}_{O_2} = 3{,}0\frac{mol}{s}$$
$$\dot{n}_{N_2} = \dot{n}_{O_2} * \frac{79\,\%}{21\,\%} = 11{,}3\frac{mol}{s} \rightarrow \dot{n}_L = 14{,}3\frac{mol}{s}$$

$$\Delta\dot{Q}_L = 14{,}3\frac{mol}{s} * 0{,}03\frac{kJ}{mol * °C} * (T_{in} - 20\,°C) = 0{,}429\frac{kJ}{s * °C} * T_{in} - 8{,}58\frac{kJ}{s}$$

$$1144\frac{kJ}{s} = (0{,}283 + 0{,}429)\frac{kJ}{s * °C} * T_{in} - (42{,}45 + 8{,}58)\frac{kJ}{s} = 0{,}712\frac{kJ}{s * °C} * T_{in} - 51\frac{kJ}{s}$$

$$T_{\text{in}} = \frac{1195\,\text{kJ} * \text{s} * °\text{C}}{\text{s} * 0{,}712\,\text{kJ}} = \mathbf{1678\,°C}$$

d. $\Delta\dot{Q}_{\text{Verd}} = Kw * A * \overline{\Delta T}_M \quad \rightarrow \quad A = \frac{\Delta\dot{Q}_{\text{Verd}}}{Kw * \overline{\Delta T}_M}$

$$\Delta\dot{Q}_{\text{Verd}} = \sum_i (\dot{n}_i * cp_i) * (T_{\text{in}} - T_{\text{ex}})$$

$$\Delta\dot{Q}_{\text{Verd}} = \left[\left(\dot{n}_{O_2} + \dot{n}_{N_2}\right) * cp_L + \dot{n}_{H_2} * cp_{H_2} + \dot{n}_{CO} * cp_{CO} + \dot{n}_{\text{Prop}} * cp_{\text{Prop}}\right] * (T_{\text{in}} - T_{\text{ex}})$$

$$\left(\dot{n}_{O_2} + \dot{n}_{N_2}\right) = \dot{n}_{N_2\text{Abg}} + \dot{n}_L = (7{,}3 + 14{,}3)\frac{\text{mol}}{\text{s}} = 21{,}6\frac{\text{mol}}{\text{s}}$$

$$\Delta\dot{Q}_{\text{Verd}} = (21{,}6 * 0{,}03 + 0{,}311 * 0{,}0275 + 0{,}889 * 0{,}0295 + 0{,}40 * 0{,}0739)\frac{\text{mol} * \text{kJ}}{\text{s} * \text{mol} * °\text{C}} * (1678 - 280)\,°\text{C}$$

$$\Delta\dot{Q}_{\text{Verd}} = 0{,}713\frac{\text{kJ}}{\text{s} * °\text{C}} * 1398\,°\text{C} = 997\frac{\text{kJ}}{\text{s}} = 997\,\text{kW}$$

$$\overline{\Delta T}_M = \frac{\Delta T_1 - \Delta T_2}{\ln\frac{\Delta T_1}{\Delta T_2}} \quad \text{mit } \Delta T_1 = (1678 - 130)\,°\text{C} = 1548°\text{C und}$$

$$\Delta T_2 = (280 - 130)\,°\text{C} = 150\,°\text{C}$$

$$\overline{\Delta T}_M = \frac{(1548 - 150)\,°\text{C}}{\ln\frac{1548}{150}} = 599\,°\text{C}$$

$$A = \frac{997\,\text{kW} * \text{m}^2 * °\text{C}}{\text{s} * 0{,}35\,\text{kW} * 599\,°\text{C}} = \mathbf{4{,}76\,m^2 \cong 5\,m^2}$$

e. $\dot{Q} = \dot{m}_W * [cp_W * \left(T_{\text{Dampf}} - T_{W\text{-in}}\right) + \Delta_V H \rightarrow \dot{Q} = \Delta\dot{Q}_{\text{Verd}}$

$\dot{m}_W = \dot{m}_{\text{Dampf}}$

$$\dot{m}_{\text{Dampf}} = \frac{\Delta\dot{Q}_{\text{Verd}}}{cp_W * \left(T_{\text{Dampf}} - T_{W\text{-in}}\right) + \Delta_V H}$$

$$m_{\text{Dampf}} = \frac{997\,\text{kW}}{4{,}2\frac{\text{kJ}}{\text{kg} * °\text{C}} * (130 - 90)\,°\text{C} + 2170\frac{\text{kJ}}{\text{kg}}} = \mathbf{0{,}426\frac{kg}{s}} = \mathbf{1534\frac{kg}{h}}$$

f. $\eta_{\text{thermisch}} = \frac{\dot{Q}_{\text{Dampf}}}{\dot{Q}_{\text{Ges}}}$

$$\dot{Q}_{\text{Dampf}} = \dot{m}_{\text{Dampf}} * \Delta_V H = 0{,}426\frac{\text{kg}}{\text{s}} * 2170\frac{\text{kJ}}{\text{kg}} = 924{,}5\frac{\text{kJ}}{\text{s}}$$

$$\eta_{\mathbf{thermisch}} = \frac{\dot{Q}_{\mathrm{Dampf}}}{\dot{Q}_{\mathrm{Ges}}} = \frac{924{,}5\,\mathrm{kW}}{1144\,\mathrm{kW}} = \mathbf{0{,}808 \rightarrow 81\,\%}$$

g. $P = \dot{m}_W * g * H \quad \text{mit} \quad H = h_{\mathrm{geo}} + h_p + h_r$

$$h_{\mathrm{geo}} = 15{,}0\,\mathrm{m}$$

$$h_p = \frac{\Delta p_p}{\rho * g} = \frac{(2{,}7-1)\,\mathrm{bar} * \mathrm{m}^3 * \mathrm{s}^2}{965\,\mathrm{kg} * 9{,}81\,\mathrm{m}} = \frac{1{,}7 * 10^5\,\mathrm{kg} * \mathrm{m}^3 * \mathrm{s}^2}{\mathrm{s}^2 * \mathrm{m} * 965\,\mathrm{kg} * 9{,}81\,\mathrm{m}} = 18{,}0\,\mathrm{m}$$

$$h_r = \frac{\Delta p_r}{\rho * g} = \frac{0{,}15\,\mathrm{bar} * \mathrm{m}^3 * \mathrm{s}^2}{965\,\mathrm{kg} * 9{,}81\,\mathrm{m}} = \frac{0{,}15 * 10^5\,\mathrm{kg} * \mathrm{m}^2 * \mathrm{s}^2}{\mathrm{s}^2 * \mathrm{m} * 965\,\mathrm{kg} * 9{,}81\,\mathrm{m}} = 1{,}58\,\mathrm{m} \cong 1{,}6\,\mathrm{m}$$

$$H = (15{,}0 + 18{,}0 + 1{,}6)\,\mathrm{m} = 34{,}6\,\mathrm{m}$$

$$P_{\mathrm{theor}} = 0{,}426\frac{\mathrm{kg}}{\mathrm{s}} * 9{,}81\frac{\mathrm{m}}{\mathrm{s}^2} * 34{,}6\,\mathrm{m} = 144{,}6\frac{\mathrm{kg} * \mathrm{m}^2}{\mathrm{s}^3} \cong 145\,\mathrm{W}$$

$$\boldsymbol{P_{\mathrm{real}}} = \frac{P_{\mathrm{theor}}}{\eta} = \frac{145\,\mathrm{W}}{0{,}65} = \mathbf{223\,W \cong 0{,}25\,kW}$$

→ *Ergebnis*

a. **Der nötige Volumenstrom der Verbrennungsluft (20 °C; 2,5 bar) beträgt 500 m³/h.**
b. **Die durch die Verbrennung freigesetzte Wärme liegt bei 4119 MJ/h = 1144 kW.**
c. **Die Gaseintrittstemperatur in den Verdampfer beträgt 1678 °C**
d. **Die nötige Wärmedurchgangsfläche des Dampferzeugers liegt bei 4,76 m² ≅ 5 m².**
e. **Der Massenstrom an erzeugtem 130 °C Sattdampf beträgt 0,426 kg/s = 1534 kg/h.**
f. **Der thermische Wirkungsgrad liegt bei 0,808 (≅ 81 %). Allerdings sind hierbei Wärmeverluste durch die Wand/Isolation der Anlage nicht berücksichtigt, sodass er in der Realität niedriger läge.**
g. **Der Motor der Kesselspeisewasserpumpe muss eine Leistungsaufnahme von 223 W ≅ 0,25 kW aufweisen.**

Aufgabe 99

In einem CSTR eines Nutzvolumens von 2 m³ und einer Gesamtkühlfläche von 7,0 m² wird eine Zerfallsreaktion A → B + C durchgeführt. Die Reaktionsenthalpie beträgt $\Delta_R H = -80$ kJ/mol. Die Geschwindigkeitskonstante bei 20 °C beträgt $7{,}15 * 10^{-5}\,\mathrm{s}^{-1}$ mit einer Aktivierungsenergie $E_A = 40$ kJ/mol. Der Volumenstrom des Zuführungsstroms von 6 m³/h mit einer Dichte von 900 kg/m³ und einer Temperatur von 15 °C hat eine Konzentration an A von 4 mol/L. Seine Wärmekapazität beträgt 1,6 kJ/(kg * °C). Die Kühlfläche wird mit Wasser (cp = 4,2 kJ/(kg * °C) einer Zuführungstemperatur von 20 °C und einer mittleren Temperatur von 30 °C beschickt. Die mittlere Temperatur ist näherungsweise definiert als $\overline{T}_{m-KW} = (T_{\text{in}} + T_{\text{ex}})/2$. Der Wärmedurchgangskoeffizient der Kühlfläche beträgt 600 W/(m² * °C).

a. Welcher Betriebspunkt (Temperatur und Wärmefluss) stellt sich ein?
b. Wie groß ist die Geschwindigkeitskonstante im Betriebspunkt?
c. Wie groß sind im Betriebspunkt die Konzentration an A im Reaktorauslauf und der zugehörige Umsatz?
d. Wie groß muss der Kühlwasserstrom im Betriebspunkt sein?

⊗ **Lösung**

→ ***Strategie***

Der Betriebspunkt liegt dort, wo die durch die Reaktion erzeugte Wärmeleistung $\dot{Q}_R$ gleich ist der abgeführten Wärmeleistung. Die abgeführte Wärmeleistung ist die Summe der Wärmeleistung, die zum Aufheizen des Einsatzstroms auf die Reaktortemperatur verwendet wird $\dot{Q}_F$ und des durch Wasserkühlung abgeführten Wärmestroms $\dot{Q}_K$. Da die Wärmeleistung der Reaktion mit steigender Reaktortemperatur exponentiell zunimmt, während der Wärmeverbrauch und die Wärmeabfuhr linear mit der Reaktortemperatur zunehmen, bietet sich eine graphische Lösung, ähnlich wie in Abschn. 2.4.7 beschrieben, an. Hierzu empfiehlt es sich, eine Tabelle anzulegen, die die Werte folgender Größen als Funktion der Reaktortemperatur angibt: Geschwindigkeitskonstante k (Formel 17b), $\Delta\dot{n}_A$ (Formel 13e), $\dot{Q}_R$ (Formel 27c), $\dot{Q}_F$ (Formel 19a), $\dot{Q}_K$ (Formel 30), $\dot{Q}_F + \dot{Q}_K$. Hieraus wird ein Diagramm mit $\dot{Q}_R$ sowie $\dot{Q}_F$, $\dot{Q}_K$ und $(\dot{Q}_F + \dot{Q}_K)$ als Funktion der Reaktortemperatur erstellt. Der Betriebspunkt liegt im Schnittpunkt beider Kurven.
Der Umsatz an A berechnet sich mittels Formel 9b mit $\Delta\dot{n}_A$ im Betriebspunkt.

Die nötige Kühlwassermenge im Betriebspunkt ergibt sich mittels Formel 19a aus $\dot{Q}_K$.

→ ***Berechnung***

1. *Geschwindigkeitskonstante und Reaktionswärmeleistung als Funktion der Reaktortemperatur:*

$$\dot{Q}_R = -\Delta\dot{n}_A * \Delta_R H$$

$$\Delta\dot{n}_A = \dot{n}_{A_o} - \dot{n}_A$$

$$\dot{n} = \dot{V} * c$$

$$\dot{Q}_R = -\dot{V} * \left(c_{A_o} - c_A\right) * \Delta_R H$$

$$c_A = \frac{c_{A_o}}{1 + k * \tau}$$

$$\dot{Q}_R = -\dot{V} * c_{A_o} * \left(1 - \frac{1}{1 + k * \tau}\right) * \Delta_R H$$

$$\dot{V} = \frac{6\text{m}^3}{\text{h}} * \frac{\text{h}}{3600\,\text{s}} = 0{,}001667 \frac{\text{m}^3}{\text{s}}$$

$$c_{A_o} = \frac{4\,\text{mol}}{\text{L}} = 4000 \frac{\text{mol}}{\text{m}^3}$$

$$\dot{n}_{A_o} = \dot{V} * c_{A_o} = 0{,}001667 \frac{\text{m}^3}{\text{s}} * 4000 \frac{\text{mol}}{\text{m}^3} = 6{,}67 \frac{\text{mol}}{\text{s}}$$

$$\tau = \frac{V_R}{\dot{V}} = \frac{2\,\text{m}^3 * \text{s}}{0{,}001667\,\text{m}^3} = 1200\,\text{s} \quad \Delta_R H = -80\,\text{kJ/mol}$$

$$\dot{Q}_R = -0{,}001667 \frac{\text{m}^3}{\text{s}} * 4000 \frac{\text{mol}}{\text{m}^3} * \left(-80 \frac{\text{kJ}}{\text{mol}}\right) * \left(1 - \frac{1}{1 + k * 1200\,\text{s}}\right)$$

$$\dot{Q}_R = 533{,}4 \frac{\text{kJ}}{\text{s}} * \left(1 - \frac{1}{1 + k * 1200\,\text{s}}\right)$$

$$k \text{ als Funktion von } T \rightarrow k_{T2} = k_{T1} * e^{\frac{E_A}{R} * \left(\frac{1}{T_1} - \frac{1}{T_2}\right)}$$

Für $T_1 = 20\,°\text{C} = 293{,}15\,\text{K}$

$$k = 7{,}15 * 10^{-5}\,\text{s}^{-1} * e^{\frac{40\,\text{kJ} * \text{mol} * \text{K}}{\text{mol} * 0{,}008315 * \text{kJ}} * \left(\frac{1}{293{,}15\,\text{K}} - \frac{1}{T_R}\right)}$$

$$\dot{Q}_R = 533{,}4 \frac{\text{kJ}}{\text{s}} * \left(1 - \frac{1}{1 + 0{,}0858 * e^{4810{,}6\,\text{K} * \left(\frac{1}{293{,}15\,\text{K}} - \frac{1}{T_R}\right)}}\right)$$

Hiermit können k und $\dot{Q}_R$ als Funktion der Reaktortemperatur T_R berechnet werden.

2. *Wärmeaufnahme Einsatzstrom als Funktion der Reaktortemperatur:*

$$\dot{Q}_{\text{Feed}} = \dot{m}_{\text{Feed}} * cp_{\text{Feed}} * (T_R - T_{\text{Feed}})$$

$$\dot{m}_{\text{Feed}} = \dot{V} * \rho_{\text{Feed}} = 0{,}001667 \frac{\text{m}^3}{\text{s}} * 900 \frac{\text{kg}}{\text{m}^3} = 1{,}50 \frac{\text{kg}}{\text{s}}$$

$$\dot{Q}_{\text{Feed}} = 1{,}50 \frac{\text{kg}}{\text{s}} * 1{,}6 \frac{\text{kJ}}{\text{kg} * °\text{C}} * (T_R - 15\,°\text{C}) = 2{,}4 \frac{\text{kJ}}{\text{s} * °\text{C}} * (T_R - 15\,°\text{C})$$

Hiermit kann die vom Feed aufgenommene Wärmemenge als Funktion der Reaktortemperatur T_R berechnet werden.

3. *Wärmeabfuhr durch Kühlung:*

$$\dot{Q}_{KW} = Kw * A * (T_R - T_{KW}) = 0{,}6 \frac{\text{kJ}}{\text{s} * \text{m}^2 * °\text{C}} * 7\,\text{m}^2 * (T_R - 30\,°\text{C})$$
$$= 4{,}2 \frac{\text{kJ}}{\text{s} * °\text{C}} * (T_R - 30\,°\text{C})$$

Hiermit kann die durch das Kühlwasser abgeführte Wärmemenge als Funktion der Reaktortemperatur T_R berechnet werden.
Es wird eine Tabelle der Reaktortemperatur (wahlweise 20 °C–80 °C mit 20 °C Schritten) mit der zugehörigen Geschwindigkeitskonstante k, Konzentration c_A und den Wärmeströmen $\dot{Q}_R$, $\dot{Q}_{Feed}$, $\dot{Q}_{KW}$ angefertigt und daraus ein Diagramm $\dot{Q}_R$ sowie Summe ($\dot{Q}_{Feed} + \dot{Q}_{KW}$) *als Funktion der Temperatur erstellt. Der Betriebspunkt liegt im Schnittpunkt beider Kurven.*
Beispiel eines entsprechenden Tabellen-Kalkulations-Blattes:

k-20°C/(1/s)	7.15E-05	Ea/(kJ/mol)	40
nAo/(mol/s)	6.67	ΔRH/(kJ/mol)	80
MassenstromFeed/(kg/s)	1.5	Verw.Zeit τ/s	1200
T-Feed/°C	15	cp-Feed/(kJ/[kg*°C])	1.6
Kw/(kW/[m²*°C])	0.6	A-Kühlung/m²	7.0
Tm-Kühlwasser/°C	30		

T °C	T K	k 1/s	ΔnA mol/s	Q-Reaktion kJ/s	Q-Feed kJ/s	Q-Kühlung kJ/s	Q-Abfuhr kJ/s
10	283.15	4.01E-05	0.31	24	-12	-84	-96
30	303.15	1.23E-04	0.86	69	36	0	36
40	313.15	2.04E-04	1.31	105	60	42	102
50	323.15	3.28E-04	1.88	151	84	84	168
60	333.15	5.13E-04	2.54	203	108	126	234
70	343.15	7.81E-04	3.23	258	132	168	300
80	353.15	1.16E-03	3.88	311	156	210	366

Zugehöriges Wärmeleistungs-Reaktortemperatur-Diagramm:

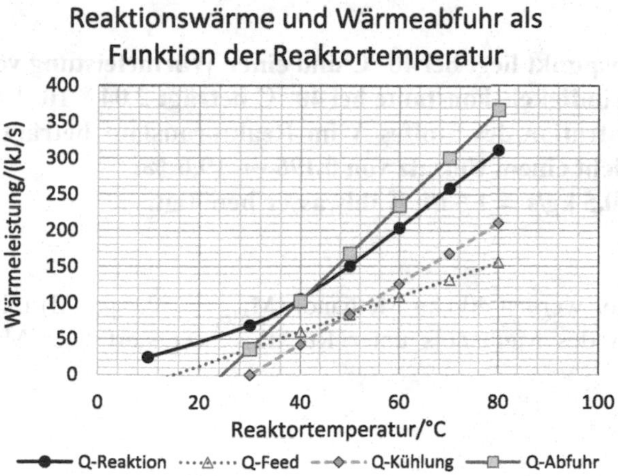

a. *Der Schnittpunkt von der Reaktionswärmeleistungskurve und Gesamtwärmeabfuhrkurve liegt bei einer Wärmeleistung von* ***100 kW*** *und einer Reaktortemperatur von* ***40 °C****. Dies ist der Betriebspunkt.*
b. *Die Geschwindigkeitskonstante bei einer Reaktortemperatur von 40 °C kann mittels der zuvor gegebenen Formel berechnet werden, wurde jedoch in der Tabelle mit* $\boldsymbol{k = 2{,}04 * 10^{-4}\,s^{-1}}$ *schon berechnet.*
c. Aus der Tabelle kann $\Delta \dot{n}_A = 1{,}31$ mol/s für den Betriebspunkt bei 40 °C entnommen werden.

$$c_A = \frac{n_A}{\dot{V}} = \frac{\dot{n}_{A_o} - \Delta \dot{n}_A}{\dot{V}} = \frac{(6{,}67 - 1{,}31)\,\text{mol} * \text{s}}{\text{s} * 0{,}001667\,\text{m}^3} = 3215\frac{\text{mol}}{\text{m}^3} = \mathbf{3{,}215\frac{mol}{L}}$$

$$X_A = \frac{\dot{n}_{A_o} - \dot{n}_A}{\dot{n}_{A_o}} = \frac{\Delta \dot{n}_A}{\dot{n}_{A_o}}$$

$$X_A = \frac{1{,}31\,\text{mol} * \text{s}}{\text{s} * 6{,}67\,\text{mol}} = \mathbf{0{,}196 \rightarrow 19{,}6\,\%}$$

d. $\dot{Q}_{KW} = \dot{m}_{KW} * cp_{KW} * (T_{Kw-\text{ex}} - T_{KW-\text{in}})$

$$\overline{T}_{Kw-m} = \frac{T_{KW-\text{in}} + T_{KW-\text{ex}}}{2}$$

$$T_{KW-\text{ex}} = 2 * \overline{T}_{KW-m} - T_{KW-\text{in}}$$

$$\dot{m}_{KW} = \frac{\dot{Q}_{KW}}{2 * cp_{KW} * \left(\overline{T}_{KW-m} - T_{KW-\text{in}}\right)}$$

Mit dem Wärmestrom $\dot{Q}_{KW} = 42\frac{\text{kJ}}{\text{s}}$ für den Kühlwasserstrom im Betriebspunkt von 40 °C *(siehe Tabelle):*

$$\dot{m}_{KW} = \frac{42\,\text{kJ} * \text{kg} * °\text{C}}{\text{s} * 2 * 4{,}2\,\text{kJ} * (30 - 20)\,°\text{C}} = \mathbf{0{,}5\frac{kg}{s}} = \mathbf{1{,}8\frac{t}{h}}$$

→ ***Ergebnis***

a. **Der Betriebspunkt liegt bei 40 °C und einer Wärmeleistung von 100 kW.**
b. **Die Geschwindigkeitskonstante bei 40 °C beträgt 2,04 * 10^{-4} s^{-1}.**
c. **Die Konzentration des Stoffes A im Reaktorauslauf beträgt 3,215 mol/L, dies entspricht einem Umsatz von 0,196 → 19,6 %.**
d. **Es werden 0,5 kg/s = 1,8 t/h Kühlwasser benötigt.**

Aufgabe 100

In einen Reaktor werden 400 kg Methanol (M_{Met} = 32,0 g/mol) mit Benzoesäure am Siedepunkt des Methanols unter Rückfluss verestert. Der Methanolumsatz beträgt 65 %.

a. Wie viel kg Ester ($M_E = 136{,}2$ g/mol) erhält man, wenn keine Nebenreaktionen auftreten, und wie viel kg nicht-umgesetztes Methanol muss abgedampft werden?
b. Das nicht umgesetzte Methanol soll innerhalb einer Stunde abgedampft werden (Kp = 68 °C; $\Delta vH = 1100$ kJ/kg). Der Verdampfer wird mittels eines Erdgasbrenners (Methan) beheizt (Bildungsenthalpien in kJ/mol: $CH_4 = -74{,}9$; $CO_2 = -393{,}5$; $H_2O = -241{,}8$). Wie viel Erdgas wird bei einem thermischen Wirkungsgrad von 80 % verbraucht?
c. Das nicht umgesetzte Methanol soll in einem Kondensator einer Kühlfläche von 1 m^2 und Kw = 1300 W(m^2 * K) rückgewonnen werden. Die mittlere Temperaturdifferenz liegt bei 35 °C. Reicht die Tauscherfläche für diese Aufgabe aus?

⊗ **Lösung**
→ ***Strategie***

a. Mittels Formel 9a wird die nicht umgesetzte Menge an Methanol berechnet. Die entstandene Masse an Ester ergibt sich aus der Molzahl-Differenz von eingesetztem zu nicht reagiertem Methanol, multipliziert mit der Molmasse des Esters.
b. Der Wärmestrom zur Verdampfung des nicht reagierten Methanols innerhalb einer Stunde berechnet sich gemäß Formel 24b. Für die hierzu nötige Wärmeerzeugung durch die Verbrennung von Methan wird die Reaktionsgleichung aufgestellt und mittels Formel 28 die Reaktionsenthalpie ermittelt. Mit Formel 27c ergibt sich der entsprechende Molstrom an Methan und hieraus mit der Molmasse der Massenstrom des Brennstoffs. Dieser theoretische Massenstrom, der einem Prozess ohne Wärmeverluste entspräche, wird durch Division mit dem Wirkungsgrad auf den realen Wert umgerechnet.
c. Der zur Verdampfung des überschüssigen Methanols nötige Wärmestrom wurde bereits berechnet. Er wird nun mittels Formel 30 für die Daten des Wärmetauschers verglichen. Alternativ kann auch die nötige Wärmetauscherfläche für diesen Energietransport berechnet werden.

→ ***Berechnung***
Indizes: Met = Methanol; E = Ester
$CH_3OH + R\text{-}COOH \rightarrow R\text{-}COO\text{-}CH_3 + H_2O$
R = Benzylgruppe

a. $m_E = n_E * M_E$ mit $n_E = n_{\text{Meto}} - n_{\text{Met}}$

$$X_{\text{Met}} = \frac{n_{\text{Meto}} - n_{\text{Met}}}{n_{\text{Meto}}}$$

$$n_{\text{Met}} = n_{\text{Meto}} * (1 - X_{\text{Met}})$$

$$n_{Meto} = \frac{m_{Meto}}{M_{Met}} = \frac{400\,\mathrm{kg} * \mathrm{mol}}{0{,}032\,\mathrm{kg}} = 12.500\,\mathrm{mol}$$

$$n_{Met} = 12.500\,\mathrm{mol} * (1 - 0{,}65) = 4375\,\mathrm{mol}$$

$$\boldsymbol{m_{Met}} = n_{Met} * M_{Met} = 4375\,\mathrm{mol} * 0{,}032\frac{\mathrm{kg}}{\mathrm{mol}} = \mathbf{140\,kg}$$

$$n_E = (12.500 - 4375)\,\mathrm{mol} = 8125\,\mathrm{mol}$$

$$\boldsymbol{m_E} = 8125\,\mathrm{mol} * 0{,}1362\frac{\mathrm{kg}}{\mathrm{mol}} = \mathbf{1107\,kg}$$

b. *Nötige Wärmeleistung zur Methanol-Verdampfung:*

$$\dot{Q} = \dot{m}_{Met} * \Delta_V H_{Met} = 140\frac{\mathrm{kg}}{\mathrm{h}} * 1100\frac{\mathrm{kJ}}{\mathrm{kg}} = 154.000\frac{\mathrm{kJ}}{\mathrm{h}} = 15.400\frac{\mathrm{kJ}}{\mathrm{h}} * \frac{\mathrm{h}}{3600\,\mathrm{s}}$$

$$= 42{,}78\frac{\mathrm{kJ}}{\mathrm{s}} = 42{,}78\,\mathrm{kW}$$

$$CH_4 + 2O_2 \rightarrow CO_2 + 2H_2O$$

$$\dot{Q} = -\dot{n}_{CH_4} * \Delta_R H \rightarrow \dot{n}_{CH_4} = \frac{\dot{Q}}{-\Delta_R H}$$

$$\text{mit } \Delta_R H = \sum_i (\upsilon_i * \Delta_f H_i) = \nu_{CH_4} * \Delta_f H_{CH_4} * \nu_{CO_2} * \Delta_f H_{CO_2} + \nu_{H_2O} * \Delta_f H_{H_2O} \quad \{\Delta_f H_{O_2} = 0\}$$

$$\Delta_R H = [-1 * (-74{,}9) + 1 * (-393{,}5) + 2 * (-241{,}8)]\frac{\mathrm{kJ}}{\mathrm{mol}} = -802{,}2\frac{\mathrm{kJ}}{\mathrm{mol}}$$

$$\dot{n}_{CH_4} = \frac{15.400\,\mathrm{kJ}}{\mathrm{h} * 802{,}2\,\mathrm{kJ}} = 192{,}0\frac{\mathrm{mol}}{\mathrm{h}}$$

$$\dot{m}_{CH_4} = \dot{n}_{CH_4} * M_{CH_4} = 192{,}0\frac{\mathrm{mol}}{\mathrm{h}} * 0{,}016\,\mathrm{kg} = 3{,}07\frac{\mathrm{kg}}{\mathrm{h}}$$

$$\boldsymbol{\dot{m}_{CH_4-Real}} = \frac{\dot{m}_{CH_4}}{\eta} = \frac{3{,}07\,\mathrm{kg}}{\mathrm{h} * 0{,}8} = 3{,}84\,\mathbf{\frac{kg}{h}}$$

c. *Maximale Wärmeleistung Kondensator:*

$$\boldsymbol{\dot{Q}_{max}} = Kw * A * \Delta T = 1300\frac{\mathrm{W}}{\mathrm{m^2} * {}^\circ\mathrm{C}} * 1\,\mathrm{m^2} * 35\,{}^\circ\mathrm{C} = \mathbf{45{,}5\,kW}$$

Alternative Berechnung minimale Tauscherfläche: $\boldsymbol{A} = \frac{\dot{Q}}{Kw * \Delta T} = \frac{42{,}78\,\mathrm{kJ} * \mathrm{m^2} * {}^\circ\mathrm{C}}{\mathrm{s} * 1{,}3\,\mathrm{kW} * 35\,{}^\circ\mathrm{C}} = 0{,}941\,\mathrm{m^2}$

→ ***Ergebnis***

a. **Es werden 1107 kg Ester hergestellt. Die überschüssige Methanolmenge beträgt 140 kg.**
b. **Zum Verdampfen des überschüssigen Methanols innerhalb einer Stunde müssen 3,84 kg/h Methan verbrannt werden.**
c. **Die Wärmetauscherfläche reicht aus: Die maximale Wärmeleistung des Kondensators beträgt 45,5 kW und liegt damit über der nötigen Wärmeleistung der Methanolverdampfung von 42,8 kW. Alternativ: Die minimale Wärmetauscherfläche liegt bei 0,941 m² und damit unterhalb der vorhandenen.**

Aufgabe 101

Mittels eines Gaswäschers, der bei 25 °C mit 10 %iger wässriger NaOH betrieben wird, soll ein Abgasstrom von 1200 m^3/h vollständig von hochgiftigem Phosgen befreit werden. Der Phosgengehalt im Abgas (Dichte Abgas: 1,26 kg/m^3) beträgt 2,5 gew% Phosgen ($M_{Phosgen}$ = 99 g/mol).

a. Wie viel Kilogramm Natriumchlorid (M = 58,5 g/mol) und Natriumcarbonat (106 g/mol) werden hierbei pro Stunde gebildet?
b. Wie viel Kilogramm 40 %ige NaOH (M = 40 g/mol) müssen pro Stunde zugefügt werden, um die Verluste durch die Reaktion auszugleichen?
c. Welche Wärmeleistung muss abgeführt werden, um einen Temperaturanstieg im Gaswäscher zu vermeiden? (Bildungsenthalpien in kJ/mol: $COCl_2$ = −219,1; Wasser = −286,3; NaCl = −409,8; NaOH = −427,2; Na_2CO_3 = −1132,6)
d. 15 % dieser Wärmeleistung werden durch die Wasserverdunstung bei der Gaswäsche abgeführt (Verdampfungsenthalpie Wasser $\Delta_v H$ = 2250 kJ/kg)? Wie viel Wasser verdampft hierdurch?
e. Welcher Kühlwasserstrom wird benötigt, um die restlichen 85 % der entstehenden Wärmeleistung abzuführen ($cp_{Kühlwasser}$ = 4,23 kJ/[kg*°C])? Die Kühlwassertemperatur darf hierbei nur um 10 °C ansteigen.
f. Das Kühlwasser (Dichte = 1000 kg/kg) wird aus einem Brunnen von 20 m unterhalb der Anlagensohle gewonnen. Der Wassereinspeisepunkt des Wärmetauschers des Gaswäschers liegt 8 m oberhalb der Anlagensohle. Der Druckverlust im Leistungssystem liegt bei 0,2 bar. Der Einspeisedruck in den Wärmetauscher beträgt 1,5 bar absolut. Der Wirkungsgrad der Kreiselpumpe liegt bei 60 %. Ein Elektromotor welcher Leistung sollte gewählt werden, um die Pumpe anzutreiben, wenn man von seinem Wirkungsgrad von 80 % ausgeht?

⊗ **Lösung**

→ ***Strategie***

a. & b. Zunächst wird die Reaktionsgleichung aufgestellt und hieraus die stöchiometrischen Faktoren entnommen. Dann wird der Molstrom des entfernten Phosgens berechnet. Mittels des Phosgen-Molstroms und den Molmassen von Natriumchlorid und Natriumcarbonat werden die entsprechenden Massenströme dieser Salze berechnet. Gleiches gilt für den Feed-Strom der Natronlaugelösung. Hier muss zusätzlich noch die Konzentration von 40 gew% berücksichtigt werden.

c. Die Wärmeleistung der Reaktion ergibt sich aus Formel 27c, wobei die Reaktionsenthalpie gemäß Formel 28 berechnet wird.

d. Mit der umgestellten Formel 24b lässt sich aus 15 % des unter c) ermittelten Wärmeflusses die verdunstete Wassermenge berechnen.

e. Der Massenfluss an Kühlwasser wird durch die entsprechend umgestellter Formel 19a für 85 % der Wärmeleistung der Reaktion bestimmt.

f. Die theoretisch nötige Pumpenleistung ergibt sich aus der Gesamtförderhöhe gemäß Formel 39a, wobei sich die geodätische Höhe aus der Position des Brunnens und dem Wärmetauscher ergibt und die Druck- sowie die Reibungshöhe gemäß Formel 38b berechnet werden. Daraus erfolgt die Berechnung der real nötigen Motorleistung mittels beider angegebenen Wirkungsgrade.

→ ***Berechnung***

	$COCl_2$	$NaOH$	Na_2CO_3	$NaCl$	H_2O
ν_i	−1	−4	+1	+2	+12

$$\dot{n}_{COCl_2} = \frac{\dot{m}_{COCl_2}}{M_{COCl_2}}$$

$$\dot{m}_{COCl_2} = \dot{m}_{Abgas} * 0{,}01 * \%\,COCl_2$$

$$\dot{m}_{Abgas} = \dot{V}_{Abgas} * \rho_{Abgas}$$

$$\dot{n}_{COCl_2} = \frac{\dot{V}_{Abgas} * \rho_{Abgas} * 0{,}025}{M_{COCl_2}} = \frac{1200\,\mathrm{m}^3 * 1{,}26\,\mathrm{kg} * 0{,}025\,\mathrm{mol}}{\mathrm{h} * \mathrm{m}^3 * 0{,}099\,\mathrm{kg}}$$

$$= 381{,}8\frac{\mathrm{mol}}{\mathrm{h}} = 0{,}106\frac{\mathrm{mol}}{\mathrm{s}}$$

a. $\dot{m}_{\mathbf{Nacl}} = \dot{n}_{\mathrm{Nacl}} * M_{\mathrm{Nacl}} = 2 * \dot{n}_{\mathrm{COCl_2}} * M_{\mathrm{Nacl}} = 2 * 381{,}8\frac{\mathrm{mol}}{\mathrm{h}} * 0{,}0585\frac{\mathrm{kg}}{\mathrm{mol}} = \mathbf{44{,}67\frac{kg}{h}}$

$$\dot{m}_{\mathbf{Na_2CO_3}} = \dot{n}_{\mathrm{Na_2CO_3}} * M_{\mathrm{Na_2CO_3}} = \dot{n}_{\mathrm{COCl_2}} * M_{\mathrm{Na_2CO_3}} = 381{,}8\frac{\mathrm{mol}}{\mathrm{h}} * 0{,}106\frac{\mathrm{kg}}{\mathrm{mol}} = \mathbf{40{,}47\frac{kg}{h}}$$

b. $\dot{m}_{\mathbf{NaOH}} = \dot{n}_{\mathrm{NaOH}} * M_{\mathrm{NaOH}} = 4 * \dot{n}_{\mathrm{COCl_2}} * M_{\mathrm{NaOH}}$

$$= 4 * 381{,}8\frac{\mathrm{mol}}{\mathrm{h}} * 0{,}040\frac{\mathrm{kg}}{\mathrm{mol}} = \mathbf{61{,}09\frac{kg}{h}}$$

1 kg 40 % NaOH 0,40 kg NaOH
X kg 40 % NaOH = 61,09 kg NaOH

$$\rightarrow \dot{m}_{40\,\%\,\mathrm{NaOH}} = \frac{1\,\mathrm{kg} * 61{,}09\,\mathrm{kg}}{\mathrm{h} * 0{,}40\,\mathrm{kg}} = 152{,}7\frac{\mathbf{kg\ 40\ \%\ NaOH}}{\mathbf{h}}$$

c. $\dot{Q} = -\dot{n}_{\mathrm{COCl_2}} * \Delta_R H$

$$\Delta_R H = \sum_i (\nu_i * \Delta_f H_i)0$$

$$\Delta_R H = \nu_{\mathrm{COCl_2}} * \Delta_f H_{\mathrm{COCl_2}} + \nu_{\mathrm{NaOH}} * \Delta_f H_{\mathrm{NaOH}} + \nu_{\mathrm{NaCl}} * \Delta_f H_{\mathrm{NaCl}} + \nu_{\mathrm{Na_2CO_3}} * \Delta_f H_{\mathrm{Na_2CO_3}} + \nu_{\mathrm{H_2O}} * \Delta_f H_{\mathrm{H_2O}}$$

$$\Delta_R H = \{-1 * (-219{,}1) - 4 * (-427{,}2) + 1 * (-1132{,}6) + 2 * (-409{,}8) + 2 * (286{,}3)\}\frac{\mathrm{kJ}}{\mathrm{mol}}$$

$$= -596{,}9\frac{\mathrm{kJ}}{\mathrm{mol}}$$

$$\dot{Q} = -0{,}106\frac{\mathrm{mol}}{\mathrm{s}} * \left(-596{,}9\frac{\mathrm{kJ}}{\mathrm{mol}}\right) = \mathbf{63{,}27\frac{kJ}{s}} = \mathbf{63{,}27\,kW \cong 63{,}3\,kW}$$

d. $\dot{Q}_{15\,\%} = 63{,}27\frac{\mathrm{kJ}}{\mathrm{s}} * 0{,}15 = 9{,}49\frac{\mathrm{kJ}}{\mathrm{s}}$

$$\dot{Q} = \dot{m}_{W-\mathrm{Verd}} * \Delta_V H$$

$$\dot{m}_{W-\mathrm{Verd}} = \frac{\dot{Q}}{\Delta_V H} = \frac{9{,}49\,\mathrm{kJ} * \mathrm{kg}}{\mathrm{s} * 2250\,\mathrm{kJ}} = \mathbf{0{,}00422\frac{kg}{s}} = 0{,}00422\frac{\mathrm{kg}}{\mathrm{s}} * 3600\frac{\mathrm{s}}{\mathrm{h}} = \mathbf{15{,}2\frac{kg}{h}}$$

e. $\dot{Q}_{85\,\%} = 63{,}27\frac{\mathrm{kJ}}{\mathrm{s}} * 0{,}85 = 53{,}78\frac{\mathrm{kJ}}{\mathrm{s}}$

$$\dot{Q}_{85\%} = \dot{m}_W * cp_W * \Delta T_W$$

$$\dot{m}_W = \frac{\dot{Q}_{85\,\%}}{cp_W * \Delta T_W} = \frac{53{,}78\,\mathrm{kJ} * \mathrm{kg} * {}^\circ\mathrm{C}}{\mathrm{s} * 4{,}23\,\mathrm{kJ} * 10\,{}^\circ\mathrm{C}} = \mathbf{1{,}27\frac{kg}{s}} = \mathbf{4572\frac{kg}{h}}$$

f. $P = \dot{m} * h * g$

$$H = h_{\mathrm{Geo}} + h_p + h_r$$

$$h_{\mathrm{Geo}} = (20 + 8)\,\mathrm{m} = 28\,\mathrm{m}$$

$$h_p = \frac{\Delta p}{\rho * g} = \frac{(1{,}5 - 1{,}0)\text{bar} * \text{m}^3 * \text{s}^2}{1000\,\text{kg} * 9{,}81\,\text{m}} = \frac{(1{,}5 - 1{,}0) * 10^5\text{kg} * \text{m}^3 * \text{s}^2}{\text{m} * \text{s}^2 * 1000\,\text{kg} * 9{,}81\,\text{m}} = 5{,}1\,\text{m}$$

$$h_r = \frac{\Delta p_r}{\rho * g} = \frac{0{,}2\,\text{bar} * \text{m}^3 * \text{s}^2}{1000\,\text{kg} * 9{,}81\,\text{m}} = \frac{0{,}2 * 10^5\,\text{kg} * \text{m}^3 * \text{s}^2}{\text{m} * \text{s}^2 * 1000\,\text{kg} * 9{,}81\,\text{m}} = 2{,}04\,\text{m}$$

$$H = (28 + 5{,}1 + 2{,}04)\,\text{m} = 35{,}14\,\text{m}$$

$$P_{\text{theor}} = 1{,}27\frac{\text{kg}}{\text{s}} * 35{,}14\,\text{m} * 9{,}81\frac{\text{m}}{\text{s}^2} = 437{,}8\frac{\text{kg} * \text{m}^2}{\text{s}^3} \cong 438\,\text{W}$$

$$\boldsymbol{P}_{\textbf{real}} = \frac{P_{\text{theor}}}{\eta_{\text{Pumpe}} * \eta_{\text{Motor}}} = \frac{438\,\text{W}}{0{,}6 * 0{,}8} = \mathbf{912{,}5\,W \rightarrow 1\,kWMotor}$$

→ *Ergebnis*

a. **Pro Stunde werden 44,7 kg Natriumchlorid und 40,5 kg Natriumcarbonat gebildet.**
b. **Man benötigt 61,1 kg Natriumhydroxid pro Stunde, das entspricht 152,7 kg/h einer 40 %igen wässrigen Natronlaugelösung.**
c. **Die Wärmeleistung der Reaktion beträgt 63,3 kW.**
d. **Es verdampfen 15,2 kg Wasser pro Stunde.**
e. **Es werden 1,27 kg/s = 4,57 t/h Kühlwasser benötigt.**
f. **Die nötige elektrische Leistungsaufnahme des Pumpenmotors beträgt 0,91 kW, also etwa 1 kW.**

Aufgabe 102

Die Wasserverluste durch Verdunstung in einem Kühlturm einer Kühlleistung von 4000 kW werden durch kontinuierliches Zupumpen von Brunnenwasser ausgeglichen. Hierzu wird aus einem Reservoir, das 3,5 m unter der Fabriksohle liegt, mit einer Tauchkreiselpumpe Wasser auf den unter atmosphärischem Druck stehenden Aufgabepunkt der Wasserverrieselung in einer Höhe von 23 m über der Fabriksohle gepumpt. Der Reibungsverlust beträgt 0,5 bar (= 50.000 Pa = 50.000 kg/[m * s^2]). Das Wasser hat eine Dichte von 1000 kg/m^3. Der Wirkungsgrad der Pumpe beträgt 80 %, der des Elektromotors 92 %. Das Brunnenwasser hat einen pH-Wert von 6 und enthält 4 mmol/L Calciumhydrogencarbonat und 0,15 mmol/L Eisen(II)hydroxid. Es wird aus Korrosionsschutzgründen auf einen pH-Wert von 10,5 gebracht. Dies erfolgt durch Zusatz von 5 %iger Natronlauge. Hierbei fällt das Calcium als $CaCO_3 * H_2O$ (M = 118 g/mol) aus. Das Eisen(II) wird zum Eisen(III) oxidiert und fällt als FeO(OH) (M = 88,9 g/mol) aus. Näherungsweise soll von einer vollständigen Ausfällung ausgegangen werden. Diese Feststoffe werden als 10 gew%ige Suspension abgezogen.

a. Wie viel Wasser wird verdunstet, um die geforderte Kühlleistung zu erbringen? (Verdampfungswärme Wasser $\Delta H_v = 2250$ kJ/kg)
b. Welche Leistungsaufnahme hat der Pumpenmotor?
c. Wie viel Gemisch aus $CaCO_3 * H_2O$ & $Fe_2O_3 * 3H_2O$ fällt pro Tag an, und wie groß ist der gesamte Abschlämmstrom pro Tag?

⊗ **Lösung**

→ ***Strategie***

a. Der durch Wasserverdunstung abgeführte Wärmestrom wird durch Formel 24b beschrieben, die zwecks Lösung zum Massenstrom des Wassers hin umgestellt wird.
b. Die theoretisch nötige Pumpenleistung ergibt sich aus Formel 39a. Die einzusetzende Gesamthöhe berechnet sich mittels Formel 38a, wobei die Reibungsverlusthöhe aus Formel 38b folgt. Die Druckhöhe ist null. Die reale Leistung des Pumpenmotors ergibt sich aus dem theoretischen Wert, dividiert durch das Produkt beider angegebener Wirkungsgrade.
c. Der Molstrom an im Kühlturm ausfallender Calcium- und Eisenverbindung berechnet sich aus der Konzentration des Calciums und Eisens im Brunnenwasser, multipliziert mit dem Volumenstrom des Wassers. Mit den Molmassen ergibt sich der zugehörige Massenstrom der Feststoffe. Der Massenstrom der auszutragenden Aufschlämmung wird mittels Prozentrechnung ermittelt.

→ ***Berechnung***

a. $\dot{Q} = \dot{m} * \Delta_V H$

$$\dot{m}_w = \frac{\dot{Q}}{\Delta_V H_w} = \frac{4000\,\text{kW} * \text{kg}}{2250\,\text{kJ}} = \frac{4000\,\text{kJ} * \text{kg}}{\text{s} * 2250\,\text{kJ}} = \mathbf{1{,}78\frac{kg}{s}}$$

$$= 1{,}78\frac{\text{kg}}{\text{s}} * \frac{3600\,\text{s}}{\text{h}} = \mathbf{6{,}41\frac{t}{h}}$$

b. $P = \dot{m} * g * H$
$H = h_{geo} + h_p + h_r$

$$h_{\text{geo}} = (3{,}5 + 23)\,\text{m} = 26{,}5\,\text{m}$$

$$h_r = \frac{\Delta p}{\rho * g} = \frac{0{,}5\,\text{bar} * \text{m}^3 * \text{s}^2}{1000\,\text{kg} * 9{,}81\,\text{m}} * \frac{10^5\,\text{kg}}{\text{bar} * \text{m} * \text{s}^2} = 5{,}1\,\text{m}$$

$$H = (26{,}5 + 5{,}1)\,\text{m} = 31{,}6\,\text{m}$$

$$P_{\text{theor}} = 1{,}78\frac{\text{m}^3}{\text{s}} * 9{,}81\frac{\text{m}}{\text{s}^2} * 31{,}6\,\text{m} = 552\frac{\text{kg} * \text{m}^2}{\text{s}^3} = 0{,}552\,\text{kW}$$

$$P_{\text{real}} = \frac{P_{\text{theor}}}{\eta_{\text{Pumpe}} * \eta_{\text{Motor}}} = \frac{0{,}552}{0{,}80 * 0{,}92} = \mathbf{0{,}75\,kW}$$

c. $\dot{m}_i = \dot{n}_i * M_i \quad \dot{n}_i = \dot{V}_w * c_i$

$$\dot{n}_{\text{Ca}} = 1{,}78\frac{\text{L}}{\text{s}} * 4\frac{\text{mmol}}{\text{L}} = 7{,}12\frac{\text{mmol}}{\text{s}}$$

$$\dot{m}_{\text{CaCO}_3*\text{H}_2\text{O}} = 7{,}12\frac{\text{mmol}}{\text{s}} * 0{,}118\frac{\text{g}}{\text{mmol}} = 0{,}84\frac{\text{g}}{\text{s}} = 0{,}84\frac{\text{g}}{\text{s}} * 3600\frac{\text{s}}{\text{h}} * 24\frac{\text{h}}{\text{Tag}}$$
$$= \mathbf{72{,}6\frac{kg}{Tag}}$$

$$\dot{n}_{\text{Fe}} = 1{,}78\frac{\text{L}}{\text{s}} * 0{,}15\frac{\text{mmol}}{\text{L}} = 0{,}27\frac{\text{mmol}}{\text{s}}$$

$$\dot{m}_{\text{FeO(OH)}} = 0{,}27\frac{\text{mmol}}{\text{s}} * 0{,}0889\frac{\text{g}}{\text{mmol}} = 0{,}024\frac{\text{g}}{\text{s}}$$
$$= 0{,}024\frac{\text{g}}{\text{s}} * 3600\frac{\text{s}}{\text{h}} * 24\frac{\text{h}}{\text{Tag}} = \mathbf{2{,}1\frac{kg}{Tag}}$$

***Anfall Gesamtfeststoff pro Tag* = (72,6 + 2,1) kg = 74,7 kg ≅ 75 kg**

$$\dot{m}_{\text{Suspension}} = 75\frac{\text{kg}}{\text{Tag}} * \frac{100\,\%}{10\,\%} = \mathbf{750\frac{kg}{Tag}}$$

→ ***Ergebnis***

a. **Dem Kühlturm müssen 1,78 kg Wasser pro Sekunde, also 6,4 t pro Stunde, zugeführt werden.**
b. **Der Pumpenmotor muss eine Anschlussleistung von 0,75 kW haben.**
c. **Es fallen pro Tag an Feststoff an: 72,6 kg $CaCO_3 * H_2O$ und 2,1 kg FeO(OH), also gesamt etwa 75 kg. Damit beträgt der tägliche Abschlämmstrom etwa 750 kg.**

Aufgabe 103

Die Kapazität einer Anlage zur Herstellung von Propanol wird bestimmt durch die abschließende Rektifikationskolonne. Das limitierende Teil ist der Kondensator des Kolonnenkopfes mit einer Tauscherfläche von 5,6 m^2 und einem Wärmedurchgangskoeffizienten von 1500 W/(kg * °C). Der Kühlwassereintritt beträgt 15 °C, die Austrittstemperatur liegt bei 50 °C.

Daten Propanol: Kondensationswärme: 754 kJ/kg; Siedepunkt: 97,3 °C
cp-Wasser = 4,2 kJ/(kg * °C)

a. Wie groß ist die mittlere Temperaturdifferenz im Kondensator?
b. Wie groß ist der Kühlwasserstrom für diese Bedingungen?
c. In der Regel benötigt man für die bei allen Kunden spezifizierte Reinheit ein Rücklaufverhältnis von 0,2. Wie groß ist die Produktionsrate von Propanol unter diesen Bedingungen? (Rücklaufverhältnis $v_r = \frac{\dot{m}_{\text{Rücklauf}}}{\dot{m}_{\text{Produkt}}} \dot{m}_{\text{Kondensator}} = \dot{m}_{\text{Rücklauf}} + \dot{m}_{\text{Produkt}}$)
d. Ein Kunde benötigt Propanol einer höheren Reinheit, das sich nur mit einem Rücklaufverhältnis von 0,4 erzielen lässt. Um wie viel Prozent geht hierbei die Produktionsleistung im Vergleich zur normalen Produktion mit dem Rücklaufverhältnis 0,2 zurück?

⊗ **Lösung**

→ ***Strategie***

a. Die mittlere logarithmische Temperaturdifferenz wird gemäß der entsprechenden in Abschn. 1.2.5 gegebenen Formel berechnet.
b. Die Wärmeleistung des Kondensators ergibt sich aus Formel 30. Diese Wärmemenge muss durch die Erwärmung des Kühlwassers gemäß Formel 19a abgeführt werden. Zur Berechnung des Kühlwasserstroms stellt man sie entsprechend um.
c. Die gesamte Menge an im Kondensator verflüssigten Propanol wird mittels Formel 24b berechnet. Hierbei wird die im vorherigen Teil der Aufgabe berechnete Wärmeleistung des Kondensators eingesetzt. Mittels des Rücklaufverhältnisses erhält man den Massenstrom an produziertem Propanol.
d. Zur Ermittlung des Massenstroms an Produkt geht man in gleicher Weise vor wie unter Aufgabenteil c). Mittels Dreisatz berechnet sich der prozentuale Wert des Rückgangs der Produktionsrate.

→ ***Berechnung***

Indizes: K = Kondensation, W = Kühlwasser, P = Propanol, Ges = Gesamt, R = Rücklauf, Prod = Produkt

a. $\overline{\Delta T}_M = \frac{\Delta T_1 - \Delta T_2}{\ln \frac{\Delta T_1}{\Delta T_2}}$

$$\Delta T_1 = (97{,}3 - 15)\,°\text{C} = 82{,}3\,°\text{C} \quad \Delta T_2 = (97{,}3 - 50)\,°\text{C} = 47{,}3\,°\text{C}$$

$$\overline{\Delta T}_M = \frac{(82{,}3 - 47{,}3)\,°\text{C}}{\ln \frac{82{,}3}{47{,}3}} = \mathbf{63{,}2\,°C}$$

b. $$\dot{Q}_K = Kw * A * \overline{\Delta T}_M = 1500 \frac{\text{W}}{\text{m}^2 * °\text{C}} * 5{,}6\,\text{m}^2 * 63{,}2\,°\text{C}$$

$$= 530{,}9\,\text{kW} = 530{,}9 \frac{\text{kJ}}{\text{s}}$$

$$\dot{Q}_K = \dot{Q}_W = \dot{m}_W * cp_W * \Delta T_W$$

$$\dot{\boldsymbol{m}}_W = \frac{\dot{Q}_K}{cp_W * \Delta T_W} = \frac{530{,}9\,\text{kJ} * \text{kg} * {}^\circ\text{C}}{\text{s} * 4{,}2\,\text{kJ} * (50 - 15)\,{}^\circ\text{C}}$$

$$= \mathbf{3{,}61\frac{kg}{s}} = 3{,}61\frac{\text{kg} * \text{t} * 3600\,\text{s}}{1000\,\text{kg} * \text{h}} = \mathbf{13{,}0\frac{t}{h}}$$

c. $\dot{Q}_K = \dot{m}_{\text{Ges}-P} * \Delta_V H_P$

$$\dot{m}_{\text{Ges}-P} = \frac{\dot{Q}_K}{\Delta_V H_P} = \frac{530{,}9\,\text{kJ} * \text{kg}}{\text{s} * 754\,\text{kJ}} = 0{,}704\frac{\text{kg}}{\text{s}}$$

$$\dot{m}_{\text{Ges}-P} = \dot{m}_{\text{Prod}} + \dot{m}_R$$

$$\dot{m}_R = \nu_R * \dot{m}_{\text{Prod}}$$

$$\dot{m}_{\text{Ges}-P} = \dot{m}_{\text{Prod}} * (1 + \nu_R)$$

$$\dot{\boldsymbol{m}}_{\textbf{Prod}} = \frac{\dot{m}_{\text{Ges}-P}}{1 + \nu_R} = \frac{0{,}704\,\text{kg}}{\text{s} * (1 + 0{,}2)} = \mathbf{0{,}587\frac{kg}{s}} = 0{,}587\frac{\text{kg} * 3600\,\text{s} * \text{t}}{\text{s} * \text{h} * 1000\,\text{kg}} = \mathbf{2{,}11\frac{t}{h}}$$

d. $\dot{\boldsymbol{m}}_{\textbf{Prod}} = \frac{\dot{m}_{\text{Ges}-P}}{(1 + \nu_R)} = \frac{0{,}704\,\text{kg}}{s * (1 + 0{,}4)} = \mathbf{0{,}502\frac{kg}{s}}$

$$= 0{,}502\frac{\text{kg} * 3600\,\text{s} * \text{t}}{\text{s} * \text{h} * 1000\,\text{kg}} = \mathbf{1{,}81\frac{t}{h}}$$

2,11 t/h → 100 %
1,81 t/h → X

$$X = \frac{100\,\% * 1{,}81\,\text{t/h}}{2{,}11\,\text{t/h}} = 85{,}8\,\%$$

*Produktionsrückgang: 100 % – 85,8 % = **14,2 %***

→ *Ergebnis*

a. **Die mittlere logarithmische Temperaturdifferenz im Kondensator beträgt 63,2 °C.**
b. **Es werden 13,0 t Kühlwasser pro Stunde benötigt.**
c. **Die Produktionsrate an Propanol bei einem Rücklaufverhältnis von 0,2 liegt bei 2,11 t pro Stunde.**
d. **Die Produktionsrate an Propanol bei einem Rücklaufverhältnis von 0,4 beträgt 1,81 t pro Stunde. Dies ist 14,2 % geringer als die Produktionsleistung bei einem Rücklaufverhältnis von 0,2.**

Aufgabe 104

Eine Anlage zur Erzeugung von 2,5 t Chlor pro Stunde mit integriertem erdgasbetriebenen Gas-Dampf-Kombi-Kraftwerk soll grob vorprojektiert werden.

- Das Chlor wird durch eine Chlor-Alkali-Elektrolyse mit einer Zellspannung von 4,4 V hergestellt.
- Das Gaskraftwerk soll bei einem elektrischen Wirkungsgrad von 55 % und einem Gesamtwirkungsgrad von 70 % eine 30 % höhere elektrische Leistung haben als die Leistungsaufnahme der Chlor-Alkali-Elektrolyse.
- Zur Erzeugung von Sattdampf von 140 °C wird Kesselspeisewasser von 115 °C zugeführt.
- 40 % der nichtverwerteten Restwärme des Kraftwerks soll durch Verdunsten in einem Kühlturm abgeführt werden, der mit Flusswasser betrieben wird. Hierzu wird eine Kreiselpumpe eines Gesamtwirkungsgrades von 45 % von Pumpe & Motor eingesetzt. Das Niveau des Flusses liegt 30 m unterhalb des Zugabepunktes im Kühlturm. Die Reibungswiderstände der Zuleitung betragen 0,5 bar.

a. Wie viel 30 gew%ige Natronlauge entsteht als Nebenprodukt pro Stunde?
b. Wie viel Norm-m^3 Wasserstoff (Nm^3 $\rightarrow$ 1,013 bar; 0 °C) entsteht als Nebenprodukt pro Stunde?
c. Welchen Durchmesser muss ein Kugeldruckgastank für den Wasserstoff bei einem Druck von 10 bar und einer Temperatur von 15 °C haben, um eine dreistündige Produktion aufzufangen?
d. Wie groß ist die elektrische Leistungsaufnahme der Chlor-Alkali-Elektrolyse?
e. Wie groß ist die erforderliche elektrische Kraftwerksleistung, und wie viel Nm^3 bzw. kg Erdgas (Methan) werden zum Betrieb des Kraftwerks stündlich benötigt?
f. Wie viel Sattdampf von 140 °C wird stündlich erzeugt?
g. Wie viel Wasser muss dem Kühlturm stündlich zugeführt werden, und welche Pumpenleistung ist hierzu erforderlich?

Molmassen in g/mol: H_2: 2,0; CH_4: 16,0; Cl_2: 35,5; NaOH: 40,0
Unterer Heizwert Erdgas: 8580 kcal/Nm^3
Temperaturabhängige Verdampfungswärme Wasser in kJ/kg (Dampferzeuger: 2175; Kühlturm: 2450)
Wärmekapazität Wasser: 4,2 kJ/(kg * °C)
Dichte Wasser: 1000 kg/m^3

⊗ **Lösung**

→ ***Strategie***

a. & b. Zunächst wird der Molstrom an erzeugtem Chlor aus dem geforderten Massenstrom und der Molmasse berechnet. Der Molstrom an Natriumhydroxid ist doppelt so hoch wie der des Chlors. Der Massenstrom an wässriger Natronlauge ergibt sich aus seinem Molstrom, multipliziert mit der Molmasse unter Berücksichtigung des 30 %igen Gehalts. Der Molstrom des gebildeten Wasserstoffs ist gleich dem des gebildeten Chlors. Das Gasgesetz gemäß Formel 2 wird zum Volumenstrom hin umgestellt und der zuvor berechnete Molstrom sowie Standardtemperatur und -Druck eingesetzt.

c. Aus dem zuvor berechneten Wasserstoffvolumenstrom unter Standardbedingungen wird das Volumen für eine dreistündige Produktionszeit unter den Bedingungen im Kugeltank berechnet (Formel 1). Alternativ kann das Tankvolumen mittels Formel 2 aus der Wasserstoffmolzahl und dem im Tank herrschenden Druck und Temperatur ermittelt werden. Aus der Formel des Volumens einer Kugel wird der zugehörige Durchmesser berechnet.

d. Mithilfe der Formel 37a wird die elektrische Leistungsaufnahme berechnet. Die hierfür notwendige Stromstärke ergibt sich aus der entsprechend umgestellten Formel 36a, in die der Molstrom des Chlors eingesetzt wird.

e. Die elektrische Leistung des Kraftwerks soll 1,3-mal höher sein als der zur Chlorherstellung nötige Betrag. Der elektrische Wirkungsgrad des Kraftwerks liegt bei 55 %. Also muss die durch Erdgasverbrennung erzeugte Gesamtenergie folgendem Betrag entsprechen:

$Q_{Ges} = 1{,}3 * \text{EnergieChloralkali-Elektrolyse}/0{,}55$

Dementsprechend ist der nötige Volumenstrom an Erdgas (Methan) unter Normalbedingungen der Quotient aus Gesamtenergie durch den Heizwert. Mit dem allgemeinen Gasgesetz und der Molmasse des Methans lässt sich sein Massenstrom berechnen.

f. Der Gesamtwirkungsgrad, also elektrische Leistung und nutzbare thermische Leistung, liegt bei 70 %. Es verbleiben bei einem elektrischen Wirkungsgrad von 55 % folglich 15 % der eingesetzten Verbrennungsleistung des Methans für die Dampferzeugung, also 15 % von Q_{Ges}. Dies ist die Summe des Wärmeleistungsbetrags zur Erhitzung des Kesselspeisewassers bis zur Dampftemperatur (Formel 19a) und dem zur Verdampfung des Wassers (Formel 24b). Die Dampfmenge erhält man durch Umstellung der gebildeten Beziehung zum Massenstrom des Wassers.

g. Der Verlust an nicht nutzbarer Leistung beträgt 30 % der Gesamtleistung. Hiervon sollen 40 % durch Wasserverdunstung im Kühlturm abgeführt werden. Der hierzu zu verdampfende und damit dem Kühlturm zuzuführende Wasserstrom ergibt sich aus der umgestellten Formel 24b. Die erforderliche Pumpenleistung folgt aus Formel 39a. Die Förderhöhe wird mit Formel 38a berechnet, wobei die Reibungshöhe mit Formel 38b ermittelt wird. Der Gesamtwirkungsgrad von Pumpe & Elektromotor ist hierbei zu berücksichtigen.

→ ***Berechnung***

$2NaCl + H_2O \rightarrow Cl_2 + 2NaOH + H_2$ *Austausch von zwei Elektronen* → $\nu_e = 2$

a. $\dot{m}_{\mathrm{NaOH}} = \dot{n}_{\mathrm{NaOH}} * M_{\mathrm{NaOH}}$

$$\dot{n}_{\mathrm{NaOH}} = 2 * \dot{n}_{\mathrm{Cl_2}}$$

$$\dot{n}_{\mathrm{Cl_2}} = \frac{\dot{m}_{\mathrm{Cl_2}}}{M_{\mathrm{Cl_2}}} = \frac{2500\,\mathrm{kg} * \mathrm{mol}}{\mathrm{h} * 0{,}071\,\mathrm{kg}} = 35.211\frac{\mathrm{mol}}{\mathrm{h}} = \frac{35.211\,\mathrm{mol} * \mathrm{h}}{\mathrm{h} * 3600\,\mathrm{s}} = 9{,}78\frac{\mathrm{mol}}{\mathrm{s}}$$

$$\dot{m}_{\mathrm{NaOH}} = 2 * 35.211\frac{\mathrm{mol}}{\mathrm{h}} * 0{,}040\frac{\mathrm{kg}}{\mathrm{mol}} = 2817\frac{\mathrm{kg}}{\mathrm{h}}$$

30 kg NaOH → 100 kg Lösung
2817 kg NaOH/h → X

$$\dot{m}_{30\,\%\,\mathrm{NaOH}} = \frac{100\,\mathrm{kg} * 2817\,\mathrm{kg}}{\mathrm{h} * 30\,\mathrm{kg}} = \mathbf{9390\frac{kg}{h}} \cong \mathbf{9{,}4\frac{t}{h}}$$

b. $p * \dot{V} = \dot{n} * R * T \quad \dot{n}_{\mathrm{H_2}} = \dot{n}_{\mathrm{Cl_2}} = 35.211\frac{\mathrm{mol}}{\mathrm{h}}$

Normbedingungen : $p_N = 1{,}013\,\mathrm{bar} \quad T_N = 273{,}15\,\mathrm{K}$

$$\dot{V}_{\mathbf{H_2-Norm}} = \frac{\dot{n}_{\mathrm{Cl_2}} * R * T_N}{p_N} = \frac{35.211\,\mathrm{mol} * 8{,}315 * 10^{-5}\,\mathrm{bar} * \mathrm{m}^3 * 273{,}15\,\mathrm{K}}{\mathrm{h} * \mathrm{mol} * \mathrm{K} * 1{,}013\,\mathrm{bar}}$$

$$= \mathbf{789{,}5\frac{m^3}{h}}$$

c. $V_{\mathrm{Tank}} = \frac{d^3 * \pi}{6} \rightarrow d = \sqrt[3]{\frac{V_{\mathrm{Tank}} * 6}{\pi}}$

$$V_{\mathrm{H_2-Norm}} = \dot{V}_{\mathrm{H_2-Norm}} * t = 789{,}5\frac{\mathrm{m}^3}{\mathrm{h}} * 3\,\mathrm{h} = 2368{,}5\,\mathrm{m}^3$$

$$\frac{V_{\mathrm{H_2-Norm}} * p_{\mathrm{Norm}}}{T_{\mathrm{Norm}}} = \frac{V_{\mathrm{Tank}} * p_{\mathrm{Tank}}}{T_{\mathrm{Tank}}}$$

$$V_{\mathrm{Tank}} = \frac{V_{\mathrm{H_2-Norm}} * p_{\mathrm{Norm}} * T_{\mathrm{Tank}}}{T_{\mathrm{Norm}} * p_{\mathrm{Tank}}} = \frac{2368{,}5\,\mathrm{m}^3 * 1{,}013\,\mathrm{bar} * (273{,}15 + 15)\,\mathrm{K}}{273{,}15\,\mathrm{K} * 10\,\mathrm{bar}}$$

$$= 253{,}1\,\mathrm{m}^3$$

Alternativ:

$$V_{\mathrm{Tank}} = \frac{n_{\mathrm{H_2}} * R * T_{\mathrm{Tank}}}{p_{\mathrm{Tank}}}$$

$$n_{\mathrm{H_2}} = \dot{n}_{\mathrm{H_2}} * t = 35.211\frac{\mathrm{mol}}{\mathrm{h}} * 3\,\mathrm{h} = 105.633\,\mathrm{mol}$$

$$V_{\text{Tank}} = \frac{105.633\,\text{mol} * 8{,}315 * 10^{-5}\,\text{bar} * \text{m}^3 * (273{,}15 + 15)\,\text{K}}{\text{mol} * \text{K} * 10\,\text{bar}} = 253{,}1\,\text{m}^3$$

$$\boldsymbol{d} = \sqrt[3]{\frac{253{,}1\,\text{m}^3 * 6}{\pi}} = \mathbf{7{,}85\,m}$$

d. $P_{\text{Elektrolyse}} = U * I$

$$U = 4{,}4\,\text{V}$$

$$I = \dot{n}_{Cl_2} * \nu_e = 35.211\frac{\text{mol}}{\text{h}} * 2 * 96.485\,\text{A} * \text{s} = \frac{35.211\,\text{mol} * \text{h}}{\text{h} * 3600\,\text{s}} * 2 * 96.485\,\text{A} * \text{s}$$
$$= 1{,}887 * 10^6\,\text{A}$$

$$\boldsymbol{P}_{\textbf{Elektrolyse}} = 4{,}4\,\text{V} * 1{,}887 * 10^6\,\text{A} = 8{,}305 * 10^6\,\text{W} \cong \mathbf{8{,}3\,MW}$$

e. $\boldsymbol{P}_{\textbf{Kraftwerk-elektrisch}} = 1{,}3 * 8{,}305\,\text{MW} = 10{,}797\,\text{MW} \cong \mathbf{10{,}8\,MW}$
Mit einem elektrischen Wirkungsgrad von 55 % → $\eta_{elektr} = 0{,}55$ beträgt die durch Erdgasverbrennung erzeugte nötige Gesamtwärmeleistung:

$$\dot{Q}_{\text{Ges}} = \frac{P_{\text{Kraftwerk-elektrisch}}}{\eta_{\text{elektr}}} = \frac{10{,}8\,\text{MW}}{0{,}55} = 19{,}64\,\text{MW} = 19{,}64\frac{\text{MJ}}{\text{s}}$$

$$\dot{Q}_{\text{Ges}} = \dot{V}_{CH_4\text{-Norm}} * H_U$$

$$H_U = 8580\frac{\text{kcal}}{\text{Nm}^3}$$

$$1\,\text{kcal} = 4{,}19\,\text{kJ} \rightarrow H_U = 8580\frac{\text{kcal}}{\text{Nm}^3} * 4{,}19\frac{\text{kJ}}{\text{kcal}} = 35.950\frac{\text{kJ}}{\text{Nm}^3}$$

$$\dot{\boldsymbol{V}}_{\mathbf{CH_4}\textbf{-Norm}} = \frac{\dot{Q}_{\text{Ges}}}{H_U} = \frac{19{,}64\,\text{MJ} * \text{Nm}^3}{\text{s} * 3590\,\text{kJ}} = 0{,}546\frac{\text{Nm}^3}{\text{s}}$$
$$= \frac{0{,}546\,\text{Nm}^3 * 3600\,\text{s}}{\text{s} * \text{h}} = \mathbf{1967\frac{Nm^3}{h}}$$

$$\dot{n} = \frac{p * \dot{V}}{R * T}$$

$$\dot{m} = \dot{n} * M$$

$$\dot{\boldsymbol{m}}_{\mathbf{CH_4}} = \frac{1{,}013\,\text{bar} * 1967\,\text{m}^3 * 0{,}016\,\text{kg} * \text{mol} * \text{K}}{\text{h} * \text{mol} * 8{,}315 * 10^{-5}\,\text{bar} * \text{m}^3 * 273{,}15\,\text{K}} = \mathbf{1403{,}7\frac{kg}{h}} \cong \mathbf{1{,}4\frac{t}{h}}$$

f. *Indizes: DE = Dampferzeugung; D = Dampf; SpW = Wasser*

$$\dot{Q}_{DE} = \dot{Q}_{\text{Ges}} * \eta_D = 19.640\frac{\text{kJ}}{\text{s}} * 0{,}15 = 2946\,\text{kW}$$

$$\dot{Q}_{DE} = \dot{Q}_{SpW} + \dot{Q}_{\text{Verdampfung}}$$

$$\dot{Q}_{DE} = \dot{m}_D * cp_{SpW} * (T_D - T_W) + \dot{m}_D * \Delta_V H$$

$$\dot{m}_D = \frac{\dot{Q}_{DE}}{cp_{SpW} * \left(T_D - T_{SpW}\right) + \Delta_V H}$$

$$\dot{\boldsymbol{m}}_{\boldsymbol{D}} = \frac{2946\,\text{kJ}}{\text{s} * 4{,}2\frac{\text{kJ}}{\text{kg}*°\text{C}} * (140 - 115)\,°\text{C} + 2175\frac{\text{kJ}}{\text{kg}}} = \mathbf{1{,}290\frac{kg}{s}}$$

$$= 1{,}290\frac{\text{kg} * 3600\,\text{s}}{\text{s} * \text{h}} = 4652\frac{\text{kg}}{\text{h}} \cong \mathbf{4{,}65\frac{t}{h}}$$

g. *Indizes: KT = Kühlturm; V = Verlust; W = Wasser*

$$\dot{Q}_{KT} = \dot{m}_W * \Delta_V H_W \rightarrow \dot{m}_W = \frac{\dot{Q}_{KT}}{\Delta_V H_W}$$

$$\dot{Q}_{KT} = \dot{Q}_V * 0.4.$$

$$\dot{Q}_V = \dot{Q}_{\text{Ges}} * 0{,}3 = 1964\,\text{MW} * 0{,}3 = 5892\frac{\text{kJ}}{\text{s}}$$

$$\dot{Q}_{KT} = 5892\frac{\text{kJ}}{\text{s}} * 0{,}4 = 2357\frac{\text{kJ}}{\text{s}}$$

$$\dot{m}_W = \frac{5892\,\text{kJ} * \text{kg}}{\text{s} * 2450\,\text{kJ}} = 0{,}962\frac{\textbf{kg}}{\textbf{s}} = 0{,}962\frac{\text{kg} * 3600\,\text{s}}{\text{s} * \text{h}} = 3{,}46\frac{\textbf{t}}{\textbf{h}}$$

Pumpenleistung:

$$P_{\text{theor}} = \dot{m} * g * H$$

$$P_{\text{real}} = \frac{P_{\text{theor}}}{\eta_{\text{Pumpe-gesamt}}}$$

$$H = h_{\text{geo}} + h_p + h_r \qquad h_{\text{geo}} = 30\,\text{m} \qquad h_p = 0$$

$$h_r = \frac{\Delta p}{\rho * g} = \frac{0{,}5\,\text{bar} * 10^5\,\text{kg} * \text{m}^3 * \text{s}^2}{\text{bar} * \text{m} * \text{s}^2 * 1000\,\text{kg} * 9{,}81\,\text{m}} = 5{,}097\,\text{m} \cong 5{,}1\,\text{m}$$

$$H = 35{,}1\,\mathrm{m}$$

$$P_{\mathrm{theor}} = 0{,}962\frac{\mathrm{kg}}{\mathrm{s}} * 9{,}81\frac{\mathrm{m}}{\mathrm{s}^2} * 35{,}1\,\mathrm{m} = 331{,}2\frac{\mathrm{kg} * \mathrm{m}^2}{\mathrm{s}^3} \cong 331\,\mathrm{W}$$

$$\boldsymbol{P_{\mathrm{real}}} = \frac{331\,\mathrm{W}}{0{,}45} = \mathbf{735{,}6\,W = 0{,}75\,kW}$$

→ ***Ergebnis***

a. **Als Nebenprodukt fallen 9,4 t 30 gew%ige Natronlauge pro Stunde an.**
b. **Es werden pro Stunde 789,5 Nm³ Wasserstoff erzeugt.**
c. **Der Durchmesser des Wasserstoffkugeltanks liegt bei 7,85 m.**
d. **Die Leistungsaufnahme der Chlor-Alkali-Elektrolyse-Einheit beträgt 8,3 MW.**
e. **Das Kraftwerk muss für eine elektrische Leistung von 10,8 MW ausgelegt sein. Dem Gaskraftwerk müssen pro Stunde 1967 Nm³ bzw. 1,4 t Erdgas (Methan) pro Stunde zugeführt werden.**
f. **Es werden 4,65 t Dampf pro Stunde erzeugt.**
g. **Der Massenstrom an im Kühlturm verdampfenden Wassers beträgt 3,46 t/h. Die zur Zufuhr dieses Massenstroms benötigte Pumpenmotorleistung beträgt mindestens 735,6 W, ein Motor mit einer Leistungsaufnahme von 0,75 kW wäre sinnvoll.**

Aufgabe 105

Zur Herstellung von 1,6 t Capronsäurechlorid ($C_5H_{11}COCl$; Mw = 134,6 g/mol; Siedepunkt = 151 °C; Δ_f H = −575 kJ/mol) pro Tag aus Capronsäure ($C_5H_{11}COOH$; Mw = 116,2 g/mol; Dichte = 910 kg/m³; Siedepunkt = 206 °C; Δ_f H = −585 kJ/mol) und Thionylchlorid ($SOCl_2$; Mw = 119,0 g/mol; Dichte = 1640 kg/m³; Siedepunkt = 76 °C; Δ_f H = −246 J/mol) in Gegenwart des inerten Lösemittels n-Heptan ($C_7H_{16;}$ Dichte = 700 kg/m; Siedepunkt = 98 °C) soll ein grobes Vordesign erstellt werden. Die Reaktion soll im Satzbetrieb in einem Rührkessel durchgeführt werden, der mit einem Rückflusskondensator ausstattet ist, welcher mit Wasser von 60 °C betrieben wird. Die Reaktion läuft gemäß nachstehender Formel ab:

$C_5H_{11}COOH + SOCl_2 \rightarrow C_5H_{11}COCl + HCl + SO_2$ ($\Delta_f\, H_{HCl} = -92$ kJ/mol; $\Delta_f\, H_{SO_2} = -297$ kJ/mol)

Hierzu wurde in der Forschungsabteilung durch Syntheseversuche in einem Dreihalskolben folgender Ansatz für optimal befunden:

- Vorlage: 800 mL Heptan, in dem 200 g Capronsäure gelöst waren. Aufheizen auf 80 °C.
- Zugabe von Thionylchlorid mit einem molaren Überschuss von 5 %, gefolgt von einer 5-stündigen Reaktionsphase, wobei der gebildete Chlorwasserstoff

und das Schwefeldioxid entweichen. Anschließend wurden das Hexan und das restliche Thionylchlorid abgedampft.

- Der Umsatz an Caprylsäure betrug 100 %. Die Ausbeute an Capronsäurechlorid bezüglich eingesetzter Caprylsäure betrug 95 %.
- HCl, SO_2 und nicht umgesetztes $SOCl_2$ verlassen den Reaktor gasförmig.

a. Wie groß ist der Scale-up-Faktor?
b. Welche Mengen an Edukten und Heptan sind pro Ansatz in der Produktion erforderlich?
c. Wie groß muss der Produktionsrührkessel für die angestrebte Produktionsleistung sein, wenn der maximale Füllgrad 75 % betragen soll, die Zeit zum Füllen mit Heptan/Capronsäure 30 min, die Reaktionszeit 5 h, das Überführen des Gemisches nach der Reaktion in den Vorratstank zur Aufbereitung 10 min und das Spülen des Reaktors zur Reinigung 20 min beträgt? Der Rührkessel steht für 24 Stunden pro Tag zur Verfügung.
d. Wie viele Normkubikmeter (T = 0 °C; p = 1,013 bar) HCl und SO_2 werden pro Produktionsansatz freigesetzt?
e. Wie viel Reaktionswärme muss pro Ansatz abgeführt werden? Wie viel Kühlwasser (cp = 4,19 kJ/kg * °C), das von 15 °C auf 40 °C aufgeheizt werden darf, wird hierzu benötigt, wenn der Wärmeaustrag durch den Rückflusskondensator vernachlässigt wird?

⊗ **Lösung**
→ ***Strategie***

a. Als Scale-up-Faktor wird das Verhältnis der Herstellungsmengen an Capronsäurechlorid pro Ansatz im Produktionsreaktor zum Laborreaktor definiert (Formel 40). Aus den Vor- und Nachbereitungszeiten sowie der Reaktionszeit ergibt sich die für einen Ansatz benötigte Gesamtzeit und damit die Anzahl der möglichen Ansätze pro Tag.
b. Die in der Produktion pro Ansatz eingesetzten Mengen errechnen sich aus den Daten des Laboransatzes, multipliziert mit dem Scale-up-Faktor.
c. Das dem Produktionsreaktor zugeführte Gesamtvolumen setzt sich aus den Eduktvolumina (Masse, dividiert durch ihre Dichte), zuzüglich dem Heptanvolumen zusammen. Dies entspricht 75 % des Gesamtvolumen des Reaktors.
d. Die frei werdende Molzahl an HCl sowie SO_2 ist gleich der eingesetzten Molzahl an Caprylsäure. Mit dem idealen Gasgesetz (Formel 2) ergibt sich das Volumen von HCl und SO_2 unter Standardbedingungen.
e. Die abzuführende Wärme berechnet sich gemäß Formel 27a aus der Molzahl an eingesetzter und vollständig umgesetzter Caprylsäure und der Reaktionsenthalphie, die ihrerseits mittels Formel 29 aus den Bildungsenthalpien ermittelt wird. Diese Wärmemenge entspricht der der zu berechnenden Kühlwassermenge gemäß Formel 18a.

→ ***Berechnung***

Indizes: CC = Caprylsäurechlorid; CS = Caprylsäure; H = Heptan; TC = Thionylchlorid; Lab = Labor, Prod = Produktion

a. $ScF = \frac{m_{CC-Prod}}{m_{CC-Lab}}$

Produktion:

1,6 t pro Tag

Zeitbedarf pro Ansatz: 30 min befüllen, 5 h Reaktion, 10 min Abpumpen, 20 min Reinigen → 6 h

→ 4 Ansätze pro Tag → m_{CC} = 400 kg Caprylsäurechlorid pro Ansatz

Labor:

$$m_{CS-Lab} = 200\,\text{g} \quad n_{CS-Lab} = \frac{m_{CS-Lab}}{M_{CS}} = \frac{200\,\text{g*mol}}{116{,}2\,\text{g}} = 1{,}72\,\text{mol}$$

$$n_{CC-Lab} = Y_{\frac{CC}{CS}} * n_{CS} = 0{,}95 * 1{,}75\,\text{mol} = 1{,}634\,\text{mol}$$

$$m_{CC-Lab} = n_{CC-Lab} * M_{cc} = 1{,}634\,\text{mol} * 134{,}6\frac{\text{g}}{\text{mol}} = 220\,\text{g}$$

$$\boldsymbol{ScF} = \frac{400\,\text{kg}}{0{,}22\,\text{kg}} = \mathbf{1818}$$

b. $m_{Prod} = m_{Lab} * ScF$

$$\boldsymbol{m_{CS-Prod}} = 0{,}2\,\text{kg} * 1818 = \mathbf{363{,}6\,kg}$$

$$m_{TC-Labor} = n_{TC-Labor} * M_{TC} \quad n_{TC-Labor} = n_{CS-Lab} * 1{,}05$$

$$m_{TC-Labor} = 1{,}72\,\text{mol} * 1{,}05 * 0{,}119\frac{\text{kg}}{\text{mol}} = 0{,}215\,\text{kg}$$

$$\boldsymbol{m_{TC-Prod}} = 0{,}215\,\text{kg} * 1818 = \mathbf{391{,}0\,kg}$$

$$\boldsymbol{V_{H-Prod}} = V_H * ScF = 0{,}8\,\text{L} * 1818 = \mathbf{1{,}454\,m^3}$$

c. $V_{Edukte+H} = V_{CS} + V_{TC} + V_H = \frac{m_{CS}}{\rho_{CS}} + \frac{m_{TC}}{\rho_{TC}} + V_H$

$$= \frac{363\,\text{kg} * \text{m}^3}{910\,\text{kg}} + \frac{391\,\text{kg} * \text{m}^3}{1640\,\text{kg}} + 1{,}454\,\text{m}^3 = 2{,}092\,\text{m}^3$$

$$2{,}092\,\text{m}^3 = 75\,\% \quad V_{Reaktor} = 100\,\% \rightarrow \boldsymbol{V_{Reaktor}} = \mathbf{2{,}8\,m^3}$$

d. $V = \frac{n*R*T}{p}$

$$n_{\text{HCl-Prod}} = n_{\text{SO}_2\text{-Prod}} = n_{\text{CS-Prod}} = n_{\text{CS-Lab}} * ScF = 1{,}72\,\text{mol} * 1818 = 3127\,\text{mol}$$

$$V = \frac{3127\,\text{mol} * 8{,}315 * 10^{-5}\,\text{bar} * \text{m}^3 * 273{,}15\,\text{K}}{1{,}013\,\text{bar} * \text{mol} * \text{K}} = 70{,}1\,\text{m}^3$$

$$\boldsymbol{V_{\text{HCl}} = V_{\text{SO}_2} \cong 70\,\text{m}^3}$$

e. $Q = -n * \Delta_R H = -n_{\text{CS-Prod}} * \Delta_R H$

$$\Delta_R H = \sum_i \left(\nu_i * \Delta_f H_i\right)$$

$$\Delta_R H = \nu_{\text{CS}} * \Delta_f H_{\text{CS}} + \nu_{\text{TC}} * \Delta_f H_{\text{TC}} + \nu_{\text{CC}} * \Delta_f H_{\text{CC}} + \nu_{\text{HCl}} * \Delta_f H_{\text{HCl}} + \nu_{\text{SO}_2} * \Delta_f H_{\text{SO}_2}$$

$$\nu_{\text{CS}} = -1 \quad \nu_{\text{TC}} = -1 \quad \nu_{\text{CC}} = +1 \quad \nu_{\text{HCl}} = +1 \quad \nu_{\text{SO}_2} = +1$$

$$\Delta_R H = \{-1 * (-585) - 1 * (-246) + 1 * (-575) + 1 * (-92) + 1 * (-297)\} \frac{\text{kJ}}{\text{mol}} = -133 \frac{\text{kJ}}{\text{mol}}$$

$$Q = -3127\,\text{mol} * (-133) \frac{\text{kJ}}{\text{mol}} = 415.891\,\text{kJ}$$

$$Q = m_{\text{Wasser}} * cp_{\text{Wasser}} * \Delta T_{\text{Wasser}}$$

$$m_{\text{Wasser}} = \frac{Q}{cp_{\text{Wasser}} * \Delta T_{\text{Wasser}}} = \frac{415.891\text{kJ} * \text{kg} * {}^\circ\text{C}}{4{,}19\,\text{kJ} * (40 - 15)\,{}^\circ\text{C}} = \mathbf{3970\,kg \cong 4{,}0\,t}$$

→ *Ergebnis*

a. **Der Scale-up-Faktor wird auf die erzeugte Masse an Caprylsäurechlorid pro Ansatz bezogen und liegt bei ScF = 1818.**
b. **Pro Produktionsansatz werden 363,6 kg Caprylsäure, 391,0 kg Thionylchlorid und 1,454 m³ Heptan benötigt.**
c. **Das Gesamtvolumen des Produktionsreaktors beträgt 2,8 m³.**
d. **Bei der Reaktion im Produktionsreaktor werden unter Standardbedingungen pro Ansatz 70 m³ Chlorwasserstoff und das gleiche Volumen an Schwefeldioxid freigesetzt.**
e. **Zum Kühlen des Reaktors sind pro Produktionsansatz 4,0 t Kühlwasser erforderlich.**

Aufgabe 106

Ein Abwasserstrom [Wärmekapazität: 4,3 kJ/(kg * °C)] von 60 t/h mit einer Temperatur von 55 °C und einem Kaliumhydroxidgehalt von 0,8 gew% soll mit einem weiteren Abwasserstrom von 20 °C [Wärmekapazität: 3,9 kJ/(kg * °C)], der 5 gew% Schwefelsäure enthält, neutralisiert werden. Anschließend wird der neutralisierte Abwasserstrom in einem Rohrbündeltauscher (Außendurchmesser Einzelrohr 200 mm, Wandstärke 5 mm) von 20 m Länge im Gegenstrom auf 25 °C abgekühlt. Der Wärmedurchgangskoeffizient wurde zu 400 W/(m^2 * °C) abgeschätzt. Hierzu steht Kühlwasser [Wärmekapazität: 4,2 kJ/(kg * °C); Dichte = 1000 kg/m^3] von 15 °C zur Verfügung. Das austretende Kühlwasser darf eine Temperatur von 40 °C nicht überschreiten. Das Kühlwasser wird aus einem Brunnen (atmosphärisch) von 20 m Tiefe auf die Höhe des Rohrbündeltauschers von 5 m gefördert. Der absolute Eintrittsdruck des Kühlwassers in den Wärmetauscher beträgt etwa 2 bar, die Druckverluste 0,2 bar.

Bildungsenthalpien in kJ/mol: $\Delta_f H_{KOH} = -425$; $\Delta_f H_{H_2SO_4} = -811$; $\Delta_f H_{K_2SO_4} = -1438$; $\Delta_f H_{H_2O} = -286$, Molmassen in g/mol: KOH = 56; H_2SO_4 = 98

a. Wie groß muss der Massenstrom an 5 gew%iger Schwefelsäure sein?
b. Wie hoch ist die Temperatur des Gemisches nach der Neutralisation? Die Reaktionsenthalpie soll mittels der Bildungsenthalpien abgeschätzt werden.
c. Welcher Kühlwasserstrom wird benötigt?
d. Aus wie viel Rohren muss der Wärmetauscher konstruiert sein?
e. Welche Leistung des Kühlwasserpumpenmotors ist bei einem Gesamtwirkungsgrad von Pumpe und Motor von 65 % erforderlich?

⊗ **Lösung**

→ ***Strategie***

$2\,KOH + H_2SO_4 \rightarrow K_2SO_4 + 2H_2O$

a. Es wird der Molstrom von KOH im Abwasser berechnet. Der Molstrom von H_2SO_4 ist halb so groß. Hieraus ergibt sich der Massenstrom an 5 gew%iger Schwefelsäure. Es kommen die Formeln 7d und 7e zur Anwendung.
b. Zunächst berechnet man die Mischtemperatur der Abwässer unter der hypothetischen Annahme, dass keine Reaktionswärme frei würde. Die Wärmemenge, die vom Abwasser abgegeben wird, ist gleich der, die von der Schwefelsäurelösung aufgenommen wird. Hierzu verwendet man Formel 19a und löst die Bilanzformel zur Temperatur der Mischung auf.
   Die Reaktionswärme berechnet sich aus Formel 27c mittels der durch Formel 28 ermittelten Reaktionsenthalpie. Aus Formel 19b ergibt sich die Endtemperatur des neutralisierten Abwassers.
c. Der Kühlwasserstrom ergibt sich aus der zum Massenstrom umgestellten Kombination der Formel 19a für den Abwasser- und den Kühlwasserstrom.

d. Die Wärmemenge, die vom Abwasserstrom in den Kühlwasserstrom übergeht, wurde bereits unter Punkt c) berechnet. Aus der umgestellten Formel 30 berechnet sich mit der mittleren Temperaturdifferenz die Gesamtfläche des Wärmetauschers. Mit der Mantelfläche des Einzelrohrs, berechnet mit dem mittleren Rohrdurchmesser, ergibt sich die Anzahl der Rohre des Rohrbündeltauschers.
e. Die theoretisch nötige Leistung der Pumpe berechnet sich aus Formel 39a, wobei sich Druck- und Reibungshöhe aus Formel 38b ergeben. Mit dem Gesamtwirkungsgrad berechnet sich die elektrische Leistungsaufnahme des Motors.

→ ***Berechnung***

Indizes:

Abw = Abwasser, H_2SO_4 aq = Schwefelsäurelösung, R = Reaktion
M = Mischung Abwasser&Schwefelsäure ohne chemische Reaktion
ME = Mischung Abwasser&Schwefelsäure mit chemischer Reaktion
KW = Kühlwasser, in = Einlauf, ex = Auslauf

a. $\dot{m}_{\mathrm{KOH}} = \dot{m}_{\mathrm{Abw}} * \frac{\%\,\mathrm{KOH}}{100\,\%} = \frac{60\,\mathrm{t}*0{,}8\,\%}{\mathrm{h}*100\,\%} = 0{,}48\frac{\mathrm{t}}{\mathrm{h}}$

$$\dot{n}_{\mathrm{KOH}} = \frac{\dot{m}_{\mathrm{KOH}}}{M_{\mathrm{KOH}}} = \frac{480\,\mathrm{kg} * \mathrm{mol}}{\mathrm{h} * 0{,}056\,\mathrm{kg}} = 8571\frac{\mathrm{mol}}{\mathrm{h}} = 2{,}38\frac{\mathrm{mol}}{\mathrm{s}}$$

$$\dot{n}_{\mathrm{H_2SO_4}} = \frac{\dot{n}_{\mathrm{KOH}}}{2} = \frac{2{,}38\,\mathrm{mol}}{2\,\mathrm{s}} = 1{,}19\frac{\mathrm{mol}}{\mathrm{s}}$$

$$\dot{m}_{\mathrm{H_2SO_4}} = \dot{n}_{\mathrm{H_2SO_4}} * M_{\mathrm{H_2SO_4}} = 1{,}19\frac{\mathrm{mol}}{\mathrm{s}} * 0{,}098\frac{\mathrm{kg}}{\mathrm{mol}} = 0{,}117\frac{\mathrm{kg}}{\mathrm{s}}$$

$$\boldsymbol{\dot{m}_{\mathrm{H_2SO_4-Lsg}}} = \frac{\dot{m}_{\mathrm{H_2SO_4}} * 100\,\%}{\%\,\mathrm{H_2SO_4}} = \frac{0{,}117\,\mathrm{kg} * 100\,\%}{\mathrm{s} * 5\,\%} = \mathbf{2{,}34\frac{kg}{s} = 8{,}4\frac{t}{h}}$$

b. $\Delta\dot{Q}_{\mathrm{Abw}} = \dot{m}_{\mathrm{Abw}} * cp_{\mathrm{Abw}} * (T_{\mathrm{Abw}} - T_M) = \Delta\dot{Q}_{\mathrm{H_2SO_4aq}}$

$$= \dot{m}_{\mathrm{H_2SO_4aq}} * cp_{\mathrm{H_2SO_4aq}} * \left(T_M - T_{\mathrm{H_2SO_4aq}}\right)$$

$$T_M = \frac{\dot{m}_{\mathrm{Abw}} * cp_{\mathrm{Abw}} * T_{\mathrm{Abw}} + \dot{m}_{\mathrm{H_2SO_4aq}} * cp_{\mathrm{H_2SO_4aq}} * T_{\mathrm{H_2SO_4aq}}}{\dot{m}_{\mathrm{Abw}} * cp_{\mathrm{Abw}} + \dot{m}_{\mathrm{H_2SO_4aq}} * cp_{\mathrm{H_2SO_4aq}}}$$

$$\dot{m}_{\mathrm{Abw}} * cp_{\mathrm{Abw}} = 60.000\frac{\mathrm{kg}}{\mathrm{h}} * 4{,}3\frac{\mathrm{kJ}}{\mathrm{kg} * {}^\circ\mathrm{C}} = 258.000\frac{\mathrm{kJ}}{\mathrm{h} * {}^\circ\mathrm{C}} = 71{,}7\frac{\mathrm{kJ}}{\mathrm{s} * {}^\circ\mathrm{C}}$$

$$\dot{m}_{\mathrm{H_2SO_4aq}} * cp_{\mathrm{H_2SO_4aq}} = 2{,}34\frac{\mathrm{kg}}{\mathrm{s}} * 3{,}9\frac{\mathrm{kJ}}{\mathrm{kg} * {}^\circ\mathrm{C}} = 9{,}13\frac{\mathrm{kJ}}{\mathrm{s} * {}^\circ\mathrm{C}}$$

$$\boldsymbol{T_M} = \frac{(71{,}7 * 55 + 9{,}13 * 20)\frac{\mathrm{kJ}}{\mathrm{s}}}{(71{,}7 + 9{,}13)\frac{\mathrm{kJ}}{\mathrm{s}*{}^\circ\mathrm{C}}} = 51{,}1\,{}^\circ\mathrm{C}$$

$$\dot{Q} = \left(\dot{m}_{\text{Abw}} * cp_{\text{Abw}} + \dot{m}_{\text{H}_2\text{SO}_4\text{aq}} * cp_{\text{H}_2\text{SO}_4\text{aq}}\right) * (T_{ME} - T_M) \text{ mit } \dot{Q} = -\Delta\dot{n} * \Delta_R H$$

$$\Delta_R H = \sum(\nu_i * \Delta_f H_i) = \nu_{\text{KOH}} * \Delta_f H_{\text{KOH}} + \nu_{\text{H}_2\text{SO}_4} * \Delta_f H_{\text{H}_2\text{SO}_4} + \nu_{\text{K}_2\text{SO}_4} * \Delta_f H_{\text{K}_2\text{SO}_4} + \nu_{\text{H}_2\text{O}} * \Delta_f H_{\text{H}_2\text{O}}$$

$$\Delta_R H = (-2 * [-425] - 1 * [-811] + 1 * [-1438] + 2 * [-286])\frac{\text{kJ}}{\text{mol}} = -349\frac{\text{kJ}}{\text{mol}}$$

$$\dot{Q} = -1{,}19\frac{\text{mol}}{\text{s}} * \left(-349\frac{\text{kJ}}{\text{mol}}\right) = 415{,}3\frac{\text{kJ}}{\text{s}}$$

$$\boldsymbol{T_{ME}} = T_M + \frac{\dot{Q}}{\dot{m}_{\text{Abw}} * cp_{\text{Abw}} + \dot{m}_{\text{H}_2\text{SO}_4\text{aq}} * cp_{\text{H}_2\text{SO}_4\text{aq}}} = \frac{415{,}3\,\text{kJ} + \text{s} * °\text{C}}{\text{s} * (71{,}7+9{,}13)\,\text{kJ}}$$
$$= 51{,}1\,°\text{C} + 5{,}14\,°\text{C} = \mathbf{56{,}2\,°C}$$

c. $\dot{Q}_M = \left(\dot{m}_{\text{Abw}} * cp_{\text{Abw}} + \dot{m}_{\text{H}_2\text{SO}_4\text{aq}} * cp_{\text{H}_2\text{SO}_4\text{aq}}\right) * (T_{\text{ME}} - T_{\text{ME-ex}})$

$$\dot{Q}_M = (71{,}7 + 9{,}13)\frac{\text{kJ}}{\text{s} * °\text{C}} * (56{,}2 - 25{,}0)\,°\text{C} = 2522\frac{\text{kJ}}{\text{s}}$$

$$\dot{Q}_{KW} = \dot{m}_{KW} * cp_{KW} * (T_{KW-\text{ex}} - T_{KW-\text{in}}) = \dot{Q}_M$$

$$\boldsymbol{\dot{m}_{KW}} = \frac{\dot{Q}_M}{cp_{KW} * (T_{KW-\text{ex}} - T_{KW-\text{in}})} = \frac{2522\,\text{kJ} * \text{kg} * °\text{C}}{\text{s} * 4{,}2\,\text{kJ} * (40 - 15)\,°\text{C}} = \mathbf{24{,}0\frac{kg}{s}} = \mathbf{86{,}4\frac{t}{h}}$$

d. $\dot{Q}_M = Kw * A * \Delta T_M$

$$\Delta T_M = \frac{\Delta T_1 - \Delta T_2}{ln\frac{\Delta T_1}{\Delta T_2}} \quad \Delta T_1 = (56{,}3 - 40{,}0)\,°\text{C} \quad \Delta T_2 = (25 - 15)\,°\text{C}$$
$$\Delta T_M = \frac{(16{,}3 - 10{,}0)\,°\text{C}}{ln\frac{16{,}3\,°\text{C}}{10{,}0\,°\text{C}}} = 12{,}9\,°\text{C}$$

$$A = \frac{\dot{Q}_M}{Kw * \Delta T_M} = \frac{25.22\,\text{kJ} * \text{m}^2 * °\text{C}}{\text{s} * 0{,}4\,\text{kW} * 12{,}9\,°\text{C}} = 487{,}4\,\text{m}^2$$

$$A = n_{\text{Rohre}} * d_{M-\text{Rohr}} * \pi * L \quad d_{M-\text{Rohr}} = \frac{d_a + d_i}{2} = \frac{(200 + 190)\,\text{mm}}{2} = 0{,}195\,\text{m}$$

$$\boldsymbol{n_{Rohre}} = \frac{A}{d_{M\text{-Rohr}} * \pi * L} = \frac{487{,}4\,\text{m}^2}{0{,}195\,\text{m} * \pi * 20\,\text{m}} = 39{,}8 \cong \mathbf{40}$$

e. $P = \dot{m}_{KW} * g * H = \dot{m}_{KW} * g * \left(h_{\text{geo}} + h_p + h_r\right)$

$$h_{\text{geo}} = (20 + 5)\text{m} = 25\,\text{m}$$

$$h_p = \frac{\Delta p}{\rho * g} = \frac{1\,\text{bar} * \text{m}^3 * \text{s}^2}{1000\,\text{kg} * 9{,}81\,\text{m}} = \frac{10^5}{1000 * 9{,}81}\text{m} = 10{,}2\,\text{m}$$

$$h_r = \frac{\Delta p}{\rho * g} = \frac{0{,}2\,\text{bar} * m^3 * \text{s}^2}{1000\,\text{kg} * 9{,}81\,\text{m}} = \frac{2 * 10^4}{1000 * 9{,}81}\text{m} = 2{,}04\,\text{m}$$

$$P_{\text{theor}} = 24{,}1\frac{\text{kg}}{\text{s}} * 9{,}81\frac{\text{m}}{\text{s}^2} * (25 + 10{,}2 + 2{,}04)\,\text{m} = 8795\frac{\text{kg} * \text{m}^2}{\text{s}^3} = 8{,}8\,\text{kW}$$

$$\boldsymbol{P_{\text{real}}} = \frac{8{,}8\,\text{kW}}{0{,}65} = \mathbf{13{,}5\,kW}$$

→ ***Ergebnis***

a. **Der zur Neutralisation benötigte Massenstrom an 5gew%iger Schwefelsäure beträgt 2,34 kg/s = 8,4 t/h.**
b. **Die Temperatur des Abwassergemisches nach der Neutralisation liegt bei 56,2 °C.**
c. **Es sind 24,0 kg/s = 86,4 t/h Kühlwasser erforderlich.**
d. **Der Wärmetauscher für den Gesamtabwasserstrom muss mit 40 Rohren bestückt sein.**
e. **Die Aufnahmeleistung des Pumpenmotors liegt bei 13,5 kW.**

Aufgabe 107

Eine Eduktlösung, die 32 gew% des Reaktanten A (M_A = 85 g/mol) enthält, wird in einem CSTR bei 50 °C mit dem Reaktanten B (M_B = 56 g/mol) zum Produkt C (M_C = 152 g/mol) umgesetzt. Die Reaktion verläuft gemäß A + B → 2C + D. Bedingt durch Nebenreaktionen liegt die Ausbeute an gewünschtem Produkt C bezüglich des Reaktanten A bei 86 %. Bei der nachfolgenden Aufbereitung des Produkts gehen hiervon 3,5 % verloren.

Zwecks Energierückgewinnung soll die Eduktlösung von A (cp) = 1,9 kJ/(kg * °C) mit heißem Abwasser von 15 °C auf 50 °C erhitzt werden. Die Temperatur des Abwassers (cp = 4,4 kJ/[kg * °C]; Dichte = 1160 kg/m^3) soll hierdurch von 80 °C auf 30 °C gesenkt werden. Dazu steht ein Rohrbündeltauscher von 5 m Länge und 30 Rohren eines Außendurchmessers von 20 mm und 2 mm Wandstärke zur Verfügung, der in Gegenstromfahrweise betrieben werden soll. Sein Wärmedurchgangskoeffizient wurde für solche Bedingungen auf etwa Kw = 550 W/(m^2 * °C) abgeschätzt.

Das heiße Abwasser mit einem Druck von 2,1 bar wird in den Fuß des 2 m höher liegenden vertikal stehenden Wärmetauscher und dann in die Abwasseraufbereitung verpumpt, deren Aufgabepunkt 12 m oberhalb des Wärmetauscherausgangs liegt. Die Abwasseraufbereitung arbeitet unter Atmosphärendruck.

Der Druckverlust im Leitungssystem und im Tauscher beträgt 0,5 bar. Der Wirkungsgrad der Kreiselpumpe liegt bei 70 %, der des zugehörigen Elektromotors bei 92 %.

a. Wie groß ist die effektive (mittlere logarithmische) Wärmedurchgangsfläche?
b. Wie groß ist die mittlere logarithmische Temperaturdifferenz?
c. Wie groß ist der Wärmestrom vom Abwasser in den Strom der Eduktlösung A?
d. Wie groß ist unter den genannten Bedingungen der maximal mögliche Strom der Eduktlösung von A und des Eduktes A selber?
e. Wie groß ist der maximal mögliche Abwassermassen- und Volumenstrom unter den genannten Bedingungen?
f. Welchen Leistungs-Anschlusswert muss der Elektromotor der Pumpe für den Abwasserstrom mindestens haben?
g. Wie groß ist die maximale tägliche Produktionsmenge an C unter den genannten Bedingungen?

⊗ **Lösung**

→ ***Strategie***

a. Die Wärmedurchgangsfläche für ein Rohr entspricht einem Zylindermantel und wird aus seiner Länge und dem mittleren logarithmischen Rohrdurchmesser berechnet (siehe Abschn. 1.2.5).
b. Die Berechnungsformel der mittleren logarithmischen Temperaturdifferenz ist ebenfalls in Abschn. 1.2.5 beschrieben.
c. Der Wärmestrom im Tauscher ergibt sich gemäß Formel 30, wobei die unter a) und b) berechnete Fläche und Temperaturdifferenz verwendet werden.
d. & e. Der unter c) berechnete Wärmestrom wird von dem Strom der Eduktlösung A aufgenommen und vom Abwasser abgegeben. Somit kann die Größe beider Stoffströme durch entsprechendes Umstellen der Formel 19a berechnet werden.
e. Die notwendige theoretische Leistung der Abwasserpumpe ergibt sich aus Formel 39a. Die hierbei einzusetzende Gesamtförderhöhe berechnet man mit Formel 38a, wobei die Druckhöhe und die Reibungshöhe gemäß Formel 38b bestimmt werden. Mit den Wirkungsgraden der Pumpe und des elektrischen Antriebsmotors folgt der reale elektrische Leistungsanschluss des Motors.
g Die Ausbeuteformel 10b wird zum Molstrom an Produkt C umgestellt. Mittels der Molmasse wird der Massenstrom an Produkt berechnet und unter Berücksichtigung des Verlustes im Aufbereitungsschritt die tägliche Produktionsmenge ermittelt.

→ ***Berechnung***

Indizes: A = Edukt A, ALsg = Lösung Edukt A, C = Produkt C, W = Abwasser

a. $A = n_{\text{Rohre}} * \overline{d}_M * \pi * L$

$$\overline{d}_M = \frac{d_a - d_i}{\ln \frac{d_a}{d_i}}$$

$$d_a = 20\,\text{mm} \quad d_i = (20 - 2 * 2)\,\text{mm} = 16\,\text{mm}$$

$$\overline{d}_M = \frac{(20 - 16)\text{mm}}{\ln \frac{20\,\text{mm}}{16\,\text{mm}}} = 17{,}93\,\text{mm} = 0{,}0179\,\text{m}$$

$$A = 30 * 0{,}0179\,\text{m} * \pi * 5\,\text{m} = \mathbf{8{,}43\,m^2}$$

b. $\overline{\Delta T_M} = \frac{\Delta T_1 - \Delta T_2}{\ln \frac{\Delta T_1}{\Delta T_2}}$

$$\Delta T_1 = (30 - 15)\,°\text{C} = 15\,°\text{C} \quad \Delta T_2 = (80 - 50)\,°\text{C} = 30\,°\text{C}$$

$$\overline{\Delta T_M} = \frac{(15 - 30)\,°\text{C}}{\ln \frac{15\,°\text{C}}{30\,°\text{C}}} = \mathbf{21{,}6\,°C}$$

c. $\dot{Q} = K_W * A * \overline{\Delta T_M} = 550 \frac{\text{J}}{\text{s} * \text{m}^2 * °\text{C}} * 8{,}43\,\text{m}^2 * 21{,}6\,°\text{C}$

$$= 100.150 \frac{\text{J}}{\text{s}} = \mathbf{100{,}15\,kW}$$

d. $\dot{Q} = \dot{Q}_{\text{LsgA}} = \dot{m}_{\text{LsgA}} * cp_{\text{LsgA}} * \Delta T_{\text{LsgA}}$

$$\dot{m}_{\text{LsgA}} = \frac{\dot{Q}_{\text{LsgA}}}{cp_{\text{LsgA}} * \Delta T_{\text{LsgA}}} = \frac{100{,}15\,\text{kJ} * \text{kg} * °\text{C}}{\text{s} * 1{,}9\,\text{kJ} * (50 - 15)\,°\text{C}} = \mathbf{1{,}51 \frac{kg}{s}}$$

$$= 1{,}51 \frac{\text{kg} * 3600\,\text{s}}{\text{s}} * \text{h} = \mathbf{5{,}44 \frac{t}{h}}$$

$$\dot{m}_{Ao} = \frac{32\,\%}{100\,\%} * \dot{m}_{\text{LsgA}} = 0{,}32 * 1{,}51 \frac{\text{kg}}{\text{s}} = \mathbf{0{,}483 \frac{kg}{s}} = \mathbf{1{,}74 \frac{t}{h}}$$

e. $\dot{Q} = \dot{Q}_W = \dot{m}_W * cp_W * \Delta T_W$

$$\dot{m}_W = \frac{\dot{Q}_W}{cp_W * \Delta T_W} = \frac{100{,}15\,\text{kJ} * \text{kg} * °\text{C}}{\text{s} * 4{,}4\,\text{kJ} * (80 - 30)\,°\text{C}} = \mathbf{0{,}455 \frac{kg}{s}}$$

$$= 0{,}455 \frac{\text{kg} * 3600\,\text{s}}{\text{s}} * \text{h} = \mathbf{1{,}64 \frac{t}{h}}$$

$$\dot{V}_W = \frac{\dot{m}_W}{\rho_W} = \frac{1{,}64\,\text{t} * \text{m}^3}{\text{h} * 1{,}16\,\text{t}} = \mathbf{1{,}41 \frac{m^3}{h}}$$

f. $P = \dot{m} * g * H$

$$H = h_{\text{geo}} + h_p + h_r$$

$$h_{\text{geo}} = h_{\text{Zuleitung Tauscher}} + h_{\text{Tauscher}} + h_{\text{Abwasseraufbereitung}} = (2 + 5 + 12)\,\text{m} = 19\,\text{m}$$

$$h_p = \frac{\Delta p}{\rho * g} = \frac{(1 - 2{,}1)\,\text{bar} * \text{m}^3 * \text{s}^2}{1160\,\text{kg} * 9{,}81\,\text{m}} = \frac{-1{,}1 * 10^5\,\text{kg} * \text{s}^2 * \text{m}^3}{\text{m} * \text{s}^2 * 1160\,\text{kg} * 9{,}81\text{m}} = -9{,}67\text{m}$$

$$h_r = \frac{\Delta p_r}{\rho * g} = \frac{0{,}5\,\text{bar} * \text{m}^3 * \text{s}^2}{1160\,\text{kg} * 9{,}81\,\text{m}} = \frac{0{,}5 * 10^5\,\text{kg} * \text{s}^2 * \text{m}^3}{\text{m} * \text{s}^2 * 1160\,\text{kg} * 9{,}81\,\text{m}} = 4{,}39\,\text{m}$$

$$H = (19 - 9{,}67 + 4{,}39)\,\text{m} = 13{,}72\,\text{m}$$

$$P = 0{,}455\frac{\text{kg}}{\text{s}} * 9{,}81\frac{\text{m}}{\text{s}^2} * 13{,}72\,\text{m} = 61{,}24\frac{\text{kg} * \text{m}^2}{\text{s}^3} = 61{,}24\,\text{W}$$

$$\boldsymbol{P_{\text{Real}}} = \frac{P}{\eta_{\text{Pumpe}} * \eta_{\text{Motor}}} = \frac{61{,}24\,\text{W}}{0{,}7 * 0{,}92} = \mathbf{95{,}1\,W \cong 0{,}1\,kW}$$

g. $Y_{C/A} = \dfrac{\nu_A * \left(\dot{n}_{C_o} - \dot{n}_C\right)}{\nu_C * \dot{n}_{A_o}} \quad \nu_A = -1 \quad \nu_C = +2 \quad \dot{n}_{C_o} = 0\dfrac{\text{mol}}{\text{s}}$

$$\dot{n}_{A_o} = \frac{\dot{m}_{A_o}}{M_A} = \frac{0{,}483\,\text{kg} * \text{mol}}{\text{s} * 0{,}085\,\text{kg}} = 5{,}682\frac{\text{mol}}{\text{s}}$$

$$\dot{n}_C = Y_{C/A} * 2 * \dot{n}_{A_o} = 0{,}86 * 2 * 5{,}582\frac{\text{mol}}{\text{s}} = 9{,}77\frac{\text{mol}}{\text{s}}$$

$$\dot{n}_{C-\text{Real}} = \frac{(100 - 3{,}5)\,\%}{100\,\%} * \dot{n}_C = 0{,}965 * 9{,}77\frac{\text{mol}}{\text{s}} = 9{,}43\frac{\text{mol}}{\text{s}}$$

$$\boldsymbol{\dot{m}_{C-\text{Real}}} = \dot{n}_{C-\text{Real}} * M_C = 9{,}43\frac{\text{mol}}{\text{s}} * 0{,}152\frac{\text{kg}}{\text{mol}} = 1{,}433\frac{\text{kg}}{\text{s}} = 5{,}16\frac{\text{t}}{\text{h}}$$

$$= \mathbf{123{,}85\frac{t}{Tag} \cong 124\frac{t}{Tag}}$$

→ ***Ergebnis***

a. **Die Wärmetauscherfläche liegt bei 8,43 m²**.
b. **Die mittlere logarithmische Temperaturdifferenz im Wärmetauscher beträgt 21,6 °C.**
c. **Die Wärmeleistung des Tauschers liegt bei 100,15 kW ≅ 100 kW.**
d. **Der Massenstrom der Eduktlösung A beträgt 5,44 t/h, dies entspricht einem Massenstrom an Edukt A von 1,74 t/h.**
e. **Der Abwasserstrom beträgt 1,64 t/h, dies sind 1,41 m³/h.**

f. **Der Motor der Pumpe zur Förderung des Abwassers hat eine Leistungsaufnahme von 101 kW.**
g. **Die tägliche Herstellungsrate an Produkt C liegt bei 123,85 t ≅ 124 t.**

Aufgabe 108

Im Gradierwerk einer Saline soll Salzwasser aus einem Tiefbrunnen durch Wasserverdunstung auf eine Konzentration von 15 gew% Natriumchlorid gebracht werden. Hierzu wird Salzwasser einer Konzentration von 4,5 gew% mittels einer als Tauchpumpe konstruierten Kreiselpumpe aus einem 20 m tiefen Brunnen in einen 10 m hoch gelegenen Tank gefördert werden, von dem aus es der Verrieselung im Gradierwerk zugeführt wird, in dem der entsprechende Wasseranteil verdunstet. Der Brunnen ist atmosphärisch, während der Tank unter einem absoluten Druck von 2,52 bar steht. Der angestrebte Volumenstrom beträgt 20 m^3 pro Stunde. Der Druckverlust im Rohrleistungssystem beträgt 0,62 bar. Der Wirkungsgrad der Pumpe unter den genannten Bedingungen beträgt 60 %.

Die Kochsalzlösung, die das Gradierwerk verlässt, hat eine Temperatur von 15 °C. Um festes Kochsalz zu erhalten, wird das Wasser dieser angereicherten Salzlösung bei 105 °C vollständig verdampft. Der entstandene gesättigte Wasserdampf von 105 °C wird zum Erhitzen der dem Verdampfer zuzuführenden Salzlösung von 15 °C auf 90 °C verwendet. Hierzu soll ein Bündelrohrtauscher mit 50 Rohren (d_a = 50 mm; Wandstärke = 3 mm; Wärmeleitfähigkeit Edelstahl λ = 20,5 W/[m * °C]) in Gegenstromfahrweise betrieben werden. Der Wärmeübergangskoeffizient der Salzlösungsseite beträgt 400W/(m^2 * °C), der der Dampfseite 1500 W/(m^2 * °C). Der Verdampfer mit einem thermischen Wirkungsgrad von 85 % wird mit einem Gemisch aus 75 % Erdgas und 25 % Wasserstoff betrieben (Heizwert Wasserstoff H_{U-H_2} = 10.840 kJ/m^3; H_{U-CH_4} = 36.040 kJ/m^3 für 0 °C & 1 bar).

Folgende Daten sind bekannt:
Zusammenhang NaCl-Gehalt und Dichte der Sole:

$$c_{NaCl} = 0{,}132 * \rho_{Lösung} - 131{,}6 \text{ mit } c_{NaCl} \text{ als Gew\% und } \rho_{Lösung} \text{ als kg/m}^3$$

Dichten, Wärmekapazitäten, Verdampfungswärme:
NaCl: ρ_{NaCl} = 2161 kg/m^3; cp_{NaCl} = 0,87 kJ/(kg * °C)
Wasser: ρ_{H_2O} = 1000 kg/m^3; cp_{H_2O} = 4200 J/(kg * °C); $\Delta_v H$ = 2250 kJ/kg

a. Wie viel festes Kochsalz wird nach diesem Verfahren im kontinuierlichen Betrieb pro Tag hergestellt, und wie viel Wasser wird pro Tag im Gradierwerk verdampft?
b. Solepumpenauslegung
ba. Wie groß ist die Leistungsaufnahme des antreibenden Elektromotors, wenn sein Wirkungsgrad 90 % beträgt?
bb. Wie viel Energie wird (kWh) pro Tag für das Verpumpen verbraucht?
c. Wärmetauscher vor dem Verdampfer (hierbei soll der mittlere arithmetische Rohrdurchmesser verwendet werden)

ca. Wie groß muss der Dampfstrom zum Vorwärmen der 15 %igen Sole auf 90 °C sein, und wie viel Prozent sind dies im Vergleich zum Gesamtstrom des im Verdampfer erzeugten 105 °C heißen Dampfes?

cb. Wie lang muss der Wärmetauscher sein?

d. Verdampfer

da. Welcher Wärmestrom muss dem Verdampfer zugeführt werden?

db. Wie groß ist der Volumenstrom des nötigen Erdgas-Wasserstoff-Gemisches bei einem Druck von 5 bar und 10 °C?

dc. Wie groß ist der Massenstrom des Erdgas-Wasserstoff-Gemisches?

⊗ **Lösung**

→ ***Strategie***

a. Der Massenstrom an NaCl ist das Produkt aus dem Massenstrom der Sole und ihrer Konzentration. Der Massenstrom der Sole berechnet sich aus ihrem Volumenstrom und dem gegebenen Zusammenhang NaCl-Konzentration und Dichte der Sole. Der Massenstrom an Wasser in der 15 %igen Sole ist die Differenz des Gesamtstroms der Sole und dem des NaCl. Der im Gradierwerk verdampfende Massenstrom von Wasser ist die Differenz des Wassermassenstroms in der 4,5 %igen Sole und der der 15 %igen Sole. Letztere wird mittels entsprechender Prozentrechnung ermittelt.

b. Die theoretische Pumpenleistung ergibt sich aus Formel 39a mit der aus Formel 38a ermittelten Gesamtförderhöhe. Hierfür werden die Druckdifferenz und der Reibungsdruckverlust mittels Formel 38b in die zugehörige Höhe transformiert. Zur Berechnung der realen Pumpenleistung wird die theoretische durch das Produkt aus dem Pumpen- und dem Motorwirkungsgrad dividiert. Die täglich benötigte Pumpenenergie wird durch Multiplikation der Pumpenleistung mit der Tagesstundenzahl ermittelt.

c. Der Wärmestrom zum Erhitzen der Sole wird mittels Formel 19a aus dem Stoffstrom von NaCl und Wasser, jeweils multipliziert mit den zugehörigen Wärmekapazitäten und der Temperaturdifferenz, berechnet. Daraus ergibt sich der hierfür nötige Dampfstrom von 105 °C mit der zum Massenstrom umgestellten Formel 25b. Die Gesamtdampfmenge von 105 °C ist gleich dem Wassergehalt des 15 %igen Solestroms.

Zur Berechnung der Länge des Wärmetauschers wird Formel 30 zur Fläche umgestellt und hieraus zusammen mit der Rohrzahl und der entsprechend umgestellten Formel der Zylindermantelfläche die Länge berechnet. Hierfür werden der zuvor berechnete Wärmestrom zur Vorheizung der Sole, der mittels Formel 31a bestimmte Wärmedurchgangskoeffizient sowie die logarithmische Temperaturdifferenz eingesetzt.

da. Die nötige Wärmemenge zum Verdampfen des Wassers der 15 %igen Sole ist die Summe der Wärmemengen des Erhitzens von der Einspeisetemperatur in den Verdampfer zum Siedepunkt der Sole (105 °C) und der Verdampfungswärme des Solewassers. Hierzu kombiniert man Gleichung 19a mit 25b.

db. Dieser Wärmestrom muss durch die Verbrennung einer bestimmten Menge des Wasserstoff-Erdgas-Gemisches erzeugt werden. Hierbei ist der thermische

Wirkungsgrad zu berücksichtigen. Die hierfür nötige, durch Verbrennung erzeugte Wärmeleistung ist das Produkt aus unterem Heizwert und Volumenstrom (s. Abschn. 2.4.4). Er ergibt sich somit aus dem Wasserstoffstrom, multipliziert mit dem zugehörigen Heizwert, und dem Methanstrom, multipliziert mit dem zugehörigen Heizwert. Die Einzelvolumenströme errechnen sich prozentual aus dem Gesamtvolumenstrom. Die Kombination dieser Fakten unter Einbeziehung der Gasgesetze (Formel 1a) führt zum Gesamtvolumenstrom bei 5 bar und 10 °C.

dc. Zur Berechnung des nötigen Massenstroms des Brenngasgemisches werden die Molströme des Wasserstoffs und Methans mittels entsprechend umgestellter Formel 2 ermittelt und mit dem Molgewicht multipliziert.

→ *Berechnung*

a. $\dot{m}_{\mathrm{NaCl}} = \dot{m}_{\mathrm{Sole\,4,5\,\%}} * C_{\mathrm{NaCl}}$

$$\dot{m}_{\mathrm{Sole}} = \dot{V}_{\mathrm{Sole}} * \rho_{\mathrm{Sole}} \quad \rho_{\mathrm{Sole\,4,5\,\%}} = \frac{(C_{\mathrm{NaCl}} + 131{,}6)\mathrm{kg}}{0{,}132\,\mathrm{m}^3} = \frac{(4{,}5 + 131{,}6)\mathrm{kg}}{0{,}132\,\mathrm{m}^3} = 1031\frac{\mathrm{kg}}{\mathrm{m}^3}$$

$$\dot{m}_{\mathrm{Sole\,4,5\,\%}} = \frac{20\,\mathrm{m}^3 * 1031\,\mathrm{kg}}{\mathrm{h} * \mathrm{m}^3} = 20.620\frac{\mathrm{kg}}{\mathrm{h}}$$

$$\dot{\boldsymbol{m}}_{\mathbf{NaCl}} = 20\frac{\mathrm{m}^3}{\mathrm{h}} * 1031\frac{\mathrm{kg}}{\mathrm{m}^3} * \frac{4{,}5\,\%}{100\,\%} = 927{,}9\frac{\mathrm{kg}}{\mathrm{h}} = 0{,}258\frac{\mathrm{kg}}{\mathrm{s}} = \mathbf{22.270\frac{kg}{Tag}} \cong \mathbf{22{,}3\frac{t}{Tag}}$$

$$\Delta\dot{m}_{\mathrm{H_2O\ Sole\ 4,5-15\,\%}} = \dot{m}_{\mathrm{H_2O\ Sole\ 4,5\,\%}} - \dot{m}_{\mathrm{H_2O\ Sole\ 15\,\%}}$$

$$\dot{m}_{\mathrm{H_2O\ Sole\ 4,5\,\%}} = \dot{m}_{\mathrm{Sole\ 4,5\,\%}} - \dot{m}_{\mathrm{NaCl}} = (20.620 - 928)\frac{\mathrm{kg}}{\mathrm{h}} = 19.692\frac{\mathrm{kg}}{\mathrm{h}} = 5{,}47\frac{\mathrm{kg}}{\mathrm{s}} = 473\frac{\mathrm{t}}{\mathrm{Tag}}$$

15%ige Sole:

$$15\frac{\mathrm{kg\ H_2O}}{\mathrm{h}} \rightarrow 85\frac{\mathrm{kg\ NaCl}}{\mathrm{h}} \quad 927{,}9\frac{\mathrm{kg\ NaCl}}{\mathrm{h}} \rightarrow x\frac{\mathrm{kg\ H_2O}}{\mathrm{h}}$$

$$x = \dot{m}_{\mathrm{H_2O\ Sole\ 15\,\%}} = \frac{85 * 927{,}9\,\mathrm{kg}}{15\,\mathrm{h}} = 5258\frac{\mathrm{kg}}{\mathrm{h}} = 1{,}46\frac{\mathrm{kg}}{\mathrm{s}}$$

$$\Delta\dot{\boldsymbol{m}}_{\mathbf{H_2O\ Sole\ 4,5-15\,\%}} = (19.692 - 5258)\frac{\mathrm{kg}}{\mathrm{h}} = \mathbf{14.434\frac{kg}{h}} = \mathbf{4{,}01\frac{kg}{s}} = \mathbf{346\frac{t}{Tag}}$$

b. $\dot{P}_{\text{theor}} = \dot{m}_{\text{Sole 4,5\,\%}} * g * H = \dot{V} * \rho_{\text{Sole}} * \text{g*H}$

$$H = h_{\text{geo}} + h_p + h_r$$

$$h_{\text{geo}} = (20 + 10)\text{m} = 30\,\text{m}$$

$$h_p = \frac{\Delta p}{\rho_{\text{Sole 4,5\,\%}} * g} = \frac{(2{,}52 - 1{,}0)\text{bar} * \text{m}^3 * \text{s}^2 * 10^5\,\text{kg}}{1031\,\text{kg} * 9{,}81\,\text{m} * \text{m} * \text{s}^2 * \text{bar}} = 15{,}0\,\text{m}$$

$$h_r = \frac{\Delta p_r}{\rho_{\text{Sole 4,5\,\%}} * g} = \frac{0{,}62\,\text{bar} * \text{m}^3 * \text{s}^2 * 10^5\text{kg}}{1031\,\text{kg} * 9{,}81\,\text{m} * \text{m} * \text{s}^2 * \text{bar}} = 6{,}1\,\text{m}$$

$$H = (30 + 15 + 6{,}1)\text{m} = 51{,}1\,\text{m}$$

$$P_{\text{theor}} = 20\frac{\text{m}^3 * \text{h}}{\text{h} * 3600\,\text{s}} * 1031\frac{\text{kg}}{\text{m}^3} * 9{,}81\frac{\text{m}}{\text{s}^2} * 51{,}1\,\text{m} = 2871\frac{\text{kg} * \text{m}^2}{\text{s}^3} = 2{,}87\,\text{kW}$$

$$\boldsymbol{P_{\text{real}}} = \frac{P_{\text{theor}}}{\eta_{\text{Pumpe}} * \eta_{\text{Motor}}} = \frac{2{,}87\,\text{kW}}{0{,}6 * 0{,}9} = \mathbf{5{,}32\,kW}$$

$$\boldsymbol{E} = P_{\text{real}} * t = 5{,}32\,\text{kW} * 24\,\text{h} = \mathbf{127{,}7\,kWh} \cong \mathbf{130\,kWh}$$

ca. $\Delta\dot{Q}_{\text{Sole 15\,\%}} = \left(\dot{m}_{\text{NaCl}} * cp_{\text{NaCl}} + \dot{m}_{\text{H}_2\text{O Sole 15\,\%}} * cp_{\text{H}_2\text{O}}\right) * (T_{\text{Sole-ex}} - T_{\text{Sole-in}})$

$$\Delta\dot{Q}_{\text{Sole 15\,\%}} = \left(0{,}258\frac{\text{kg}}{\text{s}} * 0{,}87\frac{\text{kJ}}{\text{kg} * {}^\circ\text{C}} + 1{,}46\frac{\text{kg}}{\text{s}} * 4{,}2\frac{\text{kJ}}{\text{kg} * {}^\circ\text{C}}\right) * (90 - 15)\,{}^\circ\text{C}$$

$$= 476{,}7\frac{\text{kJ}}{\text{s}} = 476{,}7\,\text{kW}$$

$$\dot{Q}_{\text{Dampf}} = \dot{m} * \Delta_v H_{\text{H}_2\text{O}} = \Delta\dot{Q}_{\text{Sole 15\,\%}}$$

$$\boldsymbol{\dot{m}_{\text{Dampf}}} = \frac{\Delta\dot{Q}_{\text{Sole 15\,\%}}}{\Delta_v H_{\text{H}_2\text{O}}} = \frac{476{,}7\,\text{kJ} * \text{kg}}{\text{s} * 2250\,\text{kJ}} = \mathbf{0{,}212\frac{kg}{s}} = \mathbf{763\frac{kg}{h}}$$

$$\dot{m}_{\text{Dampf-gesamt}} = \dot{m}_{\text{H}_2\text{O Sole 15\,\%}} = 1{,}46\frac{\text{kg}}{\text{s}} \quad \dot{m}_{\text{Dampf}} \rightarrow \mathbf{14{,}4\,\%}$$

ab. $\dot{Q} = Kw * A * \overline{\Delta T}_M \quad A = \dfrac{\dot{Q}}{Kw * \overline{\Delta T}_M} \quad A = n_{\text{Rohre}} * \overline{d_M} * \pi * L$

$$L = \frac{A}{n_{\text{Rohre}} * \overline{d_M} * \pi}$$

$$\dot{Q} = 476{,}7\,\text{kW}$$

$$\overline{\Delta T_M} = \frac{\Delta T_1 - \Delta T_2}{\ln \frac{\Delta T_1}{\Delta T_2}} \quad \Delta T_1 = (105 - 15)\,°C = 90\,°C \quad \Delta T_2 = (105 - 90)°C = 15\,°C$$

$$\overline{\Delta T_M} = \frac{(90 - 15)\,°C}{\ln \frac{90}{15}} = 41{,}85\ °C$$

$$\frac{1}{Kw} = \frac{1}{\alpha_1} + \frac{s}{\lambda} + \frac{1}{\alpha_2} = \frac{m^2 * °C}{400\,W} + \frac{0{,}003\,m * m * °C}{20{,}5\,W} + \frac{m^2 * °C}{1500\,W} = 0{,}00332\frac{m^2 * °C}{W}$$

$$Kw = 301{,}3\frac{W}{m^2 * °C}$$

$$\overline{d_M} = \frac{d_a + d_i}{2} = \frac{0{,}050 + 0{,}044}{2}\,m = 0{,}047\,m$$

$$A = \frac{476{,}7\,kW * m^2 * °C}{0{,}3013\,kW * 41{,}85\,°C} = 37{,}7\,m^2$$

$$\boldsymbol{L} = \frac{37{,}7\,m^2}{50 * 0{,}047\,m * \pi} = \mathbf{5{,}11\,m}$$

da. $\dot{Q}_{Verdampfer} = \left(\dot{m}_{NaCl} * cp_{NaCl} + \dot{m}_{H_2O\ Sole\ 15\,\%} * cp_{H_2O}\right) * \left(T_{Verdampfer} - T_{Sole-in}\right) + \dot{m}_{H_2O\ Sole\ 15\,\%} * \Delta_v H_{H_2}=$

$$\dot{Q}_{Verdampfer} = \left(0{,}258\frac{kg}{s} * 0{,}87\frac{kJ}{kg * °C} + 1{,}46\frac{kg}{s} * 4{,}2\frac{kJ}{kg * °C}\right) * (105 - 90)\,°C + 1{,}46\frac{kg}{s} * 2250\frac{kJ}{kg}$$

$$\boldsymbol{\dot{Q}_{Verdampfer}} = \mathbf{3380\frac{kJ}{s}}$$

db. $\dot{Q}_{real} = \frac{\dot{Q}_{Verdampfer}}{\eta_{thermisch}} = \frac{3380\,kJ}{s * 0{,}85} = 3976\frac{kJ}{s}$

$\dot{Q}_{real} = \dot{V}_{H_2} * H_{U.H_2} + \dot{V}_{CH_4} * H_{U.CH_4} \quad \dot{V}_{H_2} = \dot{V}_{gesamt} * 0{,}25 \quad \dot{V}_{CH_4} = \dot{V}_{gesamt} * 0{,}75$

$$\dot{Q}_{real} = \dot{V}_{gesamt} * \left(0{,}25 * H_{U.H_2} + 0{,}75 * H_{U.CH_4}\right)$$

$$\dot{V}_{gesamt-Normbedingungen} = \frac{\dot{Q}_{real}}{0{,}25 * H_{U.H_2} + 0{,}75 * H_{U.CH_4}} = \frac{3976\,kJ * m^3}{s * (0{,}25 * 10.840 + 0{,}75 * 36.040)\,kJ} = 0{,}134\frac{m^3}{s}$$

$$\dot{V}_1 = \frac{\dot{V}_o * p_o * T_1}{T_o * p_1}$$

$$\dot{V}_{\text{gesamt}-5\,\text{bar},\,10\,°\text{C}} = \frac{0{,}134\,\text{m}^3 * 1\,\text{bar} * (273+10)\text{K}}{\text{s} * 273\,\text{K} * 5\,\text{bar}} = \mathbf{0{,}0278\frac{m^3}{s}} = \mathbf{100\frac{m^3}{h}}$$

dc. $p * \dot{V} = \dot{n} * R * T \rightarrow \dot{n} = \frac{p*\dot{V}}{R*T} \dot{m} = \dot{n} * M$

$$\dot{n}_{\text{gesamt}} = \frac{5\,\text{bar} * 0{,}0278\,\text{m}^3 * \text{mol} * \text{K}}{\text{s} * 8{,}315 * 10^{-5}\,\text{bar} * \text{m}^3 * 283\,\text{K}} = 5{,}91\frac{\text{mol}}{\text{s}}$$

$$\dot{n}_{H_2} = 0{,}25 * 5{,}91\frac{\text{mol}}{\text{s}} = 1{,}48\frac{\text{mol}}{\text{s}}$$

$$\dot{m}_{H_2} = 1{,}48\frac{\text{mol}}{\text{s}} * 0{,}002\frac{\text{kg}}{\text{mol}} = 0{,}0030\frac{\text{kg}}{\text{s}} = 10{,}6\frac{\text{kg}}{\text{h}}$$

$$\dot{n}_{CH_4} = 0{,}75 * 5{,}91\frac{\text{mol}}{\text{s}} = 4{,}43\frac{\text{mol}}{\text{s}}$$

$$\dot{m}_{CH_4} = 4{,}43\frac{\text{mol}}{\text{s}} * 0{,}016\frac{\text{kg}}{\text{mol}} = 0{,}0709\frac{\text{kg}}{\text{s}} = 255{,}2\frac{\text{kg}}{\text{h}}$$

$$\dot{m}_{\text{gesamt}} = (0{,}0030 + 0{,}0709)\frac{\text{kg}}{\text{s}} = \mathbf{0{,}0739\frac{kg}{s}} = \mathbf{266\frac{kg}{h}}$$

→ *Ergebnis*

a. **Pro Tag werden 22,3 t festes Kochsalz gewonnen. Bei der Vorkonzentration der Sole werden im Gradierwerk 346 t Wasser pro Tag verdampft.**
b. **Die elektrische Leistungsaufnahme der Solepumpe liegt bei 5,32 kW. Pro Tag werden etwa 130 kWh für die Soleförderung verbraucht.**
c. **Zur Erwärmung der 15 %igen Sole wird ein Dampfstrom (105 °C) von 0,212 kg/s=763 kg/h benötigt. Dies sind 14,4 % des bei der Verdampfung des Wassers der 15 %igen Sole freiwerdenden Dampfes. Der Wärmetauscher zur Vorwärmung der 15 %igen Sole muss mindestens 5,11 m lang sein.**
d. **Der Verdampfer benötigt eine Wärmeleistung von 3380 kW. Der Gesamtvolumenstrom des Brenngases beträgt bei 10 °C und 5 bar 0,0278 m³/s ≅ 100 m³/h, während der Massenstrom bei 0,0739 kg/s = 266 kg/h liegt.**

Aufgabe 109

In einem Rohrreaktor wird die Veretherung eines Alkohols (M_{Alk} = 60 g/mol) an einem sauren Katalysatorbett gemäß der folgenden Reaktionsgleichung bei 65 °C durchgeführt:

2 ROH → R-O-R + H_2O

Die mittlere Verweilzeit beträgt 15 min. Der Durchsatz liegt bei 1,1 L/s. Die Konzentration des Alkohols im Zuführungsstrom beträgt 10,8 mol/L. Die Dichte des Einsatzstroms von 65 °C beträgt 850 kg/m^3 und ändert sich durch die Reaktion nur in vernachlässigbarer Weise. Das den Reaktor verlassende Gemisch wird destillativ getrennt, der entstandene Ether (M_{Et} = 102 g/mol) in einen Produkttank verpumpt und nicht reagierter Alkohol zum Einsatzstrom des Reaktors recycelt. In Laborversuchen wurden bei der vorgegebenen Konzentration des sauren Katalysators folgende kinetische Parameter gemessen:

Maximale Geschwindigkeitskonstante der Reaktion zweiter Ordnung k_0 = 1,36 * 10^2 L/(mol * s); Aktivierungsenergie E_A = 35 kJ/mol.

Die Reaktionsenthalpie beträgt −11 kJ/mol Alkohol. Der gesamte Reaktor wird durch Kühlung bei 65 °C gehalten.

a. Wie groß ist das aktive Volumen (also das Leerrohrvolumen) des Rohrreaktors?
b. Welche molare Zusammensetzung hat das den Reaktor verlassende Gemisch, wenn keine Nebenreaktionen auftreten? Es wird näherungsweise davon ausgegangen, dass das Reaktionsvolumen und die Dichte konstant bleiben.
c. Wie groß sind der Alkoholumsatz, die Etherausbeute und die Selektivität der Reaktion bezüglich des Alkohols?
d. Wie viel Ether wird pro Stunde hergestellt (Mol- und Massenstrom)?
e. Wie viel Wärme muss aus dem Reaktor durch Kühlung pro Zeiteinheit abgeführt werden, um die Temperatur bei 65 °C zu halten? Es steht ein Kühlwasserstrom von 3 m^3 pro Stunde und 15 °C zur Verfügung. Die Dichte des Kühlwassers liegt bei 1000 kg/m^3. Auf welche Temperatur erwärmt sich das Kühlwasser [cp_w = 4,2 kJ/(kg * °C]?
f. Welche Leistung des Pumpenmotors (Gesamtwirkungsgrad Pumpe & Motor = 65 %) ist erforderlich, wenn die Förderhöhe des Kühlwassers 5,5 m beträgt und ein Differenzdruck Kühlwasserentnahme zu Wärmetauscherzufuhr von 1,5 bar besteht, wobei Reibungsverluste vernachlässigt werden?
   Um die Produktionsleistung zu steigern, soll die Temperatur auf 85 °C erhöht werden.
g. Welche Zusammensetzung des den Reaktor verlassenden Gemisches wäre dann zu erwarten, wenn keine Nebenreaktionen auftreten?
h. Wie groß wären dann der Alkoholumsatz und die Etherausbeute?
i. Wie viel kg Ether würden dann pro Stunde hergestellt?

⊗ Lösung

→ *Strategie*

a. Das aktive Volumen des Rohrreaktors, also das Gesamtvolumen abzüglich des Volumens des festen Katalysators, wird durch Multiplikation der Verweilzeit mit dem eintretenden, sich im Verlauf der Reaktion nicht verändernden Volumenstrom berechnet.

b. Die Alkoholkonzentration des nach der Reaktion zweiter Ordnung austretenden Stoffgemisches ergibt sich aus Formel 15c. Hierzu wird die

Geschwindigkeitskonstante bei 65 °C mittels Formel 17a bestimmt. Da keine Nebenreaktionen auftreten und sich das Reaktionsvolumen nicht verändert, ergibt sich gemäß stöchiometrischer Bilanz die Konzentration an Ether und Wasser im Endgemisch als die Hälfte der umgesetzten Alkoholmolzahl, also der Hälfte der Konzentrationsdifferenz des Alkohols.

c. Alkoholumsatz, Etherausbeute und Selektivität bezüglich des Alkohols werden mit den Formeln 9c, 10c und 11c berechnet, da keine Volumenänderung während der Reaktion stattfindet.

d. Der Molstrom an erzeugtem Ether berechnet sich durch Multiplikation der Etherkonzentration mit dem Volumenstrom. Zur Berechnung des Massenstroms wird der Molstrom mit der Molmasse des Ethers multipliziert.

e. Der Wärmestrom der Reaktion berechnet sich gemäß Formel 27c. Formel 19 beschreibt die Wärmeabfuhr durch das Kühlwasser. Sie wird zur Temperaturdifferenz des Kühlmediums hin umgestellt

f. Die theoretisch nötige Pumpenleistung ergibt sich aus Formel 39a. Mithilfe des Gesamtwirkungsgrades wird die reale Leistungsaufnahme des Pumpenmotor bestimmt. Der hierzu nötige Wert der Gesamthöhe wird mittels Formel 38a berechnet. Die Berechnung der Druckhöhe erfolgt mit Formel 38b.

g., h., i. Diese Berechnungen werden, wie zuvor beschrieben, mit 85 °C statt mit 65 °C durchgeführt.

→ *Berechnung*

a. $\tau = \frac{V_R}{\dot{V}} \quad V_R = \tau * \dot{V} \quad \tau = 15\,\text{min} * \frac{60\,\text{s}}{\text{min}} = 900\,\text{s}$

$$V_R = 900\,\text{s} * 1{,}1\frac{\text{L}}{\text{s}} = \mathbf{990\,L = 0{,}99\,m^3}$$

b. $c_{\text{Alk}} = \frac{c_{\text{Alk}_0}}{(1 + c_{\text{Alk}_0} * k * \tau)}$

$$k = k_0 * e^{-E_A/R * T}$$

$$k_{65} = 1{,}36 * 10^2 \frac{\text{L}}{\text{mol} * \text{s}} * e^{-\frac{35\,\text{kJ} * \text{mol} * \text{K}}{\text{mol} * 0{,}008315\,\text{kJ} * (273+65)\,\text{K}}} = 5{,}31 * 10^{-4} \frac{\text{L}}{\text{mol} * \text{s}}$$

$$c_{\text{Alk}_0} * k_{65} * \tau = 10{,}8\frac{\text{mol}}{\text{L}} * 5{,}31 * 10^{-4}\frac{\text{L}}{\text{mol} * \text{s}} * 900\,\text{s} = 5{,}16$$

$$\boldsymbol{c_{\text{Alk}}} = \frac{10{,}8\frac{\text{mol}}{\text{L}}}{1 + 5{,}16} = \mathbf{1{,}75\frac{mol}{L}}$$

$$\boldsymbol{\dot{n}_{\text{H}_2\text{O}}} = \frac{\Delta \dot{n}_{\text{Alk}}}{2} \rightarrow c_{\text{H}_2\text{O}} = \frac{\Delta c_{\text{Alk}}}{2} = \frac{(10{,}8 - 1{,}75)\text{mol}}{2\,\text{L}} = \mathbf{4{,}525\frac{mol}{L}}$$

$$\dot{n}_{Et} = \frac{\Delta\dot{n}_{Alk}}{2} \rightarrow c_{Et} = \frac{\Delta c_{Alk}}{2} = \frac{(10{,}8 - 1{,}75)\text{mol}}{2\,\text{L}} = \mathbf{4{,}525}\frac{\text{mol}}{\text{L}}$$

c. $\boldsymbol{X_{Alk}} = \frac{c_{Alk_0} - c_{Alk}}{c_{Alk_0}} = \frac{(10{,}8-1{,}75)\,\frac{\text{mol}}{\text{L}}}{10{,}8\,\frac{\text{mol}}{\text{L}}} = \mathbf{0{,}843 \rightarrow 84{,}3\ \%}$

$$\boldsymbol{Y_{Et/Alk}} = \frac{\upsilon_{Alkl} * (c_{Eto} - c_{Et})}{\upsilon_{Et} * c_{Alko}} = \frac{-2 * (0 - 4{,}55)\frac{\text{mol}}{\text{L}}}{+1 * 10{,}8\frac{\text{mol}}{\text{L}}} = \mathbf{0{,}838 \rightarrow 83{,}8\ \%}$$

$$\boldsymbol{S_{Et/Alk}} = \frac{\upsilon_{Alkl} * \left(c_{Et_o} - c_{Et}\right)}{\upsilon_{Et} * (c_{Alk_o} - c_{Alk})} = \frac{-2 * (0 - 4{,}53)\frac{\text{mol}}{\text{L}}}{+1 * (10{,}8 - 1{,}75)\frac{\text{mol}}{\text{L}}} = \mathbf{1{,}00 \rightarrow 100\ \%}$$

d. $\dot{n}_{et} = c_{et} * \dot{V} = 4{,}525\frac{\text{mol}}{\text{L}} * 1{,}1\frac{\text{L}}{\text{s}} = 4{,}98\frac{\text{mol}}{\text{s}} = 4{,}98 * 3600\frac{\text{mol}}{\text{h}}$

$= \mathbf{17.919\frac{mol}{h}}$

$$\boldsymbol{\dot{m}_{Et}} = \dot{n}_{Et} * M_{Et} = 17.919\frac{\text{mol}}{\text{h}} * 0{,}102\frac{\text{kg}}{\text{mol}} = \mathbf{1{,}83\frac{t}{h}}$$

e. $\dot{Q} = -\Delta\dot{n}_{Alk} * \Delta_R H$

$$\Delta\dot{n}_{Alk} = \Delta c_{Alk} * \dot{V} = (10{,}8 - 1{,}75)\frac{\text{mol}}{\text{L}} * 1{,}1\frac{\text{L}}{\text{s}} = 9{,}96\frac{\text{mol}}{\text{s}}$$

$$\dot{Q} = -9{,}96\frac{\text{mol}}{\text{s}} * \left(-11\frac{\text{kJ}}{\text{mol}}\right) = 109{,}6\frac{\text{kJ}}{\text{s}}$$

$\dot{Q} = \dot{m}_W * cp_W * \Delta T_W$

$\dot{m}_w = \dot{V}_w * \rho_w = 3\frac{\text{m}^3}{\text{h}} * 1000\frac{\text{kg}}{\text{m}^3} * \frac{\text{h}}{3600\,\text{s}} = 0{,}833\frac{\text{kg}}{\text{s}}$ (Index $w \rightarrow$ KühlWasser)

$$\Delta T_W = \frac{\dot{Q}}{\dot{m}_W * cp_W} = \frac{109{,}6\,\text{kJ} * \text{s} * \text{kg} * {}^\circ\text{C}}{\text{s} * 0{,}833\,\text{kg} * 4{,}2\,\text{kJ}} = 31{,}3\,{}^\circ\text{C}$$

$$\boldsymbol{T_{w-ex}} = T_{w-in} + \Delta T_w = (15 + 31{,}3)\,{}^\circ\text{C} = \mathbf{46{,}3\,{}^\circ C}$$

f. $P = \dot{m}_w * g * H$

$$H = h_{geo} + h_p + h_r$$

$$h_{geo} = 5{,}5\,\text{m} \quad h_r = 0{,}0\,\text{m}$$

$$h_p = \frac{\Delta p}{\rho_w * g} = \frac{1{,}5\,\text{bar} * \text{m}^3 * \text{s}^2}{1000\,\text{kg} * 9{,}81\,\text{m}} = \frac{1{,}5 * 10^5\,\text{kg} * \text{m}^3 * \text{s}^2}{\text{m} * \text{s}^2 * 1000\,\text{kg} * 9{,}81\,\text{m}} = 15{,}3\,\text{m}$$

$$H = (5{,}5 + 15{,}3 + 0)\text{m} = 20{,}8\,\text{m}$$

$$P_{theor} = 0{,}833\frac{\text{kg}}{\text{s}} * 9{,}81\frac{\text{m}}{\text{s}^2} * 20{,}8\,\text{m} = 170\frac{\text{kg} * \text{m}}{\text{s}^3} = 170\,\text{W}$$

$$P_{\mathbf{real}} = \frac{P_{\text{theor}}}{\eta} = \frac{170\,\text{W}}{0{,}65} = \mathbf{261{,}5\,W \cong 300\,W}$$

g. $c_{\text{Alk}} = \frac{c_{\text{Alko}}}{(1+c_{\text{Alko}}*k*\tau)}$

$$k = k_0 * e^{-E_A/R*T}$$

$$k_{85} = 1{,}36 * 10^2 \frac{\text{L}}{\text{mol} * \text{s}} * e^{-\frac{35\,\text{kJ}*\text{mol}*\text{K}}{\text{mol}*0{,}008315\,\text{kJ}*(273+85)\text{K}}} = 1{,}065 * 10^{-3} \frac{\text{L}}{\text{mol} * \text{s}}$$

$$c_{\text{Alk}_0} * k_{85} * \tau = 10{,}8 \frac{\text{mol}}{\text{L}} * 1{,}065 * 10^{-3} \frac{\text{L}}{\text{mol} * \text{s}} * 900\,\text{s} = 10{,}35$$

$$c_{\mathbf{Alk}} = \frac{10{,}8 \frac{\text{mol}}{\text{L}}}{1 + 10{,}35} = \mathbf{0{,}952 \frac{mol}{L}}$$

$$\dot{n}_{\mathbf{H_2O}} = \frac{\Delta \dot{n}_{\text{Alk}}}{2} \rightarrow c_{\text{H}_2\text{O}} = \frac{\Delta c_{\text{Alk}}}{2} = \frac{(10{,}8 - 0{,}952)\text{mol}}{2\,\text{L}} = \mathbf{4{,}925 \frac{mol}{L}}$$

$$\dot{n}_{\mathbf{Et}} = \frac{\Delta \dot{n}_{\text{Alk}}}{2} \rightarrow c_{\text{Et}} = \frac{\Delta c_{\text{Alk}}}{2} = \frac{(10{,}8 - 0{,}952)\text{mol}}{2\,\text{L}} = \mathbf{4{,}925 \frac{mol}{L}}$$

h. $X_{\mathbf{Alk}} = \frac{c_{\text{Alk}_0} - c_{\text{Alk}}}{c_{\text{Alk}_0}} = \frac{(10{,}8-0{,}952)\frac{\text{mol}}{\text{L}}}{10{,}8\frac{\text{mol}}{\text{L}}} = \mathbf{0{,}912 \rightarrow 91{,}2\,\%}$

$$Y_{\mathbf{Et/Alk}} = \frac{\upsilon_{\text{Alkl}} * \left(c_{\text{Et}_0} - c_{\text{Et}}\right)}{\upsilon_{\text{Et}} * c_{\text{Alk}_0}} = \frac{-2 * (0 - 4{,}925)\frac{\text{mol}}{\text{L}}}{+1 * 10{,}8\frac{\text{mol}}{\text{L}}} = \mathbf{0{,}912 \rightarrow 91{,}2\,\%}$$

i. $\dot{n}_{\text{et}} = c_{\text{et}} * \dot{V} = 4{,}925 \frac{\text{mol}}{\text{L}} * 1{,}1 \frac{\text{L}}{\text{s}} = 5{,}42 \frac{\text{mol}}{\text{s}}$

$$\dot{m}_{\mathbf{Et}} = \dot{n}_{\text{Et}} * M_{\text{Et}} = 5{,}42 \frac{\text{mol}}{\text{s}} * 0{,}102 \frac{\text{kg}}{\text{mol}} = \mathbf{0{,}553 \frac{kg}{s}} = 0{,}553 \frac{\text{kg}}{\text{s}} * \frac{3600\,\text{s}}{\text{h}}$$

$$= \mathbf{1{,}99 \frac{t}{h} \cong 2{,}0 \frac{t}{h}}$$

→ ***Ergebnis***

a. **Das freie Rohrreaktorvolumen beträgt 0,99 m³ ≅1,0 m³.**
b. **Das Reaktionsgemisch, das den Reaktor bei 65 °C verlässt, hat folgende molare Zusammensetzung: 1,75 mol/L Alkohol und jeweils 4,525 mol/L Wasser und Ether.**
c. **Der Alkoholumsatz bei 65 °C Reaktionstemperatur beträgt 0,838 bzw. 83,8 %. Die Ausbeute an Ether bezüglich Alkohol hat den gleichen Wert, da keine Nebenreaktionen auftreten. Da keine Nebenreaktionen auftreten, ist die Selektivität der Reaktion zum Ether gleich 1,0 bzw. 100 %.**
d. **Die Produktionsrate an Ether bei 65 °C beträgt 0,511 kg/s bzw. 1,84 t/h.**

e. **Die nötige Kühlleistung liegt bei 109,6kW. Das Kühlwasser wird auf 46,3 °C aufgeheizt.**
f. **Die nötige Kühlleistung liegt bei 109,6 kW. Der Motor der Kühlwasserpumpe hat eine Leistungsaufnahme von mindestens 261,5 W, also etwa 300 W.**
g. **Das Reaktionsgemisch, das den Reaktor bei 85 °C verlässt, hat folgende molare Zusammensetzung: 0,952 mol/L Alkohol und jeweils 4,925 mol/L Wasser und Ether.**
h. **Der Alkoholumsatz bei 85 °C Reaktionstemperatur beträgt 0,912 bzw. 91,2 %. Die Ausbeute an Ether bezüglich Alkohol hat den gleichen Wert, da keine Nebenreaktionen auftreten. Da keine Nebenreaktionen auftreten, ist die Selektivität der Reaktion zum Ether gleich 1,0 bzw. 100 %.**
i. **Die Produktionsrate an Ether bei 85 °C beträgt 0,553 kg/s bzw. 2,0 t/h. Sie liegt nur leicht über der bei 65 °C.**

Aufgabe 110

Ein verbessertes Verfahren zur Herstellung von Monoethanolamin (MEA) wurde im Labor getestet. Hierzu wurde ein Gemisch aus 1,2 gew% Ethylenoxid (EO), 16,0 gew% Ammoniak (NH_3) und 82,8 gew% Hexan (Hex) in einem Autoklaven bei 90 °C für 5 min reagiert. Der Umsatz von Ethylenoxid betrug 98,5 %, die Ausbeute an MEA bezüglich Ethylenoxid 85 %.

Folgende Stoffdaten unter den gewählten Reaktionsbedingungen sind bekannt:

	Molmasse g/mol	Dichte kg/m³	Wärmekapazität kJ/(kg*°C)	Std Bildungsenthalpie kJ/mol
Hexan	66,2	660	2,3	
EO	44,1	890	2,0	-78,0
NH3	17,0	450	6,5	264
MEA	61,1	990	2,95	-507
Wasser	18,0	1000	4,2	

In einem Technikum soll eine Maßstabvergrößerung in einem CSTR von 1m ^{3} Gesamtvolumen, der zu 75 % befüllt werden darf, unter Druck durchgeführt werden. Wegen der relativ geringen Änderung der Konzentrationen während der Reaktion und des damit verbundenen geringen Einflusses der Rückvermischung, soll der Unterschied der Kinetik zwischen Satzfahrweise und CSTR näherungsweise vernachlässigt werden und die Umsatz- und Ausbeutedaten aus dem Laborversuch direkt auf den CSTR übertragen werden. Somit soll möglichst nahe den Laborbedingungen gefahren werden, daher wird eine CSTR-Verweilzeit von 5 min gewählt. Der CSTR wird mit den auf 20 °C temperierten Stoffströmen beschickt. Die Temperatur im CSTR soll 90 °C betragen. Dazu wird der CSTR wird mit 130 °C Sattdampf (Kondensationswärme = 2300 kJ/kg) beheizt. Der Wärmedurchgangskoeffizient unter den genannten Bedingungen liegt bei Kw = 600 W/(m^2 * °C). Die Heizfläche des CSTR liegt bei 1,5 m^2.

Das den Reaktor verlassende Reaktionsgemisch soll in einem Rohrbündelkühler mit 50 Rohren (Außendurchmesser 2″, Wanddicke 4 mm, Wärmeleitfähigkeit-Tauscherwand 45 W/[m * °C]), abgeschätzte Wärmeübergangskoeffizienten:

innen = 350 W/[m^2 * °C], außen = 750 W/[m^2 * °C]) im Gegenstrom mit Kühlwasser auf 35 °C abgekühlt werden. Das Kühlwasser (cp = 4.2 kJ/[kg * °C]) wird dem Tauscher mit 20 °C zugeführt. Die Kühlwasseraustrittstemperatur darf 40 °C nicht übersteigen.

a. Formulieren Sie einen sinnvollen Scale-up-Faktor.
b. Wie groß sind die flüssigen Massen- und Mol-Einsatzströme zum Technikumsreaktor?
c. Wie groß ist die Produktionsleistung des Technikumsreaktors an MEA unter den genannten Bedingungen?
d. Wie groß ist der nötige Dampfstrom zur Beheizung des CSTR?
e. Reicht die Heizfläche des CSTR für diese Aufgabe aus?
f. Welcher Kühlwasserstrom ist zum Abkühlen des Reaktionsgemisches nötig?
g. Welche Austauschfläche und welche Länge muss der Wärmetauscher mindestens haben?

⊗ **Lösung**

→ ***Strategie***

a. & b. Das genutzte Volumen des Technikumsreaktors ist gegeben, nicht jedoch das Volumen des Laborreaktors. Allerdings ist die gewichtsprozentuale Zusammensetzung des Laboransatzes bekannt. Es bietet sich somit an, hierfür das Volumen für einen 100 g-Labor-Ansatz zu verwenden, das sich aus der Summe der prozentualen Masseneinzelströme, dividiert durch die zugehörige Dichte berechnen lässt. Hieraus lässt sich mit dem aktiven Technikumsreaktorvolumen ein Scale-up-Faktor formulieren. Mittels dieser Größe werden dann die einzelnen Einsatzströme zum Technikumsreaktor berechnet.

c. Formel 10b der Berechnung der MEA-Ausbeute wird auf den MEA-Molstrom umgestellt und dieser mit der MEA-Molmasse zum MEA-Massenstrom umgerechnet.

d. Die zum Aufheizen benötigte Gesamtwärmemenge ist gegeben durch Formel 21b. Sie ist auch die Summe aus der durch die Dampfkondensation zugeführten (Formel 24b) und die durch die Reaktion entstandenen Wärme (Formel 27c). Diese Kombination der Formeln wird zur Dampfmenge hin umgestellt. Die Reaktionswärme wird aus der umgesetzten Molzahl von Ethylenoxid und der Reaktionsenthalpie gemäß Formel 28 berechnet.

e. Die minimal nötige Fläche zur Beheizung mit Dampf berechnet sich mittels der entsprechend umgestellten Formel 30 aus dem durch die Dampfkondensation eingebrachten Wärmestrom.

f. Der Kühlwasserstrom ergibt sich aus der entsprechend umgestellten Formel 19a, wobei der hierin einzusetzende Wärmestrom aus Formel 19b unter Einsatz der Daten für Ethylenoxid, NH_3 und Hexan berechnet wird.

g. Der abzuführende Wärmestrom wurde bereits im vorherigen Teil der Aufgabe berechnet. Mit der entsprechend umgestellten Formel 30 bestimmt man die nötige Austauschfläche. Hierzu werden zuvor der Wärmedurchgangskoeffizient mit Formel 31a sowie die mittlere logarithmische Temperaturdifferenz gemäß Abschn. 1.2.5 ermittelt. Die Länge des Tauschers berechnet man aus der vorher berechneten Austauschfläche, der Rohrzahl und der entsprechend umgestellten Formel für die Mantelfläche für ein Einzelrohr, unter Zuhilfenahme der logarithmischen Mittelung des Rohrdurchmessers gemäß Abschn. 1.2.5.

→ *Berechnung*

a. $V_{\text{Ges}} = \frac{m}{\rho} = \frac{m_{\text{EO}}}{\rho_{\text{EO}}} + \frac{m_{\text{NH}_3}}{\rho_{\text{NH}_3}} + \frac{m_{\text{Hex}}}{\rho_{\text{Hex}}}$

Laboransatz 100 g →

$$m_{\text{Ges-Lab}} = 100\,\text{g} = 1{,}2\,\text{g}\,\text{EO} + 16{,}0\,\text{g}\,\text{NH}_3 + 82{,}8\,\text{g}\,\text{Hex}$$

$$V_{\text{Ges-Lab}} = \frac{1{,}2\,\text{g} * \text{m}^3}{890\,\text{kg}} + \frac{16{,}0\,\text{g} * \text{m}^3}{450\,\text{kg}} + \frac{82{,}8\,\text{g} * \text{m}^3}{660\,\text{kg}} = 1{,}62 * 10^{-4}\,\text{m}^3$$

Technikum →

$$\dot{V} = \frac{V_{\text{Reaktor}}}{\tau} \quad V_{\text{Reaktor}} = 1{,}0\,\text{m}^3 * \frac{75\,\%}{100\,\%} = 0{,}75\,\text{m}^3$$

$$\tau = 5\,\text{min} = 300\,\text{s} \rightarrow \dot{V} = \frac{0{,}75\,\text{m}^3}{300\,\text{s}} = 2{,}5 * 10^{-3}\,\frac{\text{m}^3}{\text{s}}$$

$$\boldsymbol{ScF} = \frac{V_{\text{Technikum}}}{V_{\text{Lab}}} = \frac{0{,}75\,\text{m}^3}{1{,}62 * 10^{-4}\,\text{m}^3} = \mathbf{4630}$$

b. *Technikumsreaktor mit einer Verweilzeit von* $\tau = 5\,\text{min} = 300\,\text{s}$

$$\dot{m}_{\text{Technikum}} = \frac{m_{\text{Labor}}}{\tau_{\text{Labor}}} * ScF$$

$$\dot{n} = \frac{\dot{m}}{M}$$

$$\dot{m}_{\text{EO}} = \frac{0{,}0012\,\text{kg}}{300\,\text{s}} * 4630 = \mathbf{0{,}0185\,\frac{kg}{s}}$$

$$\dot{n}_{\text{EO}} = \frac{0{,}0185\,\text{kg} * \text{mol}}{\text{s} * 0{,}0441\,\text{kg}} = \mathbf{0{,}420\,\frac{mol}{s}}$$

$$\dot{m}_{\text{NH}_3} = \frac{0{,}016\,\text{kg}}{300\,\text{s}} * 4630 = \mathbf{0{,}247\,\frac{kg}{s}}$$

$$\dot{n}_{\text{NH}_3} = \frac{0{,}247\,\text{kg} * \text{mol}}{\text{s} * 0{,}017\,\text{kg}} = \mathbf{14{,}5\,\frac{mol}{s}}$$

$$\dot{m}_{\mathbf{Hex}} = \frac{0{,}0828\,\text{kg}}{300\,\text{s}} * 4630 = \mathbf{1{,}28\frac{kg}{s}}$$

$$\dot{n}_{\mathbf{Hex}} = \frac{1{,}28\,\text{kg} * \text{mol}}{\text{s} * 0{,}0662\,\text{kg}} = \mathbf{19{,}3\frac{mol}{s}}$$

c. $Y_{\text{MEA/EO}} = \frac{\nu_{\text{EO}} * (\dot{n}_{\text{MEA}_0} - \dot{n}_{\text{MEA}})}{\nu_{\text{MEA}} * \dot{n}_{\text{EO}_0}}$

$$\text{Mit } \nu_{\text{EO}} = -1 \quad \nu_{\text{MEA}} = +1 \quad \dot{n}_{\text{MEA}_0} = 0$$

$$\dot{n}_{\mathbf{MEA}} = Y_{\text{MEA/EO}} * \dot{n}_{\text{EO}_0} = 0{,}85 * 0{,}420\frac{\text{mol}}{\text{s}} = \mathbf{0{,}357\frac{mol}{s}}$$

$$\dot{m}_{\mathbf{MEA}} = 0{,}357\frac{\text{mol}}{\text{s}} * 0{,}0611\frac{\text{kg}}{\text{mol}} = \mathbf{0{,}0218\frac{kg}{s}} = \mathbf{78{,}5\frac{kg}{h}}$$

d. $\dot{Q}_{\text{Gesamt}} = \dot{Q}_{\text{Dampf}} + \dot{Q}_{\text{Reaktion}}$

$$\dot{Q}_{\text{Dampf}} = \dot{m}_{\text{Dampf}} * \Delta_v H_{\text{Wasser}}$$

$$\dot{m}_{\text{Dampf}} = \frac{\dot{Q}_{\text{Gesamt}} - \dot{Q}_{\text{Reaktion}}}{\Delta_v H_{\text{Wasser}}}$$

$$\dot{Q}_{\text{Gesamt}} = \left(\dot{m}_{\text{EO}_0} * cp_{\text{EO}} + \dot{m}_{\text{NH}_{3_0}} * cp_{\text{NH}_3} + \dot{m}_{\text{Hex}} * cp_{\text{Hex}}\right) * (T_{\text{Reaktor}} - T_{\text{Feed}})$$

$$\dot{Q}_{\text{Gesamt}} = (0{,}0185 * 2{,}0 + 0{,}247 * 6{,}5 + 1{,}28 * 2{,}3)\frac{\text{kg} * \text{kJ}}{\text{s} * \text{kg} * {}^\circ\text{C}} * (90 - 20)\,{}^\circ\text{C} = 321{,}1\frac{\text{kJ}}{\text{s}}$$

$$\dot{Q}_{\text{Reaktion}} = -\Delta\dot{n}_{\text{EO}} * \Delta_R H$$

$$\Delta\dot{n}_{\text{EO}} = \left(\dot{n}_{\text{EO}_0} - \dot{n}_{\text{EO}}\right) = X_{\text{EO}} * \dot{n}_{\text{EO}_0} = 0{,}985 * 0{,}420\frac{\text{mol}}{\text{s}} = 0{,}414\frac{\text{mol}}{\text{s}}$$

$$\Delta_R H = \nu_{\text{EO}} * \Delta_f H_{\text{EO}} + \nu_{\text{NH}_3} * \Delta_f H_{\text{NH}_3} + \nu_{\text{MEA}} * \Delta_f H_{\text{MEA}}$$

$$\nu_{\text{EO}} = -1 \quad \nu_{\text{NH}_3} = -1 \quad \nu_{\text{MEA}} = +1$$

$$\Delta_R H = \{-1 * (-78) - 1 * 264 + 1 * (-507)\}\frac{\text{kJ}}{\text{mol}} = -693\frac{\text{kJ}}{\text{mol}}$$

$$\dot{Q}_{\text{Reaktion}} = -0{,}414\frac{\text{mol}}{\text{s}} * \left(-693\frac{\text{kJ}}{\text{mol}}\right) = 286{,}9\frac{\text{kJ}}{\text{s}}$$

$$\dot{m}_{\mathbf{Dampf}} = \frac{(321{,}1 - 286{,}9)\text{kJ} * \text{kg}}{\text{s} * 2300\,\text{kJ}} = \mathbf{0{,}0149\frac{kg}{s}} = \mathbf{53{,}5\frac{kg}{h}}$$

e. $\dot{Q}_{Dampf} = Kw_{Reaktor} * A_{Reaktor} * \left(T_{Dampf} - T_{Reaktor}\right)$

$$\dot{Q}_{Dampf} = \dot{Q}_{Gesamt} - \dot{Q}_{Reaktion} = (321{,}1 - 286{,}9)\frac{kJ}{s} = 34{,}2\frac{kJ}{s}$$

$$A_{Reaktor} = \frac{\dot{Q}_{Dampf}}{Kw_{Reaktor} * \left(T_{Dampf} - T_{Reaktor}\right)} = \frac{32{,}4\,kJ * m^2 * °C}{s * 600\,W * (130 - 90)\,°C}$$
$$= \frac{32{,}4\,kJ * m^2 *°\,C * s}{s * 0{,}6\,kJ * (130 - 90)\,°C}$$

$$\mathbf{A_{Reaktor} = 1{,}35\,m^2}$$

f. $\dot{Q}_{KWasser} = \dot{m}_{KWasser} * cp_{Wasser} * (T_{Wasser-ex} - T_{Wasser-in})$

$$\dot{m}_{KWasser} = \frac{\dot{Q}_{KWasser}}{cp_{Wasser} * (T_{Wasser-ex} - T_{Wasser-in})}$$

$$\dot{Q}_{KWasser} = \Delta\dot{Q}_{Reaktionsgemisch}$$
$$= \left(\dot{m}_{EO_o} * cp_{EO} + \dot{m}_{NH_{3_o}} * cp_{NH_3} + \dot{m}_{Hex} * cp_{Hex}\right) * (T_{Reaktor} - T_{Gemisch-Ex})$$

$$\dot{Q}_{KWasser} = (0{,}0185 * 2{,}0 + 0{,}247 * 6{,}5 + 1{,}28 * 2{,}3)\frac{kg * kJ}{s * kg * °C} * (90 - 35)\,°C = 252{,}3\frac{kJ}{s}$$

$$\dot{m}_{\mathbf{KWasser}} = \frac{252{,}3\,kJ * kg * °C}{s * 4{,}2\,kJ * (40 - 20)\,°C} = \mathbf{3{,}00\frac{kg}{s}} = \mathbf{10{,}8\frac{t}{h}}$$

g. $\dot{Q}_{KWasser} = Kw * A * \overline{\Delta T_M} \rightarrow A = \frac{\dot{Q}_{KWasser}}{Kw * \overline{\Delta T_M}}$

$$\frac{1}{Kw} = \frac{1}{\alpha_1} + \frac{s}{\lambda} + \frac{1}{\alpha_2} = \frac{m^2 * °C}{350\,W} + \frac{0{,}004\,m * m * °C}{45\,W} + \frac{m^2 * °C}{750\,W} = 0{,}00437\frac{m^2 * °C}{W}$$
$$\rightarrow Kw = 229\frac{W}{m^2 * °C}$$

$$\overline{\Delta T_M} = \frac{\Delta T_1 - \Delta T_2}{\ln\frac{\Delta T_1}{\Delta T_2}} \quad \Delta T_1 = (90 - 40)\,°C = 50\,°C \;\; \Delta T_2 = (35 - 20)\,°C = 15\,°C$$

$$\overline{\Delta T_M} = \frac{(50 - 15)\,°C}{\ln\frac{50}{15}} = 29{,}2\,°C$$

$$A = \frac{252{,}3\,kJ * m^2 * °C}{s * 229\,W * 29{,}2\,°C} = \frac{252{,}3\,kJ * m^2 *°\,C * s}{s * 0{,}229\,kJ * 29{,}2\,°C} = \mathbf{37{,}7\,m^2}$$

$$A = \overline{d}_M * \pi * L * n_{Rohre}$$

$$L = \frac{A}{\overline{d}_M * \pi * n_{\text{Rohre}}}$$

$$\overline{d}_M = \frac{d_a - d_i}{\ln \frac{d_a}{d_i}}$$

$$d_a = 2'' * 25{,}4 \frac{\text{mm}}{''} = 50{,}8\,\text{mm} \quad d_i = d_a - 2\,\text{s} = (50{,}8 - 8)\,\text{mm} = 42{,}8\,\text{mm}$$

$$\overline{d}_M = \frac{(0{,}0508 - 0{,}0428)\text{m}}{\ln \frac{0{,}0508}{0{,}0428}} = 0{,}0468\,\text{m}$$

$$L = \frac{37{,}7\,\text{m}^2}{0{,}0468\,\text{m} * \pi * 50} = \mathbf{5{,}13\,m \cong 5{,}2\,m}$$

→ ***Ergebnis***

a. **Als Scale-up-Factor wurde das Verhältnis der Volumina eines Laborversuchs mit dem Einsatz von 100g Reaktionsgemisch und dem aktiven Volumen des Technikumsreaktors gewählt. Hieraus ergibt sich ein Scale-up-Faktor von 4630.**
b. **Die Einsatzströme für den Technikumsreaktor ergeben sich wie folgt:**
Ethylenoxid: 0,0185 kg/s = 0,420 mol/s → 66,6 kg/h = 1512 mol/h
Ammoniak: 0,247 kg/s = 14,5 mol/s → 889,2 kg/h = 52.200 mol/h
Hexan: 1,28 kg/s = 19,3 mol/s → 4608 kg/h = 69.480 mol/h
c. **Die Produktionsleistung an MEA im Technikumsreaktor beträgt 0,357 mol/s, das sind 0,0218 kg/s bzw. 78,5 kg/h.**
d. **Zum Heizen des Reaktors werden pro Stunde 53,5 kg 130 °C-Sattdampf benötigt.**
e. **Die minimal nötige Wärmedurchgangsfläche wurde zu 1,35 m² berechnet. Da der Technikumsreaktor 1,5 m² Tauscherfläche hat, reicht dies aus.**
f. **Es werden 3 kg/s bzw. 10,8 t/h Kühlwasser benötigt.**
g. **Es wird eine minimale Wärmetauscherfläche von 37,7 m² benötigt, dies entspricht einer Länge des Wärmetauschers von 5,2 m.**

Aufgabe 111

In einer Produktionsanlage fällt ein brom- und schwefelhaltiger flüssiger Abfallstrom von 250 kg pro Stunde an, der durch Verbrennung entsorgt werden soll. Die Anlage soll grob projektiert werden.

Aus Labormessungen sind folgende mittlere Werte des Abfalls bekannt:

Bromgehalt = 0,95 gew%, Schwefelgehalt = 1,6 gew%, Heizwert H_u = 18.000 kJ/kg,

Wärmekapazität cp_A = 1,83 kJ/(kg * °C)

Um die Viskosität des Flüssigabfalls zu senken und so seine Verdüsung in einem Brenner zu ermöglichen, wird der Strom vor der Verbrennung in einem Wärmetauscher von 30 °C auf 85 °C erwärmt. Der Wärmetauscher aus Edelstahl wird mit Sattdampf von 130 °C betrieben. Der dampfseitige Wärmeübergangskoeffizient wurde mit $\alpha_1 = 5000\ W/(m^2 * °C)$ und der flüssigkeitsseitige mit $\alpha_2 = 100\ W/(m^2 * °C)$ abgeschätzt. Die Wanddicke der Tauscherrohre beträgt s = 4 mm. Die Wärmeleitfähigkeit des Edelstahls liegt bei $\lambda = 21\ W/(m * °C)$.

Die Verbrennungswärme soll zur Dampferzeugung verwendet werden. Beim Verbrennungsprozess selbst wird ein thermischer Wirkungsgrad von 60 % erwartet.

Der bei der Verbrennung entstandene Bromwasserstoff und das Schwefeldioxid werden in einem Wäscher mit neutralem Wasser aus dem abgekühlten Rauchgas entfernt. Das den Wäscher verlassende Wasser soll mit 10 gew%iger Natronlauge neutralisiert werden. Zur Rückgewinnung des Broms wird Chlor eingeleitet und das Brom mit einem Tetrachlormethan strom von 40 L pro Stunde aus der Wasserphase extrahiert. Hierbei laufen folgende Reaktionen ab:

$2Br^- + Cl_2 \rightarrow Br_2 + 2Cl^-$ und

$SO_3^{2-} + Cl_2 + H_2O \rightarrow SO_4^{2-} + 2H^+ + 2Cl^-$

a. Welche Fläche muss der Wärmetauscher zur Erhitzung des Abfallstroms vor dem Brenner mindestens haben?
b. Wie viel Sattdampf von 130 °C kann mit dieser Anlage erzeugt werden, wenn das Kesselspeisewasser mit einer Temperatur von 105 °C zugeführt wird (Wasser: cpw = 4,17 kJ/[kg * °C]; $\Delta_v H_w$ = 2174 kJ/kg) und der Dampfverbrauch zur Erwärmung des Abfallstroms vor seiner Verbrennung berücksichtigt wird?
c. Wie viel 10 gew%ige Natronlauge wird zur Neutralisation des aus dem Rauchgaswäscher austretenden Wassers benötigt? Der geringe Kohlendioxidgehalt des Waschwassers soll hierbei vernachlässigt werden.
d. Welcher Volumenstrom an Chlor von 15 °C und 1,5 bar muss in das neutralisierte Wasser geleitet werden, wenn ein 1,5 %iger Chlorüberschuss erforderlich ist, um eine komplette Oxidation der Bromidionen und der Sulfitionen zu erreichen?
e. Wie viel kg Brom wird pro Stunde zurückgewonnen, wenn mit 2,5 % Verlusten zu rechnen ist? Wie hoch sind in diesem Fall die molare und die Massenkonzentration von Brom im Tetrachlormethan ($\rho_{CCl_4} = 1600\ kg/m^3$)?

Molmassen: NaOH: 40 g/mol; S = 32,1 g/tom; Br: 79,9 g/tom

⊗ **Lösung**

→ ***Strategie***

a. Die notwendige Wärmedurchgangsfläche berechnet sich aus der entsprechend umgestellten Formel 30. Die Wärmeleistung berechnet sich aus Formel 19a mit der Austritts- und Eingangstemperatur des flüssigen Abfallstroms.

Der Wärmedurchgangskoeffizient ergibt sich aus Formel 31a. Die Berechnung der mittleren logarithmischen Temperaturdifferenz ist im Kapitel Mittelungen (Abschn. 1.2.5) beschrieben. Hier werden die Differenzen der Dampftemperatur zur Eingangs- und Austrittstemperatur des Flüssigstrom eingesetzt.

b. Der Nutzwärmestrom von 60% des durch die Verbrennung des flüssigen Abfalls erzeugten Wärmestroms (berechnet gemäß modifizierter Formel 27c aus dem Heizwert, siehe. 2.4.4) wird für die Erhitzung des Kesselspeisewassers (Formel 19a) und die Dampferzeugung (Formel 24b) sowie die Erwärmung des Abfallstroms verwendet. Der Massenstrom des Kesselspeisewassers ist gleich dem des erzeugten Dampfes. Die Formeln werden entsprechend kombiniert und zum erzeugten Dampfstrom hin umgestellt.

c. Der durch die Verbrennung entstehende Molstrom an Bromwasserstoff ist gleich dem an atomarem Brom im Abfallstrom und kann durch eine stöchiometrische Bilanz berechnet werden. Gleiches gilt für die entstehende schwefelige Säure. Hieraus wird der nötige Molstrom an NaOH berechnet und auf 10 %ige Natronlauge bezogen.

d. Für 2mol Bromid wird 1mol Chlor und für 1mol Sulfit wird 1mol Chlor benötigt. Aus den zuvor berechneten Molströmen an Bromid und Sulfit ergibt sich die benötigte Molzahl an Chlor. Mithilfe des entsprechend umgestellten idealen Gasgesetzes (Formel 2) folgt der Volumenstrom an Chlor.

e. Der Molstrom von Brom (Br_2) ist halb so groß wie der von Bromid, hierbei sind die Verluste von 2,5% zu berücksichtigen. Die Konzentration von Brom in Tetrachlormethan ergibt sich durch Division durch den Volumen- bzw. Massenstrom dieses Lösemittels.

→ *Berechnung*

a. $\dot{Q} = Kw * A * \Delta T$

$$A = \frac{\dot{Q}}{Kw * \Delta T} \text{ mit } \Delta T = \Delta \overline{T}_M = \frac{\Delta T_1 - \Delta T_2}{\ln \frac{\Delta T_1}{\Delta T_2}}$$

$$\Delta T_1 = (130 - 30)\,°\text{C} = 100\,°\text{C} \quad \Delta T_2 = (130 - 85)\,°\text{C} = 45\,°\text{C}$$

$$\Delta \overline{T}_M = \frac{(100 - 45)\,°\text{C}}{\ln \frac{100}{45}} = 68{,}9\,°\text{C}$$

$$\dot{Q} = \dot{m}_A * cp_A * (T_{\text{Aex}} - T_{A-\text{in}}) = 250\frac{\text{kg}}{\text{h}} * 1{,}83\frac{\text{kJ}}{\text{kg} * °\text{C}} * (85 - 30)\,°\text{C}$$

$$= 25163\frac{\text{kJ}}{\text{h}} = 7{,}00\frac{\text{kJ}}{\text{s}} = 7{,}00\,\text{kW}$$

$$\frac{1}{Kw} = \frac{1}{\alpha_1} + \frac{s}{\lambda} + \frac{1}{\alpha_2} = \frac{\text{m}^2 * °\text{C}}{5000\,\text{W}} + \frac{0{,}004\,\text{m} * \text{m} * °\text{C}}{21\,\text{W}} + \frac{\text{m}^2 * °\text{C}}{100\text{W}}$$

$$= 0{,}0104\frac{\text{m}^2 * °\text{C}}{\text{W}} \quad K_W = 96{,}15\frac{\text{W}}{\text{m}^2 * °\text{C}}$$

$$A = \frac{7000\,\text{W} * \text{m}^2 * °\text{C}}{96{,}15\,\text{W} * 68{,}9\,°\text{C}} = \mathbf{1{,}06\,m^2 \cong 1{,}1\,m^2}$$

b. $\dot{Q}_{\text{Verbr-gesamt}} = \dot{m}_A * H_u = 250\frac{\text{kg}}{\text{h}} * 18.000\frac{\text{kJ}}{\text{kg}}$

$$= 4.500.000\frac{\text{kJ}}{\text{h}} = 1250\frac{\text{kJ}}{\text{s}}$$

$$\dot{Q}_{\text{Nutz}} = \frac{\eta_{\text{therm}}}{100\,\%} * \dot{Q}_{\text{Verbr-gesamt}} = \frac{60\,\%}{100\,\%} * 1250\frac{\text{kJ}}{\text{s}} = 750\frac{\text{kJ}}{\text{s}}$$

$$\dot{Q}_{\text{Nutz}} = Q_{\text{Abf-Erw}} + \dot{Q}_W + \dot{Q}_D \quad \dot{Q}_W = \dot{m}_D * cp_W * (T_D - T_W) \quad \dot{Q}_D = \dot{m}_D * \Delta_v H_w$$

$$\dot{Q}_{\text{Nutz}} = \dot{m}_D * \left[cp_W * (T_D - T_W) + \Delta_v H_w\right] + Q_{\text{Abf-Erw}}$$

$$\dot{m}_D = \frac{\dot{Q}_{\text{Nutz}} - Q_{\text{Abf-Erw}}}{cp_W * (T_D - T_W) + \Delta_v H_w} = \frac{(750 - 7)\frac{\text{kJ}}{\text{s}}}{4{,}17\frac{\text{kJ}}{\text{kg}*°\text{C}} * (130 - 105)\,°\text{C} + 2174\frac{\text{kJ}}{\text{kg}}}$$

$$= \mathbf{0{,}326\frac{kg}{s} = 1{,}17\frac{t}{h} \cong 1{,}2\frac{t}{h}}$$

c. $\dot{n}_{\text{HBr}} = \dot{n}_{\text{Br}} = \frac{\dot{m}_{\text{Br}}}{M_{\text{Br}}} = \frac{\dot{m}_A}{M_{\text{Br}}} * \frac{\%\text{Br}}{100\,\%} = \frac{250\,\text{kg} * \text{mol}}{\text{h} * 0{,}0799\,\text{kg}} * \frac{0{,}95\,\%}{100\,\%} = 29{,}7\frac{\text{mol}}{\text{h}}$

$$\dot{n}_{\text{H}_2\text{SO}_3} = \dot{n}_S = \frac{\dot{m}_S}{M_S} = \frac{\dot{m}_A}{M_S} * \frac{\%S}{100\,\%} = \frac{250\,\text{kg} * \text{mol}}{\text{h} * 0{,}0321\,\text{kg}} * \frac{1{,}6\,\%}{100\,\%} = 124{,}6\frac{\text{mol}}{\text{h}}$$

$$\dot{n}_{\text{NaOH}} = \dot{n}_{\text{HBr}} + 2 * \dot{n}_{\text{H}_2\text{SO}_3} = (29{,}7 + 2 * 124{,}6)\frac{\text{mol}}{\text{h}} = 278{,}9\frac{\text{mol}}{\text{h}}$$

$$\dot{m}_{\text{NaOH}} = \dot{n}_{\text{NaOH}} * M_{\text{NaOH}} = 278{,}9\frac{\text{mol}}{\text{h}} * 0{,}040\frac{\text{kg}}{\text{mol}} = 11{,}16\frac{\text{kg}}{\text{h}}$$

$$\dot{\boldsymbol{m}}_{\textbf{Lauge}\ 10\,\%} = \dot{m}_{\text{NaOH}} * \frac{100\,\%}{10\,\%} = 11{,}16\frac{\text{kg}}{\text{h}} * 10 = \mathbf{111{,}6\frac{kg}{h} = 0{,}031\frac{kg}{s}}$$

d. $\dot{n}_{\text{Cl}_2\text{-theor}} = \frac{\dot{n}_{\text{Br-}}}{2} + \dot{n}_{\text{SO}_3-} = \left(\frac{29{,}7}{2} + 124{,}6\right)\frac{\text{mol}}{\text{h}} = 139{,}45\frac{\text{mol}}{\text{h}}$

$$\dot{n}_{\text{Cl}_2\text{-real}} = \dot{n}_{\text{Cl}_2\text{-theor}} * 1{,}015 = 139{,}45\frac{\text{mol}}{\text{h}} * 1{,}015 = 141{,}5\frac{\text{mol}}{\text{h}}$$

$$p * \dot{V}_{\text{Cl}_2} = \dot{n}_{\text{Cl}_2} * R * T$$

$$\dot{\boldsymbol{V}}_{\textbf{Cl}_2} = \frac{\dot{n}_{\text{Cl}_2} * R * T}{p} = \frac{141{,}5\,\text{mol} * 8{,}315 * 10^{-5}\,\text{bar} * \text{m}^3 * (273 + 15)\text{K}}{\text{h} * \text{mol} * \text{K} * 1{,}5\,\text{bar}}$$

$$= \mathbf{2{,}26\frac{m^3}{h} = 0{,}628\frac{L}{s}}$$

e. $$\dot{n}_{Br2-real} = \frac{\dot{n}_{Br-}}{2} * \frac{(100 - 2{,}5)\%}{100\,\%} = \frac{29{,}7\,mol}{2 * h} * 0{,}975$$
$$= 14{,}5\frac{mol}{h}$$

$$\dot{\boldsymbol{m}}_{\mathbf{Br2-real}} = \dot{n}_{Br2-real} * M_{Br2} = 14{,}5\frac{mol}{h} * 2 * 0{,}0799\frac{kg}{mol} = \mathbf{2{,}32\frac{kg}{h}}$$

$$\boldsymbol{c}_{\mathbf{Br2}} = \frac{\dot{n}_{Br2-real}}{\dot{V}_{Tetra}} = \frac{14{,}5\,mol * h}{h * 40\,L} = \mathbf{0{,}363\frac{mol}{L}}$$

$$\boldsymbol{C}_{\mathbf{Br2}} = \frac{\dot{m}_{Br2-real}}{\dot{m}_{Tetra}} * 100\,\% = \frac{\dot{m}_{Br2-real}}{\dot{V}_{Tetra} * \rho_{Tetra}} * 100\,\%$$
$$= \frac{2{,}32\,kg * h * m^3}{h * 0{,}040\,m^3 * 1600\,kg} * 100\,\% = \mathbf{3{,}63\,gew\%}$$

→ ***Ergebnis:***

a. **Die minimal nötige Wärmetauscherfläche liegt bei 1,1 m^2.**
b. **Es werden pro Stunde 1,2 t Sattdampf von 130 °C erzeugt.**
c. **Der Verbrauch an 10 gew%iger Natronlauge zur Neutralisierung des Waschwassers beträgt 111,6 kg pro Stunde bzw. 0,031 kg pro Sekunde.**
d. **Zur Freisetzung des Broms und zur Oxidation des Sulfits muss ein Volumenstrom von 2,26 m^3/h bzw. 0,628 L/s Chlor zugeführt werden.**
e. **Es werden pro Stunde 2,32 kg Brom rückgewonnen, hierbei entsteht eine Lösung in Tetrachlormethan mit einem Gehalt von 0,363 mol/L bzw. 3,63 gew% Brom.**

„Was lange währt, wird endlich gut!“

Printed in the United States
By Bookmasters